现代土木工程测量

周拥军 陶肖静 寇新建 编著

内容提要

本书共12章，分别介绍了测绘的基本理论和方法；测量误差的原理与最小二乘平差；小地区控制测量和大比例尺数字测图与应用；传统大地测量方法，包括水准测量、经纬仪测量和全站仪测量；现代测量技术，包括GNSS测量、数字摄影测量、三维激光扫描测量和水下地形测量；土木工程测量，包括测设和变形测量的原理和方法以及建筑、道路、桥梁、隧道等典型工程施工过程中涉及的测量工作。

本书旨在帮助读者熟悉和掌握现代测量的新技术、新方法，以及其在土木工程中的应用，可作为高等院校土木、交通、园林、水利等非测绘专业的专业基础课教材，也可作为从事土木工程测量相关技术人员的参考资料。

图书在版编目(CIP)数据

现代土木工程测量/周拥军，陶肖静，寇新建编著
.—上海：上海交通大学出版社，2021.11 (2023.1重印)
ISBN 978-7-313-24078-1

Ⅰ.①现… Ⅱ.①周… ②陶… ③寇… Ⅲ.①土木工程-工程测量 Ⅳ.①TU198

中国版本图书馆CIP数据核字(2021)第194392号

现代土木工程测量
XIANDAI TUMU GONGCHENG CELIANG

编　　著：周拥军　陶肖静　寇新建
出版发行：上海交通大学出版社
邮政编码：200030
印　　制：上海新艺印刷有限公司
开　　本：787 mm×1092 mm　1/16
字　　数：393千字
版　　次：2021年11月第1版
书　　号：ISBN 978-7-313-24078-1
定　　价：56.00元
地　　址：上海市番禺路951号
电　　话：021-64071208
经　　销：全国新华书店
印　　张：16
印　　次：2023年1月第2次印刷

前　言

土木工程测量是一门土木工程专业基础课，主要介绍工程测量的原理、方法及其在土木工程中的应用。近年来，测绘科学与技术的飞速发展为工程测量的应用带来了新的变革。首先，以电子水准仪、全站仪、GNSS 接收机为代表的数字测量仪器全面取代了以水准仪、经纬仪为代表的传统光学仪器；其次，以倾斜摄影、三维激光扫描技术为代表的现代测量技术在土木工程中得到广泛应用，以 BIM 技术为代表的土木工程信息化的快速发展也对测绘技术提出了新的需求。在教学方面，许多高校采用了“大平台、新工科模式”，教学目标从传统的以培养学生的专业知识和技能为主，转变为以提升学生的知识、能力、综合素质等目标导向为主。因此，无论是测量技术的发展还是教学要求的变化，都对土木工程测量相关教材提出了更新、更高的要求。

目前面向土木工程专业的本科教材大部分仍以介绍传统大地测量方法和仪器操作等内容为主，对现代测量技术的介绍相对较少。数字化仪器的普及和商业软件的应用，降低了非测绘专业人员使用测绘仪器的难度，而随着土木工程从大规模建设到既有建筑和设施的运营管理与维护的转变，现代测绘技术在土木工程中的应用也越来越广泛。基于上述背景，本书删减了传统大地测量仪器与方法的相关内容，增加了现代测绘技术内容，旨在为土木工程专业学生系统介绍现代测绘的新技术和新方法，展示现代测绘技术在土木工程中的应用。

本书共 12 章，内容总体上分为 4 大板块。第 1 板块为测绘的基本理论和方法，包括第 1 章绪论、第 2 章测量误差的原理与最小二乘平差、第 7 章小地区控制测量和第 8 章大比例尺数字测图与应用；第 2 板块为传统大地测量方法，包括第 3 章水准测量、第 4 章经纬仪测量和第 5 章全站仪测量；第 3 板块为现代测量技术，包括第 6 章 GNSS 测量、第 9 章数字摄影测量、第 10 章三维激光扫描测量和第 11 章水下地形测量；第 4 板块，即第 12 章土木工程测量，介绍了测设和变形测量的原理和方法以及建筑、道路、桥梁、隧道等典型工程施工过程中涉及的测量工作。从内容上看，本书对传统测量方法中仪器和操作流程的介绍进行了缩减，我们认为学生通过课堂学习和课后实验与实习，基本能很好地掌握相关知识。现代测量方法的原理相对复杂，而土木工程专业的学生具备的测绘基础知识和计算方法相对欠缺，建议该类学生课后通过相关教材、网站、视频、慕课等资料的学习相关知识、实际操作相关软件，以便加深对现代测量技术的理解和应用。

本书由周拥军、陶肖静、寇新建共同编写，周拥军负责测绘的基本理论和方法、现代测量技术、土木工程测量相关章节的编写和统稿，陶肖静负责传统测量技术相关章节的编写，最后由寇新建对全书进行审阅修改。书中介绍的相关仪器及应用案例得到了仪器厂商和测绘单位的支持，本书的出版得到了上海交通大学船舶海洋与建筑工程学院教材出版基金的资助，在此表示衷心感谢！由于编者水平所限，书中疏漏之处难免，请各位同仁批评指正！

编　者

目　　录

第1章 绪　　论

1.1　测量学的基本概念与内容

测量是利用测量仪器或方法，针对被测量对象的某些要素或特征进行量化描述的过程。测量有着丰富的内涵和外延，重大理论、科学发现、工程建设以及人们的日常生活都离不开测量工作。广义的测量涵盖范围广，从内容上来讲，既包括身高、体重等日常生活中常见的测量，又包括引力波、黑洞等重大科学问题所涉及的测量；从测量的要素来讲，既包括气压、温度、压力、强度等物理量的测量，又包括位置、长度、宽度等几何量的测量；从测量的领域来讲，包括机械测量、化学测量、生物测量、天文测量等。

本书所涉及的测量学是研究地球的形状和大小以及确定空间点（包括地面、空中、地下、水下）位置的科学，是研究地球及其表面和外层空间中各种自然形态和人造物体的空间信息采集、处理、管理、更新和利用的科学和技术。测量学为人类认识世界、改造世界提供了精准的空间信息，在许多行业和领域有着广泛的应用。首先，测量学在科学研究中起到重要作用，重大的科学发现都离不开测量工作，利用测量技术可以探索地球及其外部空间的奥秘和演化规律，为研究地球运动、内部物质的演化规律提供实测数据。其次，测量学在国民经济建设中有着重要作用，测量学通过采集各种比例尺的地图和地理信息，服务于经济发展规划、土地和海洋资源利用、农林牧渔业的发展、城市建设、防灾减灾等各个行业。测量学在国防建设中也发挥着重要作用，通过对战场态势的立体测量，为目标打击、精确制导、指挥和决策提供空间信息。

早期的测量学根据测量内容和方法分为普通测量学、大地测量学、工程测量学、海洋测量学等，这些分支虽然在测量对象和方法上有一定的差异，但其基本概念、基本理论和基本方法是相同的。从学科上讲，这些分支属于测绘科学与技术这个一级学科下的二级学科——大地测量与测量工程。测绘专业的学生需要系统学习测量和绘图的基本理论和方法，服务于国家的基础地理信息采集和重大工程的测量；非测绘专业的学生需要了解测量学的基本原理和方法，学会使用常用的测量仪器和方法解决本专业中涉及的测量问题。

本书主要面向土木工程、交通工程、水利工程、园林工程等非测绘专业的学生，介绍测绘科学和技术的基本原理和方法及其在以上行业中的应用。测量的内容主要是角度、距离、高差、坐标等几何信息；测量的仪器主要包括水准仪、经纬仪、全站仪、GNSS接收机等；测量的方法包括大地测量方法、摄影测量与遥感方法、水下测量方法等；测量的精度通常为亚毫米级到cm级，单次测量的空间范围为亚毫米级至几十千米，对于微米、纳米尺度的微观测量，大空间尺度的天体测量等不属于本书所介绍的测量范畴。

以土木工程应用为例，工程建设流程包括规划设计、勘察、施工、运营和维护等主要阶段，每个阶段都离不开测量工作。在规划设计前，需要测绘各种比例尺的地形图，以此作为规划、设计、勘察的依据；在施工阶段需要根据设计方案进行现场测设，并根据施工进度及时测量；在运营阶段需要进行安全监测。测量工作贯穿于土木工程建设的整个生命周期，掌握基本的测量原理和方法是一名土木工程师必备的专业技能。

1.2 测绘科学与技术简介

传统的土木工程测量主要是大地测量与测量工程专业知识在土木工程中的应用。随着测绘技术的发展,摄影测量与遥感技术、地理信息系统技术在土木工程中应用的比重在不断增加。本节简要介绍测绘科学与技术的历史、现状和趋势,以帮助学生对测绘学科有一定了解,拓展测绘技术在本专业中的应用。

简单地讲,测绘学就是研究"测量和绘图"科学与技术的学科,是一门古老的学科,有着悠久的历史。随着人类社会的进步、经济的发展和科技水平的提高,测绘学的理论、技术、方法及其内涵也不断发生着变化。从学科的角度来讲,测绘科学与技术作为一级学科包括3个二级学科,分别是大地测量学与测量工程、摄影测量与遥感、地图制图学与地理信息工程。下面从学科角度简要介绍测绘科学与技术的历史与现状。

1. 大地测量学与测量工程

大地测量学是研究和测量地球的形状、大小、重力场和空间点位置的科学,包括几何大地测量、物理大地测量和卫星大地测量这3个学科分支。几何大地测量(也称为天文大地测量)指用几何法测定地球形状和大小以及空间位置;物理大地测量指利用物理测量方法测定地球形状及其外部重力场;卫星大地测量指利用人造地球卫星进行目标定位及测定地球形状、大小和空间点的位置,其中全球卫星导航定位系统(global navigation satellite system, GNSS)已成为最主要的大地测量方法之一。

测量工程是为了满足工程规划和建设的需要,研究工程在规划、设计、施工和运营管理各个阶段进行的控制测量、地形测绘、施工放样以及变形监测的理论、技术和方法。工程测量面向的对象和领域很广,包括建筑工程测量、水利工程测量、线路道路工程测量、桥梁工程测量、隧道工程测量、市政工程测量、园林工程测量、军事工程测量等。工程测量按其工作顺序和性质可分为勘测设计阶段的工程控制测量和地形测量、施工阶段的施工测量和设备安装测量、竣工和管理阶段的竣工测量以及变形监测和维修养护测量等。

传统的大地测量方法以水准仪、经纬仪、全站仪等仪器为主要设备,通过测量高差、距离、角度等几何量得到空间点的平面坐标和高程。随着GNSS、摄影测量、三维激光扫描、多波束水下测量等技术在工程中的广泛应用,基于"空""天""海""地"多种观测平台、多种测量仪器和方法的现代测量模式将逐渐取代传统的大地测量方法并应用于各类工程中,大幅提高了测量工作的精度和效益。武汉大学张正禄教授将工程测量学的发展趋势概括为"六化"和"十六字":"六化"指测量内外业的一体化、数据获取及处理的自动化、测量过程控制和系统行为的智能化、测量成果和产品的数字化、测量信息管理的可视化、信息共享和传播的网络化;"十六字"指精确、可靠、快速、简便、实时、持续、动态、遥测。

2. 摄影测量与遥感技术

摄影测量是通过摄影以及对影像的量测获得目标物的形状、大小和空间位置的技术。遥感是一种非接触、远距离的,运用各种传感器(在卫星遥感中也称为载荷)对物体电磁波的辐射、反射特性进行探测的技术。由于摄影测量得到的影像是目标对自然光的反射强度的二维成像,因此从两者的定义来看,摄影测量可以理解为一种特殊形式的遥感。但由于摄影测量技术的出现早于遥感，因此在测绘领域仍习惯将两者分开来讲。摄影测量和遥感技术具有探测区域广、获取数据速度快、采集信息量大、受地面限制条件少、非接触等特点，已广泛应用于农业、林业、地质、地理、海洋、水文、气象、测绘、环境保护和军事侦察等许多领域，成为主要的测量方法之一。

摄影测量的核心问题是利用二维影像得到目标的三维空间坐标。自19世纪中叶摄影技术应用于测量以来，摄影测量经历了模拟摄影测量、解析摄影测量、数字摄影测量三个阶段。在20世纪60—70年代，摄影测量处于模拟摄影测量阶段，即利用光学或机械方法，通过具有模拟摄影测量现场功能的纠正仪、立体测图仪等仪器，实现摄影测量功能。随着计算机技术的高速发展，摄影测量逐步由模拟方式向解析方式过渡。解析摄影测量利用了计算机来解决摄影测量中复杂的计算问题，精度与模拟摄影测量相近，工作量大大降低。20世纪80年代以后，随着高速度、大容量个人计算机和以CMOS、CCD为代表的固态成像技术的出现，摄影测量进入了数字摄影测量时代。数字摄影测量是涉及摄影测量技术与计算机技术、数字影像处理、模式识别等多学科的理论与方法。在数字摄影测量中，不但产品是数字的，而且中间数据的记录及处理的原始资料均是数字的。

遥感(remote sensing, RS)是以航空摄影技术为基础，于20世纪60年代初发展起来的一种对地观测技术，遥感系统主要由四大部分组成：

(1) 信息源，是目标具有的反射、吸收、透射及辐射电磁波的特性，当目标与电磁波发生相互作用时会形成反射、散射等电磁波特性，这为遥感探测提供了信息来源。

(2) 信息获取，是指运用设遥感设备接收、记录目标物电磁波特性的过程。信息获取设施主要包括遥感平台和传感器。其中遥感平台是用来搭载传感器的运载工具，常用的有气球、飞机和人造卫星等；传感器是用来接收探测目标物电磁波特性的设备，常用的有照相机、扫描仪和成像雷达等。

(3) 信息处理，是指运用专门的仪器设备与计算机软、硬件对所获取的遥感信息进行校正、分析和解译的过程。

(4) 信息应用，是指专业人员将遥感信息应用于各业务领域的过程。信息应用的基本方法是将遥感信息作为主要数据来源对其进行处理、分析和利用，主要的应用领域包括军事侦察、矿产勘探、自然资源调查、地图测绘、环境监测以及城市建设和管理等。

目前，遥感技术已逐渐替代传统测量方法成为获取地理空间信息的主要手段。在观测平台方面，天基(导航卫星、遥感卫星)、空基(临近空间飞艇、有人驾驶飞机、无人机等)、地基(移动观测、定点观测)观测平台应用广泛(见图1-1)；在遥感载荷方面，以光学、激光、雷达为代表的传感器日益丰富，时空和光谱分辨率大幅提高；在应用方面，遥感应用逐渐由行业专题应用向区域综合应用拓展，从大尺度应用向中小尺度应用延伸。对于遥感测绘而言，影像的空间分辨率(是指每个像素对应的地面距离)和定位精度是最重要的技术指标，以高分辨率卫星遥感为例，目前空间分辨率最高的民用遥感影像是美国的WorldView-3，全色分辨率为0.31 m，无人机摄影测量数据经处理已经达到3 cm的定位精度，可以满足1∶500大比例尺地形图测绘的要求。随着遥感技术的发展，未来的遥感平台将以高性能微纳卫星、软件定义卫星、小卫星群组为主，载荷的空间、时间和光谱分辨率将进一步提高，遥感系统的智能化、一体化、轻小型化是未来遥感平台的发展趋势。

3. 地图制图学与地理信息工程

地图制图学是研究地图及其编制和应用的一门学科，通过地图图形反映自然界和人类社会各种现象的空间分布、相互联系及其动态变化。传统编绘地图是用根据多种制图资料，如实

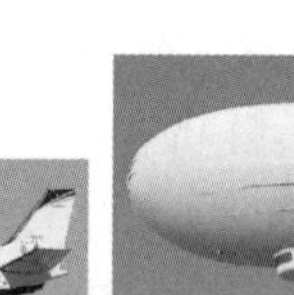

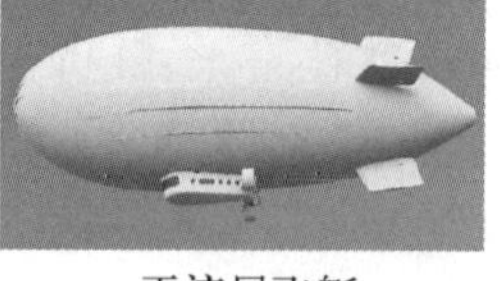

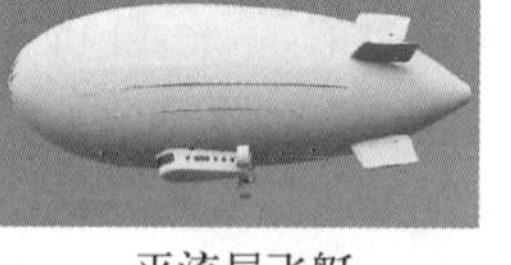

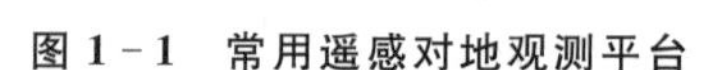

图 1-1　常用遥感对地观测平台

测地形图、统计资料、遥感影像等编制成为用户所需的各类型地图。地图制图经历了传统的模拟制图和数字化成图阶段。

地理信息系统(geographic information system, GIS)是在计算机软件和硬件支持下,将各种地理信息按照空间分布及属性以一定的格式输入、存储、检索、更新、显示、制图和综合分析应用的技术系统。它将计算机技术与空间地理数据相结合,通过一系列空间操作和分析,为地球科学、环境科学和工程设计,乃至政府行政职能和企业经营提供规划、管理和决策信息。

GIS 的概念最早出现于 20 世纪 50 年代,随着计算机技术的发展,测绘和地理工作者开始逐步利用计算机存储各种来源的测量数据,通过计算机对这些数据的处理和分析,得到一系列成果。50 年代末,奥地利测绘部门首先利用电子计算机建立了地籍数据库,之后许多国家的土地测绘部门相继开发了土地信息系统。60 年代末,加拿大建立了世界上第一个地理信息系统——加拿大地理信息系统(CGIS)。随着计算机技术的快速发展和广泛的应用,20 世纪 90 年代 GIS 的理论和应用进入了快速发展时期,许多政府管理部门和商业机构建立了自己的 GIS 系统,国内外也出现了许多 GIS 商业软件,知名的软件有 ArcInfo、MapInfo、GeoMedia 等,国内的有 GeoStar、MapGIS、SuperMap 等。

21 世纪以来,随着计算机技术、互联网、移动通信等技术的发展,GIS 的发展和应用进入了新的阶段。在 GIS 技术方面,主要表现在组件 GIS、互联网 GIS、多维动态 GIS、移动 GIS 和地理信息共享与互操作等方面。在应用方面,GIS 系统从传统的行业应用进入了大众应用时代,手机或车辆导航、智慧城市等都离不开 GIS 技术的支撑。

4. 测绘科学技术与其他学科的交叉融合

当前测量方法从传统的以水准仪、经纬仪和全站仪为主的传统大地测量方法转变为以 GNSS、RS 和 GIS 方法为主的现代测量方法;绘图从纸质地图、数字平面图到三维实景图;测绘对象的范畴也逐渐扩大到陆、海、空、天,甚至其他新的领域。测绘科学与技术已实现了从传统测绘到数字化测绘的转变,未来将逐渐转向智能化。研究表明,与空间位置有关的信息占信息总量的 80%以上,地理空间信息作为基础信息对推动社会经济发展具有重要作用。近年来,随着移动互联网、云计算、大数据、物联网、人工智能等新技术的发展,测绘科学与技术本身将带来重大的变革,同时也必将推动其他行业的发展。

地理空间数据是典型的大数据,一颗高分辨率遥感卫星一天的数据量约为 1 TB,数字地球和数字城市中无所不在的亿万个各类传感器产生的数据量级从GB级和TB级逐步增长到PB、EB甚至ZB级。随着人工智能技术的发展，以深度学习为主的人工智能方法已逐渐取代传统的方法，在遥感影像的地物分类、目标检测识别和变化检测方面发挥了重要作用。云平台、物联网等技术的发展使得空间信息的采集更加方便，同时多尺度、个性化、智能化、全天候的泛在位置和地理信息服务越来越便捷。

以大数据、人工智能为代表的信息技术的快速发展，也促进了测绘科学技术与其他专业的深度交叉和融合。在土木工程领域，传统的土木工程测量主要以为土木工程领域的勘察、设计、施工、运营阶段提供各种比例尺的地形图、施工测设、变形测量、竣工测量为主，随着BIM技术、智能建筑等概念的出现，现代测量技术将成为现有建筑数据采集的主要手段，有着不可或缺的作用。未来随着我国城市化进程的完成，土木工程从建设到运维的转变，测绘科学技术在土木工程中也将发挥更大的作用。在机械工程和电子信息领域，测绘科学与技术的传统应用以工业测量、反向工程为主，而在智能制造时代，高精度的三维实时地图和位置感知将为无人驾驶、智能制造提供重要支撑。

1.3 地球自然表面、大地水准面与参考椭球面

1. 地球自然表面

人类对地球形状与大小的认识经历了漫长的历史过程，最早人们认为“天圆地方”；公元前6世纪古希腊哲学家毕达哥拉斯提出地球球形的概念；之后亚里士多德根据月食时月面出现的圆形地影证实了“地圆说”；到17世纪末，牛顿在研究地球自转对地球形态的影响时，认为“地球应是一个赤道略微隆起，两极略微扁平的椭球体”；1733年，巴黎天文台派出2支考察队，分别前往南纬2°的秘鲁和北纬66°的拉普林进行大地测量，结果证明了牛顿的推测。20世纪60年代，随着卫星大地测量的发展以及测绘技术的进步，研究人员精确地测出了地球的平均赤道半径为6 378.14 km，极半径为6 356.76 km，赤道周长和子午线周长分别为40 075 km和39 941 km，北极地区约高出18.9 m，而南极地区低24～30 m。地球表面分布有陆地与海洋、高山与峡谷、丘陵与平原，陆地上的最高峰——珠穆朗玛峰高出海平面8 848.86 m；海洋的最深处位于西太平洋的马里亚纳海沟，低于海平面11 022 m。总之，地球的形状是一个不规则的球体，地球表面是不规则的曲面，两者都不能用简单的数学模型表达。为此，人们需要找到一个能用简单函数表示的几何体来代表地球，以便于测量数据处理与制图。

2. 大地水准面

水准面是指地球表面静止的水面穿过陆地形成的闭合曲面，由于水准面的高度会随着时间和地点而变化，因此可以找到无穷多个水准面。其中，与平均海水面最接近的水准面称为大地水准面，平均海水面的高度由专业部门测定并发布，不同国家定义的平均海水面的高度也是不一致的。地球自然表面与大地水准面如图1-2所示。大地水准面具有以下几个特点。

(1) 大地水准面是一个等势面。根据万有引力定律，水准面上的每个质点都受到重力作用。在势能相等的情况下，水分子不流动而呈静止状态，因此是一个重力等势面。

(2) 大地水准面是一个不规则的曲面。由于地球内部物质分布不规则，因此地面上各点的重力大小和方向并不严格相等，从而导致大地水准面是一个不规则的曲面。

(3) 大地水准面是测量的基准面。重力作用的方向称为铅垂线(简称垂线)，地面上的点

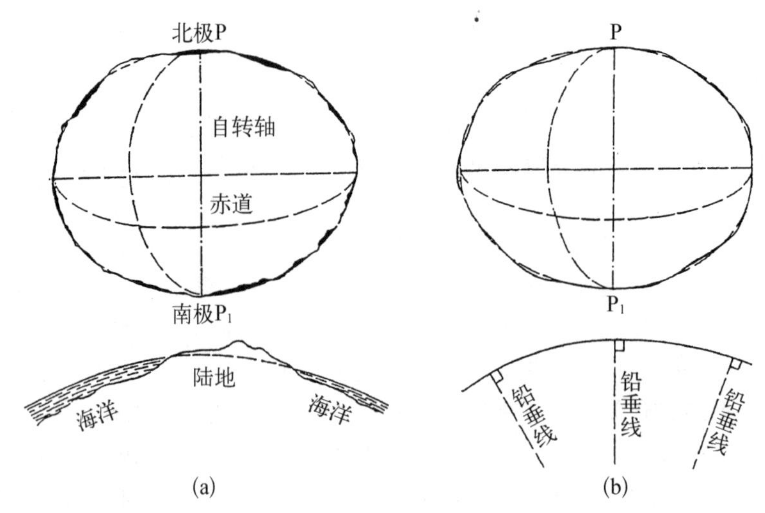

图 1-2 地球自然表面与大地水准面

(a) 地球自然表面 (b) 大地水准面

沿垂线方向到大地水准面的距离称为高程或海拔高度。

3. *参考椭球面*

大地水准面是测量的基准面，在测量学中是一个非常重要的概念。但大地水准面是不规则的，无法用一个简单的函数来表达，需要找到一个几何形状与大地水准面非常接近的曲面来代替大地水准面。已有研究表明地球是一个不规则的椭球体，因此人们很自然地想到用椭球面来近似代替大地水准面，这样的椭球面称为参考椭球面，对应的椭球称为参考椭球体。测量学中常用旋转椭球面来代替大地水准面，旋转椭球体可用函数表示为

$$\frac{x^2+y^2}{a^2}+\frac{z^2}{b^2}=1 \tag{1-1}$$

式中，a、b 分别为长、短半轴的长度，简称长、短半径，也可以通过给定长半径和扁率 $f=(a-b)/b$ 来定义椭球的形状，这些参数称为地球椭球元素值。

地球椭球元素值是通过大量的测量成果推算出来并由测绘主管机构公开发布的，对测量成果的处理和应用起到重要作用。自 17 世纪以来，许多国家和机构根据不同地区和不同年代的测量资料推算出不同的地球椭球元素。其中，利用全球的测量资料推算出来的椭球元素称为总地球椭球，如美国的 WGS-84 椭球；利用某个国家或地区的测量资料推算出来的椭球元素称为区域椭球，区域椭球只要求在某个区域内的大地水准面与参考椭球面最接近，如我国的“1954 年参考椭球”和“1980 年参考椭球”。表 1-1 列出了测量中常用的几种椭球参数元素值。

表 1-1 常用的参考椭球元素值

参考椭球名称	发布年份	长半径 a/m	扁率 f
1954 年参考椭球	1954	6 378 245	1/298.3
1980 年参考椭球	1980	6 378 140	1/298.257
CGCS2000	2000	6 378 137	1∶298.257 223
WGS-84	1984	6 378 137	1∶298.257 222

在确定参考椭球的形状后，还需要对参考椭球进行定位和定向，即调整参考椭球的位置和姿态，使之与大地水准面更好地吻合。我国参考椭球的定位和定向采用了单点法，利用位于陕西省泾阳县永乐镇的大地原点的天文经纬度和天文方位角与大地经纬度和大地方位角相等的方法对参考椭球进行定位和定向。对椭球完成定位和定向后，相当于以椭球中心为原点，以椭球的长半轴为 X 轴建立了一个坐标系，上述椭球参数也称为相应的坐标系对应的椭球参数。"1954 年参考椭球"的参数采用了苏联的克拉索夫斯基参数；"1980 年参考椭球"的参数是我国利用天文大地网联合观测整体计算得到的椭球参数；CGCS2000 是指 2000 年国家大地坐标系(China geodetic coordinate system, CGCS)，是由国家 GPS(global positioning system)大地控制网、国家重力基本网以及常规测量方法建立的国家天文大地网联合计算得到的三维地心坐标系，也是我国北斗卫星导航系统(Bei Dou system, BDS)所采用的坐标系统。WGS-84 是 1984 年由美国军方建立的世界大地坐标系(world geodetic system, WGS)，也是美国 GPS 采用的坐标系统。

这里需要指出的是参考椭球面是大地水准面的近似表示，两者是有区别的，主要表现在以下方面：

(1) 大地水准面是一个物理曲面，其表面是不规则的；而参考椭球面是一个可以用函数准确表达的数学曲面。

(2) 垂直于参考椭球面的方向称为法线方向，地面上的点沿法线方向到参考椭球面的距离称为大地高；而地面上的点沿垂线方向到大地水准面的距离称为高程或海拔高度。

(3) 在常用的测量方法中，GNSS 测量经变换后得到的是到参考椭球面的高度，而水准测量方法得到的是到大地水准面的高度。

1.4 空间点位置的表示方法

我们所处的空间是一个三维空间，因此无论是在地上、地下还是太空中的点都可以用三维坐标系来表示，但由于本书介绍的测量对象主要是地球表面，因此通常将三维坐标分解为二维的球面坐标或平面坐标加一维的高程或大地高的形式表达。

1.4.1 三维坐标系

1. 三维直角坐标系

在空间解析几何中，若要表达空间中任意一点的位置，首先需要建立三维直角坐标系，它也是最常用的坐标系。定义一个三维直角坐标系，需要给出 1 个坐标原点以及 3 个相互垂直且有相同长度单位，并且正方向符合右手法则的坐标轴，这样就构成了一个空间三维直角坐标系。

在大地测量中，根据选择的原点位置和坐标轴方位的不同，定义的坐标系也不同。如坐标系的原点通常可以选择地球质心或参考椭球中心，由不同的时间以及测量和计算方法得到的地球北极的位置也是不一致的。因此不同的国家和地区定义了不同的空间三维直角坐标系。以常用的 WGS-84 三维直角坐标系(见图 1-3)为例，该地心空间直角坐标系的坐标原点为地球质心，其 Z 轴指向国际时间服务机构(Bureau International de l'Heure, BIH)发布的"BIH 1984.0"中定义的协议地球极(conventional terrestial pole, CTP)方向，X 轴指向"BIH

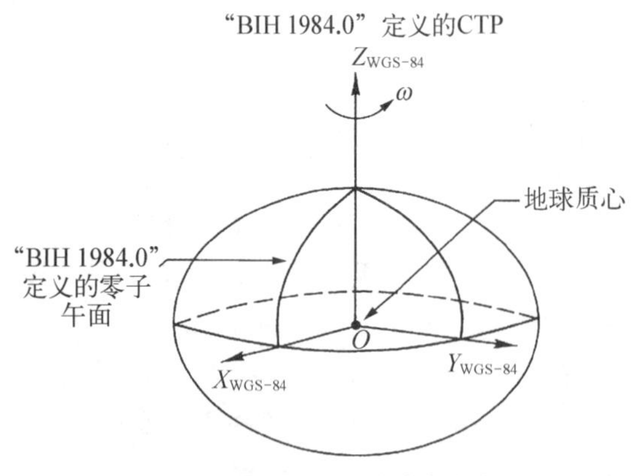

图 1-3　WGS-84 三维直角坐标系

1984.0”中定义的零子午面和 CTP 赤道的交点，Y 轴与 Z 轴、X 轴垂直构成右手坐标系，称为“1984 年世界大地坐标系统”。

随着现代测量学从传统的二维测量模式转变为三维测量的模式，在很多应用中为方便单体建筑、建筑物构件等特征的表达，需要定义一个独立的空间三维直角坐标系。如图 1-4 所示为某建筑物建立的独立坐标系，该坐标系的原点和轴系可根据建筑物的走向灵活选择，只需要满足正交条件和右手法则即可。通过独立空间坐标系与地理坐标之间的转换可以得到该对象在统一的地理坐标系中的坐标。

2. 地理坐标系

在测绘学中，通常将自然地面上的点投影到椭球面上，然后用经度、纬度和该点距离参考面的高度来表示地面点空间位置。这种用经度和纬度表示点位的方法称为地理坐标。地理坐标又因采用的基准面和基准线的不同而分为天文地理坐标（见图 1-5）和大地地理坐标。

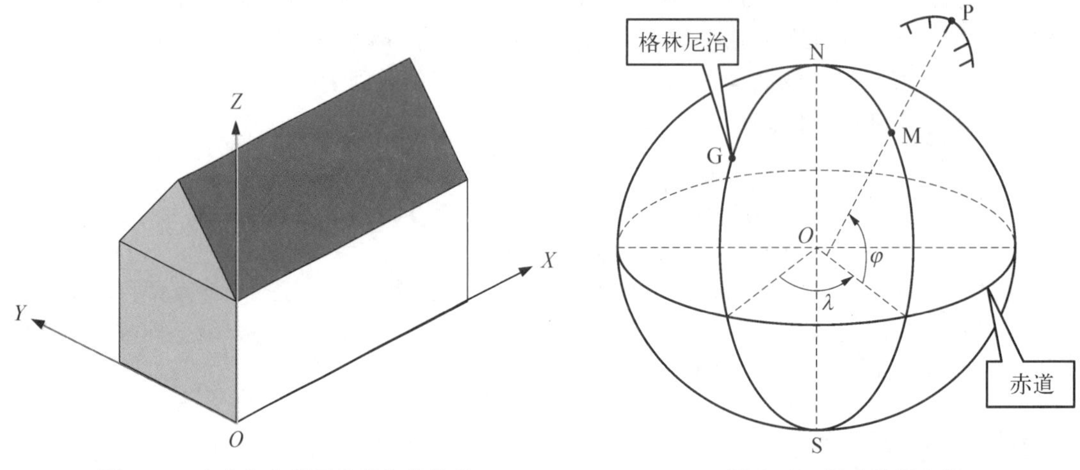

图 1-4　自定义空间三维直角坐标系

图 1-5　天文地理坐标

地球表面可以近似用大地水准面或参考椭球面表示，若将地面上的点沿法线方向投影到参考椭球面，则可以得到该点在参考椭球面的位置以及该点到椭球面的大地高 H。地面上任意一点与地轴组成的平面称为子午面；子午面与球面的交线称为子午线或经线；通过英国格林尼治天文台的子午面称为首子午面；相应的子午线称为首子午线或本初子午线；首子午线上点的经度为 0°；过某点的子午面与首子午面所成的二面角称为大地经度，通常用符号 L 表示；自首子午面向东或向西计算，取值范围是 0°～180°；在首子午面以东为东经，在首子午面以西为西经，同一子午面线上各点的经度相同；垂直于地轴的平面与参考椭球面的交线称为纬线；垂直于地轴并通过地心与参考椭球面相交的纬线称为赤道。纬度是以某点的铅垂线与赤道平面之间的夹角，通常用符号 B 表示；自赤道起向南或向北计算，取值范围为 0°～90°。我国位于东半球和北半球，所以地理坐标都是东经和北纬。

同理，若将地面上的点沿铅垂线方向投影到大地水准面，则可以得到该点在大地水准面的位置以及该点沿垂线方向到大地水准面的高程 h。同样以通过英国格林尼治天文台的子午线为零度经线，类似地得到天文经度 λ、天文纬度 φ。

综上所述，将空间点沿法线方向投影到参考椭球面上得到该点的大地地理坐标(L, B, H)，沿垂线方向投影到大地水准面得到该点的天文地理坐标(λ, φ, h)，两者都是将空间点通过两个角度元素和一个高度元素来表示，但这两套坐标系统的几何意义和测绘学含义是有明显区别的。例如在 GNSS 测量中得到的高度是到参考椭球面的大地高，而传统水准测量得到的是以大地水准面为基准面的高程，两者不能混淆。此外，在很多应用中，由于人们仅关注点的平面位置，因此只给出该点的经纬度，但经纬度不是平面坐标而是椭球面坐标，它和高度维共同构成了一个三维空间，只是没有关注高度的信息而已。

3. 地理坐标与三维直角坐标间的转换

在测量学中，大区域的测量主要采用大地坐标，由于目前常用的大地坐标系统包括"WGS-84""1980 年国家坐标系""CSCG2000 坐标系"以及城市或地区独立坐标系等不同形式，因此需要将大地坐标与三维直角坐标之间的相互转换，大地坐标与三维直角坐标之间的转换需要已知椭球元素。

大地坐标转换为三维直角坐标的关系式为

$$\begin{cases} X = (N + H)\cos B \cos L \\ Y = (N + H)\cos B \sin L \\ Z = [N(1 - e^2) + H]\sin B \end{cases} \tag{1-2}$$

三维直角坐标到大地坐标的转换关系为

$$\begin{cases} L = \arctan(Y/X) \\ B = \arctan(Z + Ne^2 \sin B)/\sqrt{X^2 + Y^2} \\ H = \sqrt{X^2 + Y^2}/\cos B - N \end{cases} \tag{1-3}$$

式中，(L, B, H)表示某点的大地坐标；(X, Y, Z)表示该点的三维直角坐标；a 表示椭球的长半径；e 表示椭球的扁率，$e^2 = \dfrac{a^2 - b^2}{a^2}$；$N = \dfrac{a}{\sqrt{1 - e^2 \sin^2 B}}$，其中将三维直角坐转换为大地坐标需要迭代计算。

1.4.2 平面坐标系

地理空间是一个三维空间，而常用的图纸都是平面的，因此需要将三维空间投影到二维平面上以便于表达和应用。在工程制图中，将三维空间投影到二维平面的投影主要有平行投影和透视投影，如在建筑或结构设计中，通常将建筑物分别投影到正面、立面、平面三个面上，通过三视图表达建筑的空间关系。将自然表面上的点投影到参考椭球面上可以得到大地坐标，但大地坐标仍然是球面坐标，还需要进一步变换才能得到平面坐标。将地球表面的点按一定的数学法则转换到平面上的理论和方法称为地图投影，地图投影本质上是一种数学变换，可以用函数表示为

$$\begin{cases} x = f(L, B) \\ y = g(L, B) \end{cases} \tag{1-4}$$

式中，(L, B)表示某点的经纬度；(x, y)表示投影后得到的平面坐标；函数 $f(\ )$ 和 $g(\ )$ 表示投影函数。地图投影的关键问题是如何选择投影模型，尽可能地减小长度、角度、面积等几何变形。其中，应用最广泛的投影模型是高斯投影模型。

1. 高斯平面坐标系

高斯平面坐标系是指经高斯投影后得到的平面直角坐标系，高斯投影是以德国数学家高斯于 19 世纪 20 年代提出的数学模型为基础，后经德国大地测量学家克吕格于 1912 年对投影公式加以改进，并应用于地图投影，因此也称为高斯-克吕格投影。

高斯投影的基本原理(见图 1-6)是设想用一个椭圆柱横切于椭球面上投影带的中央经线，按照投影带中央经线投影为直线且长度不变和赤道投影为直线的原则，首先将中央经线两侧一定经差范围内的投球面投影于圆柱面，然后将圆柱面沿着经过南北极的母线剪开展平，即可得到高斯-克吕格投影平面。在高斯-克吕格投影中，除中央经线和赤道为直线外，其他经线均为对称于中央经线的曲线。高斯-克吕格投影没有角度变形，在长度和面积上变形也很小，中央经线无变形，自中央经线向投影带边缘，变形逐渐增加，变形最大处在投影带内赤道的两端。因此高斯投影也称为“等角横切椭圆柱投影”。

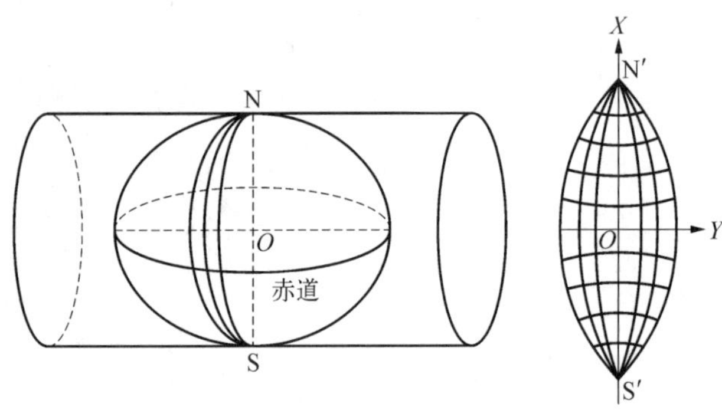

图 1-6　高斯投影的基本原理

高斯投影具有以下几个特点：

(1) 中央子午线投影为一条直线，且投影之后的长度无变形；其余子午线的投影均为凹向中央子午线的曲线，且以中央子午线为对称轴，离对称轴越远，其长度变形越大。

(2) 赤道的投影为直线，其余纬线的投影为凸向赤道的曲线，并以赤道为对称轴。

(3) 投影前后的角度无变形，同一点的经纬线投影后仍保持相互正交。

从高斯投影的特点和规律可以看出，高斯投影虽然能保证角度不变形，但不能使长度不变形，且离中央子午线越远，长度变形越大。为限制长度变形，通常采用分带投影方式，即每一个投影带只包括中央子午线及其两侧的邻近部分。

分带时既要控制长度变形，又要使带数不致过多以减少换带计算的工作量。我国通常按经差 6 度或 3 度分为 6 度带或 3 度带。6 度带自 0 度子午线起每隔经差 6 度自西向东分带，带号依次为第 1,2,…,60 带。3 度带在 6 度带的基础上细分得到，它的中央子午线与 6 度带的中央子午线和分带子午线重合，即自 1.5 度子午线起每隔经差 3 度自西向东分带，带号依次编为 1,2,…,120 带，如图 1-7 所示。

分带投影后，各带中央子午线都与赤道垂直，以中央子午线作为纵坐标，赤道为横坐标，其交点为坐标原点。这样，在每个投影带内便构成了一个既与地理坐标有直接关系又各自独立的平面直角坐标系，称为高斯-克吕格平面直角坐标系(高斯平面直角坐标系，见图 1-8)。

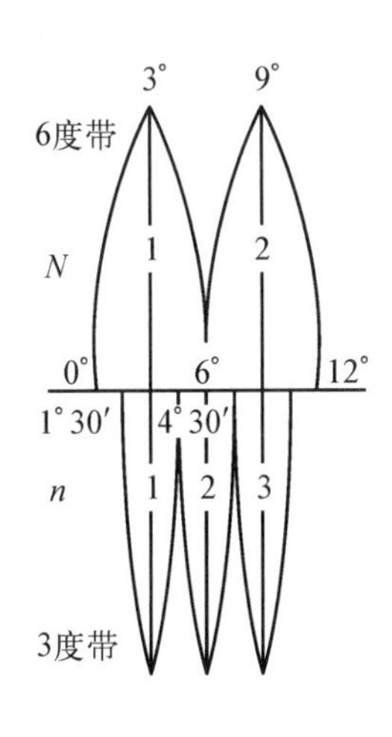

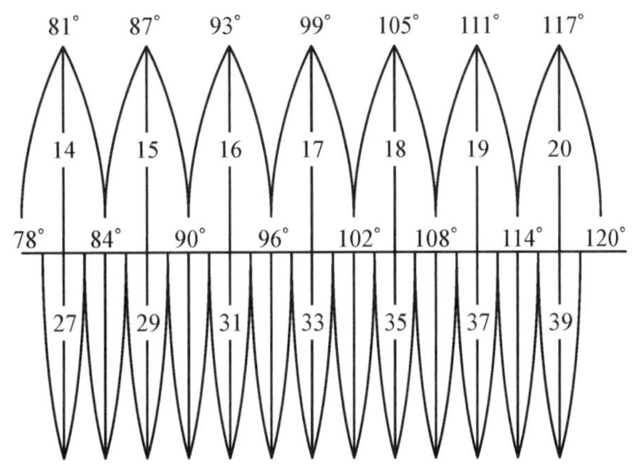

图 1-7　分带投影方法

在高斯平面直角坐标系中，纵坐标 X 从赤道向北为正，向南为负；横坐标 Y 由中央子午线向东为正，向西为负。我国位于北半球，X 坐标均为正值，但每个投影带内的横坐标 Y 值有正有负。为使横坐标不出现负值，无论是 3 度带还是 6 度带，每带的纵坐标轴都西移 500 km，即每带的横坐标都加上 500 km。加上 500 km 之后，中央子午线以东的横坐标大于 500 km，以西的横坐标小于 500 km，且都为正数。为了指明该点位于哪一个投影带，还规定在横坐标值之前加上带号，未加 500 km 和带号的横坐标值称为自然值；加上 500 km 和带号的横坐标值称为通用值。

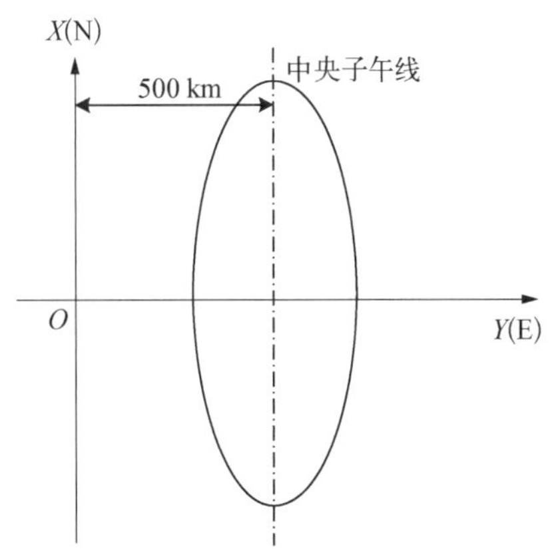

图 1-8　展开后得到的高斯平面直角坐标系

需要注意的是，高斯平面直角坐标系的 X 轴与 Y 轴的定义与数学上的笛卡尔坐标轴不一致。为了便于区分，有些全站仪将 X 坐标称为北(N)坐标，Y 坐标称为东(E)坐标。在高斯平面直角坐标系中，象限按顺时针方向编号，因此数学上定义的各类三角函数可以在高斯平面坐标系中直接使用，不需要做任何变换。

2. 独立平面直角坐标系

高斯平面坐标系通过将地面上的点投影到参考椭球面上经高斯投影得到平面坐标，但当测量区域较小(如在半径小于 10 km 的范围内)，由于地球的曲率半径为 6 370 km，因此在较小的区域内完全可以将大地水准面视为平面。在这种情况下，空间点可以通过平行投影直接投影到水平面上，然后在平面上选定一个坐标原点和两个相互正交的坐标轴，这就构成了独立平面直角坐标系。若要将独立平面直角坐标系统转换到某个指定的平面坐标系统中，则只需要进行平面坐标变换即可。

1.4.3　高程系统

空间点沿垂线方向到大地水准面的距离，称为该点的绝对高程或海拔，两点间的高程差，称为高差。如图 1-9 所示，H_A、H_C 表示绝对高程；H'_A、H'_C 表示相对高程；h_{CA} 表示相对高

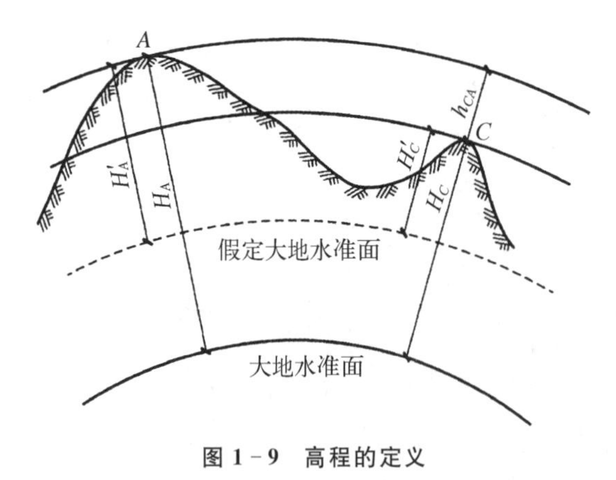

图 1-9　高程的定义

程与绝对高程之间的差值。

根据大地水准面定义的不同,我国先后采用了"1956 年黄海高程系"和"1985 年高程基准"。其中 1956 年黄海高程系是根据 1950—1956 年青岛验潮站的资料推算得到的黄海平均海水面作为我国高程的起算面,据此推算得到国家水准原点的高程为 72.289 m。20 世纪 80 年代初,国家测绘局根据 1953—1979 年的青岛验潮资料,推算出新的平均海水面,据此推算的国家水准原点的高程为 72.260 m,称为"1985 年国家高程基准",如图 1-10 所示。

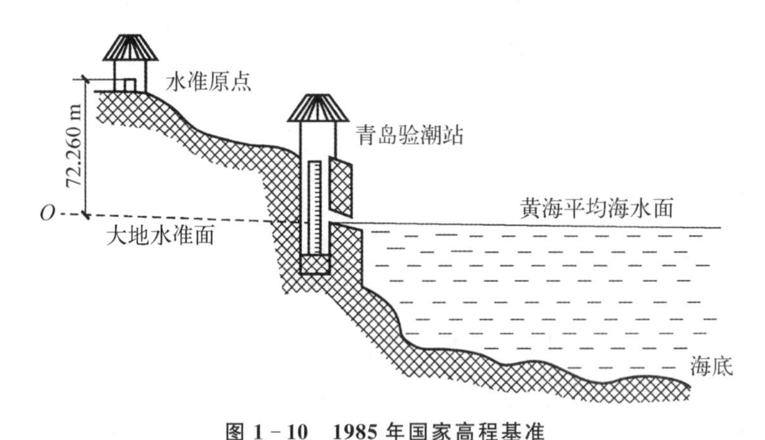

图 1-10　1985 年国家高程基准

在局部地区或小型工程建设中,当测量绝对高程有困难时,可以任意假定一个水准面为高程起算面,以此建立独立的高程系统。地面上某点到假定高程起算面的垂直距离,称为该点的相对高程。采用假定高程系统时,对于同一项测量工作应先在测区内选定一个高程基准点并给定其高程值,再以它为基准推算其他各点的高程。在一个特定的区域内,只能选择一个假定水准面。

1.5　测量的任务、仪器和方法

1.5.1　测量的主要任务

测量工作的应用领域非常广泛,内容也很繁杂,同时随着测绘和遥感技术的快速发展,其内涵也不断发生变化。但总体而言,测量工作的主要任务是为不同的行业、工程、科学研究提供空间信息。其工作总体上分为两类:一类是测量和绘图,即利用水准仪、经纬仪、全站仪、GNSS 接收机、摄影测量、激光扫描等设备提供空间坐标和各种类型的图形或图像;另一类是测设,即将设计好的图纸上的特征点按规定要求在现场标记,保证工程按设计要求建设。

传统的测量学以地形图测绘为主,地球表面复杂多样的形态可分为地物和地貌两大类。

地面上的固定性物体，如房屋、道路、桥梁等，称为地物；地球表面各种高低起伏的形态，如高山、深谷、陡坡、悬崖和雨裂冲沟等，称为地貌。而现代测量学除了地形图测绘外，还包括建筑物或街区立面、三维景观、既有建筑或基础设施的三维测量等工作。

测设是将图上设计建筑物、基础设施的图形和位置在实地上进行标记，作为施工的依据。传统的建筑物和公路的测设精度要求相对较低，而超高层建筑、异型建筑、高铁、地铁、跨海桥隧等大型工程对测设精度的要求高。

1.5.2　测量仪器和方法

传统的测量仪器包括光学水准仪(测量高差)、光学经纬仪(测量角度)、钢尺(测量距离)等仪器，目前已基本被电子水准仪和全站仪取代。这些仪器的基本观测量是高差、角度和距离，利用这些仪器经测量和计算得到点位坐标和高程的方法也称为传统的大地测量方法。

20 世纪 90 年代，随着美国 GPS 系统的布设完成，GPS 测量方法因不需要测点之前相互通视、可以全天候作业、定位精度高等优点而成为主要的测量方法。早期的 GPS 测量主要用于平面控制测量。近年来，随着我国的北斗系统建设完成，以及 RTK、CORS 等技术的快速发展，GPS 技术也广泛用于测量和测设。

此外，随着无人机、无人船等观测平台，以及高分辨率成像观测技术、三维激光扫描技术、多波束水下测量技术的发展，无人机摄影测量技术、机载或地面三维测量技术已成为地理信息采集的主要手段。其中有些技术并不是最近才出现的，但这些技术在最近十余年间才得以在土木工程中广泛应用，为表达方便，本书将这些测量技术统称为现代测量技术。

1.5.3　测量的基本原则

做任何工作都必须遵循一定的原则，按照一定的步骤进行，这样才能做到有条不紊、保质保量，测量工作也不例外。测量工作的基本原则如下：从整体到局部，由控制到细部，由高精度到低精度，工作要有检核。

以地形测量为例，测量工作的程序通常分为两步：第 1 步是控制测量，如图 1－11(a)所

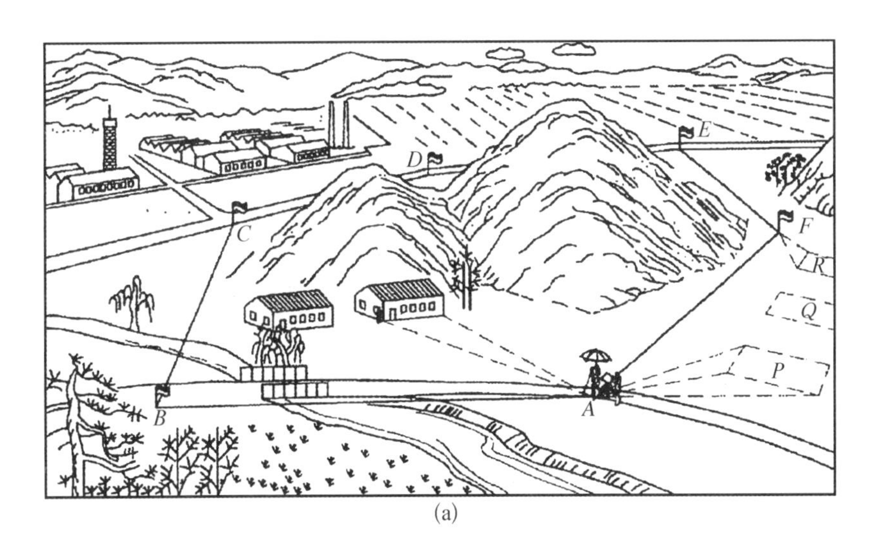

(a)

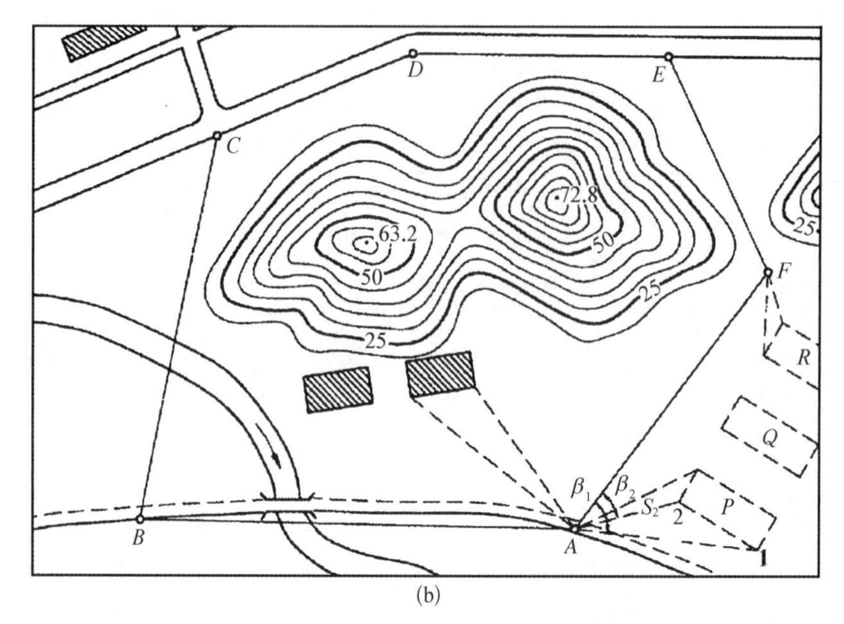

(b)

图 1-11　某厂区大比例尺地形图测量流程

(a) 透视图　(b) 地形图

示，先在测区内选择若干个具有控制意义的点（A、B、C…）作为控制点，用较精确的仪器和方法测量各控制点的平面坐标和高程；第 2 步是碎部测量，即根据控制点测定碎部点的位置，并按照规范要求绘制地形图，如图 1-11(b)所示。这种工作流程体现了“从整体到局部，先控制后碎部，由高精度到低精度”的作业原则。它可以减少误差积累，保证测量精度，而且可以分幅测绘，加快测量进度。在测量工作中，最重要的技术指标是“精度”，现行规范都对精度指标做出了详细的规定。为保证测量精度，在测量过程中的每一步都需要检核，以避免错误，减少误差。

测量工作的程序和原则不仅适用于测定工作，也适用于测设工作。以高速公路建设为例，首先需要在整个路段布设高精度的工程控制网，然后将工程分为各个标段，布设施工控制网。然后以控制点为基础，进行公路轴线的测设。

1.6　学习要求和建议

测量学是一门实用性极强的专业基础课，随着测量技术的快速发展，其涉及的知识点也越来越多，通过本课程的学习以及课后的实验和实习，学生应达到以下基本要求：

(1) 掌握常用测量仪器的基本原理和使用方法：掌握测量误差、地图投影等方面的理论知识，了解摄影测量、三维激光扫描、遥感技术的基本原理。

(2) 具备“测”的能力：通过课堂教学和课后实验和实习，能熟练使用水准仪、经纬仪、全站仪、GNSS 接收机等常用测量仪器和设备。

(3) 具备“算”的能力：学会应用常用的计算工具和软件，掌握从高差、距离、角度等基本观测量计算点位的高程和坐标的能力。

(4) 具备“绘”的能力：学会使用常用软件，按规范绘制各种地图产品，如大比例尺地形图、建筑物立面图、与专业相关的专题图。

(5) 学会利用本书介绍的测绘原理和方法来解决所学专业中的测量问题。

本书面向的学生大多为非测绘专业本科二年级的学生，这些学生尚未开始专业课的学习，对工程的认识和实践能力偏弱，习惯于常规的“听课—作业—考试”的模式。因此，要想学好本课程需要改变原来的思维和学习模式，培养“工程思维”模式，这样才能取得较好的学习效果。建议学生在学习过程中逐步养成以下的学习和思考习惯：

(1) 理论联系实际。本书对涉及测量数据处理的理论和方法部分的介绍相对简单，由于受到学生基础和课时的限制，书中的算例以及课后的作业也相对简单，因此仅会完成作业或考试并不意味着已掌握本课程，学生需要在掌握基本理论、基本概念、应用背景的基础上去学习。

(2) 采用从“宏观到微观”的策略。先从掌握课程的整体架构入手，掌握课程的基本原理和方法，熟悉了内容框架后再深入理解具体问题。

(3) 在学习和实践过程中应学会分类学习和思考，工科面临的问题通常可分解为理论问题和应用问题。随着科学技术的发展，近年来又出现了人工智能问题或大数据问题。针对不同类型的问题应采用不同的思维方式和学习方法。图 1-12 给出了常用的几种问题的思维导图。

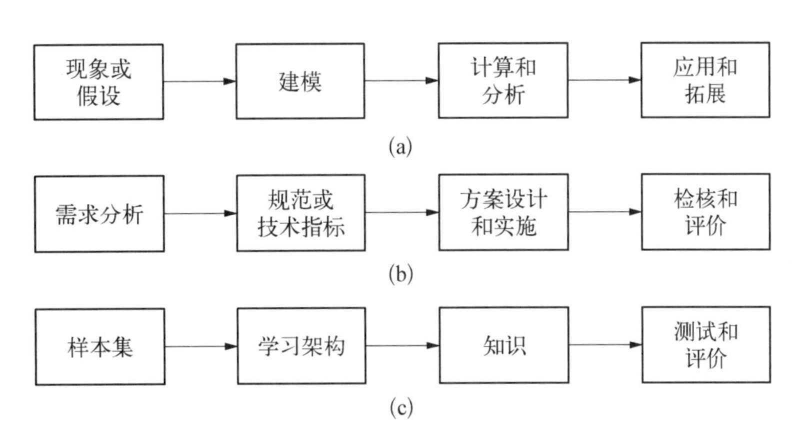

图 1-12 常用的几种问题

(a) 理论问题 (b) 工程问题 (c) 大数据和机器学习问题

对于理论问题，我们首先需要了解该理论最初的出处，从简单问题出发，深入浅出地思考。例如概率论中经典的正态分布问题，它最初正是源于测量，首先通过大量实验发现偶然误差的分布具有一定规律；然后将这些规律用数学方法来描述，即根据最大似然估计原理推导出偶然误差服从正态分布这个结论；最后以偶然误差服从正态分布为前提，在测量中进行推广和应用，例如我们可以用 3σ 原理定义极限误差，以此来区分测量中的粗差和偶然误差。

对于工程问题，我们首先需要分析工程中与测量有关的需求，主要包括工程的现场情况、控制点情况、测量需要达到的精度等需求；然后查看是否存在现成的技术规范，若有规范则需要依据规范进行测量方案设计。若无现有规范，则需要定义若干技术指标。对于测量问题，最重要的技术指标是精度，应当在满足这些技术指标的前提下设计测量方案，按设计方案进行现场测量和数据处理。

对于大数据和机器学习问题，我们首先要知道机器学习方法在解决输入、输出关系无法用简单函数描述的复杂系统并且已有大量数据样本的问题时具有优势。因此，运用机器学习方法首先需要收集大量的数据样本，然后选择合理的学习架构，通过学习得到的结果测试新输入的样本，从而解决本专业的问题。

习 题 1

1. 什么是大地水准面？大地水准面有何特点？
2. 什么是参考椭球面？它与大地水准面有何区别？
3. 工程测量的主要工作内容是什么？
4. 确定地面点位有几种坐标系统？
5. 测量中的平面直角坐标系与数学平面直角坐标系有何不同？
6. 什么是高斯投影？高斯投影有何特点？
7. 大地测量是怎样将地面上的三维空间点转换为平面坐标和高程的？
8. 在传统大地测量方法中有哪几个基本的观测量？可以用哪些仪器进行传统大地测量？
9. 测量工作中要遵循哪些基本原则？

第2章　测量误差的原理与最小二乘平差

2.1　测量误差的来源、分类及处理原则

2.1.1　测量误差的基本概念

测量或观测数据是指利用给定的仪器、工具或方法获取的反映地球与其他对象的空间分布信息的数据。本书中的测量数据主要包括距离、角度、高差、平面坐标或三维坐标。观测数据可以是直接测量的结果，也可以是经过处理后的结果。在本书中测量和观测是同义词，泛指通过各种手段采集到的各类空间数据。任何观测数据都包含真实信息和干扰两部分，干扰也称为误差，是信息以外的部分，需要设法消除或减弱其影响。研究测量误差的目的就是要通过对测量误差的分析，达到有效去除或减弱误差、提高测量精度的目的。测量误差理论在各种物理或化学实验、含噪声的信号处理、机器学习等方面也有重要应用。

测量精度与误差是密不可分的，但两者在概念上有区别。测量精度是精确度和准确度的总称，精确度与偶然误差的大小密切相关，指观测值的离散程度；准确度不仅与偶然误差有关，还与系统误差有关，表现为与真实值接近的程度。很显然，一个好的测量成果应该既有精确度又有准确度。如图 2－1 所示，十字中心表示待测点的真实位置，黑色圆点代表测量位置，因此

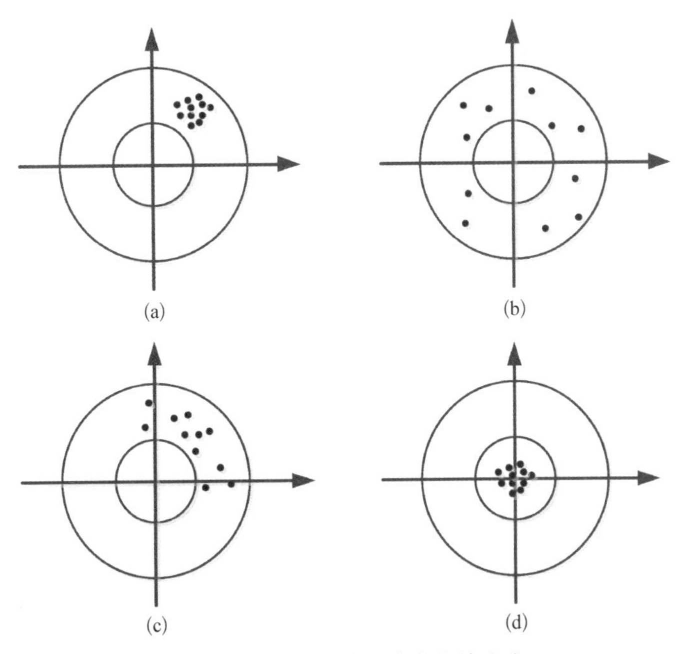

图 2－1　观测值的准确度和精确度

(a) 精确度高、准确度低　(b) 精确度低、准确度高　(c) 精确度低、准确度低　(d) 精确度高、准确度高

图(d)所示的测量结果最佳。在经典测量平差理论体系中,测量精度主要指精确度,即假设观测值中的粗差和系统误差已经排除,只含有偶然误差。因此,误差小则精度高,误差大则精度低。

在测量问题中,测量精度是衡量设备或方法性能的最主要的技术指标,测量误差理论是研究测量数据处理方法的理论基础,研究测量误差的意义包括:

(1) 用于测量方案设计。通过分析误差特性及其传播规律作为测量方案设计的依据,使得测量结果满足工程规定的精度指标。

(2) 用于优化测量流程。测量中的每个环节都不可避免地包含误差,通过分析测量误差的来源和大小,可以有效减弱或消除误差,达到提高测量精度的目的。

(3) 用于测量数据处理。观测值不可避免地包含各种类型的误差,需要在研究测量误差理论的基础上得到未知参数的最优估计方法并评定测量成果的精度。

2.1.2 测量误差的来源

测量误差产生的原因很多,在测量学中,按误差来源可分为由测量仪器导致的误差、测量人员导致的误差和外界条件导致的误差。

1. 由测量仪器导致的误差

所谓测量仪器是指测量中常用的测量设备或工具,由于测量方法和制造水平的限制,每种仪器都只有一定限度的准确度,如目前最高精度的全站仪测角精度也只能达到$\pm 0.5''$,用这些仪器进行测量必然会出现误差。另外,由于仪器在设计、制造、安装等方面也存在一定的偏差,也会引起测量误差。

由测量仪器导致的误差通常表现为系统误差,可通过仪器定期检验校核的方法或使用更高精度的测量仪器来减弱该误差对测量的影响。

2. 由测量人员导致的误差

由于测量人员感觉器官的鉴别能力具有一定的局限性,在仪器安置、照准、读数等操作时都可能产生误差,如采用普通光学仪器测量角度或高差时的估读误差等。同时,测量人员的技术水平、工作态度及状态都对测量结果的质量有着直接影响。

对于由测量人员引起的误差,首先可以通过提高观测者的技能减少测量误差,其次考虑到观测者的误差大多表现为偶然误差,可以通过测量多次取平均值的方法来减弱。

3. 由外界条件导致的误差

观测时所处的外界条件,如温度、湿度、大气折光、磁场等因素都会对观测结果产生一定的影响。例如大气折光对角度或高程测量的影响,强磁场环境对 GNSS 定位精度的影响。

外界环境的影响可以采用选点时避开不利地段、选择合理的观测时段、选用其他测量手段或利用数学模型对观测结果进行改正等方法来减弱。

综上所述,测量误差主要由测量仪器、测量人员和外界条件 3 个主要因素引起,这三方面因素综合起来称为观测条件。测量误差的产生是各种因素共同作用的结果,表现为观测值与真实值不严格一致,可以通过改善观测条件来减弱测量误差,但无法完全消除。

2.1.3 测量误差的分类及其处理原则

测量误差根据其特点和规律分为系统误差(systematic error)、偶然误差(random error)

和粗差(gross error)。对于不同类型的测量误差,需要采用不同的方法来进行减弱或消除。

1. 系统误差

系统误差指在相同条件下多次测量同一个量时,误差的符号保持恒定,或在条件改变时按某种确定规律而变化的误差。所谓确定的规律是指这种误差可以归结为某个因素或多个因素的函数,一般可用解析公式、曲线或数表来表达。造成系统误差的原因很多,常见的有：测量设备加工制造的缺陷,如水准仪、经纬仪、全站仪中某些轴系不满足垂直或平行条件;测量仪器放置或使用不当等引起的误差,如由仪器整平、对中等引起的误差;测量环境变化,如温度、湿度、大气折射等外界环境带来的误差;测量方法不完善,所依据的理论不严密或采用了某些近似等造成的误差。

系统误差具有一定的规律性,可以根据系统误差产生的原因采取针对性的措施消除或减弱它,常用的方法主要有两种：一是定期对仪器检验校核来确认仪器无系统误差;二是当发现系统误差的规律后,采用数学模型进行改正。

2. 偶然误差

偶然误差也称为随机误差,是指在相同条件下多次测量同一个量时,误差的绝对值和符号以不可预定的方式而变化的误差。随机误差主要是由那些对测量值影响微小的多种随机因素共同造成的,一次测量的随机误差没有规律,但在足够多次的测量后,总体上呈现一定的统计规律。在多次测量中,偶然误差的绝对值不会超过一定的界限,具有有界性;众多随机误差之和会正负抵消,随着测量次数的增加,随机误差的算术平均值愈来愈小并趋近于零。因此,多次测量的平均值的随机误差比单个测量值的随机误差小,即具有抵偿性。对于偶然误差,最有效的方法是通过多次测量取平均值的办法来削弱偶然误差对测量结果的影响。

3. 粗大误差

粗大误差简称为粗差,是指在一定的观测条件下超出预期的误差,即由于测量结果明显偏离给定的测量仪器而可能产生的最大误差。例如观测时的大数读错,计算机数据输入错误等都会导致粗大误差。粗大误差也称为异常数据或野值(outlier),这类误差明显地歪曲了测量结果,应予以剔除。

对粗差的处理原则是：在设计测量时要有"多余观测",这样可以发现并剔除粗差;在数据处理时采用稳健性估计(robust estimation)方法来抵御粗差对测量结果的影响,如测量平差中常用的稳健估计方法是将含粗差的观测值的权值设为零或一个极小值,从而可以减弱该观测值对测量结果的影响。

以上将测量误差分为系统误差、偶然误差和粗大误差,表2-1列出了不同类型误差的特点

表2-1　测量误差的特点及常用处理方法

误差类型	特　　点	处　理　方　法
系统误差	多次测量误差的符号保持不变或有一定的规律	采用经检验校核后系统误差较小的仪器;采用事后改正
偶然误差	误差的大小和符号随机变化,绝对值较小且有界	通过测量多次取平均值的方法来减弱
粗大粗差	超出所使用的仪器或方法的最大预期值的误差	利用多余观测发现和剔除粗差;采用稳健估计数据处理方法

和处理方法。需要说明的是，测量误差是多种类型的误差综合影响造成的，包含了多种类型的误差，特别是当误差值较小的时候，很难简单地对其进行识别和区分。目前数字化的电子水准仪、全站仪、GNSS 接收机和三维激光扫描仪已经逐渐普及，这类仪器的数据采集和预处理流程是一体化的，因而难以准确区分和量化各个环节可能引起的误差，需要科学地利用数据处理方法识别并减弱误差对测量结果的影响。

2.2 偶然误差的统计特性

在测量误差理论中，有关如何发现粗差并剔除的理论问题较多，本节不做深入讨论。系统误差主要由仪器和测量方法引起，需要针对不同的测量仪器和方法专门分析。而偶然误差具有普遍性，本节主要研究偶然误差的规律。

设某个量的真实值为 $\tilde{l}$ ，对该量共观测了 n 次，得到的观测值分别为 $l_1, l_2, \cdots, l_n$ ，得到观测值的真误差 Δ_i 为

$$\Delta_i = \tilde{l} - l_i \quad (i = 1, \cdots, n) \tag{2-1}$$

对于单个偶然误差，其大小和符号没有规律性，即呈现偶然性和随机性。但当观测次数达到一定的数量后，则呈现一定的统计规律，这样我们就可以从这些观测数据中研究偶然误差的分布规律了。

下面举例说明偶然误差的统计规律：试验在相同的观测条件下独立地对某一个平面三角形的全部内角共观测了 358 次，并将 3 个角度的和等价为 1 个观测值。很显然，这个等价观测值的理论值是 180°，由此计算得到观测值的真误差，然后根据这些真误差研究偶然误差的规律。根据概率论与数理统计原理，本试验可描述为图 2-2 所示的随机试验，将所有可能的观测值放在左边的“黑箱”中，每 1 次观测就相当于 1 次随机试验或采样，试验得到的 1 组观测值相当于 1 组样本。研究偶然误差的统计特性就是从 1 组观测值（样本）中分析总体的特性。

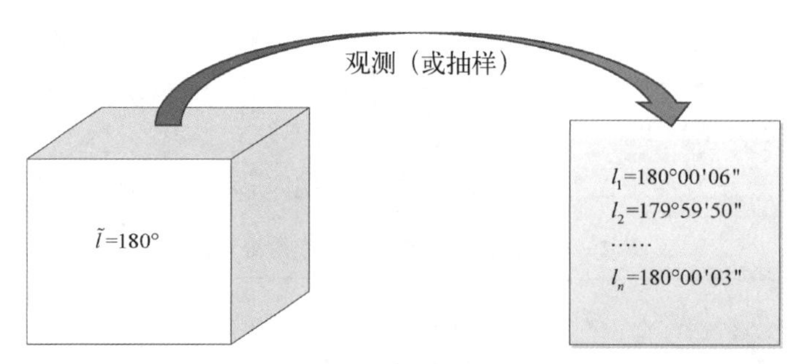

图 2-2 观测与随机抽样

按式(2-1)计算出真误差，将它们分为负误差和正误差，并按绝对值的大小由小到大依次排序，以误差区间大小为 3″的间隔进行误差个数的统计，计算其相对数量（见表 2-2）。用横坐标表示误差的大小，纵坐标表示出现在各区间内的频率，得到如图 2-3 所示的偶然误差分布频率直方图。

表 2-2　某平面三角形观测误差的统计

误差区间/s	负误差		正误差		误差绝对值	
	个数 k/次	频数 k/n	个数 k/次	频数 k/n	个数 k/次	频数 k/n
0～3	45	0.126	46	0.128	91	0.254
3～6	40	0.112	41	0.115	81	0.226
6～9	33	0.092	33	0.092	66	0.184
9～12	23	0.064	21	0.059	44	0.123
12～15	17	0.047	16	0.045	33	0.092
15～18	13	0.036	13	0.036	26	0.073
18～21	6	0.017	5	0.014	11	0.031
21～24	4	0.011	2	0.006	6	0.017
24 以上	0	0	0	0	0	0
Σ	181	0.505	177	0.495	358	1

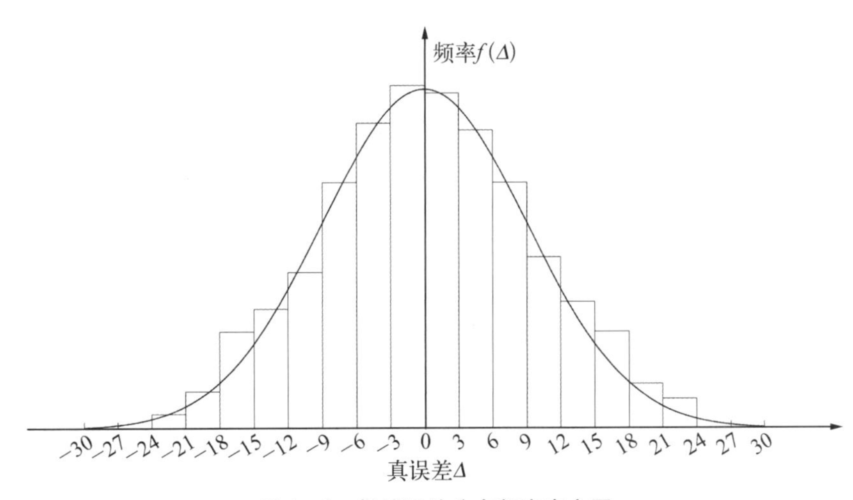

图 2-3　偶然误差分布频率直方图

从图 2-3 中的频率直方图可以看出，本试验的测量误差分布服从以下规律，若采用类似的实验也可以得出相同的结论。

（1）在一定的观测条件下，偶然误差的绝对值不会超过一定的限值。

（2）绝对值小的误差比绝对值大的误差出现的机会多。

（3）绝对值相等的正、负误差出现的机会基本相等。

（4）偶然误差的算术平均值随着观测次数的无限增加而趋于零。

将以上的结论用函数表达，然后应用最大似然估计原理，可以严格推导出真误差服从数学期望为零的正态分布的结论，具体的数学证明本书不再介绍，有兴趣的读者可参考《概率论与数理统计》的相关章节。总之，真误差 Δ 是一个随机变量，其概率密度函数为

$$f(\Delta)=\frac{1}{\sqrt{2\pi}\sigma}e^{-\frac{\Delta^2}{2\sigma^2}} \tag{2-2}$$

对照正态分布的通用表达形式可知，真误差的数学期望 $E(\Delta)=0$，σ 称为标准差或均方差，σ^2 称为方差，用来表示随机变量与其数学期望之间的偏离程度，由式(2-3)计算得到

$$\sigma^2=\lim_{n\to\infty}\frac{\Delta_1^2+\Delta_2^2+\cdots+\Delta_n^2}{n}=\lim_{n\to\infty}\frac{\sum_{i=1}^{n}\Delta_i^2}{n} \tag{2-3}$$

由式(2-1)得到观测值可以表示为真值和真误差的和。因此，只含偶然误差的观测值也是一个服从正态分布的随机变量

$$l\sim N(\tilde{l},\ \sigma_0^2) \tag{2-4}$$

以上仅考虑了观测值是一维的情况，而在测量问题中，很多时候观测值会涉及多维问题，如平面坐标是一个二维向量，三维坐标是一个三维向量。

设观测值向量为 $\boldsymbol{l}=[l_1,\ l_2,\ \cdots,\ l_n]^{\mathrm{T}}$，将前面的一维观测值拓展到多维，可知 $\boldsymbol{l}$ 是一个 n 维正态随机向量，对应的概率密度函数为

$$f(\boldsymbol{l})=\frac{1}{(2\pi)^{\frac{n}{2}}\ |\boldsymbol{D}_l|^{\frac{1}{2}}}\exp\left[-\frac{1}{2}(\boldsymbol{l}-\boldsymbol{\mu}_l)^{\mathrm{T}}\boldsymbol{D}_l^{-1}(\boldsymbol{l}-\boldsymbol{\mu}_l)\right] \tag{2-5}$$

式中，$\boldsymbol{\mu}_l$ 是一个 $n\times1$ 维的向量，表示向量 $\boldsymbol{l}$ 的数学期望；$\boldsymbol{D}_l$ 是一个 $n\times n$ 维的矩阵，表示向量 $\boldsymbol{l}$ 的方差矩阵，对应的表达式为

$$\boldsymbol{\mu}_l=\begin{bmatrix}\tilde{l}_1\\ \tilde{l}_2\\ \vdots\\ \tilde{l}_n\end{bmatrix},\quad \boldsymbol{D}_l=\begin{bmatrix}\sigma_{l_1}^2 & \sigma_{l_1l_2} & \cdots & \sigma_{l_1l_n}\\ \sigma_{l_2l_1} & \sigma_{l_2}^2 & \cdots & \sigma_{l_2l_n}\\ \vdots & \vdots & & \vdots\\ \sigma_{l_nl_1} & \sigma_{l_nl_2} & \cdots & \sigma_{l_n}^2\end{bmatrix} \tag{2-6}$$

式中，协方差矩阵 $\boldsymbol{D}_l$ 通常为一个对称正定矩阵；主对角元的元素 $\sigma_{l_i}^2$ 表示观测值 l_i 的方差，$\sigma_{l_il_j}$ 表示观测值 l_i 和 l_j 的协方差，若观测值 l_i 和 l_j 相关，则 $\sigma_{l_il_j}\neq0$，否则 $\sigma_{l_il_j}=0$。因此方差阵不仅给出了各观测值的方差，还给出了观测值之间的协方差，用来表示观测值之间的相关程度。

以上从数理统计的角度研究了偶然误差的规律，具体的思路是先通过数据的随机试验发现偶然误差的分布规律，然后证明测量误差服从正态分布，最后在此基础上就可以预测某个测量结果发生的可能性(即概率)。这也很好地诠释了“统计是分析过去，概率是预测未来”的含义，有助于将测量学中的实际问题与工程数学的基本理论相结合。

实际工作中的偶然误差也并非严格服从正态分布，因为测量次数不可能无穷大，准确地说，应当服从“截尾正态分布”。但问题是，在哪里“截尾”？“截尾”势必使问题变得更复杂，不利于应用。因此，我们还是认为偶然误差服从正态分布，这一结论也是后续章节将要介绍的测量数据处理的理论基础。

2.3　衡量测量误差的指标和评定方法

2.3.1　衡量测量误差的指标

我们在第 1 章已经得出观测误差服从正态分布的结论，而对于正态分布变量，方差或标准差是最能体现观测值分布离散度的指标，但方差是一个数学概念，需要观测样本趋于无穷大，在实际应用中无法满足。因此，还需要找到实用的技术指标用来衡量观测值的精度。

1. 中误差

在同样的观测条件下，对真实值为 $\tilde{l}$ 的量观测了 n 次，得到观测值分别为 l_1，l_2，…，l_n，并得到观测值的真误差 Δ_i，取各真误差平方和的平均值的平方根，称为观测值的中误差，表示为

$$m=\pm\sqrt{\frac{\Delta_1^2+\Delta_2^2+\cdots+\Delta_n^2}{n}} \tag{2-7}$$

与式(2－3)相比较，中误差和标准差的区别在于中误差没有观测值趋于无穷大这个条件。标准差是数学概念，而中误差是一个工程概念，两者在理论上既有区别又密切相关。通常，测量仪器给出的精度指标若没有特别说明的都是指中误差，对观测值的精度评价给出的技术指标主要是中误差。中误差这个指标在测量数据处理中具有重要的地位和作用。

2. 极限误差

前面已经证明，观测值的偶然误差服从数学期望为零的正态分布，根据概率论的基本原理，可以得到观测值误差在某个区间内的分布概率为

$$p(|\Delta|<km)=\int_{-km}^{+km}\frac{1}{\sqrt{2\pi}\,m}\mathrm{e}^{-\frac{\Delta^2}{2m^2}}\mathrm{d}\Delta \tag{2-8}$$

式中，Δ、m 分别表示真误差和中误差；k 表示给定的常数，分别取 $k=1$、2、3，计算得到以下概率

$$\begin{aligned}P(|\Delta|\leqslant m)&=0.682\,6=68.3\%\\P(|\Delta|\leqslant 2m)&=0.954\,5=95.4\%\\P(|\Delta|\leqslant 3m)&=0.997\,3=99.7\%\end{aligned} \tag{2-9}$$

式(2－9)说明观测误差的绝对值大于 2 倍中误差的个数占总数的 4.6%，大于 3 倍中误差的个数占总数的 0.3%，0.3%的概率属于概率接近于零的小概率事件了，或者说在有限的测量次数下基本不可能发生。因此，通常取 3 倍中误差作为允许的误差极限，称为容许误差或极限误差，即

$$\Delta_{限}=3m \tag{2-10}$$

极限误差在测量中主要用于区分观测值的粗差与偶然误差，通常认为超过极限误差的观测值含有粗差或较大的系统误差，应研究其原因或舍弃。

3. 相对误差

对于某些观测值，有时用中误差还不能完全表达观测结果的优劣。例如用中误差为 2 cm 的仪器分别测量 1 000 m 和 200 m 的距离。虽然这两个测量结果的中误差相同，但就单位长

度而言，两者的精度并不相等，前者的精度比后者要高，换句话说观测值的精度与观测值本身的大小有关。相对误差是中误差的绝对值与观测值的比值，通常以分子为1的分数形式来表示，即

$$K=\frac{|m|}{L} \quad 或 \quad K=\frac{1}{L/|m|} \tag{2-11}$$

按照上面的举例，测量结果为1 000 m的相对误差 $K_1=\frac{0.020}{1\,000}=\frac{1}{50\,000}$，而测量结果为200 m的相对误差 $K_2=\frac{0.020}{200}=\frac{1}{10\,000}$，这表明前者的相对精度比后者的相对精度高。相对误差无量纲，而真误差、中误差、容许误差是有量纲的。

相对误差主要用于衡量边长或距离的精度，现有的测量规范也是用相对精度来规定距离要达到的精度。

2.3.2 中误差的估计方法

测量数据的处理包含两方面的内容，一是要得到被测量值（也称为直接观测值，如常规大地测量方法中的距离、角度或高差）或未知参数（通常表示为观测值的函数，如高程或未知点的平面坐标等）的最或然值，该问题类似于概率论与数理统计理论中的参数估计问题；二是要得到被估计值的取值范围，在测量平差理论中称为精度评定。前面已经证明测量的偶然误差服从正态分析，因此精度估计的核心问题是估计被观测值或未知参数的中误差，这个问题类似于概率与数理统计中的区间估计问题。

首先以等精度多次测量某几何量为例，由式(2-1)中得到

$$\begin{cases}\Delta_1=\tilde{l}-l_1\\ \Delta_2=\tilde{l}-l_2\\ \vdots\\ \Delta_n=\tilde{l}-l_n\end{cases} \tag{2-12}$$

当观测值趋于无穷大时，由于真误差具有正负抵偿以及有界性，将式(2-12)左右相加并取极限，得到观测值的真值为

$$\tilde{l}=\lim_{n\to\infty}\frac{l_1+l_2+\cdots+l_n}{n} \tag{2-13}$$

式(2-13)说明在等精度观测条件下，观测值的真值是无穷多次观测值的算术平均值，而在实际问题中，不可能测量无穷多次，因此得到观测值的估计值为

$$\hat{l}=\frac{l_1+l_2+\cdots+l_n}{n} \tag{2-14}$$

为区别于真值，本书中在变量上方加上“^”符号来表示变量的估计值。式(2-14)说明，在等精度观测条件下，估计值为观测值的算术平均值。以上结论也可以用概率论与数理统计理论来证明：在观测值服从独立等精度的正态分布的条件下，算术平均值是满足最大似然估计

的最优估计。

上述3种评定精度的方法都需要得到观测值的中误差，根据式(2-7)的定义可计算得到中误差，但前提条件是需要得到真误差，也就是说要知道观测值的真值，而在实际问题中，我们往往无法得到观测值的真值，而只能在一定的观测条件下得到最接近于真值的值，也称为最或然值或估计值。假设观测值的估值为 $\hat{l}$，定义估计值与观测值之间的差值为改正数

$$v_i = \hat{l} - l_i \tag{2-15}$$

根据真误差和改正数的定义，得到以下关系

$$\begin{cases} \Delta_1 = \tilde{l} - l_1,\ v_1 = \hat{l} - l_1 \\ \Delta_2 = \tilde{l} - l_2,\ v_2 = \hat{l} - l_2 \\ \vdots \\ \Delta_n = \tilde{l} - l_n,\ v_n = \hat{l} - l_n \end{cases} \tag{2-16}$$

将式(2-16)等号左、右两边相减可以消除观测值，得到

$$\begin{cases} \Delta_1 = v_1 + (\tilde{l} - \hat{l}) \\ \Delta_2 = v_2 + (\tilde{l} - \hat{l}) \\ \vdots \\ \Delta_n = v_n + (\tilde{l} - \hat{l}) \end{cases} \tag{2-17}$$

由于观测值的估计值为算术平均值，将式(2-17)等号左、右两边分别累加并顾及所有改正数相加的和等于零，即 $\sum_{i=1}^{n} v_i = 0$，得到

$$\sum_{i=1}^{n} \Delta_i = n(\tilde{l} - \hat{l}) \tag{2-18}$$

将式(2-17)等号左、右两边分别平方后相加，并同样顾及改正数的和等于零，得到

$$\sum_{i=1}^{n} \Delta_i^2 = n(\tilde{l} - \hat{l})^2 + \sum_{i=1}^{n} v_i^2 \tag{2-19}$$

将式(2-18)等号左、右两边平方，得到

$$\begin{aligned} (\hat{l} - \tilde{l})^2 &= \frac{(\Delta_1 + \Delta_2 + \cdots + \Delta_n)^2}{n^2} \\ &= \frac{\Delta_1^2 + \Delta_2^2 + \cdots + \Delta_n^2}{n^2} + \frac{2(\Delta_1\Delta_2 + \Delta_1\Delta_3 + \cdots + \Delta_{n-1}\Delta_n)}{n^2} \end{aligned} \tag{2-20}$$

由偶然误差的特性可知，式(2-20)等号右边第二项近似等于零，将其代入式(2-19)得到

$$\sum_{i=1}^{n} \Delta_i^2 = \frac{\sum_{i=1}^{n} \Delta_i^2}{n} + \sum_{i=1}^{n} v_i^2 \tag{2-21}$$

由式(2-7)中误差的定义得到

$$m = \pm\sqrt{\frac{\sum_{i}^{n} v_i^2}{n-1}} \tag{2-22}$$

式(2－22)也称为 Bessel 公式，该公式给出了通过观测值的改正数计算中误差的方法，也是测量学中常用的已知大量观测数据后计算中误差的方法。可以证明该精度估计方法在观测值服从独立等精度分布的情况下是一个最优估计。

例 1 对于某水平距离，在相同的观测条件下进行了 6 次观测，求其最或然值以及观测值的中误差。

解：计算结果如表 2－3 所示。为简化计算，可先将观测值减去一个常数，在求其估计值后再加上，误差的有效数字通常比观测值多一位，观测值的有效数字保留到 mm，观测值的中误差保留到 0.1 mm。

表 2－3 观测值的估计值与中误差计算

序号	观测值/m	dl/mm	v/mm	vv/mm^2	计 算 结 果
1	123.536	16	+4	16	观测值的估计值为 $\hat{l} = \frac{l_1 + l_2 + \cdots + l_6}{6} = 123.540$ m 观测值中误差为 $m = \pm\sqrt{\frac{\sum_{i}^{n} v_i^2}{n-1}} = \pm 11.2$ mm
2	123.548	28	−8	64	
3	123.520	0	+20	400	
4	123.547	27	−7	49	
5	123.550	30	−10	100	
6	123.539	19	+1	1	
Σ	$l_0 = 123.520$	120	0	630	

2.4 测量误差的传播规律及其应用

观测值的精度可以用中误差来描述，直接观测值的中误差可以根据所用仪器的标称精度预先得到，通常称为先验误差或先验精度，也可以根据测量结果计算得到，称为后验精度或后验误差。但在实际工作中，某些未知量不可能或不便于直接观测，而需要由另外一些直接观测值根据函数关系计算出来，如房屋的面积通常是通过测量房屋的长度和宽度计算得到的。由于直接观测值不可避免地含有误差，导致观测值的函数也存在误差。由观测值的中误差推导出观测值函数的中误差的定律称为误差传播定律。

研究误差的传播具有重要意义，“差之毫厘，谬以千里”就是讲微小的误差经传播后会产生巨大的影响。在测量学中也经常会出现这类问题，如在 GNSS 定位或电磁波测距中，若时间差测量的误差为 1 s，则导致距离测量的差值达到 3×10^8 m，因此我们需要研究误差的传播规律。

待求量与直接观测值的关系可能是异常复杂的非线性关系，这里主要考虑 3 种情况：① 待求量是观测值的线性函数；② 待求量是观测值的显函数；③ 待求量是一组向量，可以表达为观测值的线性方程组的形式。

1. 线性函数的误差传播

线性函数是指待求的量为若干直接观测量的线性组合形式，在测量问题中，如果将两点之间的水平距离分为 n 段来测量，则总的长度为各段长度之和，这种函数称为和差函数，设各直接观测值为 $x_1, x_2, \cdots, x_n$，则待求量可表示为

$$y = k_1 x_1 + k_2 x_2 + \cdots + k_n x_n \tag{2-23}$$

式中，$k_1, k_2, \cdots, k_n$ 表示常数。设观测值相互独立且假设观测值服从正态分布，可以证明变量 y 也服从正态分布，将观测值表示成观测值的真值和真误差的和的形式，得到

$$\tilde{y} + \Delta y = k_1(\tilde{x}_1 + \Delta_1) + k_2(\tilde{x}_2 + \Delta_2) + \cdots + k_n(\tilde{x}_n + \Delta_n) \tag{2-24}$$

由于真值严格满足式(2-23)的函数关系，因此真误差之间应满足以下关系

$$\Delta y = k_1 \Delta_1 + k_2 \Delta_2 + \cdots + k_n \Delta_n \tag{2-25}$$

假设共观测了 m 组，则每组观测的真误差都满足式(2-25)中的关系

$$\begin{cases} \Delta_y^{(1)} = k_1 \Delta_1^{(1)} + k_2 \Delta_2^{(1)} + \cdots + k_n \Delta_n^{(1)} \\ \Delta_y^{(2)} = k_1 \Delta_1^{(2)} + k_2 \Delta_2^{(2)} + \cdots + k_n \Delta_n^{(2)} \\ \vdots \\ \Delta_y^{(m)} = k_1 \Delta_1^{(m)} + k_2 \Delta_2^{(m)} + \cdots + k_n \Delta_n^{(m)} \end{cases} \tag{2-26}$$

式中，右上角括号内的符号表示观测序号。将式(2-26)等号左右两边平方和相加并除以总观测次数 m，可得

$$\begin{aligned} \frac{\sum_{i=1}^{m} (\Delta_y^{(i)})^2}{m} = {} & k_1^2 \frac{\sum_{i=1}^{m} (\Delta_1^{(i)})^2}{m} + k_2^2 \frac{\sum_{i=1}^{m} (\Delta_2^{(i)})^2}{m} + \cdots + \\ & k_n^2 \frac{\sum_{i=1}^{m} (\Delta_n^{(i)})^2}{m} + \frac{\sum_{q=1}^{m} \sum_{i,\ j=1,\ i \neq j}^{n} 2k_i k_j \Delta_i^{(q)} \Delta_j^{(q)}}{m} \end{aligned} \tag{2-27}$$

根据真误差的性质可知式(2-27)等号右边的最后一项近似等于零，并顾及中误差的定义，得到线性函数的误差传播定律为

$$m_y^2 = k_1^2 m_1^2 + k_2^2 m_2^2 + \cdots + k_n^2 m_n^2 \tag{2-28}$$

2. 一般函数的误差传播

一般函数是指待求量可以表示为直接观测量的通用函数形式，包括非线性函数和线性函数。这里仅考虑待求量是观测值的显函数的形式，即

$$y = f(x_1, x_2, \cdots, x_n) \tag{2-29}$$

在测量问题中，通常误差较小，将式(2-29)等号两边求全微分，并以真误差符号代替微分符号

$$\Delta y = \frac{\partial f}{\partial x_1}\Delta_1 + \frac{\partial f}{\partial x_2}\Delta_2 + \cdots + \frac{\partial f}{\partial x_n}\Delta_n \tag{2-30}$$

式中，$\dfrac{\partial f}{\partial x_i}$ $(i = 1, 2, \cdots, n)$ 表示函数对各变量的偏导数，可以近似将其视为常数。因此式

(2－30)的问题等价于线性函数误差传播问题，可以得到一般函数的误差传播律为

$$m_y^2=\left(\frac{\partial f}{\partial x_1}\right)^2 m_1^2+\left(\frac{\partial f}{\partial x_2}\right)^2 m_2^2+\cdots+\left(\frac{\partial f}{\partial x_n}\right)^2 m_n^2 \tag{2-31}$$

式(2－31)为一般函数形式的误差传播律，其他函数如线性函数、和差函数、倍数函数等都是一般函数的特例。这里需要说明的是，测量传播理论是建立在测量误差较小且服从正态分布的理论基础之上的。从严格意义上讲，若待求量是观测值的非线性函数时，则待求量不服从正态分布，如当某变量是正态分布变量的平方和形式时，则服从 χ^2 分布。而将一般函数只取一阶导数，相当于将一般函数线性化后近似为线性关系，因此仍然能得到式(2－31)给出的误差传播律。

3. 线性方程组的误差传播

以上两种情况都只考虑了一个待求变量的误差，而在实际应用中存在多个待求变量的情况，假设待求的 m 维变量是 n 个观测值的线性函数，则两者之间的关系可以用线性方程组表示为

$$\begin{cases} y_1=a_{11}x_1+a_{12}x_2+\cdots+a_{1n}x_n+a_{10} \\ y_2=a_{21}x_1+a_{22}x_2+\cdots+a_{2n}x_n+a_{20} \\ \vdots \\ y_m=a_{m1}x_1+a_{m2}x_2+\cdots+a_{mn}x_n+a_{m0} \end{cases} \tag{2-32}$$

式(2－31)可以用矩阵或向量形式等价表示为

$$\boldsymbol{y}=\boldsymbol{Ax}+\boldsymbol{b} \tag{2-33}$$

式中的矩阵或向量及其维数为

$$\underset{m\times1}{\boldsymbol{y}}=\begin{bmatrix} y_1 \\ y_2 \\ \vdots \\ y_m \end{bmatrix},\ \underset{n\times1}{\boldsymbol{x}}=\begin{bmatrix} x_1 \\ x_2 \\ \vdots \\ x_n \end{bmatrix},\ \underset{m\times n}{\boldsymbol{A}}=\begin{bmatrix} a_{11} & a_{12} & \cdots & a_{1n} \\ a_{21} & a_{22} & \cdots & a_{2n} \\ \vdots & \vdots & \cdots & \vdots \\ a_{m1} & a_{m2} & \cdots & a_{mn} \end{bmatrix},\ \underset{n\times1}{\boldsymbol{b}}=\begin{bmatrix} a_{10} \\ a_{20} \\ \vdots \\ a_{m0} \end{bmatrix} \tag{2-34}$$

这里的向量 $\boldsymbol{x}$ 是 n 维随机变量，描述随机变量的误差可以用 n 维向量的方差-协方差阵描述为

$$\boldsymbol{D}_x=\begin{bmatrix} \sigma_{x_1}^2 & \sigma_{x_1x_2} & \cdots & \sigma_{x_1x_n} \\ \sigma_{x_2x_1} & \sigma_{x_2}^2 & \cdots & \sigma_{x_2x_n} \\ \vdots & \vdots & & \vdots \\ \sigma_{x_nx_1} & \sigma_{x_nx_2} & \cdots & \sigma_{x_n}^2 \end{bmatrix} \tag{2-35}$$

研究线性方程组的误差传播律就是已知 $\boldsymbol{D}_x$，求 $\boldsymbol{D}_y$。根据协方差阵的定义，得到

$$\begin{aligned} \boldsymbol{D}_y &=E\{[\boldsymbol{y}-E(\boldsymbol{y})][\boldsymbol{y}-E(\boldsymbol{y})]^{\mathrm{T}}\} \\ &=E\{[(\boldsymbol{Ax}+\boldsymbol{b})-E(\boldsymbol{Ax}+\boldsymbol{b})][(\boldsymbol{Ax}+\boldsymbol{b})-E(\boldsymbol{Ax}+\boldsymbol{b})]^{\mathrm{T}}\} \\ &=E\{[\boldsymbol{A}(\boldsymbol{x}-E(\boldsymbol{x}))][\boldsymbol{A}(\boldsymbol{x}-E(\boldsymbol{x}))]^{\mathrm{T}}\} \\ &=E\{[\boldsymbol{A}(\boldsymbol{x}-E(\boldsymbol{x}))][(\boldsymbol{x}-E(\boldsymbol{x}))]^{\mathrm{T}}\boldsymbol{A}^{\mathrm{T}}\} \\ &=\boldsymbol{A}E\{[\boldsymbol{x}-E(\boldsymbol{x})][\boldsymbol{x}-E(\boldsymbol{x})]^{\mathrm{T}}\}\boldsymbol{A}^{\mathrm{T}} \\ &=\boldsymbol{AD}_x\boldsymbol{A}^{\mathrm{T}} \end{aligned} \tag{2-36}$$

式中，$E(\ )$表示数学期望；右上角的“^{T}”表示矩阵的转置。由此得到了两个随机向量之间的方差阵的转换关系。在测量问题中，可以用中误差近似代替均方差。矩阵方法的误差传播律和常规的单个变量分别求解相比，除了一次可以求出多个量的中误差外，还可以得到变量之间的相关关系。

例 2　假设对某一未知量在相同观测条件下进行多次观测，观测值分别为 $l_1, l_2, \cdots, l_n$，其中误差均为 m，求算术平均值的中误差。

解： 首先根据题意写出观测值的解析表达式

$$\hat{l}=\frac{l_1+l_2+\cdots+l_n}{n} \tag{2-37}$$

式中的 $\frac{1}{n}$ 为常数，根据误差传播定律，得到算术平均值的中误差为

$$m_{\hat{l}}^2=\left(\frac{1}{n}m_1\right)^2+\left(\frac{1}{n}m_2\right)^2+\cdots+\left(\frac{1}{n}m_n\right)^2 \tag{2-38}$$

由于 $m_1=m_2=\cdots=m_n=m$，则可得

$$m_{\hat{l}}=\pm\frac{m}{\sqrt{n}} \tag{2-39}$$

从计算结果可知，算术平均值中误差是观测值中误差的 $1/\sqrt{n}$，说明观测次数愈多，算术平均值的中误差愈小，因此精度也愈高。但精度的提高仅与观测次数的平方根成正比，当观测次数增加到一定次数后，每增加一次，精度提高得很少，所以要提高观测精度不能仅增加观测次数，最好的方法还是选择精度高的测量设备。

例 3　如图 2-4 所示，对某三角形的 3 个内角进行了等精度观测，观测误差为 m_0^2，求经闭合差分配后 3 个角的方差阵。

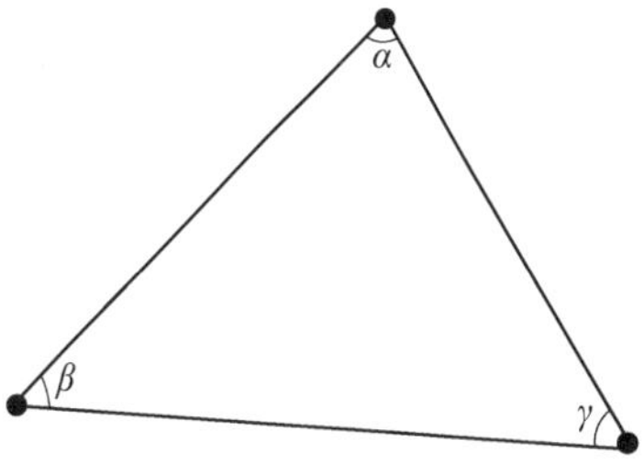

图 2-4　某三角形示意图

解： 首先计算闭合差为

$$\omega=\alpha+\beta+\gamma-180^\circ \tag{2-40}$$

在 ω 小于限差的情况下进行闭合差平均分配，得到改正后的角度值为

$$\begin{cases}\hat{\alpha}=\alpha-\dfrac{\omega}{3}=\dfrac{2}{3}\alpha-\dfrac{1}{3}\beta-\dfrac{1}{3}\gamma+60^\circ\\[2ex]\hat{\beta}=\beta-\dfrac{\omega}{3}=-\dfrac{1}{3}\alpha+\dfrac{2}{3}\beta-\dfrac{1}{3}\gamma+60^\circ\\[2ex]\hat{\gamma}=\gamma-\dfrac{\omega}{3}=-\dfrac{1}{3}\alpha-\dfrac{1}{3}\beta+\dfrac{2}{3}\gamma+60^\circ\end{cases} \tag{2-41}$$

将式(2-41)写成矩阵形式

$$\begin{bmatrix}\hat{\alpha}\\\hat{\beta}\\\hat{\gamma}\end{bmatrix}=\begin{bmatrix}\frac{2}{3}&-\frac{1}{3}&-\frac{1}{3}\\-\frac{1}{3}&\frac{2}{3}&-\frac{1}{3}\\-\frac{1}{3}&-\frac{1}{3}&\frac{2}{3}\end{bmatrix}\begin{bmatrix}\alpha\\\beta\\\gamma\end{bmatrix}+\begin{bmatrix}60^\circ\\60^\circ\\60^\circ\end{bmatrix} \tag{2-42}$$

引用式(2-35)中的线性方程组的误差传播规律，得到

$$\begin{aligned}\boldsymbol{D}_y&=\begin{bmatrix}\frac{2}{3}&-\frac{1}{3}&-\frac{1}{3}\\-\frac{1}{3}&\frac{2}{3}&-\frac{1}{3}\\-\frac{1}{3}&-\frac{1}{3}&\frac{2}{3}\end{bmatrix}\begin{bmatrix}m_0^2&0&0\\0&m_0^2&0\\0&0&m_0^2\end{bmatrix}\begin{bmatrix}\frac{2}{3}&-\frac{1}{3}&-\frac{1}{3}\\-\frac{1}{3}&\frac{2}{3}&-\frac{1}{3}\\-\frac{1}{3}&-\frac{1}{3}&\frac{2}{3}\end{bmatrix}^{\mathrm{T}}\\&=\begin{bmatrix}\frac{2}{3}m_0^2&-\frac{1}{3}m_0^2&-\frac{1}{3}m_0^2\\-\frac{1}{3}m_0^2&\frac{2}{3}m_0^2&-\frac{1}{3}m_0^2\\-\frac{1}{3}m_0^2&-\frac{1}{3}m_0^2&\frac{2}{3}m_0^2\end{bmatrix}\end{aligned} \tag{2-43}$$

计算结果表明，经闭合差改正后的角度精度有所提高，主要表现为主对角元上的中误差值较原始观测值的中误差减小，非主对角元上的元素不等于零，表明经闭合差改正后的角度相关，这是因为闭合差的大小是与每个角度观测值相关的，因此改正后的角度值也彼此相关。在学习本例时还需要注意的是在建立式(2-40)中的关系时，首先要建立原始的独立观测值与改正量之间的关系，然后代入公式计算，计算可以借助科学计算软件如 MATLAB 实现。

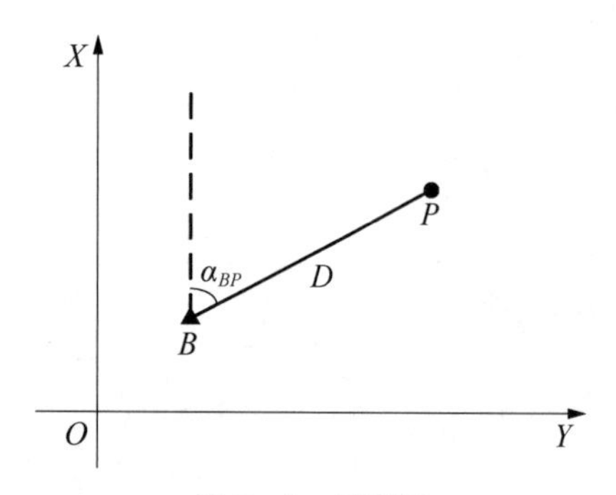

图 2-5　示意图

例 4　如图 2-5 所示，已知 $D=60.515$ m，测量误差为 ± 10 mm，坐标方位角 $\alpha_{BP}=55°36'00''$，测量误差为 $\pm 30''$。已知 B 的坐标为(1 000, 1 000)，单位为 m，计算 P 点的坐标和点位误差(点位误差 $m_P^2=m_x^2+m_y^2$)。

解： 首先列出计算 P 点坐标的解析表达式，为简化表达式，用 α 表示 α_{BP}，得到

$$\begin{cases}x_P=x_B+D\cos\alpha\\y_P=y_B+D\sin\alpha\end{cases} \tag{2-44}$$

由式(2-44)计算得到 P 点的坐标为(1 034.189, 1 049.932)，为计算点位误差，将式(2-44)对含有误差的量取全微分得到

$$\begin{cases}\mathrm{d}x_P=\cos\alpha\,\mathrm{d}D-D\sin\alpha\,\mathrm{d}\alpha\\\mathrm{d}y_P=\sin\alpha\,\mathrm{d}D+D\cos\alpha\,\mathrm{d}\alpha\end{cases} \tag{2-45}$$

将式(2-45)应用线性方程组的误差传播得到

$$\boldsymbol{D}_P=\begin{bmatrix}\cos\alpha & -D\sin\alpha\\ \sin\alpha & D\cos\alpha\end{bmatrix}\begin{bmatrix}m_D^2 & 0\\ 0 & \left(\frac{m_\alpha}{\rho}\right)^2\end{bmatrix}\begin{bmatrix}\cos\alpha & -D\sin\alpha\\ \sin\alpha & D\cos\alpha\end{bmatrix}^{\mathrm{T}}$$

$$=\begin{bmatrix}\cos^2\alpha m_D^2+D^2\sin^2\alpha\left(\frac{m_\alpha}{\rho}\right)^2 & \sin\alpha\cos\alpha m_D^2-D^2\sin\alpha\cos\alpha\left(\frac{m_\alpha}{\rho}\right)^2\\ \sin\alpha\cos\alpha m_D^2-D^2\sin\alpha\cos\alpha\left(\frac{m_\alpha}{\rho}\right)^2 & \sin^2\alpha m_D^2+D^2\cos^2\alpha\left(\frac{m_\alpha}{\rho}\right)^2\end{bmatrix} \tag{2-46}$$

由于角度和距离的单位不一致，因此需要将角度单位换算成距离单位，式(2-46)中 m_α 表示以秒为单位的坐标方位角误差，$\rho=3\,600\times180/\pi=206\,265''/\mathrm{rad}$，表示将秒转换为弧度单位，将上面的数字代入计算并将单位变为 mm，得到

$$\boldsymbol{D}_P=\begin{bmatrix}84.659 & 10.504\\ 10.504 & 92.808\end{bmatrix} \tag{2-47}$$

式(2-47)表明两个坐标分量是相关的，根据点位误差的定义得到

$$m_P=\pm\sqrt{m_x^2+m_y^2}=\pm13.3\ \mathrm{mm}$$

因此，得到 P 点的坐标为(1 034.189, 1 049.932)，P 点的点位误差为 ±13.3 mm。

2.5　不等精度观测与观测值的权

2.5.1　权的定义与加权平均值

前面讨论的观测值假设利用同样的仪器和方法观测，得到的是等精度观测值。对于等精度观测量，观测值的最或然值就是所有观测值的算术平均值。但在测量中，往往存在不同精度的观测方法，以测量某真值为 1 m 的长度为例，分别采用钢卷尺测量的结果为 1.005 m、游标卡尺测量的结果为 1.000 2 m。根据常识判断，该长度的真值应该更接近游标卡尺的观测值。如果把两次测量的结果求算术平均值，则得到的结果反而离真值的差距更远了，这显然是不合理的，因此不等精度测量值的最或然值不能再取算术平均值。

因此，对于不同精度的观测值，合理的做法是不再取简单的算术平均值，而应该让可靠程度大的测量结果占比大一些，可靠程度小的占比小一些，可靠程度大小的数值表示就是该结果的“权”。定义了权之后，原来的算术平均值就变成了加权平均值。权是一个无量纲的量，主要用于衡量不同观测值的相对比例关系。

测量中的权常用 P 来表示，当已知各观测值的中误差时，权的定义为

$$P_i=\frac{C}{m_i^2} \tag{2-48}$$

式中，C 为常数，等于权值为 1 时的中误差，因此也称为单位权中误差，在同一问题中 C 取定后即固定不变。权值的大小与中误差的平方成反比，因此误差越小，即精度越高的观测值权重

越大。还有一种情况是根据经验方法定权，如在水准测量中，权通常取测量路线的长度或测站数的倒数，此时权的取值为

$$P_i=\frac{C}{S_i} \text{或} \frac{C}{n_i} \tag{2-49}$$

式中，S_i表示该段水准路线的长度；n_i表示该测段的测站数。根据误差传播原理，测站数多，说明误差相对高，因此权值相对低。

定义了权以后，若用 $P_i(i=1, 2, \cdots, n)$ 分别表示观测值 l_i 的权值，则原来的算术平均值就变成了加权平均值

$$\hat{l}=\frac{P_1l_1+P_2l_2+\cdots+P_nl_n}{P_1+P_2+\cdots+P_n}=\frac{[Pl]}{[P]} \tag{2-50}$$

若已知单位权中误差 $C=m_0^2$，则可以根据权值计算得到某个观测值的中误差为

$$m_i=m_0\sqrt{\frac{1}{P_i}} \tag{2-51}$$

在实际测量工作中，可以在数据处理前设定单位权值，然后计算各观测值的权，即先验权，也可以根据结果计算完成后，得到后验单位权中误差。

2.5.2 加权平均值的中误差

根据线性函数的误差传播律，由式(2-50)得到

$$m_{\hat{l}}^2=\left[\frac{P_1}{[P]}\right]^2m_1^2+\left[\frac{P_2}{[P]}\right]^2m_2^2+\cdots+\left[\frac{P_n}{[P]}\right]^2m_n^2 \tag{2-52}$$

根据权的定义，设单位权中误差为 m_0^2，得到 $m_i^2=\frac{m_0^2}{P_i}$，可得

$$m_{\hat{l}}=m_0\sqrt{\frac{P_1}{[P]^2}+\frac{P_1}{[P]^2}+\cdots+\frac{P_n}{[P]^2}}=\frac{m_0}{\sqrt{[P]}} \tag{2-53}$$

由于已知各观测值的权值，因此只要得到了单位权中误差就可以得到加权平均值的中误差。根据加权平均值的定义，采用类似于等精度观测的误差推导公式，当已知观测值的真误差时，得到单位权中误差为

$$m_0=\pm\sqrt{\frac{[P\Delta\Delta]}{n}} \tag{2-54}$$

当已知观测值的改正数时，单位权中误差为

$$m_0=\pm\sqrt{\frac{[Pvv]}{n-1}} \tag{2-55}$$

例 5 用同一台经纬仪对某水平角分别进行 2 测回、4 测回、6 测回 3 组观测，各组分别平均得到的角度值为 50°18′34″、50°18′37″、50°18′40″。计算将该 3 组观测值加权平均后得到

的最终的角度值及其精度。

解：设每测回角度值的中误差为 m_0^2，根据误差传播定律得到 n 测回的算术平均值的中误差为 $m_i=\dfrac{m_0}{\sqrt{n}}$，取 1 测回观测值的权为单位权，因此得到以上 3 个观测值对应的权值分别为 $P_1=2,\ P_2=4,\ P_3=6$。根据加权平均值的定义，得到

$$m_{\hat{l}}=50°18'30''+\frac{2}{12}\times 4''+\frac{4}{12}\times 7''+\frac{6}{12}\times 10''=50°18'38''$$

计算单位权中误差

$$m_0=\pm\sqrt{\frac{2\times 4^2+4\times 1^2+6\times 2^2}{3-1}}=\pm 5.5''$$

最终得到算术平均值的中误差为

$$m_{\hat{l}}=\frac{m_0}{\sqrt{[P]}}=\pm 1.6''$$

2.6　最小二乘法平差

最小二乘法平差(least squares method adjustment)最早由德国著名的数学家、物理学家、天文学家和大地测量学家 C.F.高斯(C.F.Gauss)于 1794 年提出。该方法是以观测值向量或残差向量的加权平方和最小为目标函数，求取测量值和参数的最佳估值，并进行精度估计的理论和方法。迄今为止，最小二乘法仍然是测量数据处理应用最广的方法，在其他科学和工程领域都有广泛应用。最小二乘模型可统一表示为

$$\min:\ \boldsymbol{\Delta}^{\mathrm{T}}\boldsymbol{P}_{\Delta}\boldsymbol{\Delta} \tag{2-56}$$

式(2-56)是以矩阵和向量形式表示的最小二乘法原理。式中，$\boldsymbol{\Delta}$ 表示某个向量的真误差；$\boldsymbol{P}_{\Delta}$ 表示 $\boldsymbol{\Delta}$ 的权矩阵，通常是一个对称正定矩阵。可以证明，当 $\boldsymbol{\Delta}$ 服从数学期望为零的正态分布时，最小二乘估计是满足最大似然估计原理的最优估计，具有估值无偏和估值方差最小的特性。根据前面的分析，当观测值只包含偶然误差时，最小二乘估计是最优的。若观测值含有粗差或不服从正态分布，最小二乘估计则非最优。前已述及，经典测量平差理论是建立在观测误差服从正态分布基础上的，因此最小二乘法是最优的。在测量问题里常用的有两种模型，一种是基于直接观测值改正数向量加权平方和最小二乘法，该方法主要用于传统的测量控制网平差问题；另一种是基于残差向量的加权平方和的最小二乘法，该方法主要用于数据拟合、二维或三维重建问题。以上两类平差问题是测量中常见的问题，在应用过程中需要根据实际问题选用合理的平差模型，从而提高数据处理的精度和计算效率。

2.6.1　基于观测值的最小二乘问题

测量问题中的变量通常分为两类，一是含误差的观测值向量，这里用向量 $\boldsymbol{l}$ 表示，需要经平差处理后得到观测值的改正值；二是未知参数，在测量问题中通常指待定的高程、平面位置

或几何形状参数，用向量 $\boldsymbol{\theta}$ 来表示，经平差后需要得到参数的估计值。在平差完成后还需要精度评定。若未知参数之间相关，则还有参数限制条件，通用模型在测量平差理论中称为附有限制条件的条件平差问题。

需要进行测量平差处理的前提条件是要有多余观测。例如测量某一个长度，如果只测量一次，那么测量的这个长度就是最终的结果，不需要平差计算。但问题是一次测量既不能发现粗差，又不能判断测量值的精度，结果是不可靠的。因此，测量中往往需要有“多余观测”。多余观测数是测量的总次数减去必要观测数，如测量一个距离的必要观测数为 1，如果观测总次数为 n，则多余观测数为 $n-1$，类似的问题可以拓展到其他的测量问题。图 2-6 列出了两个经典大地测量问题，如图 2-6(a)所示的水准网，BMA 表示已知水准点，$S1\sim S7$ 表示 7 个待测水准点，由于高程的维数为 1，因此必要观测数为 7 个，共观测了 $h_1\sim h_9$ 共 9 个高差值，多余观测数为 2 个。如图 2-6(b)所示的导线网，A、B 表示已知点；$P1\sim P6$ 为 6 个待定点，由于每个点的平面坐标为 2 维，必要观测数共为 12，而图中共测量了 $d_1\sim d_9$ 共 9 个距离和 $\beta_1\sim\beta_{13}$ 共 13 个角度，共计 22 个观测值，多余观测数 10 个。以上两个案例都有多余观测，因此需要平差计算。

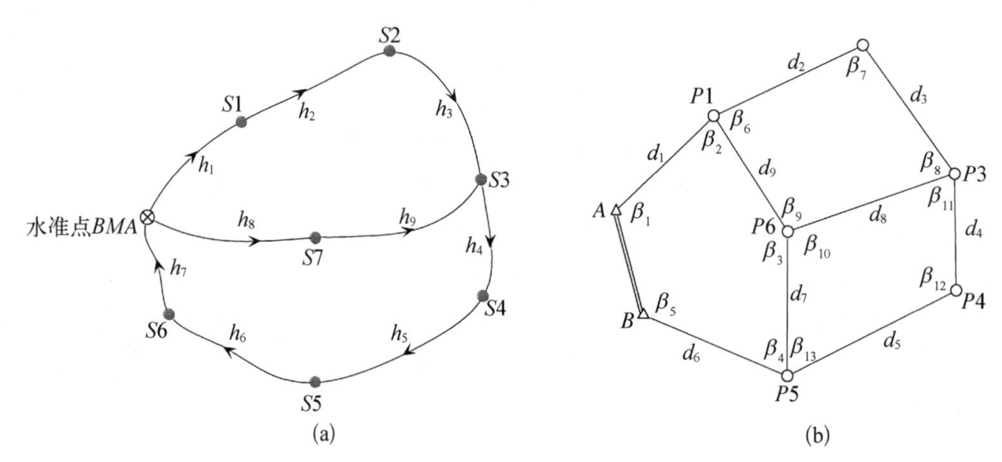

图 2-6 常规大地测量控制网示意图

(a) 水准网 (b) 导线网

不失一般性，设测量的必要观测数为 u，总的观测数为 n，则多余观测数 $r=n-u$。若 $r<0$，则说明总观测数小于必要观测数，因此无法得到所有未知参数的值。若 $r=0$，则刚好能求解出所有的未知参数，但不需要平差计算。若 $r>0$，则说明有多余观测，由于观测误差的存在导致测量结果出现“矛盾”，图 2-6(a)所示就是测量一圈后高差的和不等于零，因此需要将观测结果进行调节，即平差(adjustment)。

这类问题是以观测值的改正数的加权平方和最小为目标函数，以观测值与未知参数之间需要满足的函数关系为约束条件进行平差计算。该问题还有两种常见的特例，一是限制条件只包含观测值，即约束条件为 $\boldsymbol{f}(\boldsymbol{l}+\boldsymbol{v})=\boldsymbol{0}$ 的形式，针对该模型的平差问题称为条件平差；二是约束条件可以表达为观测值的显函数，即 $\boldsymbol{l}+\boldsymbol{v}=\boldsymbol{f}(\boldsymbol{\theta})$ 的形式，针对该模型的问题称为间接平差。这类问题的最小二乘平差模型可表示为

$$\begin{aligned}&\min:\ \boldsymbol{v}^{\mathrm{T}}\boldsymbol{P}\boldsymbol{v}\\&\mathrm{s.t.}:\ \boldsymbol{f}(\boldsymbol{l}+\boldsymbol{v},\ \boldsymbol{\theta})=\boldsymbol{0}\end{aligned}\tag{2-57}$$

从式(2－57)中的模型可以看出，基于最小二乘法的参数估计问题是一个有约束条件的优化问题，也称为条件极值问题，可以采用拉格朗日乘数法求解。首先推导第Ⅰ类问题的解算方法，给出参数的初值 $\boldsymbol{\theta}_0$，然后在 $\boldsymbol{\theta}_0$ 和 $\boldsymbol{v}=\boldsymbol{0}$ 处按泰勒级数展开并只取一次项，则有

$$\boldsymbol{A}\boldsymbol{v}+\boldsymbol{B}\delta\boldsymbol{\theta}+\boldsymbol{f}_0=\boldsymbol{0} \tag{2-58}$$

式(2－58)也称为误差方程，假设共有 m 个条件方程，共观测了 n 个观测值，待求的未知参数个数为 u，则上面各量的维数和解析表达式为

$$\underset{m\times n}{\boldsymbol{A}}=\frac{\partial \boldsymbol{f}}{\partial \boldsymbol{l}}=\begin{bmatrix}\dfrac{\partial \boldsymbol{f}^1}{\partial \boldsymbol{l}_1} & \cdots & \dfrac{\partial \boldsymbol{f}^1}{\partial \boldsymbol{l}_n}\\ \vdots & & \vdots\\ \dfrac{\partial \boldsymbol{f}^m}{\partial \boldsymbol{l}_1} & \cdots & \dfrac{\partial \boldsymbol{f}^m}{\partial \boldsymbol{l}_n}\end{bmatrix},\ \underset{m\times u}{\boldsymbol{B}}=\frac{\partial \boldsymbol{f}}{\partial \boldsymbol{\theta}}=\begin{bmatrix}\dfrac{\partial \boldsymbol{f}^1}{\partial \boldsymbol{\theta}_1} & \cdots & \dfrac{\partial \boldsymbol{f}^1}{\partial \boldsymbol{\theta}_u}\\ \vdots & & \vdots\\ \dfrac{\partial \boldsymbol{f}^m}{\partial \boldsymbol{\theta}_1} & \cdots & \dfrac{\partial \boldsymbol{f}^m}{\partial \boldsymbol{\theta}_u}\end{bmatrix},\ \underset{m\times 1}{\boldsymbol{f}_0}=\begin{bmatrix}\boldsymbol{f}^1(\boldsymbol{l},\ \boldsymbol{\theta}_0)\\ \vdots\\ \boldsymbol{f}^m(\boldsymbol{l},\ \boldsymbol{\theta}_0)\end{bmatrix} \tag{2-59}$$

式中，$\boldsymbol{f}^i\,(i=1,\ \cdots,\ m)$ 表示第 i 个约束函数，根据拉格朗日乘数法原理，设联系数向量为 $\boldsymbol{\lambda}$，该向量的维数为 m 维，构造拉格朗日函数，得到

$$\min:\ \ell(\boldsymbol{v},\ \delta\boldsymbol{\theta},\ \boldsymbol{\lambda})=\frac{1}{2}\boldsymbol{v}^{\mathrm{T}}\boldsymbol{P}\boldsymbol{v}-\boldsymbol{\lambda}^{\mathrm{T}}(\boldsymbol{A}\boldsymbol{v}+\boldsymbol{B}\delta\boldsymbol{\theta}+\boldsymbol{f}_0) \tag{2-60}$$

式(2－60)是一个无约束条件的极值问题，分别对 $\boldsymbol{v}$、$\delta\boldsymbol{\theta}$ 求偏导并令其等于零，得到

$$\begin{cases}\dfrac{\partial \ell}{\partial \boldsymbol{v}}=\boldsymbol{P}^{\mathrm{T}}\boldsymbol{v}-\boldsymbol{A}^{\mathrm{T}}\boldsymbol{\lambda}=\boldsymbol{0} & (2-61)\\[2ex] \dfrac{\partial \ell}{\partial \delta\boldsymbol{\theta}}=\boldsymbol{B}^{\mathrm{T}}\boldsymbol{\lambda}=\boldsymbol{0} & (2-62)\end{cases}$$

由于权矩阵 $\boldsymbol{P}$ 是一个对称正定矩阵，矩阵可逆。令 $\boldsymbol{Q}=\boldsymbol{P}^{-1}$，由式(2－61)得到

$$\boldsymbol{v}=\boldsymbol{Q}\boldsymbol{A}^{\mathrm{T}}\boldsymbol{\lambda} \tag{2-63}$$

将式(2－63)代入式(2－58)中，得到改正数向量为

$$\boldsymbol{A}\boldsymbol{Q}\boldsymbol{A}^{\mathrm{T}}\boldsymbol{\lambda}+\boldsymbol{B}\delta\boldsymbol{\theta}+\boldsymbol{f}_0=\boldsymbol{0} \tag{2-64}$$

由于 $\boldsymbol{A}\boldsymbol{Q}\boldsymbol{A}^{\mathrm{T}}$ 为一满秩对称方阵，因此存在可逆矩阵，令 $\boldsymbol{N}_{AA}=\boldsymbol{A}\boldsymbol{Q}\boldsymbol{A}^{\mathrm{T}}$，得到

$$\boldsymbol{\lambda}=-\boldsymbol{N}_{AA}^{-1}(\boldsymbol{B}\delta\boldsymbol{\theta}+\boldsymbol{f}_0) \tag{2-65}$$

同理，将式(2－65)代入式(2－62)，令 $\boldsymbol{N}_{BB}=\boldsymbol{B}^{\mathrm{T}}\boldsymbol{N}_{AA}^{-1}\boldsymbol{B}$，得

$$\delta\boldsymbol{\theta}=-\boldsymbol{N}_{BB}^{-1}\boldsymbol{B}^{\mathrm{T}}\boldsymbol{N}_{AA}^{-1}\boldsymbol{f}_0 \tag{2-66}$$

由式(2－63)得到观测值的改正数向量为

$$\boldsymbol{v}=-\boldsymbol{Q}\boldsymbol{A}^{\mathrm{T}}\boldsymbol{N}_{AA}^{-1}(\boldsymbol{B}\delta\boldsymbol{\theta}+\boldsymbol{f}_0) \tag{2-67}$$

得到了观测值和参数的改正数以后就可以得到平差后的观测值和参数的估值为

$$\hat{\boldsymbol{l}}=\boldsymbol{l}+\boldsymbol{v};\ \hat{\boldsymbol{\theta}}=\boldsymbol{\theta}_0+\boldsymbol{\delta\theta} \tag{2-68}$$

在改正了观测值和参数以后，将改正后的数值作为观测值和参数的初值重新计算，直至改正数的结果趋于零为止。以上的计算称为数值迭代计算，由于通常测量误差较小，因此只需要很少的迭代次数即可收敛。迭代算法这里不再详述。

测量平差的任务还包括精度评定，前面给出的权阵是先验精度，要通过平差后得到的观测值的改正值大小来评定实际达到的精度。观测值的先验精度为

$$\boldsymbol{D}_l=\sigma_0^2\boldsymbol{Q}=\sigma_0^2\boldsymbol{P}^{-1} \tag{2-69}$$

式(2-69)中 $\boldsymbol{Q}$ 已知，因此只需要对单位权中误差做出估计，即可得到平差后的精度。在测量问题中，单位权方差的估值可通过以下公式计算

$$\hat{\sigma}_0^2=\frac{\boldsymbol{v}^{\mathrm{T}}\boldsymbol{P}\boldsymbol{v}}{n-u} \tag{2-70}$$

根据误差传播律，可以得到平差后的估计值的精度为

$$\boldsymbol{D}_{\hat{\theta}}=\hat{\boldsymbol{\sigma}}_0^2\boldsymbol{N}_{BB}^{-1} \tag{2-71}$$

以上推导了平差的算法，式(2-71)中的模型在测量平差理论中称为附参数的条件平差法。具体的计算过程如下：

(1) 根据实际问题建立观测值和参数之间的函数关系。

(2) 根据未平差的观测值计算参数的初值 $\boldsymbol{\theta}_0$。

(3) 将函数关系线性化为式(2-58)所示的误差方程，得到系数矩阵 $\boldsymbol{A}$、$\boldsymbol{B}$、$\boldsymbol{f}_0$。

(4) 计算得到 $\boldsymbol{\delta\theta}=-\boldsymbol{N}_{BB}^{-1}\boldsymbol{B}^{\mathrm{T}}\boldsymbol{N}_{AA}^{-1}\boldsymbol{f}_0$，$\boldsymbol{v}=-\boldsymbol{Q}\boldsymbol{A}^{\mathrm{T}}\boldsymbol{N}_{AA}^{-1}(\boldsymbol{B\delta\theta}+\boldsymbol{f}_0)$。

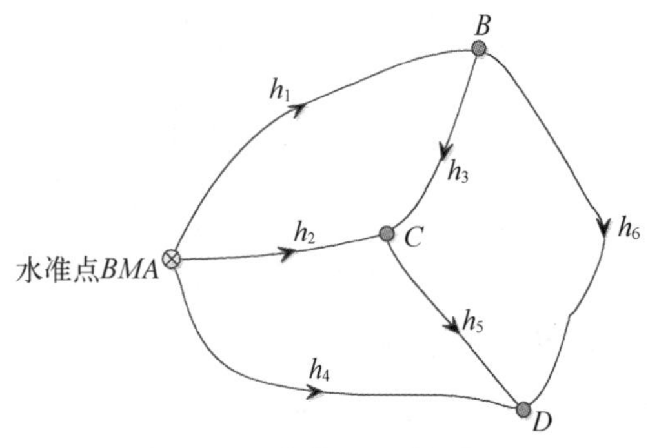

图 2-7 水准网观测示意图

(5) 若 $\|\boldsymbol{\delta\theta}\|$ 大于给定的限差，$\boldsymbol{\theta}_0:=\boldsymbol{\theta}_0+\boldsymbol{\delta\theta}$，回到步骤(2)重新开始计算，否则得到参数的最终估计值：$\hat{\boldsymbol{\theta}}=\boldsymbol{\theta}_0+\boldsymbol{\delta\theta}$。

(6) 根据式(2-69)、式(2-70)和式(2-71)评定观测值和参数的精度。

例 6 图 2-7 所示的水准网，$BMA=10.000$ m 为已知点，要测量 B、C、D 3 个点的高程值，用水准仪观测了 6 个观测值，观测值的大小和对应的测站数如表 2-4 所示，取观测值的权值与测站数成反比，请计算每个点的高程值。

表 2-4 观测值与对应的权值

观测值	高差/m	测站数	观测值	高差/m	测站数
h_1	+1.210	8	h_4	+3.292	9
h_2	+2.266	6	h_5	+1.038	5
h_3	+1.050	5	h_6	+2.076	10

解：题中待定的参数为 3 个，观测值总数为 6 个，因此多余观测数为 3 个，若在模型中不选择未知参数，则共可得到 3 个条件方程，也可以选择参数一起参与平差计算，多选择 1 个未知参数则增加一个条件方程。3 个条件方程为 3 个闭合条件，即观测值改正后得到的高差闭合差应该等于 0，即

$$\begin{cases}\hat{h}_1+\hat{h}_3-\hat{h}_2=0\\ \hat{h}_1+\hat{h}_6-\hat{h}_4=0\\ \hat{h}_2+\hat{h}_5-\hat{h}_4=0\end{cases} \tag{2-72}$$

式中，观测值的权向量等于

$$\boldsymbol{P}=\mathrm{diag}(1/8,\ 1/6,\ 1/5,\ 1/9,\ 1/5,\ 1/10)$$

式(2-72)中只包含了观测值，将其转换成标准形式

$$\boldsymbol{Av}+\boldsymbol{f}_0=\boldsymbol{0} \tag{2-73}$$

式中

$$\boldsymbol{A}=\begin{bmatrix}1 & -1 & 1 & 0 & 0 & 0\\ 1 & 0 & 0 & -1 & 0 & 1\\ 0 & 1 & 0 & -1 & 1 & 0\end{bmatrix},\ \boldsymbol{f}_0=\begin{bmatrix}h_1-h_2+h_3\\ h_1-h_4+h_6\\ h_2-h_4+h_5\end{bmatrix}=\begin{bmatrix}-6\\ -6\\ 12\end{bmatrix}$$

本例中只包含观测值的改正数，未包含未知参数，因此计算式(2-58)中的 $\boldsymbol{B}=\boldsymbol{0}$，由此得到观测值的改正数

$$\boldsymbol{v}=-\boldsymbol{QA}^{\mathrm{T}}(\boldsymbol{AQA}^{\mathrm{T}})^{-1}\boldsymbol{f}_0=[+3.0\quad -4.2\quad -1.2\quad +3.0\quad -4.7\quad +6.1]^{\mathrm{T}}$$

以上计算出了观测值的改正数，单位为 mm。这里需要说明的是，由于数值计算或者数据取舍的原因，导致平差计算后有 0.2 mm 以内的误差，这个误差不需要专门处理。根据以上计算结果，得到改正以后各点的高差值(单位：m)为

$$\hat{\boldsymbol{h}}=[1.213\,0\quad 2.261\,8\quad 1.048\,8\quad 3.295\,0\quad 1.033\,3\quad 2.082\,1]^{\mathrm{T}}$$

验证改正后的高差后，最终得到高程值为

$$H_B=11.213\ \mathrm{m},\ H_C=12.262\ \mathrm{m},\ H_D=13.295\ \mathrm{m}$$

2.6.2 基于残差的最小二乘问题

基于残差的最小二乘问题主要出现在以二维或三维坐标为观测值的二维或三维重建问题中。与基于观测值的最小二乘相比，这类问题是以残差的加权平方和最小为目标函数，平差模型可表示为

$$\begin{aligned}&\min:\ \boldsymbol{e}^{\mathrm{T}}\boldsymbol{P}_e\boldsymbol{e}\\ &\mathrm{s.t.}:\ \boldsymbol{e}=\boldsymbol{f}(\boldsymbol{l},\ \boldsymbol{\theta})\end{aligned} \tag{2-74}$$

因此式(2-74)中的最小二乘目标函数等价于

$$\min:\ \ell(\boldsymbol{\theta})=\boldsymbol{f}(\boldsymbol{l},\ \boldsymbol{\theta})^{\mathrm{T}}\boldsymbol{Pf}(\boldsymbol{l},\ \boldsymbol{\theta}) \tag{2-75}$$

与上面的推导一样，假设 $\boldsymbol{f}(\boldsymbol{l},\boldsymbol{\theta})$ 为 m 个函数向量，$\boldsymbol{\theta}$ 为 u 维的参数向量，将式(2-75)对参数 $\boldsymbol{\theta}$ 求偏导并令其等于零，得到

$$\frac{\partial \ell(\boldsymbol{\theta})}{\partial \boldsymbol{\theta}}=\frac{\partial \boldsymbol{f}(\boldsymbol{l},\boldsymbol{\theta})^{\mathrm{T}}}{\partial \boldsymbol{\theta}}\boldsymbol{P}\boldsymbol{f}(\boldsymbol{l},\boldsymbol{\theta})=\boldsymbol{0} \tag{2-76}$$

类似于式(2-58)，令 $\boldsymbol{B}=\dfrac{\partial \boldsymbol{f}(\boldsymbol{l},\boldsymbol{\theta})}{\partial \boldsymbol{\theta}}$，同时在给定的初值 $\boldsymbol{\theta}_0$ 处将函数线性化，得到

$$\boldsymbol{\delta\theta}=-(\boldsymbol{B}^{\mathrm{T}}\boldsymbol{P}\boldsymbol{B})^{-1}\boldsymbol{B}^{\mathrm{T}}\boldsymbol{P}\boldsymbol{f}_0 \tag{2-77}$$

同理得到单位权方差的估值和参数的精度为

$$\begin{gathered}\hat{\sigma}_0^2=\frac{\boldsymbol{f}(\boldsymbol{l},\hat{\boldsymbol{\theta}})^{\mathrm{T}}\boldsymbol{P}\boldsymbol{f}(\boldsymbol{l},\hat{\boldsymbol{\theta}})}{n-u}\\ \boldsymbol{D}_{\hat{\theta}}=\hat{\sigma}_0^2(\boldsymbol{B}^{\mathrm{T}}\boldsymbol{P}\boldsymbol{B})^{-1}\end{gathered} \tag{2-78}$$

最小二乘计算过程归纳如下：

(1) 根据实际问题建立观测值和参数之间的函数关系。

(2) 根据未平差的观测值计算出参数的初值 $\boldsymbol{\theta}_0$。

(3) 将函数关系线性化为得到系数矩阵 $\boldsymbol{B}$、$\boldsymbol{f}_0$。

(4) 计算得到 $\boldsymbol{\delta\theta}=-(\boldsymbol{B}^{\mathrm{T}}\boldsymbol{P}\boldsymbol{B})^{-1}\boldsymbol{B}^{\mathrm{T}}\boldsymbol{P}\boldsymbol{f}_0$。

(5) 若 $\|\boldsymbol{\delta\theta}\|$ 大于给定的限差，$\boldsymbol{\theta}_0:=\boldsymbol{\theta}_0+\boldsymbol{\delta\theta}$，回到步骤(2)重新开始计算，否则得到参数的最终估计值：$\hat{\boldsymbol{\theta}}=\boldsymbol{\theta}_0+\boldsymbol{\delta\theta}$。

(6) 根据式(2-78)评定观测值和参数的精度。

例 7 用直径为 6 m 的盾构对隧道施工，为了检查施工后隧道的轴线位置和直径，现在隧道某断面上采集了 12 个点，测量的结果如表 2-5 所示。根据这些点求出该断面中心坐标和半径，并评定其精度。

表 2-5 测量结果

点号	x/m	h/m	点号	x/m	h/m	点号	x/m	h/m
1	−2.093	17.847	5	−1.842	22.395	9	2.618	21.421
2	−2.790	18.981	6	−0.623	22.938	10	3.003	20.214
3	−2.991	20.249	7	0.646	22.920	11	2.788	18.951
4	−2.630	21.413	8	1.801	22.369	12	2.108	17.865

解： 以上问题也称为数据拟合，首先要建立数学模型，可以选择二次曲线的通用方程作为数学模型，也可以选择半径和圆心坐标作为未知数建立模型。这里选择第二种方法，以点的坐标作为带误差的观测值，圆心坐标和半径为参数建立如下模型：

$$(x-x_c)^2+(h-h_c)^2-r^2=0 \tag{2-79}$$

式中，(x_c, h_c) 表示圆心的坐标值；r 表示为圆的半径。假设取权矩阵为单位阵，然后根据其中的 3 个点得到圆心和半径的初始值，再线性化后，得到以下系数矩阵：

$$\boldsymbol{B}=\begin{bmatrix}-2(x_1-x_c^0) & -2(h_1-h_c^0) & -2r^0\\ -2(x_2-x_c^0) & -2(h_2-h_c^0) & -2r^0\\ \vdots & \vdots & \vdots\\ -2(x_n-x_c^0) & -2(h_n-h_c^0) & -2r^0\end{bmatrix},\ \boldsymbol{f}_0=\begin{bmatrix}(x_1-x_c^0)^2+(h_1-h_c^0)^2-(r^0)^2\\ (x_2-x_c^0)^2+(h_2-h_c^0)^2-(r^0)^2\\ \vdots\\ (x_n-x_c^0)^2+(h_n-h_c^0)^2-(r^0)^2\end{bmatrix} \tag{2-80}$$

式中，x_c^0、h_c^0、r^0 分别表示参数的初值，代入计算后得到待定的各参数的估计值及其对应的中误差，拟合后的图形如图2-8所示。

$$\hat{x}_c=-0.004\,8\pm0.020\,7,\ \hat{y}_c=20.005\,2\pm0.028\,6,\ \hat{r}=2.990\,8\pm0.018\,1$$

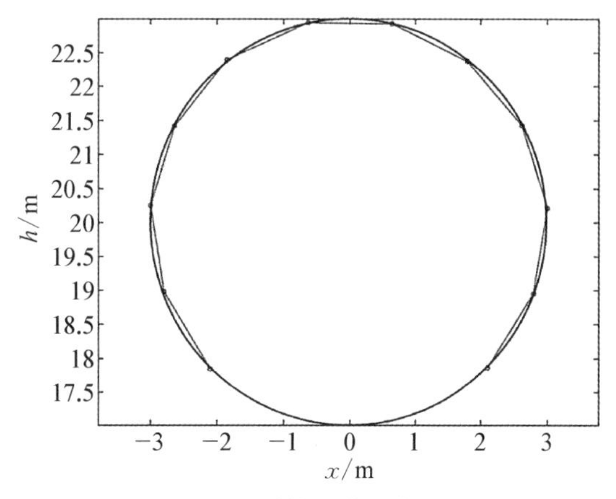

图2-8　盾构隧道拟合结果

习　题　2

1. 什么是观测值的偶然误差、系统误差和粗差？应该如何处理这几种误差？

2. 测量有哪些误差来源？

3. 什么是观测值的真误差和改正数？两者有何区别？

4. 什么是中误差和标准差？两者有何区别与联系？

5. 什么是中误差、比例误差和极限误差？它们在测量中分别起到什么作用？

6. 在测量实习中，小组A与小组B用同等精度的水准仪按相同的水准路线测量了一段闭合水准，A组的结果闭合差为0 mm，B组的闭合差为12 mm，且都在限差范围内。A组的同学兴奋地说："我们测量的精度比B组高"，你认为这种说法正确吗？为什么？

7. 在一个平面三角形中，用同样精度的仪器观测了其中的两个水平角 α 和 β，α 观测了1测回，β 角观测了4测回，$\alpha=50°30'42''$，$\beta=65°48'30''$，若一测回的角度中误差为 $\pm6''$，计算第3个角 γ 的角度值并评定其精度。若取角度 α 的权 $P_\alpha=1$，求 $P_\beta=1$ 和 P_γ。

8. 某水平角等精度观测了8次，观测结果分别为65°38′12″、65°38′01″、65°38′53″、65°38′08″、65°38′11″、65°38′57″、65°38′04″、65°38′18″，试求该角的估计值、每一观测值的中误差及估计值的中误差。

9. 如图1所示的水准网，已知水准点 BMA 的高程为50.000 m，各高差的观测值和对应的测站数如下表，取观测值的权与测站数成反比，按最小二乘原理计算 B 点和 C 点的高程。

测　段	高差/m	测站数
h_1	2.785	10
h_2	2.137	5
h_3	−0.654	6
h_4	2.143	8

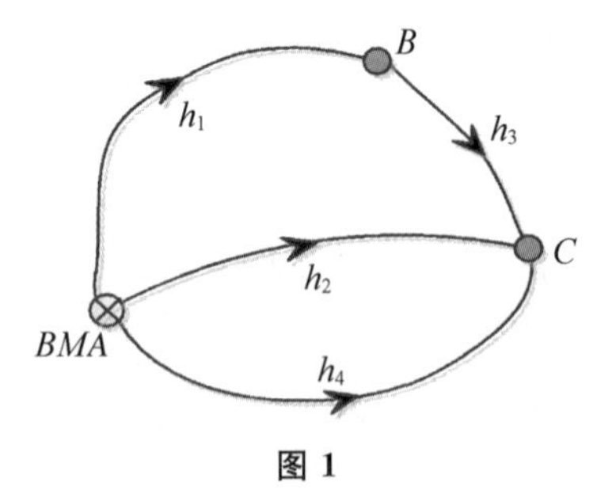

图 1

10. 已知某二次曲线可以用 $y=ax^2+bx^2+c$ 表示，现测量了 8 个点的坐标，观测数据如下表，按最小二乘原理估计抛物线参数并评定其精度。

点　号	x/m	h/m	点　号	x/m	h/m
1	−2.993	22.037	5	1.030	17.833
2	−2.011	12.008	6	1.982	31.617
3	−0.939	7.273	7	3.013	51.791
4	0.067	10.449	8	4.027	78.975

第3章 水 准 测 量

3.1 水准测量的原理

测量学中通常将地面点的空间位置分解为平面坐标和高程，其中水准测量方法是确定高程最常用的方法。水准测量的原理是利用水准仪提供的一条水平视线，读取两地面点上竖立的水准尺的读数，得到两点之间的高差，然后根据已知点高程推算未知点的高程。

水准测量的原理如图 3-1 所示，已知 A 点的高程为 H_A，要测量得到 B 点的高程 H_B。若测出 A 点与 B 点之间的高差 h_{AB}，则可以根据高程的概念得到 B 点的高程 H_B 为

$$H_B = H_A + h_{AB} \tag{3-1}$$

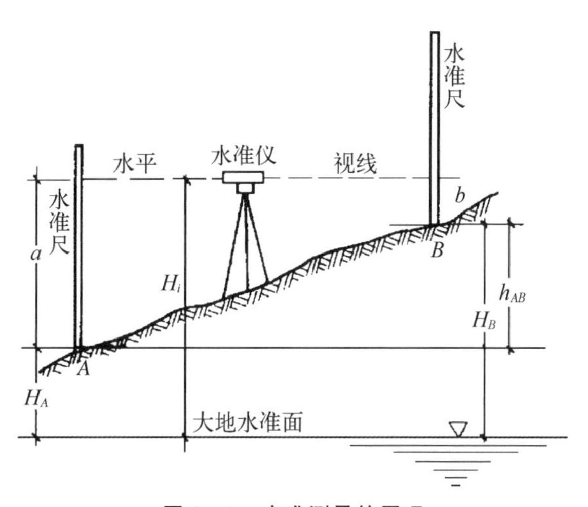

图 3-1 水准测量的原理

根据水准测量的原理，在 A、B 两点上各竖立一根水准尺，在 A、B 两点之间安置一台水准仪。当水准仪的视线水平时，若在 A 点水准尺上的读数为 a，在 B 点水准尺上的读数为 b，则由图中的几何关系得到 A、B 两点的高差为

$$h_{AB} = a - b \tag{3-2}$$

在水准测量中，测量的前进方向一般是从已知点测向未知点，即从 A 到 B，根据前进方向，A 点水准尺称为后尺，其读数 a 称为后视读数，B 点水准尺称为前尺，其读数为 b 称为前视读数，高差为后视读数减去前视读数。

高差的符号可正可负。如果 a 大于 b，则高差 h_{AB} 为正，表示 B 点比 A 点高；如果 a 小于 b，则高差 h_{AB} 为负，表示 B 点比 A 点低。在计算高差 h_{AB} 时，一定要注意下标 AB 的写法：h_{AB} 表示 A 点至 B 点的高差，h_{BA} 表示 B 点至 A 点的高差，两个高差绝对值相等而符号相反，即

$$h_{AB}=-h_{BA}$$

根据式(3-1)和式(3-2),可得 B 点的高程为

$$H_B=H_A+a-b \tag{3-3}$$

如果 A、B 两点之间相距不远,且高差小于水准尺的长度,则安置一次仪器即可根据式(3-3)求出 B 点的高程,这种直接利用高差 h_{AB} 计算 B 点高程的方法,称为高差法。

B 点的高程也可以用水准仪的视线高程来求,根据图3-1所示的几何关系,视线的高程为

$$H_s=H_A+a=H_B+b \tag{3-4}$$

则B点的高程为

$$H_B=H_s-b=(H_A+a)-b \tag{3-5}$$

式(3-5)是利用水准仪的视线高程 H_s 来计算 B 点高程的,这种方法称为视线高法。在水准测量中,可以灵活地选择测站位置和仪器高度,前、后水准尺和仪器三点之间不要求一定在一条直线上,但仪器到前尺和到后尺的距离应大致相等,仪器离标尺的距离应符合规范要求。

3.2 普通水准仪的简介及应用

水准测量所使用的仪器是水准仪,辅助测量工具包括脚架、水准尺和尺垫等。水准仪按其精度可分为DS05、DS1、DS3等,字母DS代表“大地测量”和“水准仪”,分别取其汉语拼音的第一个字母;数字表示仪器能达到的精度指标,用每千米往返测量的高差中误差来表示:05表示每千米往返高差的中误差为±0.5 mm,10表示每千米往返高差的中误差为±10 mm,数字越小表示精度越高。水准仪按自动化程度分普通水准仪、自动安平水准仪、电子水准仪。DS1以上精度的水准仪称为精密水准仪,主要用于一、二等高程控制测量;DS3级水准仪或自动安平水准仪主要用于三、四等高程控制测量、图根控制和工程测量中。几种常用类型的水准仪如图3-2所示。本节以DS3微倾式水准仪为例来介绍水准仪的构成和使用方法。

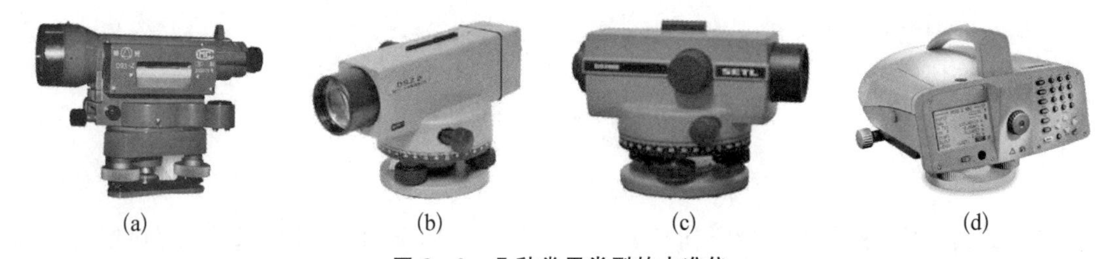

(a) (b) (c) (d)

图3-2 几种常用类型的水准仪

(a) DS3微倾式水准仪 (b) 精密水准仪 (c) 自动安平水准仪 (d) 电子水准仪

3.2.1 DS3型微倾式水准仪

图3-3为苏州光学仪器厂生产的DS3型微倾式水准仪,它主要由望远镜、水准器和基座

三部分组成，其构造如图 3-3 所示。

水准仪的制动螺旋和微动螺旋用于控制望远镜在水平方向的转动，松开制动螺旋，望远镜可在水平方向任意转动，只有当拧紧制动螺旋后，微动螺旋才能使望远镜在水平方向上做微小转动，以便精确瞄准目标。

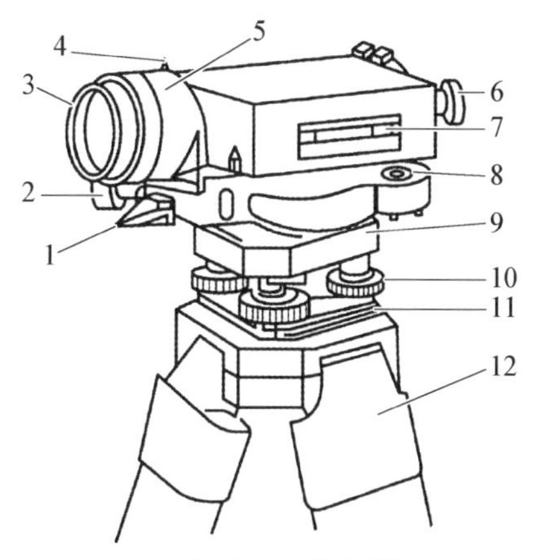

1—制动螺旋；2—微动螺旋；
3—物镜；4—照门；5—望远镜；
6—目镜；7—管水准器；8—圆水准器；
9—基座；10—脚螺旋；11—连接底板；
12—三脚架。

图 3-3 水准仪的构造图

1. 望远镜

望远镜是用来精确瞄准远处目标并读数的设备，根据目镜端观测到的物体成像情况，望远镜可分为正像望远镜和倒像望远镜。如图 3-4(a)所示的结构中，望远镜主要由物镜、物镜调焦透镜、物镜调焦螺旋、十字丝分划板、目镜等组成。物镜和目镜多采用复合透镜组，调焦透镜为凹透镜。物镜中心与十字丝分划板中心的连线 CC 称为望远镜视准轴，视准轴的延长线即视线。

十字丝分划板的结构如图 3-4(b)所示，它是在直径约 10 mm 的光学玻璃圆片上刻出 3 根横丝和 1 根竖丝，竖丝用来瞄准目标，横丝用来读数，中间的长横丝称为中丝，用于读取水准尺上的分划读数；上、下两根较短的横丝分别称为上丝、下丝(统称视距丝)，用于测定水准仪到水准尺的距离。

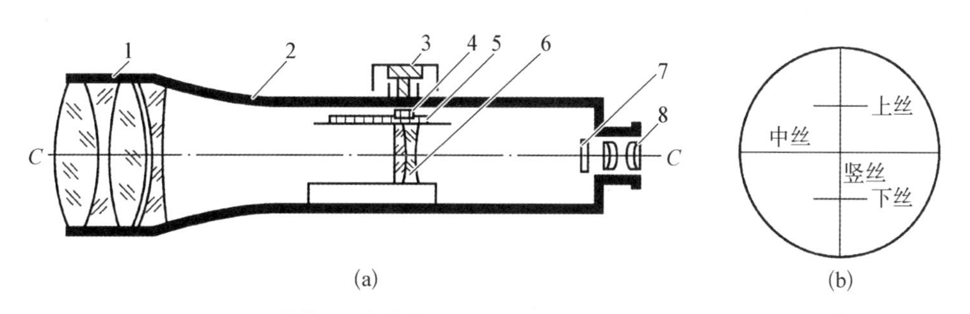

1—物镜；2—物镜筒；3—物镜调焦螺旋；4—齿轮；5—齿条；
6—物镜调焦透镜；7—十字丝分划板；8—目镜。

图 3-4 水准仪的望远镜构造和十字丝

(a) 望远镜的构造 (b) 十字丝分划板

望远镜的成像原理如图 3-5 所示，望远镜所瞄准的目标 AB 经过物镜组的作用形成一倒立缩小的实像 ab，物镜与十字丝分划板之间的距离是固定不变的，调节物镜调焦螺旋即可带

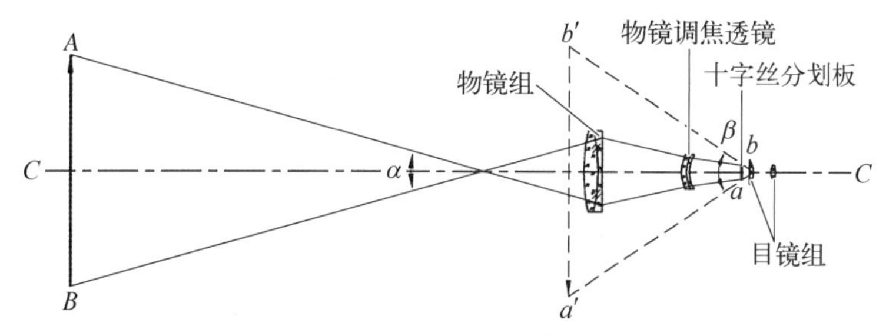

图 3-5 望远镜的成像原理

动调焦透镜在望远镜筒内前后移动，从而使得不同距离的目标成像都能与十字丝平面重合。调节目镜调焦螺旋可使十字丝像清晰，通过目镜便可看到同时放大了的目标影像 $a'b'$，十字丝此时也被放大，$a'b'$ 对观测者眼睛的视角为 β，不通过望远镜的目标 AB 的视角为 α。β 角相对于 α 角的放大倍数，即为望远镜的放大率。DS3 水准仪的望远镜放大倍数为 28。

2. 水准器

水准器是用来指示视线是否水平或仪器竖轴是否竖直的装置。有圆水准器和管水准器两种：圆水准器的精度较低，用于仪器的粗略整平；管水准器精度较高，用于仪器的精确整平。

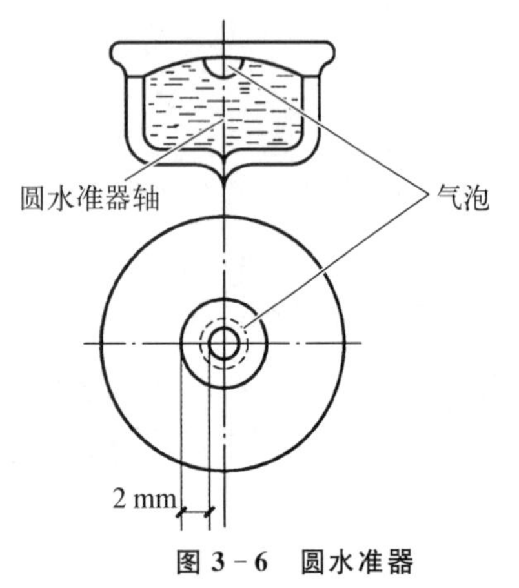

图 3-6 圆水准器

1）圆水准器

圆水准器如图 3-6 所示，圆水准器是将一圆柱形的玻璃盒装在金属框内，顶面内壁磨成球面，盒内装有酒精或乙醚，并形成气泡，顶面中央刻有小圆圈，其圆心称为圆水准器的零点，当气泡中心与圆水准器零点重合时称为气泡居中。根据力学原理，当气泡居中时，过零点的法线与仪器的旋转轴（竖轴）重合，表示水准仪的竖轴处于竖直位置。常用的 DS3 水准仪圆水准器分划值一般为 $8'/2$ mm，由于分划值较大，其灵敏度较低，只能用于水准仪的粗略整平。

2）管水准器

管水准器也称为水准管，其构造原理与圆水准器类似。水准管是一纵向内壁磨成圆弧形的玻璃管，管内装有酒精和乙醚的混合液，加热融封冷却后形成一个可以在管内自由移动的气泡，如图 3-7(a)所示，由于气泡比管内的液体轻，因此气泡始终处于管内最高位置。

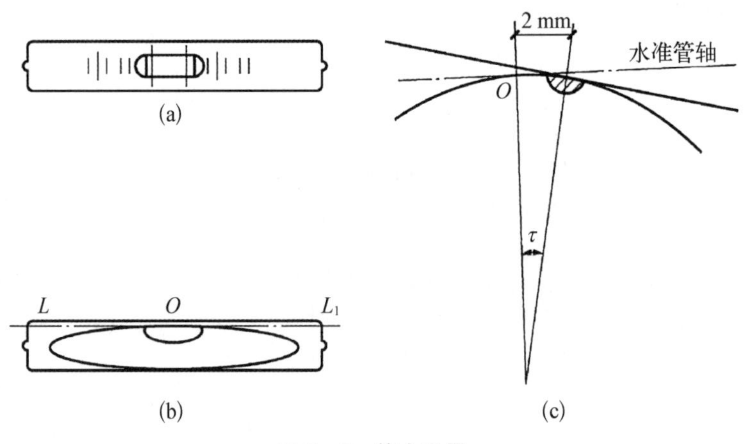

图 3-7 管水准器

(a) 平面图 (b) 剖面图 (c) 灵敏度示意图

水准管上一般刻有 2 mm 的分划线，分划线的中点 O 称为水准管零点，通过零点作水准管圆弧的切线，称为水准管轴（LL_1），当水准管的气泡中心与水准管零点重合时，称为气泡居中，这时水准管轴处于水平位置。水准管上两相邻分划线间的圆弧（弧长 2 mm）所对圆心角 τ 称为水准管分划值，亦称为灵敏度，用公式表示为

$$\tau'' = \frac{2}{R} \cdot \rho'' \tag{3-6}$$

式中，$\rho'' = 206\,265''$ 表示 1 弧度对应的角度秒值；R 表示以 mm 为单位的水准管圆弧的曲率半径，R 越大表示水准管的灵敏度越高。

式(3-6)可以理解为：气泡移动 2 mm 时水准管轴所倾斜的角度。水准管的分划值越小，灵敏度越高，水准器的精度也越高，安装在 DS3 级水准仪上的水准管，其分划值不大于 $20''/2$ mm。

DS3 水准仪的管水准器安装在仪器侧面，观测起来不方便，因此 DS3 微倾式水准仪采用了符合水准管系统。如图 3-8 所示，符合水准管系统通过安装一组符合棱镜，利用棱镜的折射作用，使气泡两端的成像位于便于观测者观察的符合目镜中。若气泡两端的半像吻合成光滑的抛物线，则表示气泡居中，如图 3-8(a)所示。若气泡两端的半像错开，则表示气泡不居中，此时应转动微倾螺旋，使气泡的半像吻合。

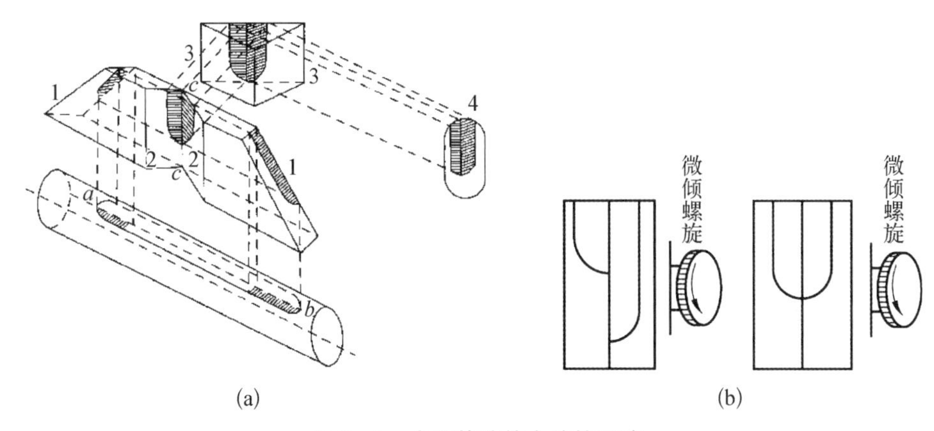

图 3-8　水准管的符合棱镜系统

(a) 符合棱镜系统　(b) 整平方法

3. 基座

基座的作用是支撑仪器并与三脚架连接，主要由轴座、脚螺旋、底板和三角压板构成，脚螺旋的作用是整平仪器。

3.2.2　水准测量的配套设备

水准测量的配套设备主要包括三脚架、水准尺和尺垫等。

1. 三脚架

三脚架是用于安置水准仪的设备，三脚架的顶面是一个带有连接螺旋的平面，平面底部外侧利用 3 个中心对称分布的铰来连接 3 个支架组成，支架上可通过固定螺旋自由伸缩。观测时，可根据观测人员的身高和地理环境状况调节高度。测量用三脚架根据材质可分为木质脚架和铝合金脚架。

2. 水准尺

水准尺是水准测量的主要工具之一，用优质、干燥的木材、铝合金或者铅合金等材料制成，长度有 2 m、3 m、5 m 等。如图 3-9 所示，常用的水准尺有双面尺和塔尺。双面尺是指尺的两面都有刻度的水准尺，塔尺是指可以伸缩的水准尺。

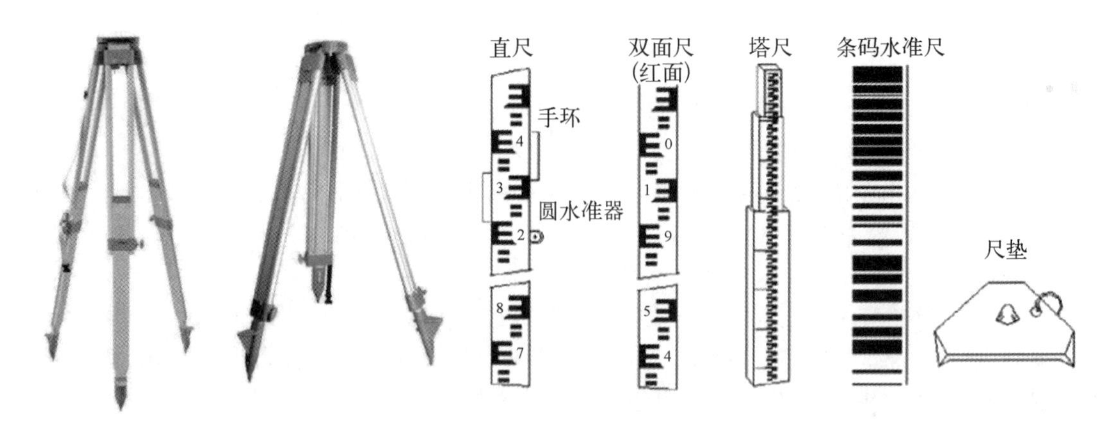

图 3-9　脚架、水准尺和尺垫

水准尺的尺面上每隔 1 cm 印刷有黑、白或红、白相间的分划，每分米处注有分米数，其数字有正与倒两种，分别与水准仪的正像望远镜和倒像望远镜配合。水准尺上一般装有圆水准器，在读数时保持圆水准器的气泡居中，使水准尺处于垂直竖立的状态，可减小由于标尺倾斜而引起的误差。

塔尺因其形状呈塔形而得名，一般由 3 节尺管套接而成，长度可达 5 m，最小刻度分划为 1 cm 或 0.5 cm，每米和每分米处均标注数字。塔尺可以伸缩，便于携带，但连接处易产生长度误差，一般用于精度要求不高的水准测量。

双面水准尺多用于三、四等水准测量，其长度有 2 m 和 3 m 两种。尺的两面均有刻度分划，一面为黑白相间，称黑面尺(也称主尺)；另一面为红白相间，称红面尺(也称辅尺)，两面的刻度分划均为 1 cm，并在分米处标注数字。在使用双面尺的过程中，两根尺为一对，两根尺的黑面分划都从零开始，而红面分划不同，一根尺从 4.687 m 开始，另一根尺从 4.787 m 开始，这里的 4.687 m 和 4.787 m 称为尺常数或零点差。水准仪的水平视线在同一根水准尺上的红、黑面读数差理论上应等于双面尺的尺常数，若产生误差，则误差应在允许的范围内，如四等水准测量中黑红两面的读数差减去尺常数后的绝对值不得大于 3 mm，用于检核水准测量时的读数。

除上面两种用于普通水准测量的水准尺之外，还有用于精密水准测量的因瓦(Invar)钢尺，这种合金钢的热膨胀系数很小，因此尺的长度划分不受气温变化的影响，常用于精密水准测量。

3. 尺垫

尺垫由铸铁制成，一般呈三角形，如图 3-9 所示，尺垫下方有 3 个尖脚，可以安置在任何不平的地面上。若置于土质地面上，则需要将其踩实，3 个尖脚扎入土中，使其稳定，尺垫上方有一突起的半球，球顶用来竖立水准尺，保证尺底的高程在测量的过程中不会改变。为了减小观测过程中立尺点的下沉与后视转前视时转点不统一造成的误差，在连续水准测量的转点处必须放置尺垫，在已知高程点和待求高程点上不能放置尺垫。

3.2.3　水准测量的方法

使用 DS3 型微倾式水准仪测量两点之间高差的基本操作步骤包括：① 安置仪器；② 粗平；③ 瞄准；④ 精平；⑤ 读数。

1. 安置仪器

首先将三脚架腿上的伸缩制动螺旋拧松，调整三脚架的高度大致与观测者的胸颈部齐平，拧紧3个伸缩制动螺旋；然后张开三脚架，使三脚架与地面紧密接触并踩实，调整伸缩制动螺旋，保持三脚架头大致水平；最后从仪器箱中取出测量仪器，放在三脚架头上，一手握住仪器，一手将三脚架上的连接螺旋转入仪器基座的中心螺孔内，使仪器与三脚架连接牢固。

2. 粗平

粗平是将圆水准器气泡居中，使仪器的视准轴粗略水平。如图3－10(a)所示，表示仪器的左下部偏高。首先选定①和②两个脚螺旋(可看成左、右方向)，双手同时操作两个脚螺旋同步向内或向外旋转，使气泡运动到①和②两个脚螺旋的大致中垂线上；然后按图3－10(b)所示，用左手按箭头方向旋转脚螺旋③(可看成上、下方向)，使气泡居中。在整平的过程中，气泡的运动规律为：气泡的移动方向与左手大拇指运动的方向一致，掌握气泡的移动规律有助于将仪器快速整平。

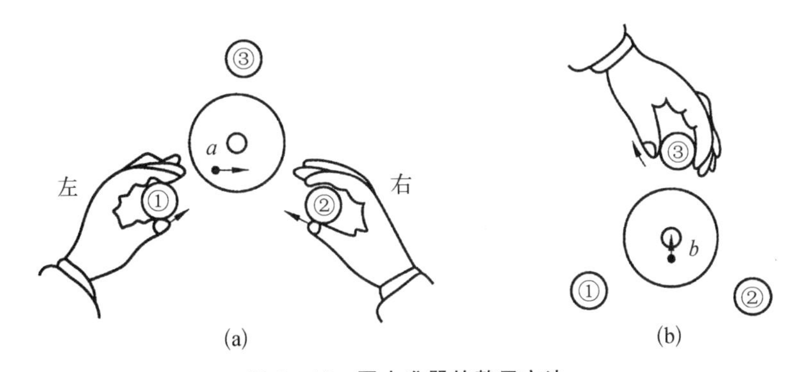

图3－10　圆水准器的整平方法

(a) 左、右方向整平　(b) 上、下方向整平

3. 瞄准

首先，转动目镜调焦螺旋直到十字丝的显示最清晰，再松开制动螺旋，转动望远镜，用望远镜镜筒上的照门和准星瞄准水准尺，拧紧制动螺旋(有些水准仪没有制动螺旋，可以直接转动望远镜)。然后从望远镜中观察，转动物镜调焦螺旋进行对光，使水准尺的刻度分划清晰，转动微动螺旋，使竖丝对准水准尺，如图3－11中图(a)所示。此时，可检查水准尺在左、右方向是否有倾斜，若存在倾斜，则通知立尺者纠正。

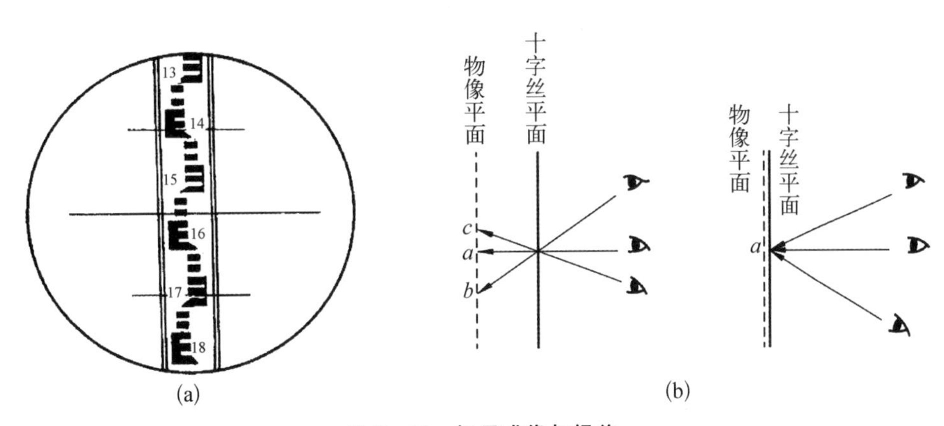

图3－11　标尺成像与视差

(a) 标尺成像　(b) 望远镜的视差

当眼睛在目镜端上下微微移动时，若发现十字丝与目标像有相对运动，如图 3－11(b)所示，这种现象称为视差。产生视差的原因是目标成像的平面和十字丝平面不重合。由于视差的存在会影响读数的正确性，必须加以消除。消除的方法是：先转动目镜调焦螺旋，使十字丝最清晰，然后转动物镜调焦螺旋，使目标像最清晰，眼睛上下移动，如果没有发现目标和十字丝之间有相对移动，则视差已消除，否则重复该操作，直至视差完全消除。

4. 精平

在使用微倾式水准仪和精密水准仪时需要进行精平操作，而使用自动安平水准仪时不需要进行此项操作。转动微倾螺旋，同时从气泡观察窗内进行观察，当看到水准管气泡严密吻合时，表示视线为水平视线，如图 3－12(a)所示。一般情况下，在望远镜的转动过程中，符合水准气泡会有微小的偏离，如图 3－12(b)所示，因此在水准测量的过程中，每次读数前都应先转动微倾螺旋，使符合水准气泡严密吻合后，才能在水准尺上读数。

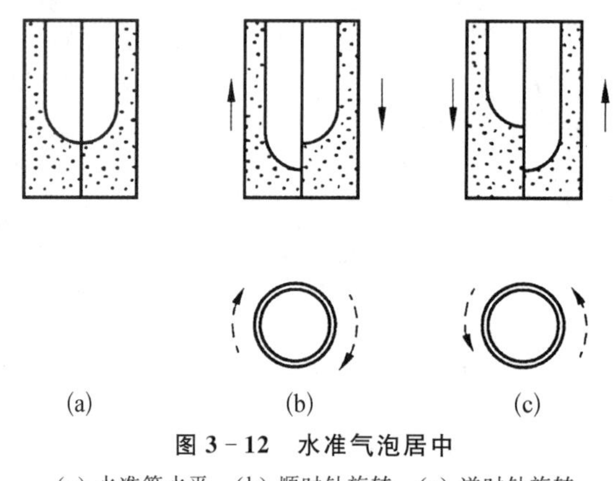

图 3－12　水准气泡居中

(a) 水准管水平　(b) 顺时针旋转　(c) 逆时针旋转

5. 读数

仪器精平后，读取十字丝的中丝在水准尺上的读数。读数时应从小数向大数读取。观测者应先估读水准尺上的毫米数，然后读出全部读数，一般应读出 4 位数。如图 3－11(a)所示，水准尺的中丝读数为 1.538 m，其中末位数字是估读的毫米数，读数或记录时为表达简洁，可省去小数点，按 mm 为单位记录为 1 538 mm。

3.3　水准路线的测量方法及成果计算

3.3.1　水准点与水准路线

1. 水准点

水准点(bench mark)是根据测量需求事先在地面上埋设标志，用水准测量方法测定其高程的控制点，有永久点和临时点两种。水准测量按控制次序和施测精度分为一、二、三、四等与图根水准，其中一、二等为精密水准测量，三、四等为普通水准测量。

图 3－13 所示为水准标志点的常用埋设方法。国家等级水准点一般用石料或钢筋混凝土制成，如图 3－13(a)所示，深埋在地面冻结线以下，标石顶部嵌有不锈钢或其他不易锈蚀的材料制成的半球形标志，标志最高处(球顶)作为高程起算基准；墙上水准点通常采用螺丝设置在

稳定的墙脚上，如图 3－13(b)所示；建筑工地的永久性水准点一般用混凝土或钢筋混凝土制成，如图 3－13(c)所示；临时性的水准点可用地面上突出的坚硬岩石或用木桩打入地下，桩顶用半球形铁钉钉牢，如图 3－13(d)所示。

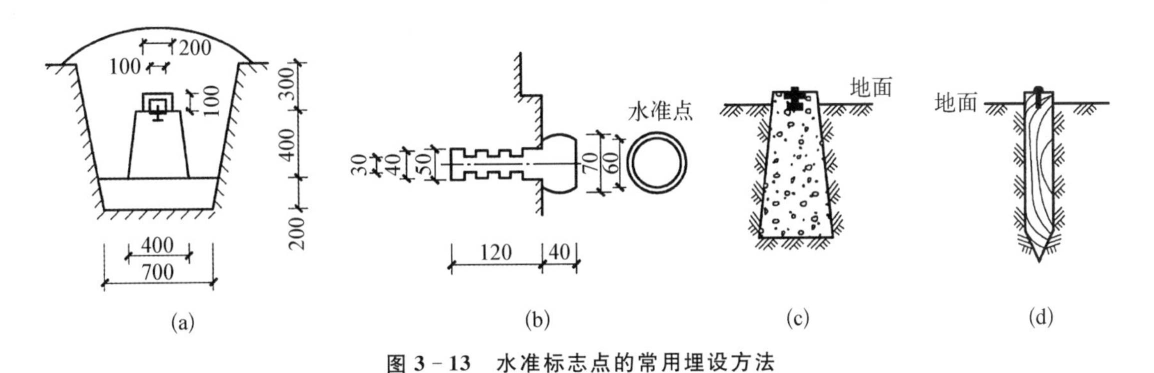

图 3－13 水准标志点的常用埋设方法

(a) 国家等级水准点埋设 (b) 墙上水准点埋设 (c) 建筑工地永久性水准点 (d) 临时性水准点

埋设水准点后，应做点标记，也就是绘出水准点与附近固定建筑物或其他地物的关系图，在图上还需写明水准点的编号和高程，以便于日后寻找水准点的位置所用。水准点编号前通常加 BM 字样，作为水准点的符号。

2. 水准路线

在两个水准点之间进行水准测量所经过的路线称为水准路线，两水准点之间的一段路线称为测段。根据测区情况和测量任务，水准路线可布设成闭合水准路线、附合水准路线、支水准路线和水准网等形式。

1）闭合水准路线

从一个已知高程的水准点 BMA 开始，沿各待测高程点 1、2、3 等进行水准测量，最后又回到原水准点 BMA，这种路线称为闭合水准路线，如图 3－14(a)所示。沿闭合环进行水准测量

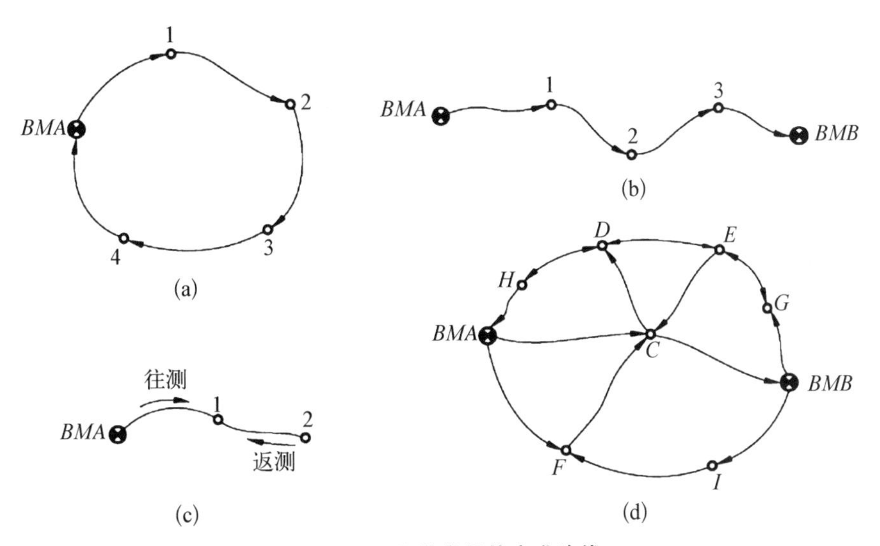

图 3－14 几种常见的水准路线

(a) 闭合水准路线 (b) 附合水准路线 (c) 支水准路线 (d) 水准网

所得各段的高差总和理论上应等于零,可以检验水准测量的正确性。

2) 附合水准路线

从一个已知高程的水准点 BMA 开始,沿各待测高程点 1、2、3 等进行水准测量,最后附合至另一个已知水准点 BMB 上,这种路线称为附合水准路线,如图 3-14(b)所示。采用该路线形式进行水准测量所得各段的高差总和理论上应等于两端已知水准点间的高差,可以作为水准测量正确性与否的检验。

3) 支水准路线

从一个已知高程的水准点 BMA 开始,沿各待测高程点 1、2 等进行水准测量,这种路线称为支水准路线,如图 3-14(c)所示。对于支水准路线应进行往返观测以便于检核。

4) 水准网

水准网是将若干已知水准点和未知水准点,通过水准路线连接成网状,如图 3-14(d)所示。由于具有多个多余观测条件,因此可以提高水准测量的精度和可靠性,需要进行严密平差得到水准点的最终测量结果。

3.3.2 水准路线的测量方法

在实际水准路线的测量中,若 A、B 两点间相距较远或者两点高差较大,安置一次水准仪无法测出两点之间的高差,则需要连续多次安置仪器才能测出两点间的高差。沿 A、B 的水准路线增设若干个必要的临时立尺点,如图 3-15 所示,在 A、B 中间增加临时点 TP_1、TP_2,…… TP_n,这些点称为转点,因此 A、B 间的高差为若干段高差之和。在测量过程中,首先在 A 点和转点 TP_1 大致中间处安置水准仪,在 A 点和 TP_1 立水准尺,分别读取读数 a_1、b_1,得到两点之间的高差 h_1;按同样的方法可以测出 h_2……一直到 h_n;最后得到 A、B 两点之间的高差,即

$$h_1 = a_1 - b_1,\ h_2 = a_2 - b_2,\ \cdots,\ h_n = a_n - b_n$$

$$h_{AB} = h_1 + h_2 + \cdots + h_n = \Sigma h_i = \Sigma a - \Sigma b \tag{3-7}$$

在连续水准测量中,若其中任何一个读数有错误都会影响高差的正确性。因此,首先要求测量人员规范操作,同时需要有多余观测以校核每个测段是否存在粗差。为提高测量精度、减少粗差,通常采用改变仪器高度法或双面尺法进行测站检核。

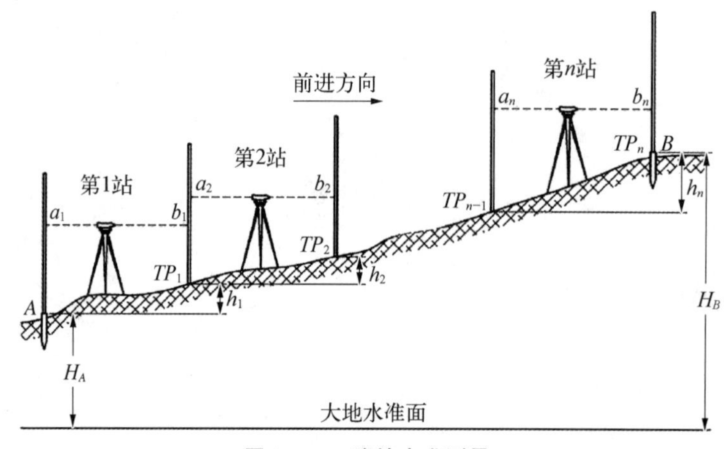

图 3-15 连续水准测量

1. 改变仪器高度法

同一测站用两次不同的仪器高度，测得两次高差来相互比较进行检核，即测得第一次高差后，改变仪器高度 10 cm 以上，重新安置水准仪，再测一次高差。两次高差之间的差值应不超过容许值，取其平均值作为最终结果，否则应重测。

2. 双面尺法

仪器高度不变，分别读取后尺和前尺的黑面中丝读数 a_1、b_1，则黑面测得的高差为 $h_1=a_1-b_1$，再分别读取前尺和后尺的红面中丝读数 b'_1、a'_1，由红面测得的高差为 $h'_1=a'_1-b'_1$。对于 DS3 水准仪，若 a_1 与 a'_1、b_1 与 b'_1 的差值与尺常数之差不超过±3 mm，且 h 与 h'_1 的差值不超过±5 mm，则取平均值作为观测高差。

为了减少测量过程中仪器或水准尺沉降、水准尺立尺位置变化的影响，双面尺法通常采用"后—前—前—后"或"黑—黑—红—红"的顺序，具体观测顺序如下：

(1) 瞄准后尺黑面→精平→读数。

(2) 瞄准前尺黑面→精平→读数。

(3) 瞄准前尺红面→精平→读数。

(4) 瞄准后尺红面→精平→读数。

3.3.3　水准路线测量的成果计算

在水准路线测量过程中，测站检核只能检查一个测站是否存在错误或误差是否超限。而闭合水准路线、附合水准路线、往返水准路线、水准网均有 1 次以上的多余观测，因此需要进行平差计算。对于水准网，需要进行严密平差方法计算，由于计算较复杂，具体的计算方法本节不详细介绍。这里仅介绍闭合水准路线、附合水准路线和往返水准路线的计算方法。计算的过程包括：① 高差闭合差的计算；② 高差闭合差的分配与高差改正；③ 计算各待定点的高程值。

1. 高差闭合差的计算

在水准测量中，由于测量误差的影响，导致高差的实测值和理论值不符合，其差值称为高差闭合差，用 f_h 表示。

$$f_h=\sum h_{测}-\sum h_{理} \tag{3-8}$$

式中，$\sum h_{测}$ 表示所有高差观测值的和；$\sum h_{理}$ 表示高差和对应的理论值，对于不同的水准路线，对应的 $\sum h_{理}$ 值不同。

1) 闭合水准路线

闭合水准路线的高差总和的理论值应为零，即 $\sum h_{理}=0$，对应的高差闭合差为

$$f_h=\sum h_{测}-\sum h_{理}=\sum h_{测} \tag{3-9}$$

2) 附合水准路线

附合水准路线的终点、起点高程之差即为高差理论值，即 $\sum h_{理}=H_{终}-H_{起}$，对应的高差闭合差为

$$f_h=\sum h_{测}-\sum h_{理}=\sum h_{测}-(H_{终}-H_{起}) \tag{3-10}$$

3）往返水准路线

往返水准路线的往、返测高差代数和在理论上应等于零，对应的闭合差为

$$f_h=\sum h_{往}+\sum h_{返} \tag{3-11}$$

若高差闭合差在规定的限差范围内，则认为精度合格。否则，应返工重测，直至符合要求为止。不同等级的水准测量的容许误差不一致，普通水准测量容许的高差闭合差为

$$f_{h容}=\pm 40\sqrt{L}\ \text{mm} \tag{3-12}$$

式中，L 为水准路线长度，单位为 km。在山地或丘陵地区，当每千米水准路线中安置水准仪的测站数超过 16 站时，允许的高差闭合差可采用式(3-13)计算：

$$f_{h容}=\pm 12\sqrt{n}\ \text{mm} \tag{3-13}$$

式中，n 为水准路线中的测站数。

2. 高差闭合差的分配与高差改正

当 $|f_h|<|f_{h容}|$ 时，说明观测结果合格，可进行高差闭合差的分配。对于支水准路线，高差闭合差的分配是把各段往返测高差的绝对值取平均值，符号和往测高差的符号保持一致。对于闭合或附合水准路线，高差闭合差的分配原则是按路线长度或测站数成正比的原则，将高差闭合差反号分配，即

$$v_i=-\frac{f_h}{L}\cdot L_i\left(或\ v_i=-\frac{f_h}{n}\cdot n_i\right) \tag{3-14}$$

式中，L 为水准路线总长度，单位为 km；L_i 为第 i 测段的路线长度，单位为 km；n 为水准路线总测站数；n_i 为第 i 测段的测站数；v_i 为分配给第 i 测段观测高差 h_i 上的改正数，单位为 mm。

高差闭合差分配后应进行校核计算，若经改正后的高差满足闭合条件，则说明计算无误，进而计算改正后的高差

$$\hat{h}_i=h_i+v_i \tag{3-15}$$

支水准路线的改正后高差取往测和返测高差绝对值的平均值作为起点和终点两点之间的高差，其符号与往测高差符号相同。

3. 计算各待定点的高程

根据已知水准点高程和各测段改正后的高差，可推算各待测点的高程，作为水准测量的最后成果。推算到最后一点的高程值应与闭合或附合水准路线的已知水准点高程值完全一致。

例 1 如图 3-16 所示为一附合水准路线，A、B 为已知水准点，$H_A=58.856$ m，$H_B=61.782$ m，点 1、2、3 为待测水准点，各测段高差、测站数、距离如表 3-1 所示，求点 1、2、3 的高程。

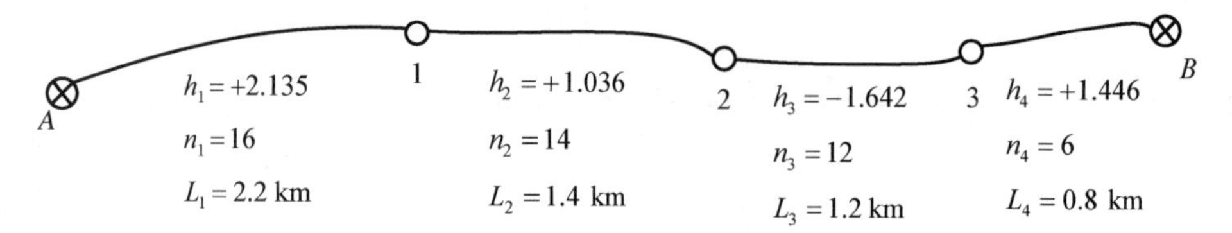

图 3-16　附合水准路线

表 3-1　附合水准路线数据

测段	点名	距离/km	测站数	实测高差/m	改正数/m	改正后高差/m	高程/m	备注
(1)	(2)	(3)	(4)	(5)	(6)	(7)	(8)	
	BMA						58.856	
1		2.2	16	+2.135	−0.019	2.116		
	1						60.972	
2		1.4	14	+1.036	−0.012	1.024		
	2						61.996	
3		1.2	12	−1.642	−0.011	−1.653		
	3						60.343	
4		0.8	6	+1.446	−0.007	1.439		
	BMB						61.782	
Σ		5.6	48	2.975	−0.049	2.926		

辅助计算：

$$f_h = \Sigma h_{测} - \Sigma h_{理} = \Sigma h_{测} - (H_B - H_A) = 2.975 - (61.782 - 58.856) = 0.049\ \text{m} = 49\ \text{mm}$$

$$f_{h允} = \pm 40\sqrt{L} = \pm 40\sqrt{5.6} = \pm 94\ \text{mm},\ |f_h| < |f_{h允}|$$

3.4　水准测量的误差及其减弱措施

水准测量的误差来源主要分为三大类：① 仪器误差指仪器的轴系不严格满足平行或正交几何条件，主要表现为系统误差；② 观测人员引起的误差，包括估读误差、仪器置平误差、瞄准误差等，主要表现为偶然误差；③ 外界环境的影响，如大气折射的影响等。

3.4.1　仪器误差

1）水准仪的轴系误差

水准测量的原理以水准仪整平后的视线水平为基础，而视线水平是根据水准管轴是否水平来判断的。水准仪轴系之间需要满足平行、正交、对称等几何条件。如图 3-17 所示，水准仪的主要轴系包括视准轴、水准管轴、竖轴等轴系，这些轴系若不严格满足设计的几何条件，则会引起测量误差。

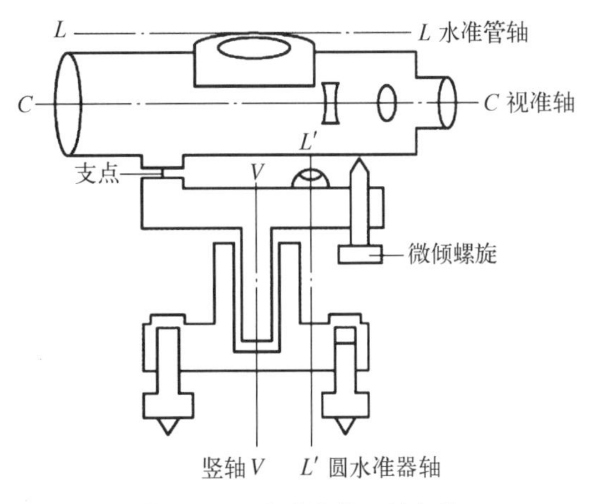

图 3-17　水准仪的三轴条件

水准仪的轴系误差与仪器的设计精度、制造和安装水平、仪器使用情况密切相关。精密水准仪的轴系误差通常比普通仪器的轴系误差要小。

对测量结果影响最大的仪器误差是因视准轴与水准管轴不严格平行而产生的误差，也称为 i 角误差(见图 3-18)。这种类型的误差与仪器到水准尺的距离成正比，离标尺越远，则 i 角误差引起的读数误差越大。由于高差是前、后视读数的差值，因此只要观测时使前、后视距离大致相等，便可消除此项误差对测量结果的影响。

许多仪器都在不同程度上存在系统误差，减少仪器系统误差影响的最佳方法是按规定将仪器送到专业的质量检测部门定期检查校准。同时，测量人员在使用前最好通过现场测量来验证仪器的精度，确保不会存在较大的系统误差，以此保证测量精度。

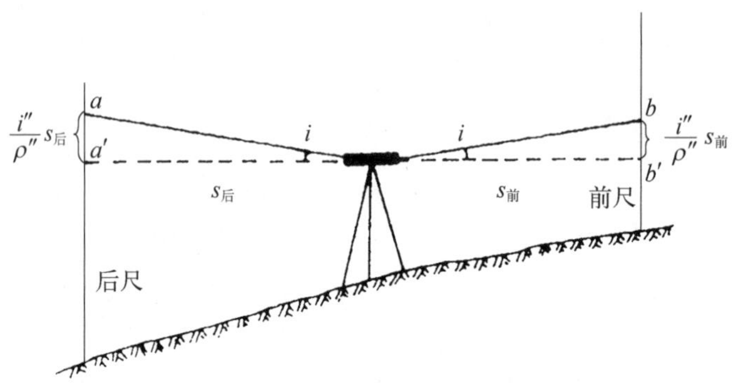

图 3-18　i 角误差的概念及消除方法

2) 水准尺误差

水准尺误差是指因水准尺加工、刻划、变形而引起的测量误差，主要包括水准尺本身的长度测量不准确，尺面刻划不均匀以及因温度变化引起的尺长变形等原因。水准尺误差会影响水准测量的精度，一般采用成对使用水准尺并将测站数量设置为偶数来减弱或消除其影响。随着材料性能和制造水平的提高，水准尺的误差变得越来越小。

3.4.2　观测误差

1) 仪器置平误差

在水准测量时，视准轴的水平状况是观测人员根据水准管气泡是否居中来判定的。由于气泡居中存在误差，加之视准轴可能存在微小的倾角，从而引起读数误差。仪器置平误差对前、后视读数的影响不完全相同。

设水准管分划值 $\tau = 20''/2\ \text{mm}$，水准尺离仪器 100 m，若水准管气泡偏离居中 0.5 格，则由于气泡不居中而引起的读数误差为

$$\frac{0.5 \times 20}{206\,265} \times 100 \times 1\,000 = 5(\text{mm}) \tag{3-16}$$

现有水准仪精度最低的是 DS3 水准仪，5 mm 的误差已经超出了仪器本身的精度指标。因此，在每次读数前，应仔细进行精平操作，使水准管气泡严格居中。自动安平水准仪由于有“补偿器”，不需要精确整平操作，可降低仪器置平误差对测量结果的影响。

2) 水准尺的估读误差

水准尺上的毫米位都是估读的，估读的误差与人眼的分辨能力、望远镜的放大率以及视线的长度有关。通常按式(3-17)计算

$$m_V = \pm \frac{60''}{V} \frac{D}{\rho''} \tag{3-17}$$

式中,V 是望远镜的放大倍率;60″是人眼能分辨的最小角度,D 表示仪器离目标的距离。假设望远镜的放大倍数为 30 倍,$D=100$ m,则估读误差 $m_V = \pm 1.0$ mm。为保证估读精度,各等级水准测量对仪器望远镜的放大率和最大视线长度都有一定的要求。

3）视差引起的误差

当存在视差时,由于水准尺影像没有与十字丝平面重合,若眼睛的位置不同,读出来的读数也不同,所以会产生读数误差。因此,观测时要仔细调焦,减弱视差对读数的影响。

4）水准尺倾斜引起的误差

水准尺倾斜会使尺上读数增大,从而带来误差。如水准尺倾斜 3°30′,在水准尺上 1 m 处读数时,将产生 2 mm 的误差。为了减小水准尺倾斜的影响,必须保持读数时水准尺的气泡居中。

3.4.3　外界条件引起的误差

1）仪器下沉的影响

水准测量时,若地面土壤松软或未将三脚架踩实,则容易导致观测过程中仪器下沉。若在读取后视读数和前视读数之间仪器下沉了 Δ,则会导致高差增大 Δ。因此,在采用双面尺法测量时,应采用"后—前—前—后"或"前—后—后—前"的观测顺序,可减弱其影响。在水准测量过程中,需要把水准仪安置在较坚实的地面上并将脚架踩实。

2）转点和尺垫下沉的影响

在仪器从一个测站搬到下一个测站的过程中,若转点下沉了 Δ,则会使下一测站的后视读数偏大,使高差也增大 Δ。在同样情况下返回再测,则可使高差的绝对值减小,所以取往返测的平均高差,可以减弱水准尺下沉的影响。另外,在转点的选取中应首选坚实的地面并将尺垫踩实,以避免水准尺下沉产生的误差。

3）地球曲率和大气折光的影响

根据高程的定义,地面点的水准高程是沿铅垂线到大地水准面之间的距离,而大地水准面是一个曲面,而水准仪的视准轴是一条直线,因此,读数中含有地球曲率引起的误差为

$$c = \frac{D^2}{2R} \tag{3-18}$$

式中,D 为视线长度;R 为地球曲率半径,取 6 371 km。

在光学测量中通常假设光线是按直线传播的,但由于大气层空气密度的不同而引起折射,光线实际上是一条向下弯曲的曲线(见图 3-19),由此引起的读数之差称为大气折光误差。实验证明,在稳定的气象条件下,大气折光误差约为地球曲率误差的 $\frac{1}{7}$,故

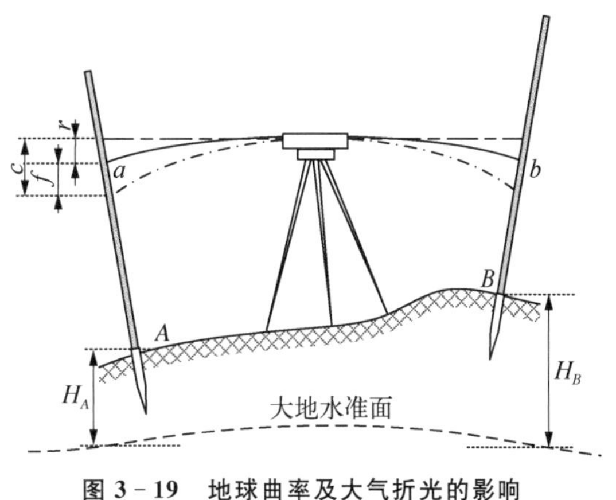

图 3-19　地球曲率及大气折光的影响

$$r=\frac{c}{7}=\frac{D^2}{14R} \tag{3-19}$$

地球曲率和大气折光的影响是同时存在的，两者对读数的综合影响为

$$f=c-r=0.43\frac{D^2}{R} \tag{3-20}$$

当前后视距相等时，由地球曲率和大气折光引起的误差可在计算高差时抵消。但是越靠近地面，空气上下对流越剧烈，对读数产生的影响也越大，因此在普通水准测量观测时，瞄准水准尺的视线应高出地面 0.2 m 以上。

4）大气温度和风力的影响

烈日直晒仪器和大风天气都会影响水准管气泡居中，大风天气还会引起水准尺的成像晃动，从而造成测量误差。为了防止仪器受到日光暴晒，应打伞保护，此外要尽量选择无风等对观测有利的天气进行测量。

3.5 其他水准仪的介绍

3.5.1 自动安平水准仪

前面介绍的 DS3 水准仪需要观测人员先粗略整平再精确整平，因此会影响测量的速度。自动安平水准仪是在保证测量精度的前提下不需要使用水准管精确整平而只需用圆水准器粗略整平的仪器。自动安平水准仪利用一种“补偿”装置，能在一定范围内调节视线使其自动处于水平状态，从而让观测人员可以直接读数。

自动安平水准仪的构造如图 3-20 所示。自动安平水准仪不仅可以因不需要精确整平而缩短观测时间，还能对地面的微小震动等原因引起的视线微小倾斜进行补偿，从而提高水准测量的精度。

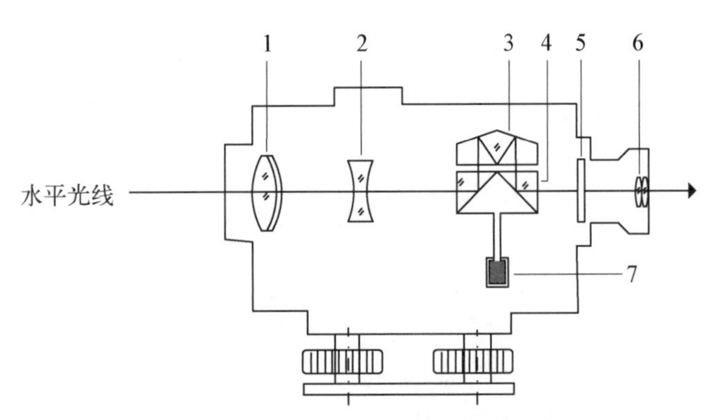

1—物镜；2—调焦物镜；3—屋脊棱镜；4—直角棱镜；
5—十字丝分划板；6—目镜；7—重锤与阻尼器。

图 3-20 自动安平水准仪的构造

自动安平装置是将屋脊棱镜固定在望远镜筒内，在屋脊棱镜的下方，用金属弹簧片吊挂两个与重锤固定在一起的直角棱镜。直角棱镜在重力的作用下做相对的偏转，为了减少棱镜摆

动的频率和幅度，还设置了阻尼器。

当视准轴水平时，水准尺的成像随着水平光线进入望远镜，通过补偿器到达十字丝中心，从而得到准确的读数。如图3-21所示，当视准轴的倾角为α时，如果没有补偿器，那么此时的读数为Z，但实际上这时直角棱镜发生了与望远镜相反方向的偏转，来自水准尺的水平光线经过补偿器后，方向发生了改变，倾角为β，使分划板仍能获取视线水平时的读数A。补偿器应该满足的几何条件为

$$f\alpha = s\beta \tag{3-21}$$

式中，f为物镜焦距；s为补偿器中心至十字丝分划板的距离。

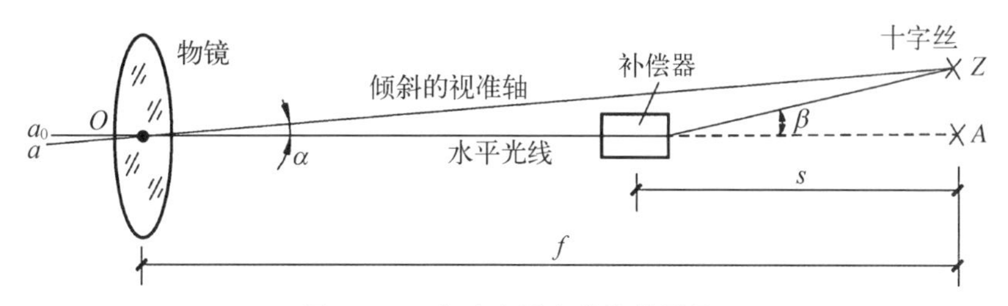

图3-21 自动安平水准仪的原理

需要注意的是，自动安平水准仪补偿器的作用范围约为±15′，因此在使用自动安平水准仪进行水准测量时，首先需要将圆水准器气泡居中，使水平视线的倾角位于补偿范围内，其他的操作与微倾式水准仪类似。有的自动安平水准仪还配有一个补偿器检查按钮，按下该按钮，若水准尺的像与十字丝之间有相对浮动，并且在阻尼器对自由吊挂的重锤起作用的情况下，这种浮动在1～2 s内静止下来，说明补偿器的状态正常，此时可开始读数。

3.5.2 精密水准仪

精密水准仪(DS05、DS1)主要用于国家一、二等级的水准测量和高精度的工程测量中，例如建构筑物的沉降观测，大型桥梁工程的施工测量和大型精密设备安装的平整度测量等。与普通水准仪相比，精密水准仪性能的提高主要体现在以下方面：① 精密水准仪的望远镜放大倍率和水准管灵敏度比普通水准仪高，增大望远镜倍率可提高在水准尺上的读数精度，减小水准管分划值可提高仪器的置平精度；② 采用测微器，普通水准仪只能估读到毫米，精密水准仪采用了类似“螺旋测微器”的测微器，使得读数可达到0.01 mm；③ 精密水准测量配套的水准尺采用了铟钢制，热膨胀系数小，分划精度高。

图3-22所示为DS1型精密水准仪，与一般水准仪比较，其特点是能够精密地整平视线和精确地读取读数，因此，在结构上比DS3多了测微螺旋、测微器读数镜，配合使用的为基本分划为5 mm的精密水准尺。精密水准仪的望远镜放大率为40倍，水准管分划值为10″/2 mm，转动水准仪测微螺旋，可以使水平视线在5 mm范围内做平行移动(配有平板玻璃测微器装置)，测微器的分划值为0.05 mm，共有分划100格。通过望远镜目镜视场看到的水准尺影像如图3-23所示，视

图3-22 DS1型精密水准仪

场左侧为水准管气泡的影像，目镜右下方为测微器读数显微镜。在测量作业时，先转动微倾螺旋使水准管气泡居中，再转动测微螺旋用楔形丝精确地夹准水准尺上的某一整分划。如图 3-23 中所示，水准尺上整分划读数为 2.86 m，然后从测微器读数显微镜中读出尾数值为 5.64 mm，其末位 4 为估读数，则全部读数为 2.865 64 m，由于这种水准尺的基本分划为 5 mm，注记比实际长度大一倍，因此，视线的实际高度为 1.432 82 m。

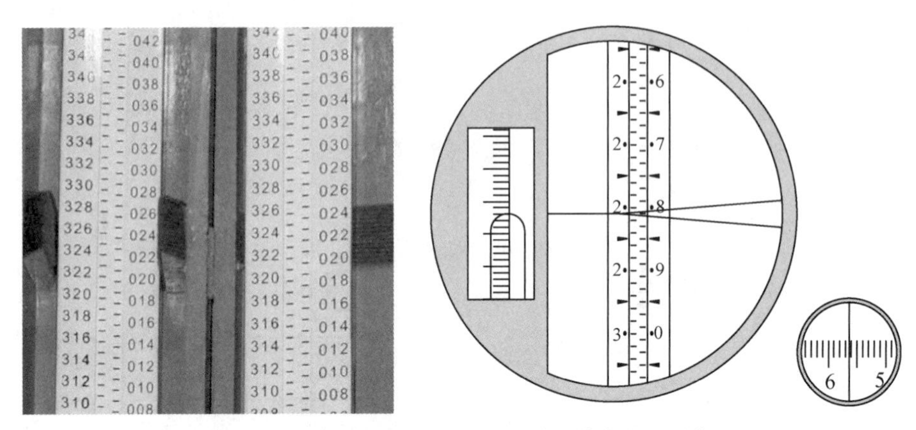

图 3-23 通过望远镜目镜视场看到的水准尺影像

精密水准尺是在木质或金属尺身槽内装一因瓦合金带，由于这种合金钢的热膨胀系数很小，因此尺的长度分划不受气温变化的影响。为了使因瓦合金带不受尺身伸缩变形的影响，将零点端固定在尺身上，另一端用弹簧以一定的拉力张引在尺身上。分划线刻在因瓦合金带上，数字注记在木质尺身上，分划有 10 mm 和 5 mm 两种（见图 3-23），10 mm 分划的水准尺有两排分划，右边一排注记为 0～300 cm，称为基本分划；左边一排注记为 300～600 cm，称为辅助分划。同一高度线的基本分划和辅助分划的读数差为常数，称为基辅差，又称尺常数（$K=3.015\ 50$ m），用以检查读数中可能存在的错误。5 mm 分划的水准尺只有一排分划，但分划间彼此错开，左边是单数分划，右边是双数分划；右边注记是米数，左边注记是分米数，分划注记值比实际长度大一倍，因此，用这种水准尺读数应除以 2 之后才能代表视线的实际高度。

3.5.3 电子水准仪

电子水准仪也称为数字水准仪，是以自动安平水准仪为基础，在望远镜光路中增加了分光镜和探测器（CCD），并采用条纹编码标尺和图像处理系统而构成的光机电一体化的产品。电子水准仪采用了条码自动识别的方法代替了人工读数，并能存储和显示观测数据，提高了测量的速度和精度。随着技术的发展，电子水准仪的性能不断提高而购置成本下降，已经逐渐取代了普通水准仪。

图 3-24 所示为徕卡 Sprinter 250M 型电子水准仪和条码尺，该仪器每千米往返高程测量的中误差为±0.7 mm。该仪器与自动安平水准仪一样配有圆水准器、微动螺旋、自动安平补偿器、望远镜等。作业时不需要人工读数，将数据保存在存储器内减少了手工输入、记录时间，并配备超限测量自动提醒，不需要人工比较，测量人员可直接将原始数据下载到电脑中便于处理。与传统水准仪相比，使用电子水准仪可以节省近 50%的工作时间。

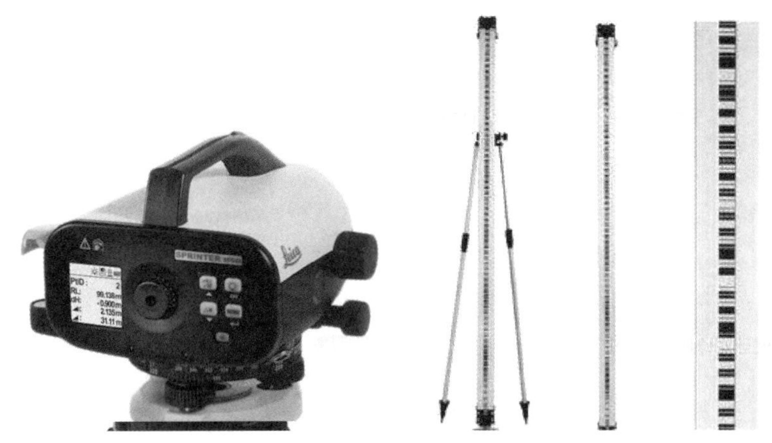

图 3 - 24　徕卡 Sprinter 250M 型电子水准仪和条码尺

习　题　3

1. 水准测量的原理是什么？请画图说明。

2. 若水准测量中，望远镜呈正像，且 $h_{AB} < 0$，则后视读数大还是前视读数大？哪一点高？

3. 水准测量中，为什么要求前、后视距大致相等？

4. 水准测量中，设 A 为后视点，B 为前视点，后视水准尺读数 $a = 1\,439$，前视水准尺读数 $b = 1\,587$，则 A、B 两点的高差 h_{AB} 是多少？设已知 A 点的高程为 $H_A = 32.586$ m，则 B 点的高程 H_B 是多少？

5. 什么是视差？产生视差的原因是什么？怎样消除视差？

6. 什么是转点？转点的作用是什么？

7. 双面水准尺可以直接读取几位数？同一测站的黑面高差和红面高差相等吗？

8. 调整如下图所示的附合水准路线的观测成果，并求出各点的高程，*BMA* 的高程为 48.125 m，*BMB* 的高程为 51.468 m，闭合差的容许误差为 $\pm 24\sqrt{L}$ mm。

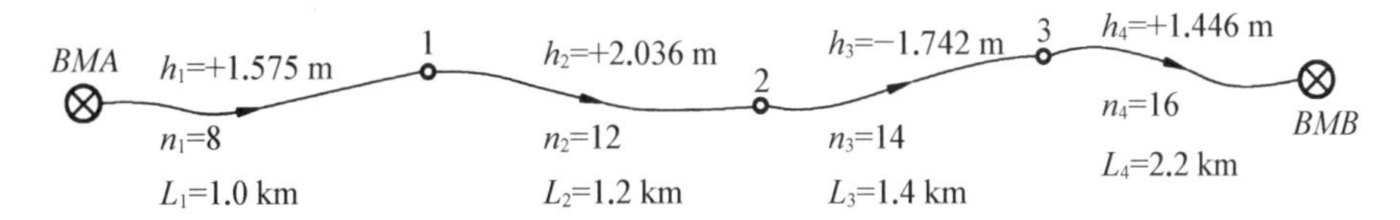

9. 水准仪有哪些轴线？它们之间应满足什么条件？

10. 假设在检验水准仪的水准管轴和视准轴是否平行时，仪器放在相距 80 m 的 A、B 两点中间，用两次仪器高法测得 A、B 两点的高差 $h_{AB} = -0.389$ m，然后将仪器移至 B 点附近，测得 A 尺读数 $a_2 = 1.367$ m，B 尺读数 $b_2 = 1.762$ m。试问该仪器水准管轴是否平行于视准轴？如不平行，应如何校正？

11. 水准测量误差的来源主要有哪些方面？如何减弱或消除这些误差？

第4章　经纬仪测量

经纬仪是传统大地测量中最重要的仪器，主要用于角度测量，包括水平角测量和竖直角测量，经纬仪配合标尺还可以测量视距。随着技术的发展，传统的光学经纬仪已逐渐被全站仪所取代。全站仪和光学经纬仪的测角原理相同，为了便于了解角度测量原理，本章以 DJ_6 型光学经纬仪为例来介绍经纬仪测量的原理和方法。

4.1　经纬仪的构造及使用

经纬仪(theodolite)最早由英国人西森约于 1730 年首先研制并应用于大地测量。20 世纪初，世界上第一台光学经纬仪问世。随着电子技术的发展，20 世纪 60 年代出现了装有电子扫描度盘、能在读数窗口自动显示读数的电子经纬仪。电子经纬仪后来又增加了光电测距、电子微处理等功能，发展成为具有测角、测距和测坐标功能的全站仪。经纬仪具有体积小、重量轻、密封性好、精度高、便于野外作业等优点，得到了广泛应用。

经纬仪按测角精度主要划分为 DJ_1、DJ_2 和 DJ_6 等不同级别，D、J 分别为“大地测量”和“经纬仪”的汉语拼音的第一个字母，下标数字 1、2、6 表示仪器的精度指标，即以秒为单位的经纬仪一测回方向观测值的中误差。

目前，常用的光学经纬仪主要是 DJ_2 型和 DJ_6 型两种经纬仪。两者的基本结构大致相同，本节以 DJ_6 型经纬仪为例，介绍光学经纬仪的构造。

4.1.1　光学经纬仪

1. DJ_6 型光学经纬仪的构造

各种型号的 DJ_6 型光学经纬仪虽然在外观上有差异，但基本构造相同。图 4－1 所示为北京光学仪器厂生产的 DJ_6 型光学经纬仪的各个部件组成，整体上由照准部、度盘和基座三大部分构成。

1) 照准部

经纬仪基座上部能绕竖轴旋转的整体称为照准部，主要由望远镜、横轴、竖直度盘、读数设备、照准部水准管和光学对中器等组成。

(1) 望远镜。经纬仪的望远镜和水准仪的望远镜一样，用于精确瞄准目标。它与水平轴连接在一起，而水平轴则放在支架上，经纬仪上的望远镜既可以绕竖轴在水平面内 360°旋转，又可以绕水平轴在竖直面内上下任意转动。为了控制望远镜在水平和竖直方向上的旋转运动，设置了照准部制动装置和微动螺旋。

(2) 竖直度盘。竖盘由光学玻璃制成，用于观测竖直角。它与望远镜连成一体并随望远镜一起转动。

(3) 水准器。照准部上有一个水准管和一个圆水准器。与水准仪一样，圆水准器用于粗略整平仪器，水准管用于精确整平仪器。

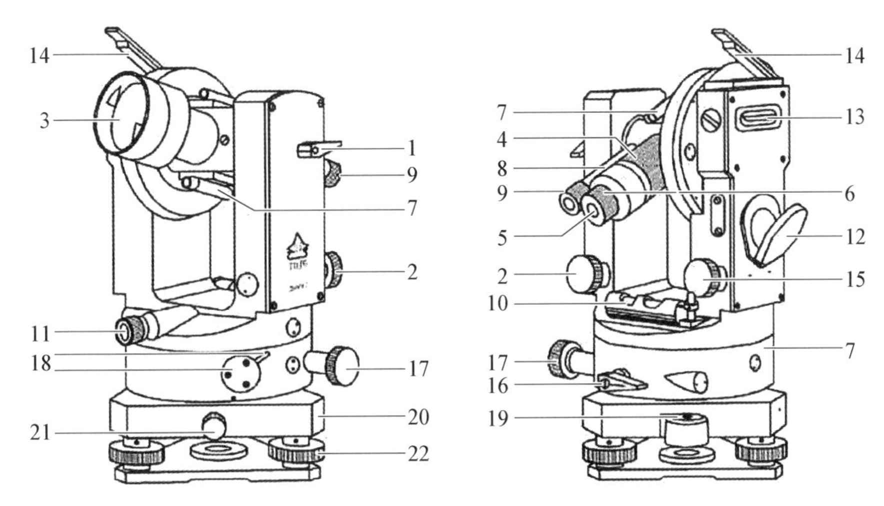

1—望远镜制动螺旋；2—望远镜微动螺旋；3—物镜；4—物镜调焦螺旋；5—目镜；6—目镜调焦螺旋；7—光学瞄准器；8—度盘读数显微镜；9—度盘读数显微镜调焦螺旋；10—照准部管水准器；11—光学对中器；12—度盘照明反光镜；13—竖盘指标管水准器；14—竖盘指标管水准器观察反射镜；15—竖盘指标管水准器微动螺旋；16—水平方向制动螺旋；17—水平方向微动螺旋；18—水平度盘变换螺旋与保护卡；19—基座圆水准器；20—基座；21—轴套固定螺旋；22—脚螺旋。

图4-1　DJ_6型光学经纬仪

(4) 竖轴。照准部的下部有一个能插在轴座上的竖轴，整个照准部可在轴座内任意旋转。为了控制照准部的转动，照准部下部也装有水平制动扳钮和水平微动螺旋。

(5) 光学对中器。光学对中器是一个安置于照准部底部的小型外调焦望远镜，当照准部水平时，对中器的视线经棱镜折射后与竖轴中心的铅垂直线重合，当地面标志的中心与光学对中器中心重合时，表明仪器已对中。

2) 度盘

经纬仪的水平度盘和竖直度盘用光学玻璃制成，上面刻有0°～360°的分划线，在整度分划线上标有刻度注记。水平度盘装在竖轴套外围，与基座相对固定，不随照准部转动，但是可以通过水平度盘位置变换轮，使它转动任意角度。竖直度盘以横轴为中心，并与横轴固连，随望远镜一起转动。

3) 基座

基座是仪器的底座，上面装有脚螺旋和连接板。测量时必须将三脚架上的中心螺旋(连接螺旋)旋紧连接板，这时仪器和三脚架就连接在一起了。中心螺旋下端挂上垂球，即指示水平度盘的中心位置。基座上还有一个轴座固定螺旋，旋紧这个螺旋，可使照准部的竖轴和基座连接在一起；放松这个螺旋，可以将整个照准部和水平度盘从基座上取下来。因此在测量时必须特别注意：要把轴座固定螺旋和中心螺旋旋紧并应随时检查，以免发生摔坏仪器的事故。

4.1.2　DJ_6型光学经纬仪的读数装置和读数方法

DJ_6型光学经纬仪度盘的基本刻度分划为1°，而在测量中需要达到秒级的精度，因此需要安装一种称为“测微器”的装置。DJ_6型光学经纬仪通常采用平板测微器和测微尺两种方式，两者之间的成像原理和读数方法不同，以下主要介绍测微尺的成像原理和读数方法。

图 4-2(a)所示为测微尺读数系统的光路图。一部分外来光线经过棱镜(3)转折 90°后，通过水平度盘(6)，再经过聚焦棱镜(7、8)和转折棱镜(5、9)后的转折，到达刻有测微尺的指标镜(10)，再经一次转折，在读数显微镜内就能看到水平度盘的分划和测微尺像[见图 4-2(b)上方]；另一部分外来光线经过棱镜(14)的折射，穿过竖盘(21)，再经过棱镜(6、20)的折射，同样成像于指标镜(10)中，因此，在读数显微镜内，同样可以看到竖盘分划和另一测微尺[见图 4-2(b)下方]。度盘上每一格为 1°，测微尺的分划长度等于度盘每格 1°的宽度，这样测微尺的刻度 0～6 之间的总长代表 1°，而测微尺分成 60 个小格，故每一小格代表 1′。

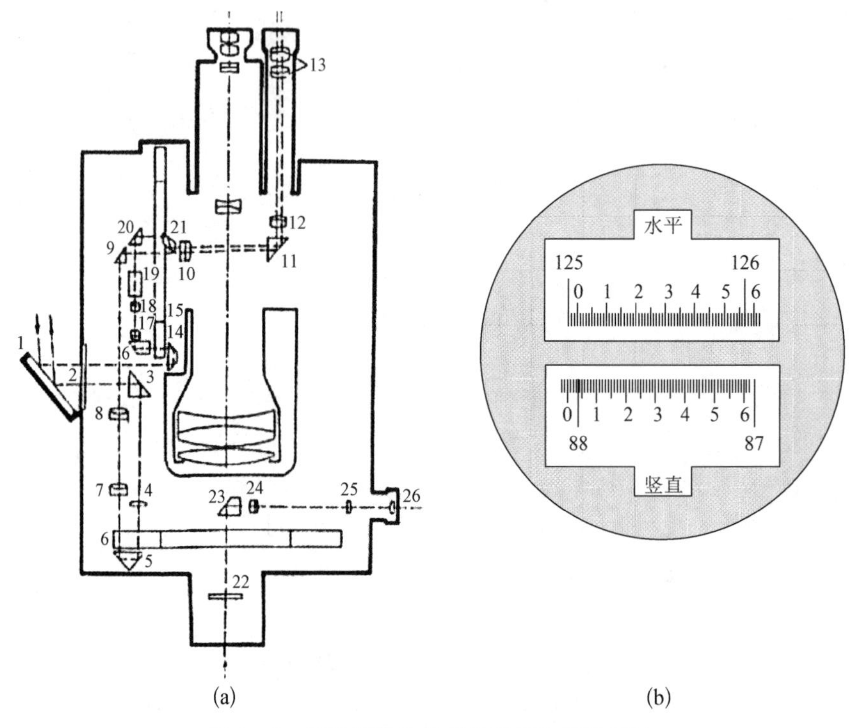

图 4-2 光学经纬仪的成像光路和读数窗口

(a) 测微尺读数系统的光路图 (b) 读数显微镜的视场

图 4-2(b)所示为读数显微镜的视场。有“水平”字样(有些以英文大写字母 H 表示)的窗口是水平度盘读数窗；有“竖直”字样(有些以英文大写字母 V 表示)的窗口是竖直度盘读数窗。度盘分划值为 1°，分微尺的长度等于度盘上 1°，将分微尺分成 60 小格，每 1 小格代表 1′，可估读到 0.1′，即 6″，每 10 小格注有数字，表示 10′的倍数。图 4-2(b)所示的水平度盘读数为 126°56.9′(即 126°56′54″)，竖直度盘读数为 88°3.7′(即 88°03′42″)。

4.1.3 经纬仪的使用

经纬仪的安置包括对中和整平两项内容，对中的目的是使仪器中心与测站点标志中心位于同一铅垂线上，整平的目的是使仪器竖轴处于铅垂位置，水平度盘处于水平位置。

1. 对中

按观测者的身高调整好三脚架腿的长度，张开三脚架，使三脚架头大致水平，连接经纬仪，一手握住经纬仪支架，一手将三脚架上的连接螺旋转入经纬仪基座中心的螺孔。

光学经纬仪对中时，转动对中器目镜调焦螺旋，使对中标志(小圆圈或十字丝)清晰，转动物镜调焦螺旋，使地面点清晰，移动三脚架的脚螺旋，使对中标志和地面点重合；电子经纬仪激光对中时，使激光点和地面点重合。升降三脚架的架腿，使圆水准器的气泡居中，此时不得移动三脚架的脚尖。

2. 整平

转动照准部，使水准管平行于任意一对脚螺旋的连线，如图 4-3 所示，两手同时向内或向外转动这两个脚螺旋，使气泡居中，注意气泡移动方向始终与左手大拇指移动方向一致，然后将照准部顺时针旋转 90°，旋转另一个脚螺旋，使气泡严格居中，此时气泡的移动方向仍然和左手大拇指的移动方向一致，整平后，水准管的气泡应在任意一个方向都是居中的，容许偏差为 1 格。

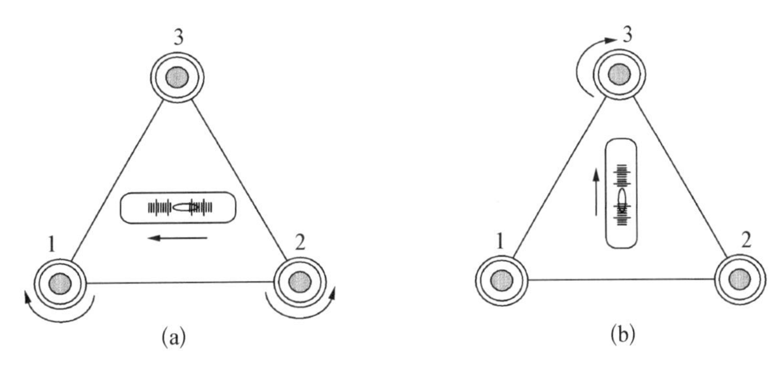

图 4-3 经纬仪的整平

(a) 平行于两个脚螺旋方向调节 (b) 垂直方向调节

整平结束后，再观察对中器的对中标志或激光点与地面点的重合情况，若有小偏差，可以松动三脚架的连接螺栓到一半的位置，但不要完全松开，在三脚架的架头上移动仪器，直至严格对中，再重复整平的操作步骤，直至仪器满足对中整平的要求为止。

3. 瞄准目标

在角度观测时，瞄准标志一般是树立于地面点上的测杆、测钎或架设在三脚架上的觇牌等，常用的瞄准目标如图 4-4 所示。

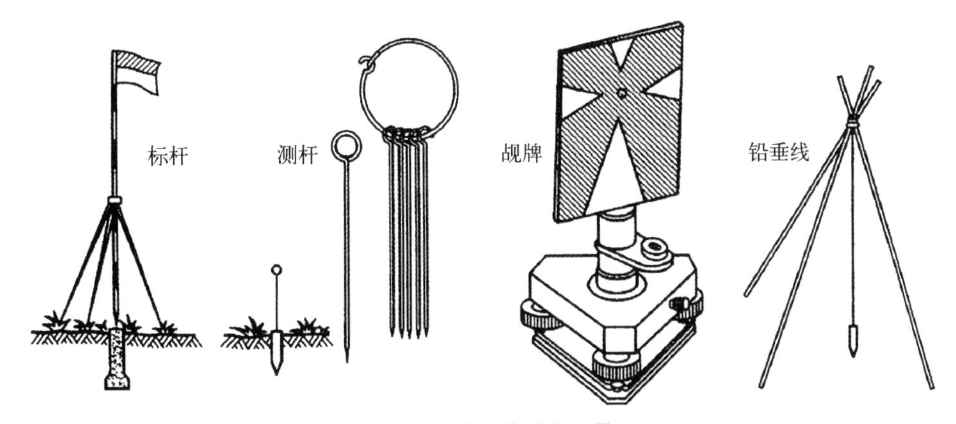

图 4-4 常用的瞄准工具

（1）松开望远镜的制动螺旋和照准部制动螺旋，将望远镜朝向明亮背景，调节目镜调焦螺旋，使十字丝清晰。

（2）利用望远镜上的瞄准器大致瞄准目标，拧紧水平与垂直制动螺旋，调节物镜对光螺旋，使目标影像清晰，并注意消除视差。

（3）转动水平和垂直微动螺旋，使十字丝精确瞄准目标，测量水平角时，应用十字丝附近的竖丝瞄准目标底部，以减小目标倾斜带来的误差，精确瞄准后的效果如图 4-5 所示。

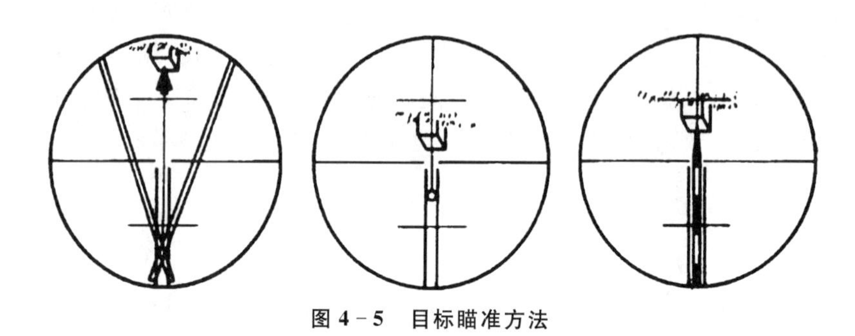

图 4-5　目标瞄准方法

4. 读数

观测者将视线移至望远镜旁边的读数窗口，读取水平或竖直读数，记录者将读数记录至表格中。为避免记录错误，记录者在记录时应回报观测数据，不能连环涂改。

4.2　经纬仪角度测量

4.2.1　水平角和竖直角的测量原理

1. 水平角的测量原理

地面上某点到两目标的方向线的铅垂投影在水平面上形成的角度称为水平角，其取值范围为 0°～360°。如图 4-6 所示，A、O、B 为地面上任意三个点，将此三个点沿铅垂线方向投影到同一个水平面 H 上，得到 O_1A_1 和 O_1B_1 之间的夹角 β 即为地面上 OA 和 OB 两方向之间的水平角。

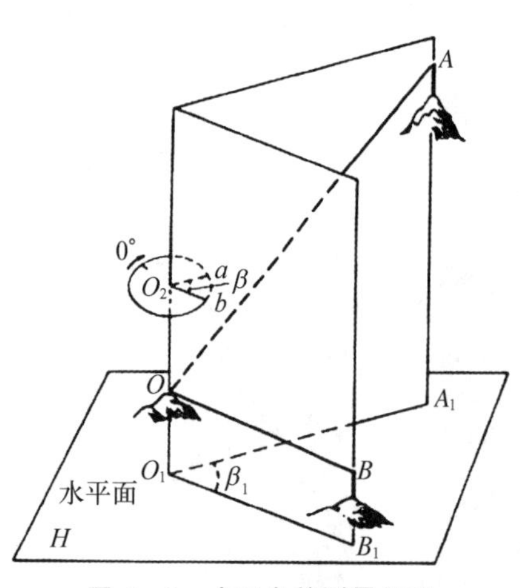

图 4-6　水平角的测量原理

为了测出水平角的大小，在 O 的铅垂线上水平放置一个度盘，铅垂线方向穿过度盘的中心，带有水平度盘的仪器的望远镜可以左右转动也可以上下转动。当瞄准目标 A 时，度盘的读数为 a；当瞄准目标 B 时，度盘的读数为 b，若度盘注记的增加方向是顺时针方向，则水平角为

$$\beta = b - a \tag{4-1}$$

式中，a、b 的值称为方向值；β 称为角度值，范围为 0°～360°。水平角是两条方向线投影在水平面内的夹角而非空间夹角，因此在不改变仪器和度盘位置的情况下，同一铅垂线上的两个点的方向值读数理论上是相等的，并且在测量之前需要保证水平度盘处于水平状态。

2. 竖直角的测量原理

在同一竖直面内，目标视线方向与水平线的夹角称为竖直角(又称为垂直角或高度角，常用 α 来表示)。当视线方向位于水平线之上时，称为仰角，角值为正；当视线方向位于水平线之下时，称为俯角，角值为负，竖直角的取值范围为 $-90°\sim+90°$，当竖直角值为 0°时，说明视线方向水平，如图 4-7 所示。

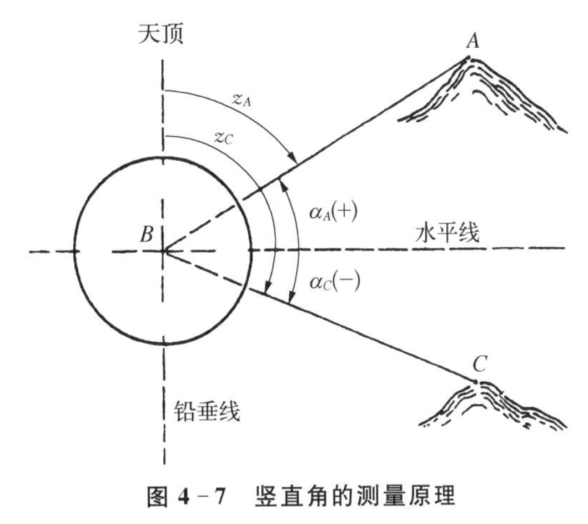

图 4-7　竖直角的测量原理

视线与向上的铅垂线之间的夹角 z 称为天顶距，取值范围为 $0°\sim180°$，若竖直度盘的注记是顺时针增大，则竖盘位于左边时，竖直角与天顶距之间的关系为

$$\alpha=90°-z \tag{4-2}$$

竖直角的角值是视线与水平面的夹角，当仪器对中整平后，平面的位置也就确定了。因此，在观测竖直角时，只要瞄准目标读出竖盘读数，即可算出竖直角的值。

4.2.2　水平角的观测方法

水平角的常用观测方法有测回法和方向观测法。测回法适用于只测量两个方向间的水平角，而方向观测法可以同时测量出多个方向之间的水平角。

在学习水平角测量方法之前，首先需要了解盘左(正镜)和盘右(倒镜)的概念。盘左和盘右是一个相对概念，指当测量角度时竖直度盘是位于观测者的左侧还是右侧。观测者对准望远镜目镜，当竖盘位于观测者的左手边时，称为盘左(也称为正镜)，当竖盘在观测者的右手边时称为盘右(也称为倒镜)。

1. 测回法

测回法是经纬仪测量水平角时最常用的方法，它描述了经纬仪测量水平角度的一种标准操作流程。如图 4-8 所示，欲测定 $\angle AOB$ 的大小，测回法测量的具体步骤如下：

图 4-8　测回法水平角观测

(1) 在 O 点将经纬仪对中整平，在 A 和 B 点设置标志。

(2) 在盘左位置，瞄准左侧目标 A，读得水平度盘读数 $a_{左}$。

(3) 顺时针旋转照准部，瞄准右侧目标 B，读得水平度盘读数 $b_{左}$，计算得到盘左位置测得的上半测回水平角值为

$$\beta_{左}=b_{左}-a_{左} \tag{4-3}$$

(4) 倒转望远镜，使经纬仪处于盘右位置，瞄准右侧目标 B，读得水平度盘读数为 $b_{右}$。

(5) 逆时针旋转照准部，瞄准左侧目标 A，读取水平度盘读数为 $a_{右}$，计算得到盘右位置测得的下半测回水平角为

$$\beta_{右}=b_{右}-a_{右} \tag{4-4}$$

在记录计算中应注意：由于水平度盘是顺时针分划注记的，所以在计算水平角时，总是用右目标的读数减去左目标的读数。如果计算得到的角度为负值，则应加 360°。

以上描述了测回法测量某一水平夹角的步骤，测量时需要注意竖盘位置以及观测的顺序。用盘左、盘右两个位置观测水平角时，可以消除部分仪器误差的影响，同时可以检核观测中有无错误。对于 6″级仪器，如果 $\beta_{左}$ 和 $\beta_{右}$ 的差值不大于 40″，2″级仪器不大于 12″，则观测误差在容许误差范围之内，满足规范要求。上、下两个半测回合称一个测回，一测回水平角观测值即为盘左、盘右角值的平均值，即为

$$\beta=\frac{1}{2}(\beta_{左}+\beta_{右}) \tag{4-5}$$

测量结果应按设计好的表格记录在观测手簿中，而且不能连环涂改，表 4－1 为测回法两测回观测某水平角的观测记录。

表 4－1　测回法观测手簿(水平角)

测　站	竖盘位置	目标	水平度盘读数/(°　′　″)	半测回角值/(°　′　″)	一测回角值/(°　′　″)	各测回平均值/(°　′　″)
O	左	A	00　00　00	67　54　36	67　54　33	67　54　36
		B	67　54　36			
	右	A	180　00　40	67　54　30		
		B	247　55　10			
	左	A	90　00　30	67　54　36	67　54　38	
		B	157　55　06			
	右	A	270　00　36	67　54　40		
		B	337　55　16			

当测角精度要求较高时，可观测多个测回，再取其平均值作为最后结果。为减少度盘分划不均匀带来的误差，各测回应按 180°/n(n 为测回数)配置度盘。例如，观测 3 个测回，第 1 测回起始方向度盘位置应为 0°00′00″左右，为方便计算，一般应略大于 0°；第 2 测回方向度盘位置应为 60°00′00″左右，第 3 测回方向度盘位置应为 120°00′00″左右。

2. 方向观测法

方向观测法也称为全圆观测法，一般适用于测站上的方向观测数在 3 个或 3 个以上的情况，2 个方向的情况一般采用测回法。以图 4－9 所示为例，具体测量步骤如下：

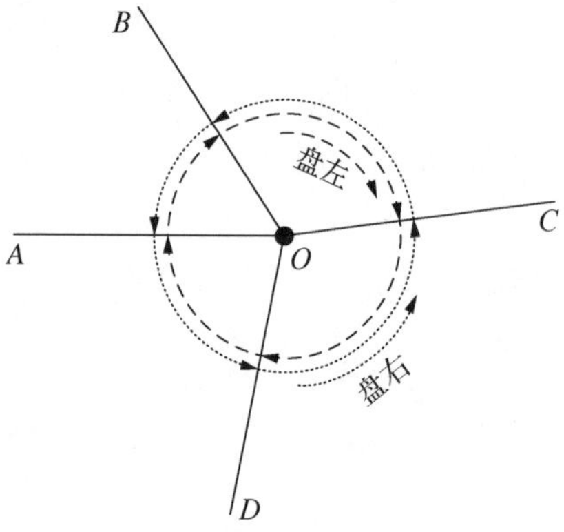

(1) 在测站点 O 安置经纬仪，在 A、B、C、D 观测目标处布置观测标志。

(2) 盘左位置，瞄准方向 A，将水平度盘读数安置在稍大于 0°的位置，读取水平度盘读数，记入相应表格，松开制动螺旋；依次瞄准 B、C、D 目标，分别记录相应的读数，为了检核，再次瞄准 A，称为上半测回归零；读取水

图 4－9　方向观测法观测水平角

平度盘读数，零方向 A 的两次读数之差的绝对值，称为半测回归零差；若在允许范围内（见表4-2），则取其平均值；否则，应重测。以上称为上半测回。

表4-2 水平角测回法的技术要求

经纬仪型号	半测回归零差	一测回2C互差	同一方向值个测回互差
DJ_2	12″	18″	12″
DJ_6	18″	—	24″

(3) 盘右位置，逆时针方向依次瞄准目标 A、D、C、B、A，并将水平度盘读数由下向上记入记录表，此为下半测回。

若需要观测多个测回，则各测回起始方向仍按 $180°/n$ 来配置度盘。表4-3为方向观测法观测水平角的观测手簿。

表4-3 方向观测法观测手簿(水平角)

测站	测回数	目标	水平度盘读数		2C/(″)	平均读数/(° ′ ″)	归零方向值/(° ′ ″)	各测回归零方向平均值/(° ′ ″)
			盘左/(° ′ ″)	盘右/(° ′ ″)				
O	1	A	0 01 23	180 01 17	+6	**(0 01 22)** 0 01 20	0 00 00	0 00 00
		B	69 25 18	249 25 16	+2	69 25 17	69 23 55	69 23 54
		C	178 13 44	358 13 46	−2	178 13 45	178 12 23	178 12 24
		D	280 50 32	100 50 28	+4	280 50 30	280 49 08	280 49 11
		A	0 01 26	180 01 22	+4	0 01 24		
	2	A	90 02 08	270 02 04	+4	**(90 02 04)** 90 02 06	0 00 00	
		B	159 25 53	339 26 01	−8	159 25 57	69 23 53	
		C	268 14 30	88 14 30	0	268 14 30	178 12 26	
		D	370 51 19	190 51 17	+2	370 51 18	280 49 14	
		A	90 02 04	270 02 02	+2	90 02 03		

在一个测回中，同一方向水平度盘的盘左读数与盘右读数的理论上应相差180°，但由于各种来源的误差的影响，盘左和盘右加减180°后并不严格相等，这一差值称为2C值，其计算方法为

$$2C = R_{左} - (R_{右} \pm 180°) \tag{4-6}$$

式中，R 为任意一个方向的方向观测值。2C值是仪器的系统误差和观测者读数误差的综合影响的结果。若一测回内2C值互差不超过表4-2的规定，则对于每一个方向，取盘左、盘右水平方向值的平均值

$$R = \frac{1}{2}[R_{左} + (R_{右} \pm 180°)] \tag{4-7}$$

若 2C 值互差超限，则应检查原因并重测。

将各方向的平均读数减去起始方向的平均读数(见表 4－3 中括号内的数值)，可得各方向的“归零后方向值”，起始方向归零后的方向值为零。多测回观测时，同一方向值各测回互差若符合表 4－2 的规定，则取各测回归零后方向值的平均值，作为该方向的最后结果。

4.2.3　竖直角的观测方法

根据竖直角的定义可知，它是某条方向线与水平面的夹角，因此只观测一个目标点就可得到该竖直角。经纬仪上的竖盘是用来测量竖直角的装置，它包括竖直度盘、指标水准管和指标水准管微动螺旋 3 个部分。竖盘固定在望远镜横轴的一端，随望远镜一起在竖直面内转动。而作为竖盘读数用的指标和水准管连在一起，它们不随望远镜一起转动。因此，测量竖直角时首先需要将竖盘水准管气泡居中，以保证读数指标位于正确位置。目前，许多经纬仪或全站仪中有内置的补偿器，在地球重力的作用下，可使竖盘读数指标线处于铅垂状态，从而不需要竖盘水准管和竖盘微动螺旋。

和水平度盘一样，经纬仪的竖盘是由玻璃制成的，分划的注记有顺时针方向和逆时针方向两种方式(见图 4－10)，一般为全圆式注记，DJ_6 型经纬仪的竖盘的基本刻度为 1°。

与水平角测量类似，垂直角观测通常也采用测回法观测，如图 4－11 所示的竖直角一测回观测流程如下：

(1) 在测站点 A 安置仪器，对中、整平。

(2) 盘左位置瞄准目标 B，用十字丝的横丝对准目标，调整竖盘指标水准管气泡居中(对于有竖盘补偿器的仪器，不需要进行此项操作)，读取竖盘读数 L。

(3) 盘右位置瞄准目标 B，重复上述步骤，读取竖盘读数 R。

(4) 竖直角观测记录手簿如表 4－4 所示，根据竖直度盘的注记形式确定计算竖直角和指标差。

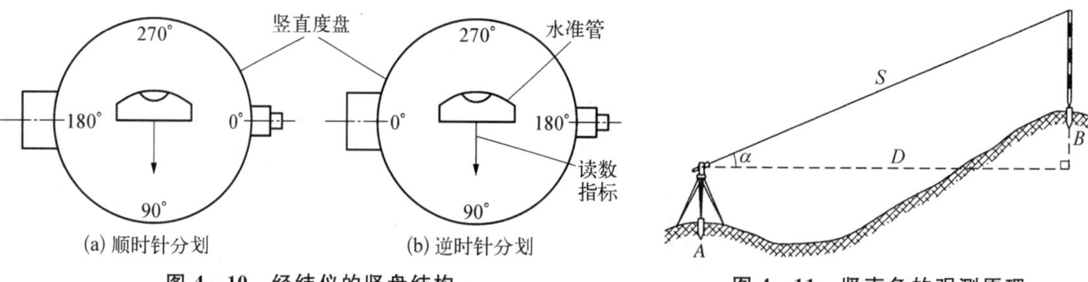

图 4－10　经纬仪的竖盘结构

图 4－11　竖直角的观测原理

表 4－4　竖直角观测记录手簿

测站	目标	竖盘位置	竖盘读数/(°　′　″)	半测回垂直角/(°　′　″)	指标差/(″)	一测回垂直角/(°　′　″)
M	A	左	95　50　30	－05　50　30	－4	－05　50　34
		右	264　09　21	－05　50　39		
	B	左	75　34　26	14　25　34	＋6	14　25　40
		右	284　25　46	14　25　46		

1. 竖直角的计算

竖盘上的刻度有顺时针和逆时针两种注记形式。本小节以顺时针的注记形式为例，说明竖直角的计算。如图4－12(a)所示，当视线水平时，读数指标指向90°，此时读数L为90°，竖直角α为0°，当望远镜向上(或向下)瞄准目标时，竖盘也随之转动相同的角度，由图4－12(b)可知，此时读数变小了，竖直角为视线水平时度盘读数与瞄准目标时度盘读数之差。同理由图4－12中图(c)和(d)可以推算出盘右的情况。

竖直角计算公式为

$$\alpha_{左} = 90^\circ - L \tag{4-8}$$

$$\alpha_{右} = R - 270^\circ \tag{4-9}$$

式中，L、R分别为盘左、盘右瞄准目标时的竖盘读数。对式(4－8)和式(4－9)取平均值，可得一测回竖直角为

$$\alpha = \frac{1}{2}(\alpha_{左} + \alpha_{右}) \tag{4-10}$$

或

$$\alpha = \frac{1}{2}(R - L - 180^\circ) \tag{4-11}$$

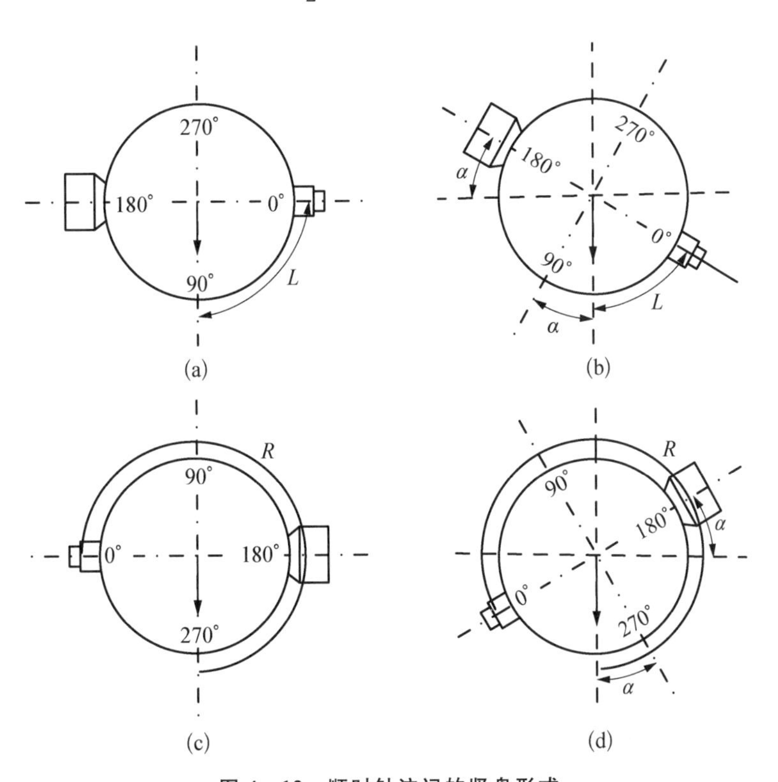

图4－12 顺时针注记的竖盘形式

(a)和(b)为盘左 (c)和(d)为盘右

2. 竖盘指标差

在理想状态下，当视线水平时，对于顺时针注记的度盘，竖盘读数应为90°或270°，而实际

上，这个条件往往不能满足，竖盘指标不是恰好指在 90°或 270°，而是偏了一个微小的角度 x，该角度称为竖盘指标差。如图 4-13 所示，竖盘指标的偏移方向与竖盘注记增加的方向一致时，x 值为正，反之为负。

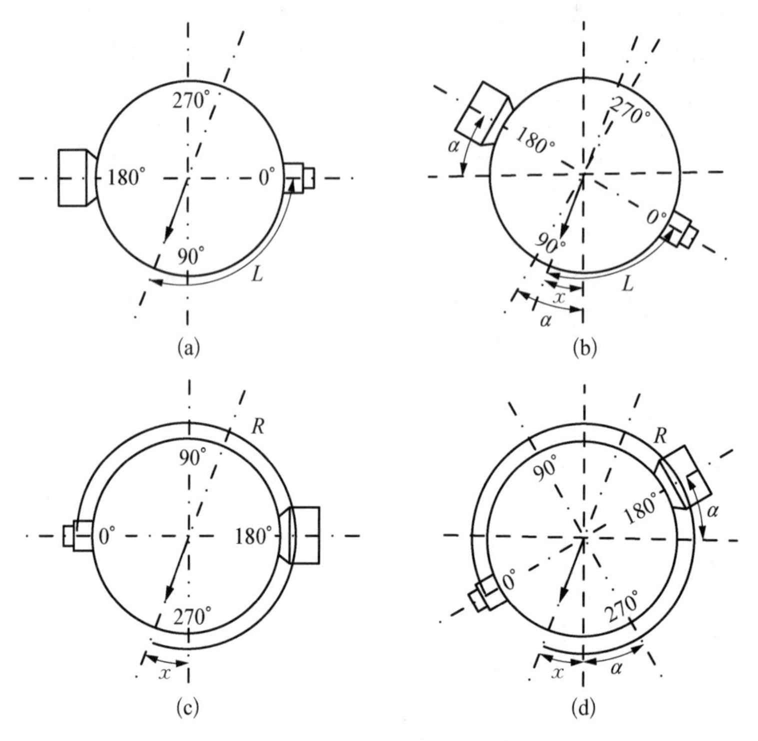

图 4-13　竖盘指标差

(a)和(b)为盘左　(c)和(d)为盘右

在图 4-13 中，对于顺时针注记度盘，存在指标差的情况下，计算竖直角的公式应该为

$$\alpha = (90^\circ + x) - L = \alpha_{左} + x \tag{4-12}$$

$$\alpha = R - (270^\circ + x) = \alpha_{右} - x \tag{4-13}$$

计算一测回竖直角时，取平均值为

$$\alpha = \frac{1}{2}(\alpha_{左} + \alpha_{右}) \tag{4-14}$$

从式(4-14)可以看出，通过取平均值可以消除竖盘指标差的影响。由式(4-12)和式(4-13)可以得出指标差的公式为

$$x = \frac{1}{2}(\alpha_{右} - \alpha_{左}) \tag{4-15}$$

根据盘左和盘右竖直角的计算公式，得到

$$x = \frac{1}{2}(L + R - 360^\circ) \tag{4-16}$$

式(4－16)说明，对于竖直角，理论(即无指标差)上是盘左、盘右的读数和为360°，指标差是盘右测得的竖直角与盘左计算得到的竖直角的差值的1/2。对于逆时针注记度盘，则式(4－8)和式(4－9)分别变为$\alpha_{左}=L-90°$ 、$\alpha_{右}=270°-R$ ，因此竖直角和指标差的计算方法也会有所变化，这里不再详细推导。

4.3　角度测量的误差分析

角度测量的误差主要包括仪器误差、仪器对中误差、目标偏心误差、观测误差和外界环境的影响等几个方面。

4.3.1　仪器误差

前面介绍了光学经纬仪的结构，首先受仪器的制造和安装技术水平的制约，仪器各部件之间难以严格满足其几何关系的要求，其次仪器使用过程中产生的磨损、变形以及外界条件对仪器的影响，必然给角度测量结果带来影响。这种因仪器结构不能完全满足理论上对各部件及其相互关系的要求而造成的测角误差称为仪器误差。

仪器误差包括三轴误差、照准部偏心差、度盘分划误差等。其中经纬仪的三轴误差是指经纬仪的三轴(视准轴、水平轴、垂直轴)之间不满足正交或平行条件引起的误差。经纬仪应满足视准轴与横轴正交、水平轴与竖轴正交、竖轴与测站铅垂线一致的几何条件，当这些关系不满足时，将分别引起视准轴误差、横轴倾斜误差、竖轴倾斜误差。

1. 视准轴误差

望远镜的物镜光心与十字丝中心的连线称为视准轴。假设仪器已整平(即垂直轴与测站铅垂线一致)，且水平轴与垂直轴正交，仅由于视准轴与水平轴不正交，即实际的视准轴与设计的视准轴存在夹角C，称为视准轴误差。

根据图4－14中的几何关系，当视准轴与水平轴不正交的误差为C，仪器照准某目标的高度角为α时，视准轴误差对水平方向观测值的影响值为

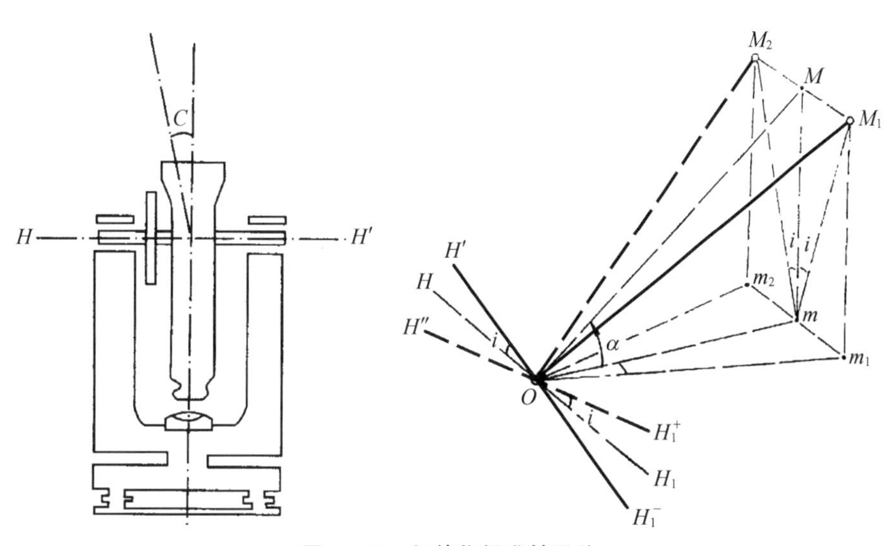

图4－14　经纬仪视准轴误差

$$\Delta C = \frac{C}{\cos \alpha} \tag{4-17}$$

由式(4－17)中可以看出，ΔC 的大小不仅与视准差 C 的大小有关，还与观测目标的垂直角 α 有关。随着竖直角的增大，视准轴误差引起的方向值误差也越大。对于同一个目标的方向观测值，盘左和盘右观测时的 ΔC 大小相等，符号相反，因此，取盘左与盘右的平均值可以消除视准轴误差的影响。

由于水平角是两个方向值之间的差值，因此视准轴误差引起的水平角误差为

$$\Delta\beta = \Delta C_2 - \Delta C_1 = \frac{C}{\cos \alpha_2} - \frac{C}{\cos \alpha_1} \tag{4-18}$$

式(4－18)表明如果两个方向的竖直角相等，那么视准轴误差对水平角的影响可在半测回角度值中得到消除。即使垂直角不相等，如果差异不大，其影响也可以忽略。

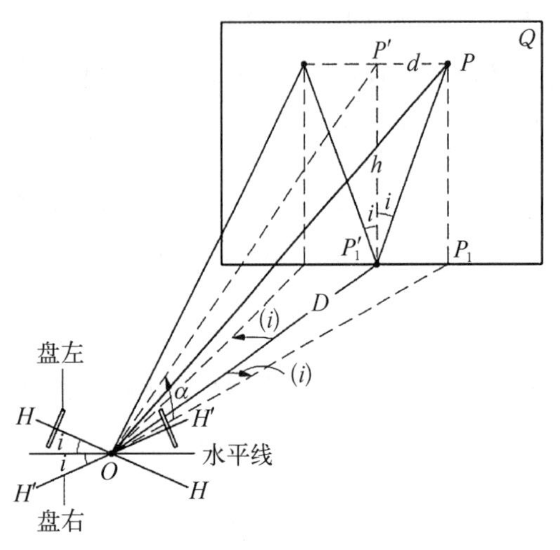

图 4－15 横轴倾斜误差

2. 横轴倾斜误差

横轴倾斜误差是指当经纬仪整平后，仪器的横轴不严格水平，而是有一个微小的夹角 i，如图 4－15所示。根据图中的几何关系，得到横轴倾斜误差对观测方向值的影响为

$$\Delta i = i \tan \alpha \tag{4-19}$$

同理，得到横轴倾斜误差对水平角的误差为

$$\Delta\beta = \Delta i_2 - \Delta i_1 = i(\tan \alpha_2 - \tan \alpha_1) \tag{4-20}$$

分析横轴误差的特点可以得出以下结论：横轴倾斜误差可以用盘左、盘右取平均值的办法消除。如果两个方向的竖直角相等，那么视准轴误差对水平角的影响可在半测回中消除。

3. 竖轴倾斜误差

竖轴倾斜误差是由于竖轴不垂直于照准部水准管轴而产生的误差。当水准管轴水平时，竖轴偏离铅垂线，因此照准部旋转时实际上是绕着一个倾斜的竖轴旋转，无论盘左还是盘右，其倾斜方向是一致的，所以竖轴误差不能用盘左和盘右的观测方法来消除，只能通过观测前的详细校核或加竖轴倾斜改正数的方法来减小此项误差。

4. 其他仪器误差

照准部偏心误差是指照准部旋转中心与水平度盘分划中心不重合而产生的测量误差，可以采用盘左、盘右取平均值的方法来消除。

水平度盘分划不均匀是指在度盘制作的过程中，度盘分划线之间的间距不严格相等，从而导致角度测量误差，可以通过采用盘左、盘右取平均值，以及多测回变换度盘位置观测的方法来减小误差。

4.3.2 仪器对中误差和目标偏心差

1. 仪器对中误差

仪器对中误差是指水平角测量时，由于没有精确对中，使得仪器中心与测站点的标志中心

不在同一铅垂线上,也称为测站偏心。

如图 4-16 所示,O 为测站点中心,O'为仪器中心。由于对中不精确,使得 OO'不在同一铅垂线上,偏心距为 e,偏心角为 θ,即后视观测方向与偏心距 e 方向的夹角。O 点的正确水平角应为β,但实际观测的水平角为β'。则仪器对中误差的影响 $\Delta\beta$ 为

$$\Delta\beta = \beta' - \beta = \beta_1 + \beta_2 \tag{4-21}$$

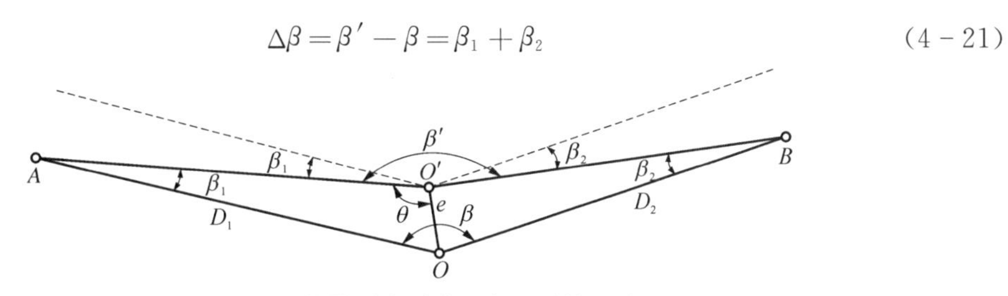

图 4-16 仪器对中对水平角观测的影响

考虑到 β_1 和 β_2 均为很小值,可得到

$$\Delta\beta = \beta_1 + \beta_2 = e\rho''\left[\frac{\sin\theta}{D_1} - \frac{\sin(\beta' + \theta)}{D_2}\right] \tag{4-22}$$

由式(4-22)可知,β_1 和 β_2 与偏心距 e 成正比,即偏心距越大,对中误差对角度测量的误差影响越大;与测角的边长 D_1、D_2 成反比,即边长越短,对测角误差的影响越大。因此在边长很短的情况下更要注意仪器对中,在精度要求高的情况下,为减少测站对中误差的影响,需要设置强制对中观测台。

2. 目标偏心差

当照准的目标与地面标志中心不在一条铅垂线上时,两点位置的差异称为目标偏心或照准点偏心。

如图 4-17 所示,O 为测站点,A、B 为照准点的标志中心,A'、B'为目标照准点的中心,e_1 和 e_2为目标偏心距,θ 为观测方向与偏心距的水平夹角。则目标偏心对角度的影响为

$$\Delta\beta = \beta_1 + \beta_2 = \rho''\left[\frac{e_1\sin\theta_1}{D_1} - \frac{e_2\sin\theta_2}{D_2}\right]$$

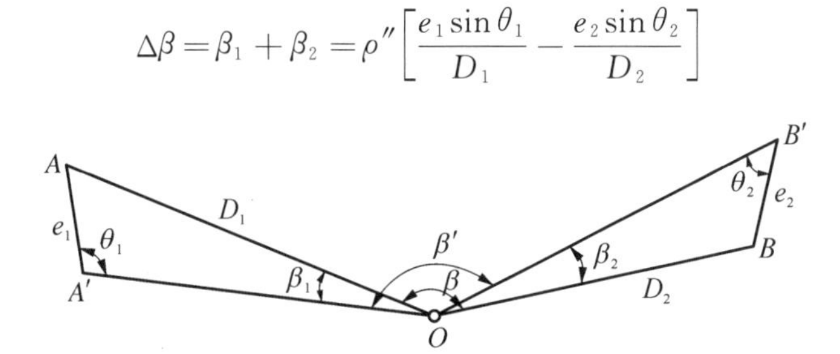

图 4-17 目标偏心对水平角观测的影响

由此可知,目标偏心误差对角度观测值的影响与偏心距 e 成正比,与相应边长 D 成反比;当目标偏心垂直于瞄准视线方向时,目标偏心对水平方向观测值的影响最大。边长越短,目标偏心对水平角的观测值的影响也越大。若以花杆为瞄准标志时,应尽量瞄准标志底部,以减弱目标偏心对角度观测值的影响。

4.3.3 观测误差

观测误差主要包括照准误差和读数误差。

1）照准误差

影响照准精度的因素很多，主要因素有望远镜的放大率、目标或照准标志的形状及大小、目标影像的亮度和清晰度以及人眼的判断能力等。因此，此项误差很难消除，只能通过改善影响照准环境、仔细完成照准操作等方法来减小此项误差的影响。

2）读数误差

读数误差主要取决于仪器的读数设备以及观测者的经验等因素。对于 DJ_6 型光学经纬仪其估读的误差通常为测微器最小刻度值的 1/10。

4.3.4 外界条件的影响

外界条件对测量的影响因素有很多，形成的原因也很复杂，很难进行精确的量化分析，主要影响因素包括：

（1）温度变化会影响仪器的状态，因此在强光下应打防晒伞。

（2）大风会影响仪器和目标的稳定，应尽可能选择无风时测量。

（3）大气折光及大气透明度会导致视线改变方向，影响照准精度。观测时尽可能离地面高一些，注意靠近河面或建筑物时的折光影响；选择有利的时间进行观测。

（4）地面的土质坚实情况以及周围的震动也会对测角产生误差，观测时要稳定好仪器，脚架要踩实。

4.4 经纬仪视距测量

视距法测距是指利用经纬仪望远镜上、下两根短横丝，在视距尺上读出的两数之差和竖直角，利用几何光学原理得到测站与标尺间的水平距离和高差的测量方法。视距测量的精度较低，测距的精度只能达到 1/200～1/300，测量的长度也有限，通常只能测量 200 m 以内的距离。但该方法具有操作简便、速度快、不受地面起伏影响的优点，广泛应用于碎部测量中。

1. 水平视距测量

如图 4-18 所示，欲测定 A、B 两点间的水平距离 D，可在 A 点安置经纬仪，B 点立视距尺，假设望远镜视线处于严格水平状态，瞄准 B 点视距尺，此时视线与视距尺垂直。若尺上 M，N 点成像在十字丝分划板上的两根视距丝 m，n 处，那么尺上 MN 的长度可由上、下视距丝读数之差求得。

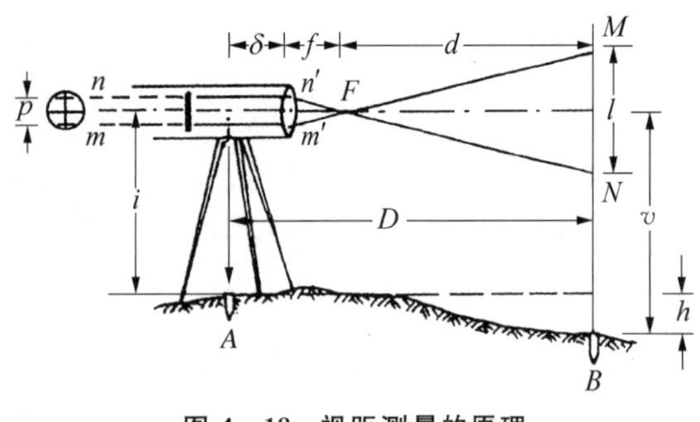

图 4-18 视距测量的原理

根据图中的几何关系，得到

$$\frac{d}{f}=\frac{\overline{MN}}{\overline{mn}}=\frac{l}{p} \tag{4-23}$$

式中，$\overline{MN}$ 为标尺上、下丝对应的读数差；$\overline{mn}$ 为上、下丝之间对应的长度；d 为目标到等效焦点之间的距离；f 为物镜的等效焦距；δ 为物镜至仪器中心的距离。由此得到待求的距离 D 为

$$D = d + \delta + f = \frac{f}{p}l + \delta + f \tag{4-24}$$

令 $K = f/p$、$C = \delta + f$，K、C 分别为视距的乘常数和加常数，现代常用的内对光望远镜的视距常数的设计值 $K = 100$，C 接近于零，则式(4－24)可简化为

$$D = Kl = 100l \tag{4-25}$$

式(4－25)为水平状态下的视距计算公式。此外，根据图中的几何关系，设仪器高为 i，水平视线(即经纬仪的中丝)对应的读数为 v，可以计算得到目标和测站之间的高差为

$$h_{AB} = i - v \tag{4-26}$$

2. 倾斜视距测量

在实际测量工作中，由于受地形条件等因素的影响，经纬仪视线难以严格保持水平，需要采用倾斜视距测量计算方法。

图4－19中，在 A 点安置经纬仪，在 B 点立视距尺，照准 l 视距尺时视线的竖直角为 α，上下丝读数间隔仍为 l。在 $\triangle MQM'$ 和 $\triangle NQN'$ 中，由于 φ 很小(约34′)，故可以把 $\angle MM'Q$ 和 $\angle NN'Q$ 看成直角，从而得到 $\angle MQM' = \angle NQN' = \alpha$，因此 $l' = \overline{M'N'} = \overline{MN}\cos\alpha$，根据视距测量原理，得到倾斜距离为

$$D' = Kl' = Kl\cos\alpha \tag{4-27}$$

从而得到 AB 间的水平距离为

$$D = D'\cos\alpha = Kl\cos^2\alpha \tag{4-28}$$

同理，得到 AB 间的高差的计算公式为

$$h_{AB} = D\tan\alpha + i - v \tag{4-29}$$

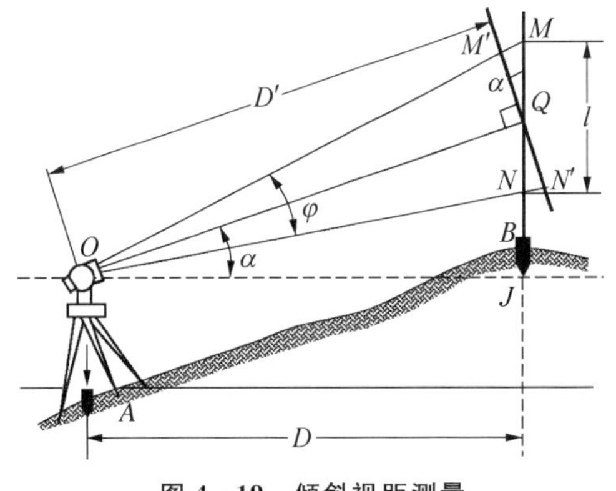

图4－19 倾斜视距测量

3. 视距测量的流程

(1) 在测站点 A 将经纬仪对中整平，量取仪器高度 i，在 B 点立标尺。

(2) 盘左照准视距尺，分别读取上、中、下三丝的读数，为了方便计算距离，可以将下丝瞄准一个整数后，直接读出上、下丝的视距差和中丝读数。

(3) 转动竖盘指标水准管微动螺旋，使竖盘指标水准管气泡居中，读取竖盘读数。

(4) 计算水平距离 D 和高差 h。

以上为半测回测量视距和高差，可根据精度需要用盘右按上述流程再测量一次，当两者的差值在限差范围内时，取两者的均值作为最终结果。

4. 视距测量的误差分析

视距测量误差的主要来源有视距尺上的读数误差、视距尺不竖直的误差、竖直角的观测误差及外界环境的影响。

(1) 读数误差。视距尺上的读数误差与尺子最小分划、距离的大小、望远镜的放大倍率及成像清晰情况有关，读数前还需要注意消除视差。由于视距将读数误差放大了100倍，因此读

数误差对视距的影响较大。

(2) 视距尺不竖直的误差。视距尺倾斜所产生的误差包括垂直于视线方向的倾斜和平行于视线方向的倾斜,两者对读数有较大影响。视距尺倾斜随地面坡度增大而增大,因此在坡度较大的山区作业时,特别注意立尺,应尽可能选用有水准器的视距尺。

(3) 竖直角的观测误差。在竖直角不大时,竖直角的观测误差对平距影响较小,而主要影响高差。当竖直角为5°、视距长度为100 m时,6″的竖直角测量误差对高差的影响约3 mm,和读数误差相比,竖直角的测量误差对视距的影响较小。

(4) 外界环境的影响:当天气不好或视线距地面距离变化较大时,视线通过的大气密度不同,会产生折光差。在进行视距测量时,视线不要离地面太近;当地面有震动或风较大时应停止观测。

习　题　4

1. 什么是水平角?在同一竖直面内不同高度的点在水平度盘上的读数是否相同?

2. 什么是竖直角?如何区分俯角和仰角?

3. 在角度测量时,为何要将仪器对中整平?

4. 简述用测回法和方向观测法观测水平角的步骤。

5. 在角度测量中,为什么要进行盘左和盘右观测?

6. 什么是角度测量中的2*C*值和指标差?

7. 简述视距测量的原理及其误差来源。

8. 光学经纬仪有哪几种系统误差?哪些误差可以通过盘左、盘右取平均值的办法消除?

9. 在精密变形测量中,为什么需要强制对中的观测墩?它能消除哪种误差?

10. 根据水平角观测记录,完成下表中的水平角计算。

水平角观测记录手簿

测站	竖盘位置	目标	水平度盘读数/(° ′ ″)	半测回角值/(° ′ ″)	一测回角值/(° ′ ″)	各测回平均值/(° ′ ″)
O	左	*A*	00 01 03			
		B	137 28 32			
	右	*A*	180 01 07			
		B	317 28 40			
	左	*A*	90 00 25			
		B	227 28 01			
	右	*A*	270 00 28			
		B	47 28 00			

11. 在竖直角观测中,已知度盘注记为顺时针方向,盘左位置瞄准*A*点时,度盘读数为83°26′53″,盘右位置瞄准*A*点时,度盘读数为276°33′11″;盘左位置瞄准*B*点时,度盘读数为

98°34′29″，盘右位置瞄准 B 点时，度盘读数为 261°25′34″。请根据测量数据将下列观测记录表填写完整。

竖直角观测记录手簿

测站	目标	竖盘位置	竖盘读数/(° ′ ″)	半测回垂直角/(° ′ ″)	指标差/(″)	一测回垂直角/(° ′ ″)
N	A	左				
		右				
N	B	左				
		右				

12. 在 A 点量取经纬仪高度 $i=1.465$ m，望远镜照准 B 点标尺，中丝、上丝、下丝读数分别为 $v=1.420$ m，$b=1.262$ m，$a=1.578$ m，$\alpha=3°36'$，试求 A、B 两点间的水平距离和高差。

第 5 章　全站仪测量

5.1　全站仪测量概述

全站仪(electronic total station),也称为全站型电子速测仪,是由电子测角、电子测距、电子计算和数据存储单元等组成,具有多种测量功能的一体化测量仪器。如前所述,传统大地测量的基本观测量是距离、角度和高差。而受技术条件的限制,早期的角度和距离测量是由不同仪器独立完成的。传统的光学测距仪主要用于角度测量,并且需要人工读数。电子经纬仪的出现以自动记录和显示取代了人工读数,但仍然不具备毫米级精度的测距功能。电磁波测距仪的出现使得测程更远、测量时间更短、精度更高,但早期的测距仪与经纬仪仍独立工作。早期的测距仪需要架设在经纬仪之上,通常将独立测角和测距这两种组合的测量模式称为半站型电子速测仪。

20 世纪 80 年代,随着电子测角、电子测距、电子计算、精密制造技术的发展,出现了将测角系统、测距系统、显示和控制一体化的全站型电子速测仪,由电子测角、电子测距、电子计算和数据存储单元等组成的三维坐标测量系统,测量结果能够自动显示,并能与外围设备交换信息的多功能测量仪器。由于其在一个测站上实现了多种测量功能和处理的电子化和一体化,人们称之为全站型电子速测仪,简称全站仪。

5.1.1　全站仪的分类

全站仪按功能可分为以下三大类。

(1) 普通全站仪。普通全站仪也称为常规全站仪,它具备全站仪电子测角、电子测距和数据自动记录等基本功能,其中电子测距功能需要有光学棱镜,有的仪器还配有厂家或用户自主开发的机载测量程序。

(2) 无合作目标型全站仪。无合作目标型全站仪是指在无反射棱镜的条件下,可对一般目标直接测距的全站仪。这种类型的全站仪利用激光测距功能对不方便安置反射棱镜的目标进行测量,测距精度较有棱镜的测距仪低,测程从最初的几十米已发展到几千米,在立面测量、房产测量和施工测量中具有明显的技术优势。

(3) 智能型全站仪。常规的全站仪需要人工瞄准目标,自动化全站仪安装自动目标识别与照准装置,克服了需要人工照准目标的缺陷,实现了全站仪的智能化。在相关软件的控制下,智能型全站仪在无人干预的条件下可自动完成多个目标的识别、照准与测量。因此,智能型全站仪又称为“测量机器人”,典型的代表有徕卡的 TCA 型、TM 型全站仪等。

全站仪按测程长度又可分为:

(1) 短测程全站仪。最大测程小于 3 km,主要用于普通测量和城市测量。

(2) 中测程全站仪。测程为 3～15 km,通常用于一般等级的控制测量。

(3) 长测程全站仪。测程大于15 km,通常用于国家三角网及特级导线的测量。

5.1.2　全站仪的组成

全站仪由电源部分、测角系统、测距系统、中央处理器、通信接口及显示屏、键盘等组成,如图5-1所示。

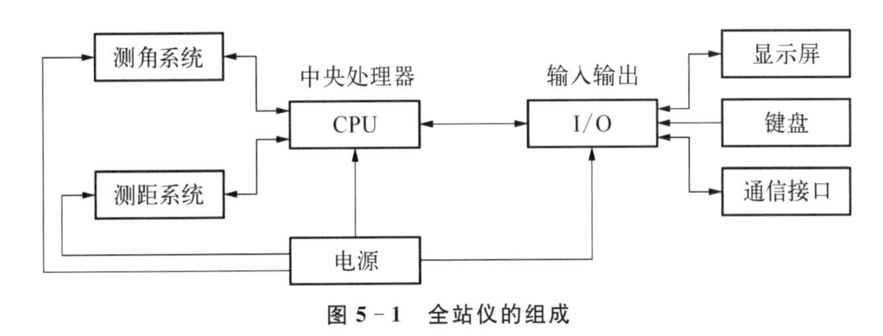

图5-1　全站仪的组成

(1) 同轴望远镜。全站仪的望远镜实现了视准轴、测距光波的发射、接收光轴同轴化。同轴性使得望远镜一次瞄准即可实现同时测定水平角、垂直角和斜距等全部基本测量要素的测量功能。加之全站仪强大、便捷的数据处理功能,使其使用极为方便。

(2) 双轴补偿系统。在第4章经纬仪的仪器误差分析中已知,若仪器存在纵轴倾斜会引起角度观测的误差,而且通过盘左、盘右取平均值的方法也不能消除。全站仪的双轴倾斜自动补偿系统可对纵轴的倾斜进行监测,并在度盘读数中对因纵轴倾斜造成的测角误差自动加以改正,某些全站仪纵轴最大倾斜可允许至±6′。

(3) 中央处理器。中央处理器是全站仪的"大脑",主要功能是接收和发送各种指令、控制各种观测作业方式、处理多种来源的测量数据等。

(4) 键盘和显示器。键盘和显示器为仪器和操作者提供了人机对话窗口,键盘是全站仪在测量时输入操作指令或数据的硬件,显示器是用于显示测量数据的设备。为便于操作,全站型仪器的键盘和显示屏大多数为双面式,便于正、倒镜作业。

(5) 存储器。全站仪存储器的作用是将采集的测量数据存储起来,再根据需要传送到其他设备,如计算机和外接硬件等,以便进一步处理和利用。全站仪内存储器相当于计算机的内存(RAM),存储卡是一种外存储媒体,又称PC卡,作用相当于计算机的磁盘。

(6) 通信接口。全站仪可以通过RS-232C通信接口和通信电缆将内存中存储的数据输入计算机,或将计算机中的数据和信息经通信电缆传输给全站仪,实现双向信息传输。

5.1.3　全站仪的品牌和主要技术指标

全站仪已全面取代光学经纬仪,广泛应用于各行业中。目前,国内的全站仪品牌主要有南方测绘仪器公司NTS系列全站仪、中海达ZTS系列、苏州一光RTS系列全站仪等。国外的全站仪品牌主要有瑞士徕卡(Leica),日本拓普康(Topcon)、尼康(Nikon)和索佳(Sokkia),以及美国天宝(Trimble)等,如图5-2所示。

全站仪的技术指标首先是精度指标,现有全站仪的测角精度通常为0.5″、1″、2″、5″等,测距精度为$\pm(5+5\times10^{-6}D)$mm,$\pm(2+2\times10^{-6}D)$mm,$\pm(0.5+1\times10^{-6}D)$mm,其中D表

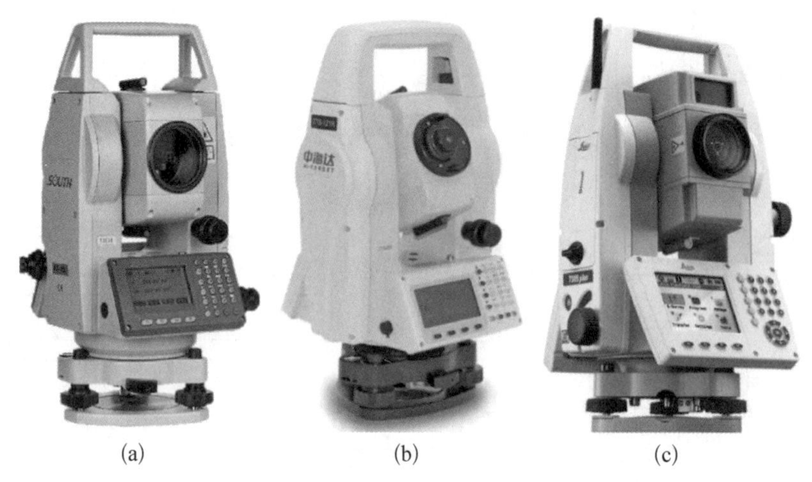

(a) (b) (c)

图 5-2 几种常用的全站仪

(a) 南方测绘仪器公司 NTS-312B (b) 中海达 ZTS-121 (c) Leica TS09

示测量的距离;其次是其他方面的性能,如是否具有激光测距功能、全站仪使用的耐久性、性价比等。目前精度最高的全站仪的测角精度为 0.5″,测距精度为$\pm(0.5+1\times10^{-6}D)$mm。全站仪已经达到非常高的角度和距离测量精度,可人工操作也可自动操作,可远距离遥控运行也可在机载应用程序控制下使用,广泛用于精密工程测量、变形监测、工业测量等领域。

5.2 电磁波测距的原理

全站仪的距离测量利用了电磁波测距(electromagnetic distance measuring, EDM)原理,该方法以电磁波为测距信号,通过精确测量收发信号间的时间或相位延迟来测定两点间的距离,具有测程远、精度高、作业快、不受地形限制等优点,现已成为大地测量、工程测量等领域最主要的测距方法。

电磁波测距的仪器按其所采用的载波频率不同可分为:① 微波测距仪,采用微波段的无线电波作为载波;② 激光测距仪,采用激光作为载波;③ 红外测距仪,采用红外光作为载波。

5.2.1 电磁波测距的原理

电磁波测距的原理是已知光速 C[(299 792 458±1.2)m/s],通过测定电磁波在待测距离两端点间往返一次的传播时间 t,计算两点间的距离。

如图 5-3 所示,若需要测定 A、B 两点间的距离 D,把测距仪安置在 A 点,反射镜安置在 B 点,根据电磁波测距原理,则其距离 D 为

$$D=\frac{1}{2}Ct \tag{5-1}$$

由式(5-1)可知,由于光速 C 是常数,若要测定 A、B 两点之间的距离,只要测出电磁波往返所用的时间即可。而大地测量通常要求测距的精度能达到毫米级,因此时间的测量精度需要达

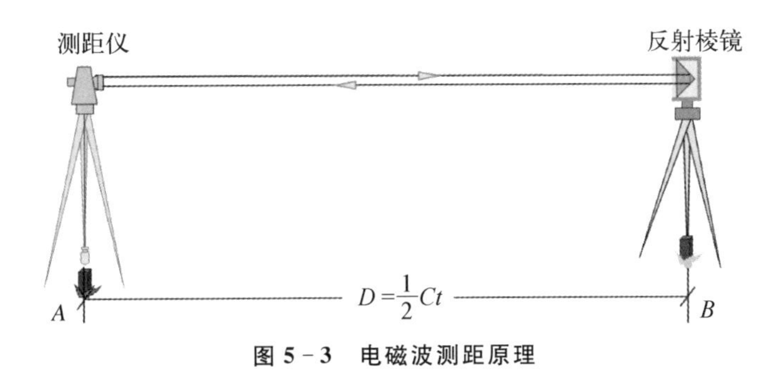

图 5-3　电磁波测距原理

到 10^{-11} s 以上。根据测定时间的方式不同，电磁波测距仪又分为脉冲式测距仪和相位式测距仪。

1. 脉冲式测距仪

脉冲式测距仪是利用脉冲信号的传输时间差来进行测距的，它利用了脉冲持续时间极短，能量在时间上相对集中，瞬时功率很大等特点。脉冲式测距方法通过直接测定光脉冲信号在待测距离上往返一次的个数，并计算相应的时间，从而得到距离。脉冲式测距的原理如图 5-4 所示。

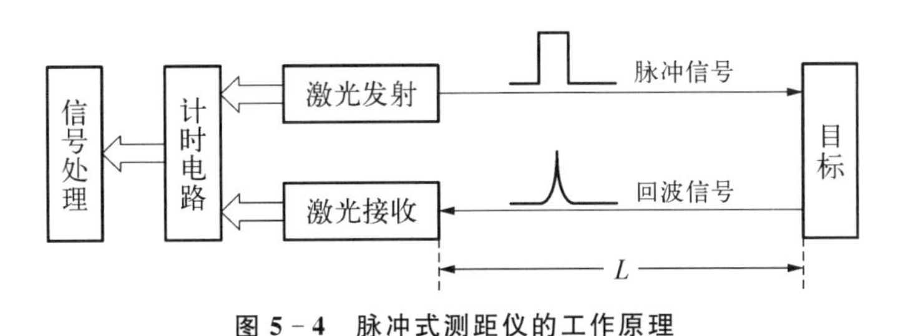

图 5-4　脉冲式测距仪的工作原理

首先由脉冲发射器发射出一束光脉冲信号，经发射接收透镜后射向被测目标。同时，发射出的一小部分光被取样棱镜接收，并送入光电接收器，转化成电脉冲，并开始计数，直到发射接收棱镜接收到从目标反射回来的反射光脉冲进入电子门后，电子门即关闭，停止计数。由于每一个时标脉冲进入计数系统，就要经过时间 T，所以如果在电子门打开和关闭之间有 N 个时标脉冲进入计数系统，则主波脉冲和回波脉冲之间的时间间隔为 $t=NT$，由式(5-1)可得到 $D=\frac{1}{2}C\cdot NT$。令 $l=\frac{1}{2}C\cdot T$，表示在时间间隔 T 内光脉冲往返所走的一个单位距离，则 $D=N\cdot l$，由于单位距离 l 是预先选定的(例如 1 m、5 m、10 m)，因此计数系统在获取脉冲个数 N 之后，就可以直接把距离 D 显示在仪器上。

脉冲式测距仪一般用固体激光器作为光源，能发射出高频率的光脉冲信号，因此这类仪器可以不用合作目标(如反射棱镜)，直接用被测目标对光脉冲产生的漫反射进行测距。

2. 相位式测距仪

相位式测距仪是一种间接测定时间的光电测距仪，通常用于高精度的测量。相位式测距的原理是由光源发出的光经过调制器后成为高频率的调制光，射向另一端的反射镜，反射回来的调制光被接收器所接收，然后由相位计将发射信号与接收信号进行相位比较，得出调制光往返传播所引起的相位差，然后根据相位差计算出传播时间，从而得到距离。

波在传播过程中产生的相位移 φ 与传播的时间 t 的关系为

$$\varphi = \omega t = 2\pi f t \tag{5-2}$$

式中，ω 为光的角频率，单位为 rad/s；f 为光的频率，单位为 1/s。将式(5－2)代入式(5－1)中，得到

$$D = \frac{1}{2}Ct = \frac{1}{2}\frac{C}{f}\frac{\varphi}{2\pi} \tag{5-3}$$

由于相位测量设备只能测量一个周期内的相位变化，因此将相位差表示为 N 个整周期和不足一整周期的余数 ΔN 和的形式，如图 5－5 所示。

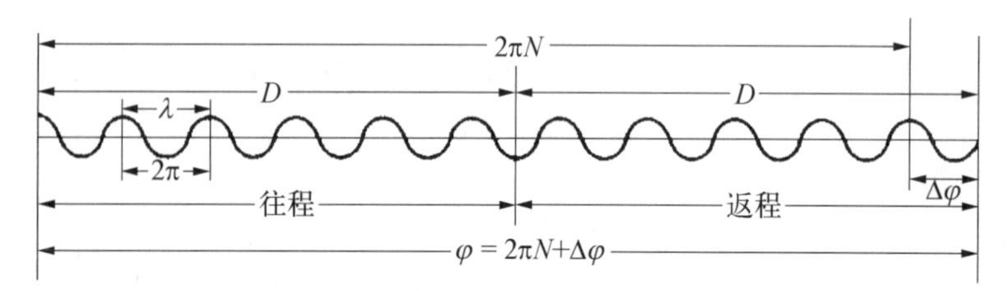

图 5－5　相位式测距的原理

$$\varphi = 2\pi N + \Delta\varphi = 2\pi(N + \Delta N) \tag{5-4}$$

式中，$\Delta N = \Delta\varphi/2\pi$，$\Delta\varphi$ 为不足一整周期的余数，将式(5－4)代入式(5－3)，并顾及波长 $\lambda = C/f$，因此待测距离 D 为

$$D = \frac{\lambda}{2}(N + \Delta N) \tag{5-5}$$

式(5－5)表示的测距方法实质上相当于用一把长度为 $\lambda/2$ 的尺子来丈量待测距离，$\lambda/2$ 称为测尺长度。由于确定了电磁波的频率就等于确定了尺长，因此相位法测距就好比拿着一把固定长度的测尺一尺一尺地丈量距离一样，只要测得整尺数 N 及不足整尺的尾尺数 ΔN，便可计算出所测的距离。

相位式测距仪上的相位计只能测量出不足整“测尺”长度的相位变换 $\Delta\varphi$，而测不出整“测尺”数 N，因此利用式(5－5)就无法求出唯一的距离 D。只有当待测距离小于整测尺时，才能得到唯一的距离。而常用的相位计相位的测量精度约为 1/1 000，采用长“测尺”引起的误差也必然增加。为了兼顾测程和精度，测距仪上设置了多个测尺，用各个测尺配合测距，大测尺保证必要的测程，小测尺保证必要的精度。

表 5－1 列出了测尺频率与测距误差的关系。例如，一台相位式测距仪上安装测程分别为 1 000 m 和 10 m 的两个测尺，欲测量约 585 m 的某段距离，两个测尺测量的距离分别为 586.2 m和 5.985 m，则最后结果取 585.985 m。采用“双测尺”的模式测定相位差巧妙地解决了测距精度要求太高的技术困难，是高精度、中短程测距仪普遍采用的测距模式。

表 5－1　测尺频率与测距误差的关系

测尺频率	30 MHz	15 MHz	1.5 MHz	150 kHz	15 kHz	1.5 kHz
测尺长度	5 m	10 m	100 m	1 km	10 km	100 km
精　　度	5 mm	1 cm	10 cm	1 m	10 m	100 m

5.2.2　反射棱镜

光电测距设备若采用高频脉冲激光作为光源，则可以不用反射棱镜，而直接利用被测目标的漫反射信号测距，但这种测距模式的精度相对低，测程也有限。利用红外线为测距信号的光电测距仪进行距离测量时需要用反射棱镜作为目标。反射棱镜的工作原理是利用光的反射和折射定律，将接收到的测距信号按发射方向反射回去，从而提高了测距仪接收到的信号强度，进而提高测距的精度。

如图 5－6 所示，反射棱镜主要有单棱镜和三棱镜，其中三棱镜在距离较远或全站仪单棱镜测距长度不够的情况下使用。反射棱镜可通过基座架设在三脚架上，基座上有与经纬仪类似的光学对中器，用于棱镜的对中整平，也可以直接将棱镜安置在对中杆上，用于精度要求较低的距离测量。

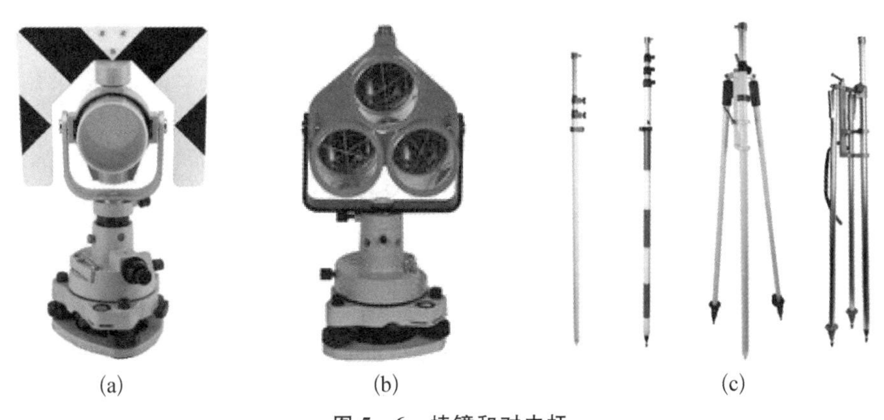

(a)　(b)　(c)

图 5－6　棱镜和对中杆

(a) 单棱镜　(b) 三棱镜组　(c) 对中杆

用反射棱镜测距时还需要注意棱镜常数，由于光在玻璃中的传播速度要比空气中小，因此反射棱镜中传播所用的超量时间会使所测距离增大，从而产生了棱镜常数。现有的棱镜常数大多为零，但早期的棱镜常数有些为－30 mm、－35 mm。因此在初次使用某种型号的全站仪测距时，需要根据仪器说明书设置棱镜常数，或经现场测试检验确定好棱镜常数后再进行测量。

5.2.3　光电测距的误差分析与改正

与经纬仪角度测量仪器类似，光电测量的误差也包括仪器误差、仪器和目标对中误差、外界环境因素的影响等多种误差来源。由于仪器和目标对中误差的特点与经纬仪测量类似，电子仪器主要是光电转换与数字采样和处理误差，而不存在读数误差。因此，这里主要分析测距仪的仪器误差。

根据相位式测距仪的测距原理可知，测距仪直接测量的是电磁波的相位差，经计算得到仪器中心到棱镜中心的距离。测量的误差来源主要包含来自仪器的系统误差、大气折射率变化所引起的误差等。测距仪得到的通常为倾斜距离，为了得到水平距离，需要对测量结果进行改正计算。本节针对短程光电测距仪进行误差分析。

测距仪是光学、电子、精密机械等各种技术高度集成的仪器，各环节都可能产生误差。如在电磁波传输过程中，大气的折射，标准频率位的偏离、电路老化、测距仪的内部结构导致的传输延迟等都会对测量结果造成误差。根据测距仪的特点将测距误差分为：① 比例误差，这种误差与长度成正比关系，随着距离的增加而增加；② 固定误差，与测量的长度无关，与仪器构造和加工制造精度等因素有关。

1. 比例误差

比例误差的来源主要有两大类，第 1 类是因仪器制作和装配、设备老化等原因引起的仪器频率不稳定而导致的距离偏差。由于测距仪使用时的调制光频率与设计的标准频率之间有偏差，导致测尺长度有误差，因此产生与测距长度成正比的误差。

为降低这类比例误差的影响，需要定期对测距仪进行检核，以此得到改正距离用的比例系数，称为测距仪的乘常数 k_1，其单位取 mm/km。若测量距离为 S，则第一类比例误差的改正数为

$$\Delta S_1 = k_1 S \tag{5-6}$$

第 2 类是电磁波在大气传播过程中产生的速度误差。在计算距离时，我们采用的是光在真空中传播的速度。而在实际测量工作中，电磁波是在大气中传播而非真空中。受大气折射率 n 的影响，实际光速应为 C/n ，而大气折射率是波长 λ 、大气温度 t 、气压 p 等的函数

$$n = f(\lambda,\ t,\ p) \tag{5-7}$$

因此，在测距时应进行气象改正。对于某一型号的测距仪，制造时定出调制光的波长，为一固定值，在距离测量时只测定气温和气压即可计算距离的气象改正系数 K 。距离的气象改正值与距离的长度成正比，因此，测距仪的气象改正数相当于另一个“乘常数”，其单位取 mm/km，因此可以与仪器的乘常数一起进行改正，距离的气象改正值为

$$\Delta S_2 = k_2 S \tag{5-8}$$

不同型号的测距仪的气象改正系数计算方法不同，根据仪器使用手册内给出的气象改正公式计算，如某测距仪的气象改正系数为

$$k_2 = \left(279 - \frac{0.290\ 4p}{1 + 0.003\ 66t}\right) \times 10^{-6} \tag{5-9}$$

式中，p 为气压，单位为 mPa；t 为气温，单位为℃。

2. 固定误差

由于测距仪的距离起算中心与测距仪的安置中心不一致，以及反射棱镜的等效反射面与棱镜安置中心不一致，导致测得的距离与实际距离不一致，其差值是一个固定的数值，称为固定误差为

$$\Delta S_C = a \tag{5-10}$$

根据上述分析，光电测距的误差主要包括固定误差和比例误差两大类，因此，我们常用 $a + bD$ 来表示全站仪或者测距仪的标称测距精度。其中，a 为仪器的固定误差，单位为 mm，主要是由仪器加常数的测定误差、电磁波在传播导致的误差造成的，与测量的距离无关；bD 为比例误差，b 是比例误差系数（mm/km），D 是实测距离，单位为 km。当采用标称精度为 $\pm(2+2\times10^{-6}D)$mm的全站仪测量 1 km 的距离时，距离测量误差为±4 mm。

5.3　直线定向与方位角

5.3.1　直线定向

在确定地面点平面位置时，不仅需要确定两点之间的距离，还需要确定两点间直线的方向，确定直线与标准方向之间的相对关系的工作，称为直线定向。如图 5－7 所示，从直线起点的标准方向的北端开始，顺时针旋转至该直线形成的水平角称为方位角，其取值范围为 0°～360°。

根据方位角的定义可知，对于某条直线，正向 AB 和逆向 BA 的方位角是不相等的，根据选定的标准方向不同，对应的方位角的概念也不同，常用的基准方向包括以下几种。

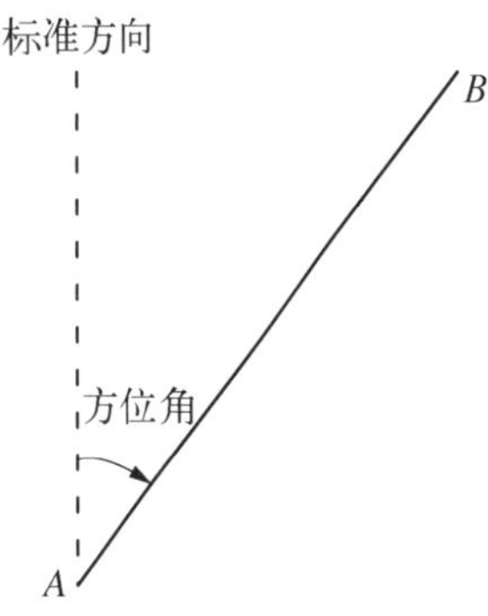

图 5－7　方位角的概念

(1) 真子午线方向：地球表面某点的真子午线（地理中的经线）的切线方向。以该方向为标准方向的方位角称为真方位角 A，其值可以通过天文观测、陀螺仪测量、GNSS 测量来获取。

(2) 磁子午线方向：地球表面某点上磁针所指的方向（磁感线方向）为该点的磁子午线方向。以该方向为标准方向的方位角称为磁方位角 A_m，其值可以通过罗盘仪来获取。

(3) 坐标纵轴方向：在高斯分带投影建立的平面直角坐标系中，该投影带的中央子午线为坐标纵轴即 X 轴。以该方向为标准方向的方位角称为坐标方位角 α。可以通过真方位角和磁方位角来推算。

5.3.2　几种坐标方位角之间的关系

由于地面上各点的子午线都向南极和北极收敛，因此，任意两点的子午线方向不平行，而存在一个交角，称为两点间的子午线收敛角 γ。如图 5－8 所示，坐标纵轴在真子午线的西边，γ 为负，反之 γ 为正，从图中可以得到坐标方位角与真方位角之间的关系

$$\alpha = A - \gamma \tag{5-11}$$

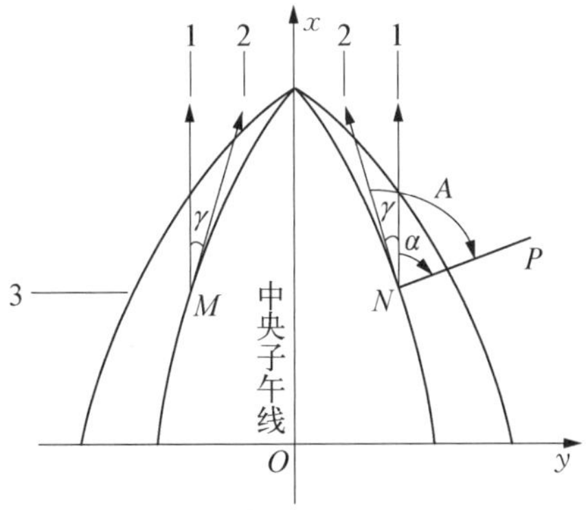

根据子午线收敛角的定义可知，子午线收敛角不是一个常数，而与该点的经纬度有关，两点间的子午线收敛角的近似计算公式为

$$\gamma = (L - L_0)\sin B \tag{5-12}$$

式中，L_0 为中央子午线的经度；L、B 为该点的经度和纬度。根据式（5－11）和式（5－12）可以推算出坐标方位角。

1—坐标纵轴；2—过某点的真子午线的切线方向；3—真子午线。

图 5－8　子午线收敛角

另外，可以通过测定磁偏角（磁子午线方向与真子午线方向的夹角）和磁坐标方位角来计算坐标方位角，如图 5－9 所示。P 的坐标方位角为

$$\alpha = A_m + \delta - \gamma \tag{5-13}$$

磁偏角的符号与子午线收敛角的符号类似，若磁子午线在真子午线的西边，δ 为负，反之 δ 为正。

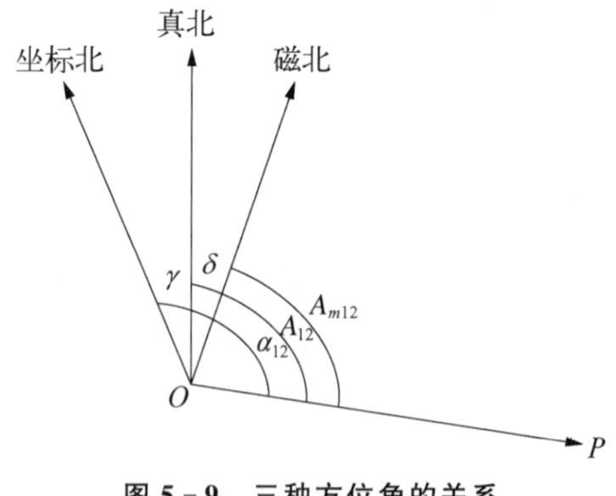

图 5-9　三种方位角的关系

5.3.3　正反坐标方位角与象限角

本书所描述的测量和计算中用到最多的方位角是坐标方位角，如果没有特别说明，直线的方位角即指坐标方位角。

1）正反坐标方位角

如图 5-10 所示，AB 这条直线的正坐标方位角为：从通过起点 A 的坐标纵轴的北方向开始，顺时针旋转至直线 AB 所形成的水平角 α_{AB}；反之，通过终点 B 的坐标纵轴北方向顺时针量至 BA 的夹角，称为直线 AB 的反坐标方位角 α_{BA}。正反坐标方位角相差 180°，即

$$\alpha_{AB}=\alpha_{BA}\pm 180^{\circ} \tag{5-14}$$

由于子午线收敛角的存在，正反真方位角相差 $180^{\circ}\pm\gamma$，给测量计算带来不便，因此测量工作中大多采用坐标方位角表示直线方向。

2）象限角

由坐标纵轴的北端或南端起，沿顺时针或逆时针方向量至直线的锐角，称为该直线的象限角，其取值范围为 0°～90°，用 R 表示。如图 5-11 所示，平面直角坐标系分为 4 个象限，沿顺时针方向分别为Ⅰ、Ⅱ、Ⅲ、Ⅳ。在方位角的计算中，还涉及方位角与象限角的换算，其换算关系见图 5-11 和表 5-2。

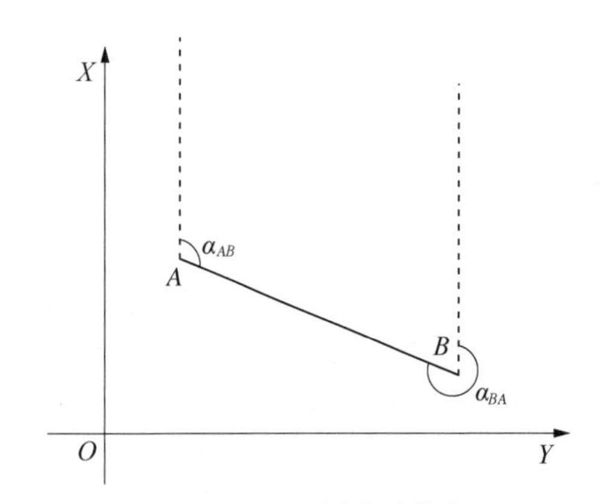

图 5-10　正反坐标方位角

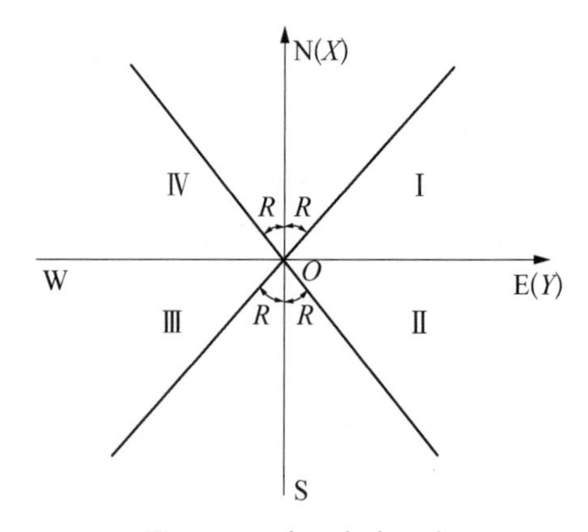

图 5-11　象限与象限角

表 5-2　根据象限角求方位角

象　限	方位名称	X 坐标增量	Y 坐标增量	根据象限角 R 求方位角 α
Ⅰ	北东	+	+	$\alpha=R$
Ⅱ	南东	−	+	$\alpha=180^{\circ}-R$
Ⅲ	南西	−	−	$\alpha=180^{\circ}+R$
Ⅳ	北西	+	−	$\alpha=360^{\circ}-R$

5.3.4　坐标方位角的推算

如图 5－12 所示，已知直线 AB 的坐标方位角 α_{AB}，反坐标方位角 α_{BA}。为便于计算，通常选择沿导线由已知点到未知点的方向为正方向，假设人沿导线的正方向行走，若测量的角度在左手边则称为左角，在行人的右手边则称为右角。很显然，对于同一导线点，左角和右角的和为 360°。根据上述定义，可知图 5－12(a)的 B 点所测得的转折角为 β 为左角，由图中的几何关系得到直线 BC 的坐标方位角 α_{BC} 为

$$\alpha_{BC}=\alpha_{AB}+\beta_{左}-180^{\circ} \tag{5-15}$$

当 β 为图 5－12(b)所示的右角时，直线 BC 的坐标方位角 α_{BC} 为

$$\alpha_{BC}=\alpha_{AB}-\beta_{右}+180^{\circ} \tag{5-16}$$

由式(5－15)和式(5－16)可得出推算坐标方位角的一般公式为

$$\alpha_{BC}=\alpha_{AB}\pm\beta\mp 180^{\circ} \tag{5-17}$$

式(5－17)给出了坐标方位角的推算公式，β 为左角时，其前取“＋”，β 为右角时，其前取“－”。坐标方位角的角度区间在 0°～360°的范围内，因此如果推算出的坐标方位角大于 360°，则应减去 360°；如果出现负值，则应加上 360°。式(5－17)计算简单，但在实际应用中还需要注意导线的方向，因为对于同一条直线，正反方向线的坐标方位角相差 180°。其次，需要注意单位，测量中的角度一般采用度、分、秒作为计算单位，而在计算器或计算机软件常以十进制单位或弧度为单位计算，因此需要进行单位转换。

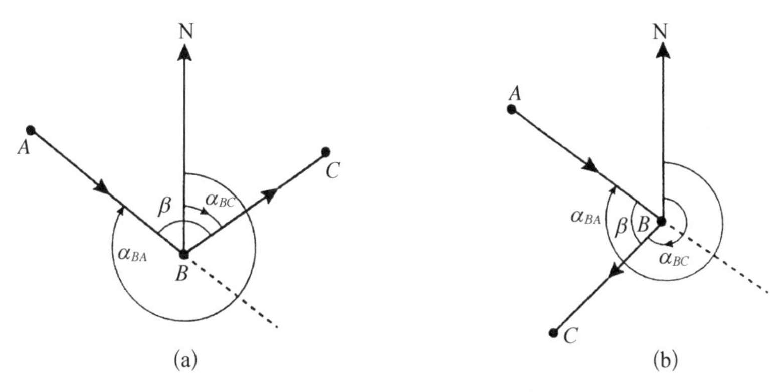

图 5－12　坐标方位角的推算

(a) 测量左角时　(b) 测量右角时

5.4　全站仪的基本使用方法

全站仪的品牌众多，仪器的操作也不完全相同，但基本功能和操作方法大同小异，在测量前需要仔细阅读仪器配套的使用说明书。本节以图 5－13 所示的宾得 TS－802N 免棱镜全站仪为例，简要介绍全站仪的使用方法。

现有的仪器操作界面有多种显示方式，包括中文操作界面、英文操作界面和图形操作界面。全站仪屏幕显示的常用中英文名词对照和简称如表 5－3 所示。

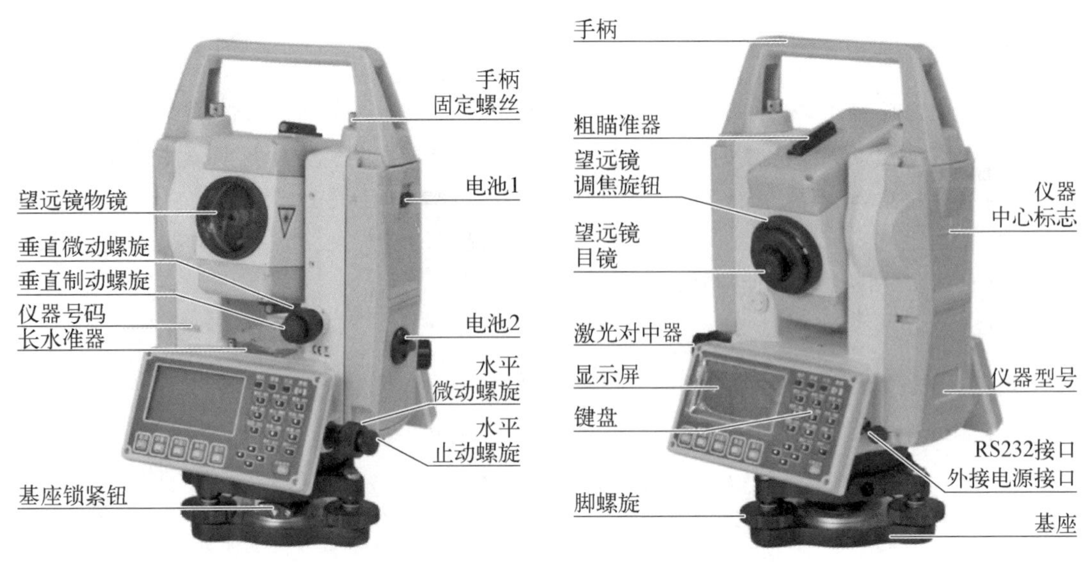

图 5-13　宾得 TS-802N 免棱镜全站仪

表 5-3　全站仪屏幕显示的常用中英文名词对照和简称

类　别	中　文		英　文		说　明
	全　称	简称	全　称	简称	
距离	水平距离	平距	horizontal distance	HD	仪器中心与目标中心投影到水平面上的距离
	倾斜距离	斜距	slope distance	SD	仪器中心与目标中心的倾斜距离
	垂直距离	竖距	vertical distance	VD	仪器中心与目标中心的垂直距离
角度	水平角	—	horizontal angle	HA	仪器的水平方向值
	竖直角	—	vertical angle	VA	仪器的垂直角读数
坐标	北坐标	—	north coordinate	N	即高斯平面直角坐标系的 X 坐标
	东坐标	—	east coordinate	E	即高斯平面直角坐标系的 Y 坐标
	高 度	—	zenith coordinate	Z	即高斯平面直角坐标系的 Z 坐标

全站仪的使用方法与经纬仪类似，首先需要对仪器进行对中整平，然后对仪器的一些常数进行设置，包括仪器参数，如棱镜常数；环境参数，如温度和气压等，可根据需要输入与仪器和目标相关的参数，包括测站和目标的高度，测站坐标等。在完成仪器对中整平和参数设置的基础上，选择测量模式进行野外观测和记录，最后导出观测数据进行内业处理。

1. 全站仪对中整平

早期的全站仪对中采用了与经纬仪类似的光学对中装置。最新的全站仪大多采用激光对中(见图 5－14),激光对中是在仪器底部中心安装激光管,直接射向地面,观测者只要在一旁看到激光束与目标对准即可。激光对中视觉效果好、速度快,但在阳光强烈的时候较难看清激光束。激光对中全站仪的对中整平步骤与经纬仪类似,具体的操作方法如下：

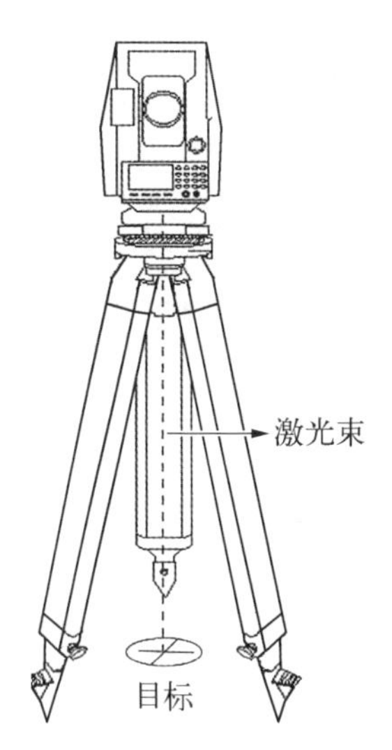

图 5－14 全站仪激光对中示意图

(1) 打开仪器箱,将全站仪安装在三脚架上,拧紧仪器和三脚架的连接螺旋。

(2) 打开对中激光,移动带有全站仪的三脚架,使激光点和目标大致对中,并踩紧三脚架。然后调节脚螺旋,使激光束准确对准目标。

(3) 调节三脚架腿的长度使仪器基本水平,即圆水准器气泡基本居中。

(4) 调节脚螺旋,使长水准管在某个方向居中,然后将全站仪旋转 90°,通过调节脚螺旋使水准管在该方向居中。

(5) 观察激光束看其是否和目标对中,如果有微小的偏移,则通过松开全站仪底部的连接螺旋,移动基座,精确对中。若偏移量较大,则重复步骤(2)～(4)的操作直至仪器对中整平。

2. 全站仪的基本参数设置

在测量前要对全站仪的基本参数进行设置或检核,参数设置需要根据仪器说明书通过控制面板输入,若仪器参数设置不当,则会导致测量结果不准确甚至错误,或者数据没有存储等,影响工作进度。全站仪基本参数设置通常包含① 温度和气压气象参数;② 棱镜常数;③ 角度、距离和坐标的单位;④ 工程文件名;⑤ 仪器高、目标高等参数。

(1) 温度和气压参数设置。光在大气中的传播速度会随大气的温度和气压而变化,15℃和 760 mmHg 是仪器设置的标准值,此时的距离改正为零。在实测时,可输入温度和气压值,全站仪会自动计算大气改正值(也可直接输入大气改正值),并对测距结果进行改正。

(2) 棱镜常数设置。测距前需将棱镜常数输入仪器中,仪器会自动对所测距离进行改正,仪器的棱镜常数初始设置值通常为零,有些棱镜的棱镜常数为－30 mm。

(3) 设置文件名和单位。若要将测量结果保存在计算机内则需要建立新的工程文件,距离显示单位通常以 m 为单位,显示到 mm,若要改变单位则需要改变设置。

不同的仪器有不同的设置方式,以宾得 TS－802N 免棱镜全站仪的距离测量基本参数设置为例,仪器的操作面板和显示器如图 5－15(a)所示,首先按数字键[3(设置)]或按方向键把光标移至(设置)并按[记录/回车]键,仪器进入如图 5－15(b)所示的设置菜单;然后选择距离设置菜单,进入如图 5－15(c)和(d)的距离设置界面;再根据界面显示输入设置数值或设置开关;最后按[记录/回车]键确认。

5.4.1 角度和距离测量模式

角度和距离测量模式是全站仪最简单的测量模式,也称为基本测距模式。基本测量模式不需要建站,可直接测量角度(包括水平角和竖直角)和距离(斜距、平距、高差)。

全站仪测量的角度包括水平角和竖直角,测量方法与经纬仪角度测量类似,通常采用测回法观测,以一测回观测某水平角为例,其观测方法包括：

(1) 按角度测量键,使全站仪处于角度测量模式。

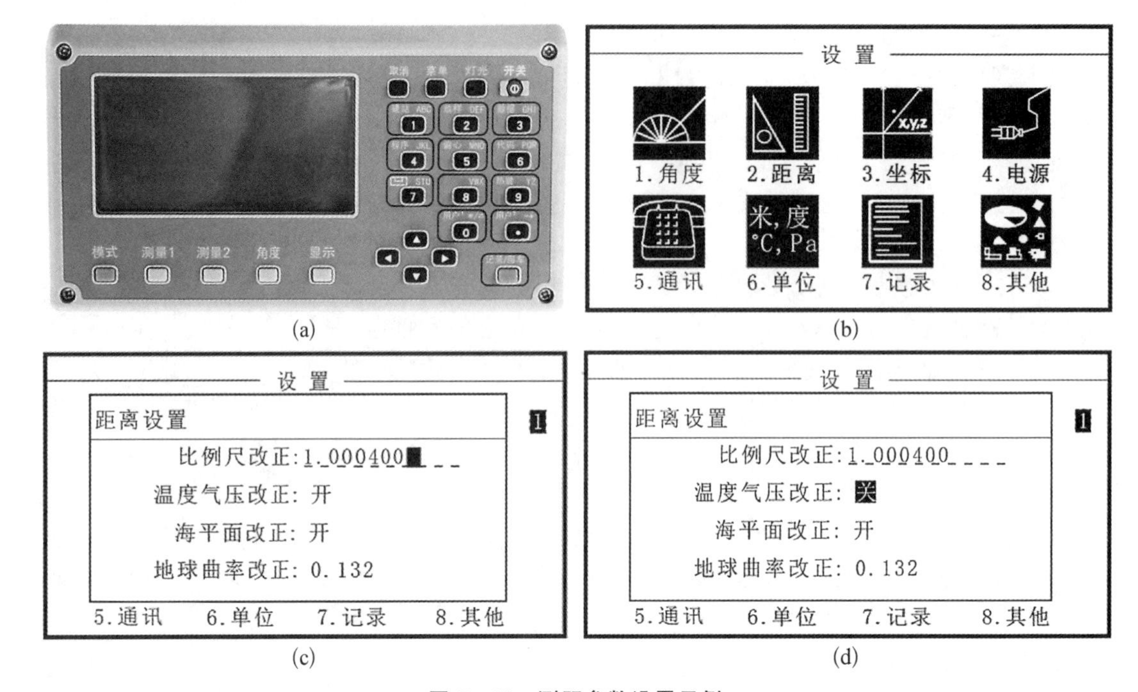

(a) (b) (c) (d)

图 5-15 测距参数设置示例

(a) 显示和输入面板 (b) 设置界面 (c) 测距比例常数设置 (d) 温度气压改正设置

(2) 盘左瞄准第1个目标 A,并设置 A 方向的水平度盘读数为 $0°00'00''$。

(3) 盘左照准第2个目标 B,此时显示的水平度盘读数为两个方向之间半测回的水平角。

(4) 将全站仪转到盘右,按经纬仪角度测量相同的原理得到盘右的水平角,取盘左、盘右的平均值,作为一测回的角度值。

在距离测量或坐标测量时,可按需要选择不同的测距模式。全站仪测距可选择棱镜测距或免棱镜测距,测距模式包括精测模式、跟踪模式、粗测模式。精测模式是最常用的测距模式,测量时间约2.5 s,最小显示单位0.1 mm;跟踪模式常用于跟踪移动目标或放样时连续测距,最小显示一般为1 cm,每次测距时间约0.3 s;粗测模式的测量时间约0.7 s,最小显示单位1 cm或1 mm。距离测量时先需要照准目标,按测距键得到测量结果显示在屏幕上,可显示斜距、平距、高差如图5-16(a)所示。

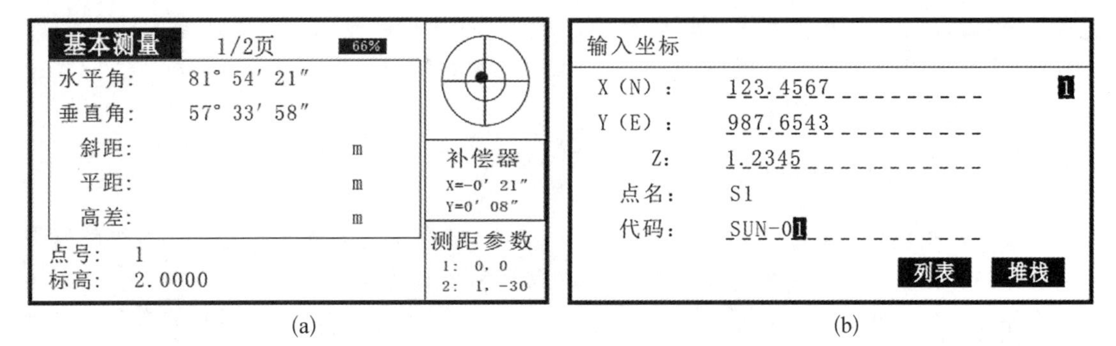

(a) (b)

图 5-16 全站仪常用的两种显示模式

(a) 距离和角度显示 (b) 坐标显示

在基本测量模式下，全站仪可以切换显示模式显示目标点的三维坐标，但需要注意的是如果不进行测站设置，那么得到的三维坐标是任意坐标系下的坐标值，而在实际工作中，我们往往希望测量未知点在某个统一坐标系下的坐标值。

5.4.2　坐标测量模式

全站仪的坐标测量模式实质上利用测站的坐标和高度等已知条件，通过内置的程序将直接测量得到的距离、角度转换成三维坐标。由于在工程应用中需要将未知点坐标统一到一个坐标系统中，因此在测量前需要将仪器高、棱镜高输入全站仪，并对全站仪进行建站。常用的建站方法主要有已知点建站和后方交会建站。

已知点建站是已知测站点的坐标，通过输入另一个已知点（也称为后视点）的坐标，或者测站与另一已知点的方位角建站，其建站的原理如图5－17所示。

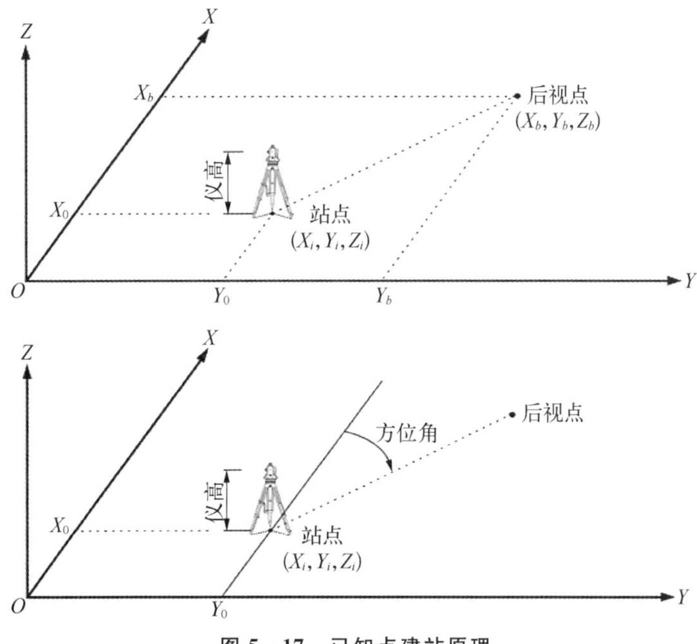

图5－17　已知点建站原理

多点后方交会建站是测站点坐标未知的情况下，通过测量测站点到2个以上的已知点之间的距离和角度，并反算出测站点的坐标值。为保证测量精度，后方交会建站最好选择3个以上的控制点，后方交会建站的原理如图5－18所示。

当建站完成后，需要检查建站是否正确，在确认建站准确无误后，可按正常的观测顺序测量未知点的坐标并存储。

5.4.3　其他测量模式

全站仪内部配置有微处理器、存储器和输入输出接口，具有与常用的个人计算机类似的功能。因此将常用的测量程序模块置入仪器中，全站仪可以实现很多常用的测量功能，从而极大地提高测量工作效率。常见的测量功能包括以下几种。

（1）导线测量。通过加载导线测量程序，测量员只需要按导线测量的步骤以及程序的提

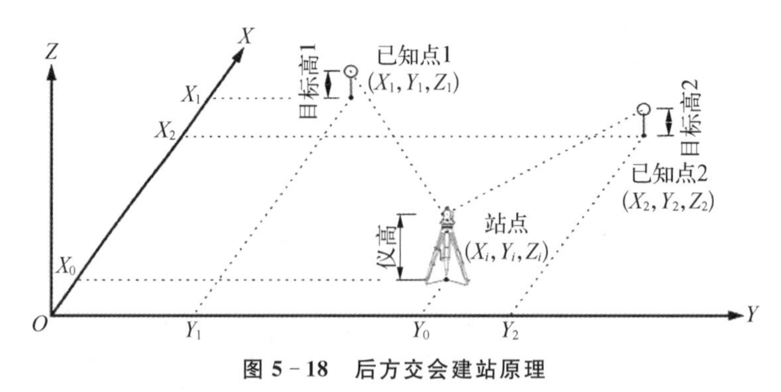

图 5-18　后方交会建站原理

示进行操作，数据自动记录到内存中，并完成平差计算。

(2) 对边测量。在不移动仪器的情况下，测量两目标之间的斜距、平距、高差的功能，适用于建筑物立面测量等应用场合。

(3) 悬高测量。对于架空的电线或桥梁等因远离地面而无法架设棱镜的地物，通过悬高测量得到其离地面的高度。

(4) 单点放样。全站仪根据建站结果以及待建设的设计点的坐标，指导作业人员找到设计点的位置并标识。

5.4.4　全站仪的数据传输

全站仪的数据传输是指全站仪与电子计算机之间进行的双向数据交换。全站仪与计算机之间的数据传输的方式主要有 3 种：① 使用全站仪自带的传输软件进行数据传输，但是需要传输线；② 使用仪器生产商提供的软件进行传输，也需要传输线；③ 最新的全站配置有 USB 接口，用 USB 数据线连接仪器与电脑，就能在电脑上对仪器内的文件进行操作，可以把内存和 SD 卡中的文件下载到电脑中，也可以把在电脑上创建的文件存储到内存和 SD 卡中。数据输入输出可参照仪器的使用说明，采用数据线传输需要设置串口的通信参数。

5.5　其他类型的全站仪

随着技术的发展，全站仪正在向高精度、智能化、自动化和集成化的方向发展。目前，高性能的全站仪主要有以下几种类型。

1) 测量机器人

测量机器人是一种能代替人工进行自动搜索、跟踪、辨识和精确照准目标并获取角度、距离、三维坐标以及影像等信息的智能型全自动电子全站仪。它在普通全站仪的基础上集成了步进马达、CCD 影像传感器构成的视频成像系统，并配置智能化控制及应用软件。

利用测量机器人预留的控制接口，通过二次开发的程序可实现无人值守的全自动化观测以及测量过程、数据记录、数据处理和报表输出的自动化和一体化。测量机器人可广泛用于不便于人工作业，或高频次、高精度的测量场合，如运营隧道的变形监测，高铁、桥梁等大型工程的施工和监测中。

以 Leica 最新的测量机器人 Nova TS60 为例，该仪器具有 0.5″的测角精度，0.6 mm＋

10^{-6} m的测距精度。该仪器具有ATR plus超强锁定功能，能在通视条件较差（如雨、雾等天气）或者强光下，甚至长距离条件下锁定棱镜。该仪器还具有500万像素广角相机与望远镜相机，通过相机的自动对焦功能更加精确地捕获较远处的测量目标。

2）超站仪

超站仪集成了全站仪的测角、测距功能和GNSS定位功能，不受时间和地域限制，不依靠控制网，不需要设基准站，没有作业半径限制，单人单机即可完成全部测绘作业流程的一体化的测绘仪器。超站仪主要由动态PPP、测角测距系统组成，克服了普通全站仪、GNSS、RTK技术的缺陷，可用于缺少控制点情况下的测量工作。

3）全站扫描仪

全站仪扫描仪是集成了测量、扫描、图像以及GNSS技术于一体的仪器。目前全站扫描仪主要有徕卡MS60和Trimble SX10。全站扫描仪能同时采集高密度的三维扫描数据、影像和高精度全站仪数据，主要用于既有建筑和基础设施的高精度空间信息采集。

习　题　5

1. 什么是全站仪？全站仪与经纬仪有何区别？

2. 简述相位式测距仪的测距原理。

3. 什么是测距仪的加常数和乘常数？

4. 测距仪的精度指标是怎么表示的？它有什么含义？

5. 什么是测量机器人？

6. 全站仪有哪几种建站方式？

7. 什么是坐标方位角？它和真方位角和磁方位角有何区别？

8. 简述全站仪激光对中整平的主要操作步骤。

第 6 章　GNSS 测量

6.1　GNSS 概述

6.1.1　GNSS 简介

卫星定位系统是指通过卫星对地面目标进行定位和导航的系统，最早的卫星定位系统主要指美国的导航卫星测时与测距全球定位系统（navigation satellite timing and ranging global position system，GPS）。GPS 的出现及其广泛应用，使得人们越来越认识到卫星导航系统的重要性，但 GPS 系统是美国军方主导的系统，在应用上会受到很多限制。从 20 世纪 90 年代中期开始，国际民航组织、国际移动卫星组织、欧洲空间局等倡导发展完全由民间控制、由多个卫星系统组成的全球导航卫星系统（global navigation satellite system，GNSS）。因此，GNSS 泛指所有的卫星导航系统，包括美国的 GPS、中国的北斗卫星导航系统（BDS）、俄罗斯的 GLONASS、欧洲的 Galileo 系统、其他在建和待建的卫星导航系统以及相关的地面增强系统。

1）GPS

GPS 是以卫星为基础的无线电导航定位系统，能用于陆地、海洋、航空和航天等领域，具有全球性、全天候、连续性和实时性的导航、定位和定时功能，为各类用户提供精密的三维坐标、速度和时间服务，卫星的星座构成如图 6－2 所示。

对广大测绘工作者而言，GPS 是一场深刻的技术革命，它的出现改变了以角度、距离、高差测量为主的传统大地测量模式，提高了测量作业效率，降低了野外作业的劳动强度，提高了测量精度。目前以 GPS 为代表的 GNSS 测量技术已大量替代传统的测量方法，广泛应用于大地测量、工程测量、航空摄影测量、地壳运动监测、工程变形监测、资源勘察、地球动力学等领域。

2）BDS

北斗卫星导航系统（BeiDou navigation satellite system，BDS）是我国自主研制的全球卫星导航系统，自 20 世纪 80 年代开始分为 3 个阶段建设。第 1 阶段：于 2000 年建设完成的“北斗一号”系统，该系统由 2 颗地球静止轨道卫星构成的双星定位系统，主要面向国内用户提供定位、授时和短报文服务。用户需要向卫星发射定位请求，经地面数据中心处理后再通过卫星将位置信息发送给用户；第 2 阶段：于 2012 年底建设完成的“北斗二号”系统，其空间部分由 14 颗卫星组网构成，能为亚太地区用户提供定位、测速、授时和短报文通信服务。“北斗二号”系统在兼容“北斗一号”系统技术体系的基础上，采用了无源定位体制，即接收机无须向卫星发射信号而只需要接收卫星信号就能实现定位；第 3 阶段：到 2020 年全面完成“北斗三号”系统的发射组网，继承北斗有源服务和无源服务两种技术体系，为全球用户提供定位、导航、授时和短报文通信服务。

BDS 系统空间段由 5 颗静止轨道卫星和 30 颗非静止轨道卫星组成，中轨卫星轨道高度为 21 500 km，轨道倾角为 55°，均匀分布在 3 个倾斜轨道面上，卫星的星座构成如图 6－3 所示。

BDS是我国自主建设的导航定位系统，对于维护国家安全具有重要的战略意义，也产生了巨大的经济效益。BDS在定位精度、授时精度、信号稳定性、系统功能等方面均优于美国的GPS系统。表6-1对GPS和BDS的基本信息和参数进行了比较。

表6-1　GPS与BDS的比较

项　　目	BDS	GPS
覆盖范围	全球	全球
卫星数量/个	35	24
卫星轨道特性	5颗同步和30颗非同步轨道卫星	21+3非同步轨道卫星
定位精度/m	2.5(全球组网后)	12(C/A码)
授时精度/ns	10	20
报文通信(/次)	120汉字	无
指挥调度	具有位置报告、调度功能	无

3) GLONASS

格洛纳斯(GLONASS)是俄语“全球卫星导航系统”的缩写。该系统最早由苏联于1976年启动建设，后由俄罗斯继续该计划，于1993年开始独自建立本国的全球卫星导航系统。该系统于2007年开始运营，当时只开放俄罗斯境内卫星定位及导航服务。到2009年，其服务范围已经拓展到全球。该系统主要服务内容包括确定陆地、海上及空中目标的坐标及运动速度信息等。

GLONASS的工作卫星包括21颗工作卫星和3颗备用卫星，卫星轨道距离地表的距离为19 100 km，卫星分布在3个轨道平面上，轨道平面的夹角为120°，同平面内的卫星之间相隔45°，定位精度约为10 m。

4) Galileo系统

伽利略卫星导航系统(Galileo satellite navigation system)是由欧盟研制和建设的全球卫星导航定位系统，是世界上第一个面向民用的全球卫星导航定位系统。该计划于1999年2月由欧洲委员会公布，2020年布设完成，由欧洲委员会和欧空局共同负责。空间部分由轨道高度约为2.4万千米的30颗卫星组成，位于3个倾角为56°的轨道平面内。该系统由于经济和技术方面的原因，建设进度有所滞后。

6.1.2　GPS的组成

虽然目前世界上有四大全球导航卫星系统，但最成熟的系统是GPS，其他系统的基本工作原理与GPS类似，本节以GPS为例介绍系统的组成以及与大地测量密切相关的GPS的信号结构。

GPS由空间部分、地面控制部分和用户设备部分组成(见图6-1)，其中空间部分指分布在6个轨道平面上的24颗导航定位卫星；控制部分由主控站、监控站、注入站以及地面天线和通信辅助系统组成；用户部分是指各种用途的GPS接收设备。

1) 空间部分

如图6-2所示，GPS的空间部分由24颗卫星组成，它位于距地表20 200 km的上空，均

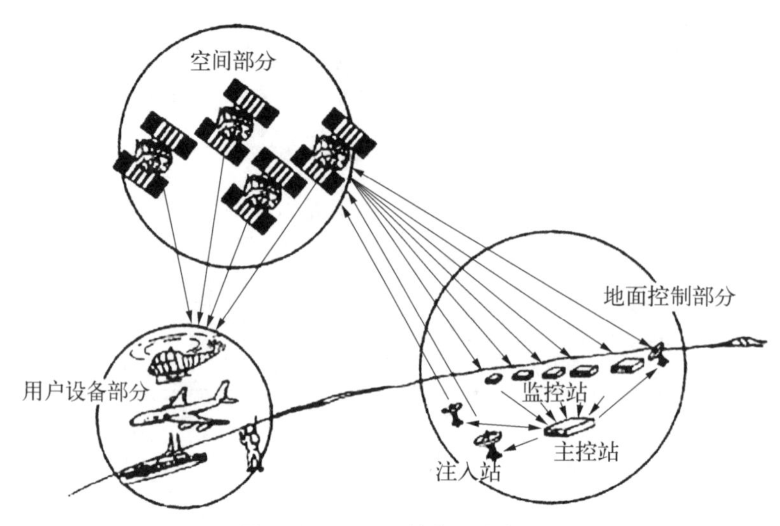

图 6-1　GPS 系统的组成部分

匀分布在 6 个轨道面上，每个轨道面分布 4 颗，轨道倾角为 55°。GPS 卫星的空间分布使得在全球任何地方、任何时间都可观测到 4 颗以上的卫星，并能保持良好定位和解算精度的几何构型。GPS 卫星能发射两组测距码，一组为 C/A 码(coarse/acquisition code，也称为粗码、捕获码)频率为 1.023 MHz；另一组称为 P 码(precise code，精码)，频率为 10.23 MHz，P 码因频率较高，不易受到干扰，定位精度也较高，主要面向美国军方授权的用户，而 C/A 码面向民用用户开放。

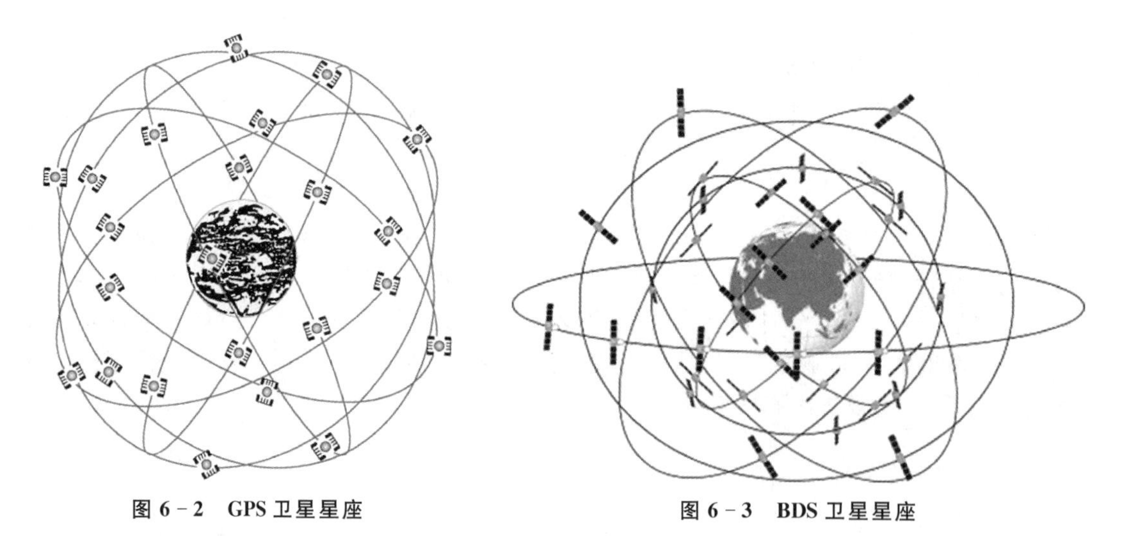

图 6-2　GPS 卫星星座　　　　图 6-3　BDS 卫星星座

2) 地面控制部分

地面控制部分由一个主控站、5 个全球监测站和 3 个地面控制站组成。监测站均配有精密的原子钟和能够连续测量所有可见卫星的接收机。监测站将取得的卫星观测数据(包括电离层和气象数据)经过初步处理后，传送到主控站。主控站从各监测站收集跟踪数据，计算出卫星的轨道和时钟参数，然后将结果送到 3 个地面控制站。地面控制站在每颗卫星运行至上空时，把这些导航数据及主控站指令输入卫星。

3）用户设备部分

用户设备部分即GPS信号接收机，其主要功能是能够捕获到按一定卫星截止角所选择的待测卫星，并跟踪这些卫星。当接收机捕获到跟踪的卫星信号后，即可测量出接收天线至卫星的伪距离和距离的变化率，解调出卫星轨道参数等数据。根据这些数据，接收机中的微处理器就可解算出接收机所在地理位置的经纬度、高度、速度、时间等信息。接收机硬件和机内软件以及GPS数据的后处理软件包构成完整的GPS用户设备。GPS接收机的结构分为天线单元和接收单元两部分。GPS接收机根据用途可分为导航型接收机、测地型接收机和授时型接收机等。

6.1.3　GPS的时空基准

GPS系统的定位、导航和授时需要有高精度的时间和空间基准。为此，GPS定义了自己的时间系统和坐标系统。

GPS时间系统以原子时作为时间基准，根据原子时的定义，1 s定义为铯原子CS133基态的两个超精细能级间跃迁辐射振荡9 192 631 170次所持续的时间。整个系统的时间由GPS主控站的原子钟控制，并约定GPS计时的起始时间与1980年1月6日0时的世界协调时(coordinated universal time，UTC)一致。随着时间的累积，GPS卫星的时间与基准时间的偏差也在逐渐增大，卫星的时间需要利用钟差参数修正。

GPS所采用的坐标系为WGS-84大地坐标系。WGS-84大地坐标系是一个协议地球坐标参考系(conventional terrestrial system，CTS)，其原点位于地球质心，Z轴指向BIH1984.0定义的协议地极(conventional terrestrial pole，CTP)方向，X轴指向BIH1984.0的零子午面和CTP赤道的交点，Y轴与X轴、Z轴正交构成右手坐标系。WGS-84大地坐标系对应的参考椭球称为WGS-84椭球。WGS-84椭球的参数见第1章，利用椭球参数可以实现三维直角坐标与WGS-84大地坐标之间的转换。

如果不设置坐标转换参数，我们利用GPS定位得到的位置信息为WGS-84坐标系的大地经纬度和大地高。在实际应用中，我们要得到的往往是在某个国家或地区坐标系中的坐标值，因此需要将WGS-84坐标转换到地方坐标。

6.1.4　GPS的信号

GPS包括3种类型的信号，分别是载波信号(包括L_1、L_2载波)、测距码信号(包括P码、C/A码)和导航电文信号。每颗卫星的导航电文叠加在C/A和P码上，然后再分别调制到L_1载波和L_2载波上，信号的组成如图6-4所示。

(1) 载波信号。GPS卫星发射两个频率的载波，分别称为主载波L_1和次载波L_2。L_1和L_2的频率分别为基本频率10.23 MHz的154倍和120倍，对应的频率分别为1 575.42 MHz和1 227.60 MHz，对应的波长分别为19.03 cm和24.42 cm。载波主要用于搭载测距码和导航电文，也可用于高精度测距。

(2) 测距码。GPS包括两种类型的测距码，分别称为C/A码(粗码/捕获码)和P码(精密码)，其中C/A码向所有用户开放，而P码只向军方或授权用户开放。C/A码只调制在L_1载波上，是频率为1.023 MHz的伪随机噪声(pseudo random noise，PRN)码，由于每颗卫星上叠加的PRN码不一样，因此可以用PRN来识别卫星。P码的频率是C/A码的10倍，也采用了PRN码，可同时调制在L_1和L_2载波上。测距码主要用于地面点到卫星的快速测距和卫星锁定。

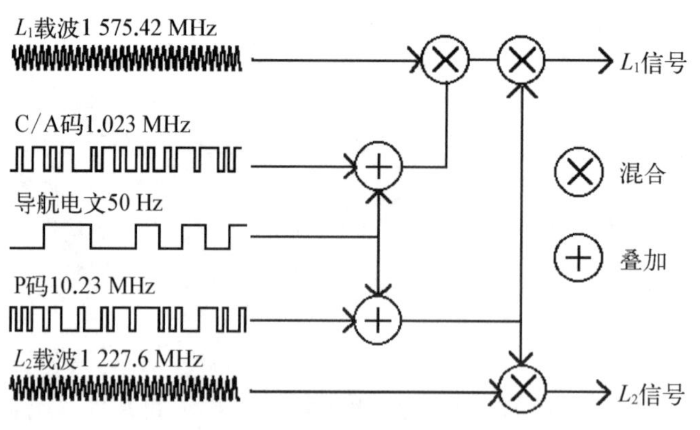

图 6-4 GPS 定位信号的结构

(3) 导航电文。导航电文是采用帧结构的编排格式数据包,数据内容主要包括卫星星历、卫星钟差、电离层延迟改正参数、历书数据以及时间同步参数等,导航电文被调制在 L_1 载波上,以每秒 50 个字节的速率传输,传输一个完整的导航电文数据包需要 12.5 min。导航电文可以用于测量数据的高精度后处理,也可用于 GPS 卫星的定轨等。

综上所述,地面接收机接收到的是调制了测距码和导航电文的 L_1、L_2 信号,经解调和滤波等预处理后可以得到载波、测距码和导航电文信息。其中导航电文提供了与卫星有关的辅助信息,不能直接用于定位,而测距码或者载波信号都可以用来测距和定位,但测量不同的信号得到的距离和定位精度也不相同。电磁波测量中距离测量的精度通常能达到波长的 1/100,从表 6-2 中各信号对应的频率和波长可以看出,若不考虑其他来源的误差,利用 L_1、L_2 载波测量距离的误差约为 2 mm,利用 C/A 码测量距离的误差约为 3 m。因此,应用时需要根据不同用户的要求选择测距信号和定位模式。

表 6-2 GPS 各信号对应的频率和波长

信　　号	频率/MHz	波长/cm
L_1	1 575.42	19
L_2	1 227.60	24
C/A	1.023	300
P	10.23	30

6.2 GPS 系统的定位原理与误差来源

6.2.1 GPS 定位的基本原理

GPS 卫星主要受地球重力作用,根据开普勒定律,在卫星发射完成后其运行的椭圆轨道参数基本固定,因此可以根据地面监控数据以及卫星轨道参数得到卫星在任意时刻的位置。接收设备接收到 GPS 卫星发送的信号后,可以得到该卫星的位置以及接收机与卫星之间的距离。若能同时测量多个 GPS 卫星与同一台接收机天线相位中心之间的空间距离,根据空间后方距离交会的原理，则能计算出接收机的位置。

GPS 卫星至接收机的距离是怎样测出来的呢？第 5 章介绍了全站仪的测距原理，GPS 也利用了电磁波测距原理。距离的测量是通过接收机产生的测距码信号（也称为参考信号）与接收到的卫星测距码信号进行对比，得到测距码信号的传播时间 t，便可根据电磁波传播速度 c，计算出卫星至接收机的距离 ρ：

$$\rho = ct \tag{6-1}$$

需要注意的是，由于卫星时钟、接收机时钟的误差以及无线电信号经过电离层、对流层引起的延迟，由式（6-1）计算出的距离与卫星到接收机的真实距离有一定偏值，该距离也称为伪距。若用 $\tilde{\rho}$ 表示卫星与接收机的真实距离，则伪距 ρ 和真实距离 $\tilde{\rho}$ 之间的关系可以表示为

$$\tilde{\rho} = \rho + \delta\rho_{\text{ion}} + \delta\rho_{\text{trop}} + c\delta t_s + c\delta t_r \tag{6-2}$$

式中，$\delta\rho_{\text{ion}}$ 表示电离层（ionosphere）引起的距离误差；$\delta\rho_{\text{trop}}$ 表示对流层（troposphere）引起的距离误差；δt_s 表示卫星钟差；δt_r 表示接收机钟差，这些误差的来源和大小将在 6.2.2 节中详细分析。

如图 6-5 所示，假设某个接收机在某时刻同时观测到 n 颗卫星，每颗卫星在 WGS-84 大地坐标系中的空间坐标分别为 $(x_i, y_i, z_i)(i=1, 2, \cdots, n)$，接收机在 WGS-84 中的坐标用 (x_p, y_p, z_p) 表示，得到以下关系

$$\begin{cases} \rho^1 + \delta\rho^1_{\text{ion}} + \delta\rho^1_{\text{trop}} + c\delta t^1_s + c\delta t_r = \sqrt{(x_1 - x_p)^2 + (y_1 - y_p)^2 + (z_1 - z_p)^2} \\ \rho^2 + \delta\rho^2_{\text{ion}} + \delta\rho^2_{\text{trop}} + c\delta t^2_s + c\delta t_r = \sqrt{(x_2 - x_p)^2 + (y_2 - y_p)^2 + (z_2 - z_p)^2} \\ \vdots \\ \rho^n + \delta\rho^n_{\text{ion}} + \delta\rho^n_{\text{trop}} + c\delta t^n_s + c\delta t_r = \sqrt{(x_n - x_p)^2 + (y_n - y_p)^2 + (z_n - z_p)^2} \end{cases} \tag{6-3}$$

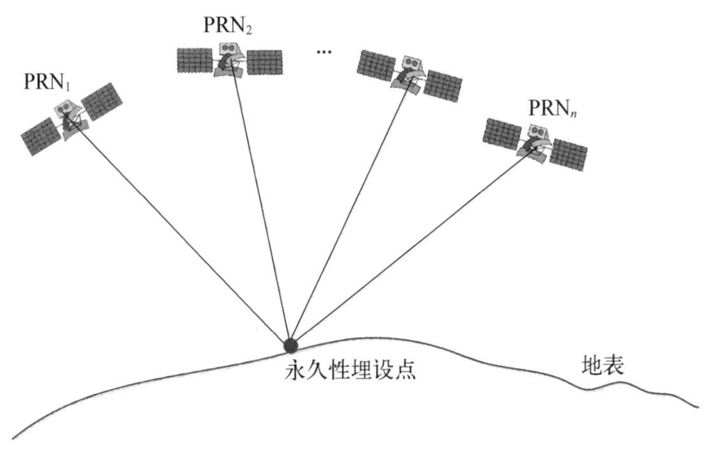

图 6-5　GNSS 单点定位的原理

式中，不同的卫星到同一台接收机的传输误差也是不一样的，分别用 ρ^i、$\delta\rho^i_{\text{ion}}$、$\delta\rho^i_{\text{trop}}$、$\delta t^i_s$ 表示第 i 颗卫星的伪距、电离层改正值、对流层改正值和卫星钟差改正值；δt_r 表示接收机的钟差改正值。在定位精度要求不高时，电离层和对流层误差可以不考虑，卫星钟的钟差相对较小而且可以通过给定的模型改正，而常用的接收机一般不配备高精度时间测量设备，因此由接收

机的钟差引起的距离测量误差非常大。

为了避免接收机钟差的影响，常用的做法是将接收机的钟差也作为未知参数求解，也就是说，若不考虑电离层、对流层和卫星钟差的影响，式(6-3)中除了需要求解未知点的坐标参数外，还需要求解接收机的钟差参数，共有4个未知参数。因此，必须同时观测4颗以上的卫星才能解算出地面点的坐标。GPS卫星星座设计能保证在地球任何时刻、任何位置都能观测到4颗以上的卫星，现在的国内的接收机大多能同时接收GPS和北斗信号，在无信号遮挡的情况下通常能接收到10颗以上的卫星信号，可以提高定位精度和可靠性。

在高精度的定位场合，电离层和对流层引起的距离误差也不能忽略，这时需要通过不同的定位模式和数据处理方法来减弱这些误差的影响。

6.2.2 GPS定位的误差来源

GPS信号从卫星发出需要穿过大气层、电离层、平流层和对流层(见图6-6)，最终达到地面接收机，因此GPS系统的定位误差来源包括以下3方面的误差：与卫星有关的误差、与信号传播有关的误差、与接收机有关的误差。

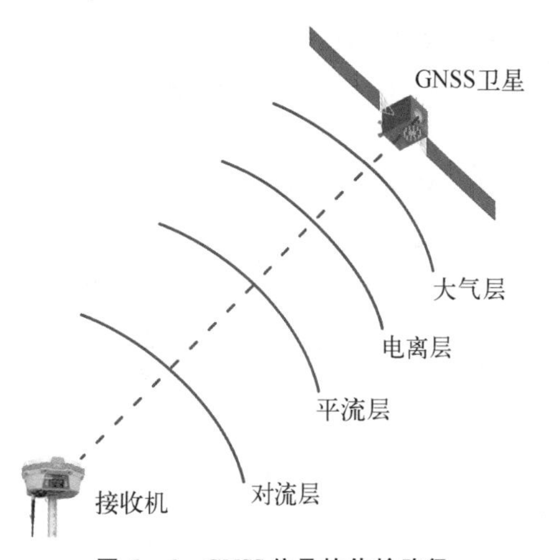

图6-6 GNSS信号的传输路径

1. 与卫星有关的误差

1) 卫星星历误差

GPS卫星是高速运动的卫星，其坐标随时间快速变化。卫星星历用于描述卫星运动轨道的信息，是一组按一定时间间隔给出的卫星轨道参数和其他辅助参数。有了卫星星历就可以计算出任意时刻的卫星位置及其速度。由卫星星历所给出的卫星位置与卫星的实际位置之差称为卫星星历误差。星历误差的大小主要取决于卫星定轨精度，如定轨观测站的数量及其空间分布，观测值的数量及精度，定轨时采用的数学、力学模型和数据处理精度等。此外，卫星的星历误差还与星历的外推时间间隔和外推算法相关。

2) 卫星钟的钟误差

卫星上虽然使用了高精度的原子钟，但它们也不可避免地存在误差，这种误差既包含系统性的偏差(如钟差、钟速、频率漂移等引起的偏差)，也包含随机误差。卫星钟的系统偏差是指卫星钟的钟面时间与GPS标准时间之间的差值，由于已经经过了近40年的时间，卫星钟的系统偏差已经达到了毫秒级，由此引起的等效距离误差达到300 km。GPS时间的随机误差是指在某一时刻的时间测量精度，现有的GPS卫星都配备了铷原子钟或铯原子钟，这些原子钟的时间测量精度达到了$10^{-11}\sim10^{-13}$ s，由卫星钟的随机误差引起的距离测量误差相对较小。

2. 与信号传播有关的误差

1) 电离层延迟

电离层(含平流层)是高度在50～1 000 km间的大气层。在太阳紫外线、X射线、γ射线和高能粒子的作用下，该区域内的气体分子和原子将产生电离，形成自由电子和正离子。带电粒子的存在将影响无线电信号的传播，使传播速度发生变化，传播路径产生弯曲，从而产生电离层延迟。电离层延迟取决于信号传播路径上的总电子含量和信号的频率，而总电子含量又与时间、地点、太阳黑子数等多种因素有关。由电离层所产生的距离测量误差从几米到近百米，而且随着时间和地点的不同发生变化，难以精确改正。

2）对流层延迟

对流层是高度在 20 km 以下的大气层，整个大气中的绝大部分质量集中在对流层中。GPS 信号在对流层中的传播速度与其在真空中的传播速度有差异，与测量时的气温、气压和相对湿度等因素有关。此外，由于大气质量分布不均匀，信号传播路径也会产生一定程度的弯曲，由于上述原因引起的距离测量误差称为对流层延迟。对流层引起的误差比电离层引起的误差相对小一些，也与测量的时间、地点、气象环境等因素有关，引起的误差从几米到几十米。

3）多路径误差

若卫星信号不是直接传输到接收机，而是经某些物体表面反射后到达接收机的信号，就会导致测量距离产生系统误差。多路径误差对测距码伪距观测值的影响要比对载波相位观测值的影响大得多，多路径误差取决于测站周围的环境、接收机的性能以及观测时间的长短。随着 GPS 接收机性能的提升，测量时出现多路径效应的概率也逐渐减小。

3. 与接收机有关的误差

1）接收机钟差

与卫星钟一样，接收机也存在时间测量误差。由于接收机大多采用的是石英钟，因而由接收机钟差引起的测距误差更为显著。接收机的钟差大小取决于接收机计时装置的质量，由于接收机的钟差引起的距离测量误差很大，因此现有的 GPS 定位方法通常将接收机的钟差当作未知参数统一求解。

2）测量噪声的影响

这种影响指用接收机在信号接收、解码和处理过程中，由于仪器设备及外界环境影响而引起的随机测量误差，取决于仪器性能及作业环境。一般而言，接收机的测量噪声值相对较小，通过延长观测时间对观测值平滑处理等方式可以大幅减小测量噪声的影响。

综上所述，GPS 测量的误差来源很多，其中对 GPS 测距和定位精度影响最大的误差来源依次是接收机钟差、卫星钟钟差、电离层和对流层引起的延迟、卫星的星历误差。常见的误差大小和改正方法如表 6-3 所示。

表 6-3　GPS 测量常见的误差大小及处理方法

类　别	原　因	误差大小	减少误差的方法
与卫星有关的误差	卫星星历误差	广播星历 1～15 m 精密星历 1～15 cm	用精密星历代替广播星历
	卫星钟的钟误差	系统偏差 ms 级 偶然误差 10^{-13} s	系统误差用钟差模型改正；偶然误差通过多次取均值减弱
与信号传播有关的误差	电离层延迟	1～100 m	电离层模型改正、双频观测值组合改正；同步观测值求差
	对流层延迟	1～30 m	对流层模型改正；同步观测值求差
	多路径误差	几十米	选择合适的站址；采用高性能接收机

（续表）

类　别	原　因	误差大小	减少误差的方法
与接收机有关的误差	接收机钟差	约 10^{-6} s	将接收机钟差作为未知参数统一求解
	测量噪声影响	测量 C/A 码约 2 m；测量载波相位约 2 cm	选择精度高的测距信号；测量多次取平均值

6.3　GNSS 的定位模式

GNSS 的定位根据不同的应用场合和定位模式可分为以下几类：根据接收机是否运动可分为动态定位和静态定位；根据定位是确定该点的全球坐标还是接收机之间的相对位置可分为绝对定位和相对定位；根据所采用的测距信号分为测距码定位和载波相位定位。本节根据 GNSS 技术的应用特点，介绍单点定位、差分定位、静态相对定位这 3 种常用的定位模式的基本原理。

6.3.1　单点定位模式

单点定位是指确定 GNSS 接收机在全球协议地球坐标系中的坐标值，以 GNSS 卫星和用户接收机天线之间的距离观测量为基础，根据已知的卫星瞬时坐标来确定接收机天线所对应的点位。GNSS 单点定位方法的实质类似于传统大地测量学中的空间距离后方交会，需要同时观测 4 颗以上的卫星才能得到地面点的空间坐标。单点定位模式包括伪距单点定位和精密单点定位。

伪距单点定位，指对接收机和 GNSS 卫星之间的距离不进行电离层、对流层等传输过程中的距离改正来确定接收机空间位置的方法。伪距单点定位具有定位速度快、数据处理简单的优点，但由于没有进行各种误差的改正，因此精度相对较低，适用于对精度要求不高的应用场合。我国的 BDS 在组网完成后的定位精度达到 3 m，也就是指伪距单点定位的精度为 3 m。

精密单点定位（precise point positioning，PPP）指采用单台 GNSS 接收机，利用国际 GNSS 服务组织（international GNSS service，IGS）提供的精密星历和卫星钟差，并考虑各项误差改正项，从而得到高精度的单点定位结果。目前，PPP 的事后处理算法已较为成熟，基于载波相位观测值事后处理的 PPP 定位可达到厘米乃至毫米级的精度，实时 PPP 定位的精度稍低，能达到分米级。PPP 技术在高精度测量、低轨卫星定轨、航空摄影测量和遥感、地表变形监测等领域取得了广泛的应用。

6.3.2　差分定位模式

将差分技术用于 GNSS 定位的方程称为差分 GNSS（differential GNSS，DGNSS），其工作原理如图 6－7 所示。在用户 GNSS 接收机（也称移动站）附近设置一个或多个已知精确坐标的基准站，基准站和移动站同时接收 GNSS 导航信号，基准站将测得的位置或距离数据与已知的位置、距离数据进行比较，计算出相应的改正值，然后将这些改正数据通过数据链发送到移动站，用以得到高精度的定位结果。这种测量方法既能满足实时定位和导航的需求，又能提高定位精度到分米甚至cm级，主要用于车辆和智能手机定位导航、GNSS地形测量等。

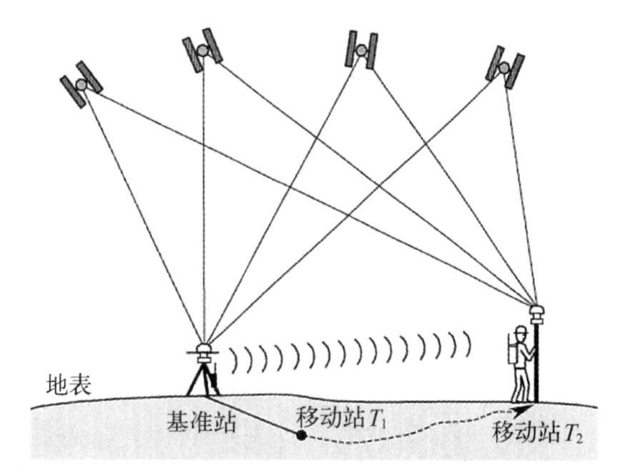

图6－7　差分GNSS定位原理

根据GNSS定位原理的介绍，我们能直接测到的是GNSS卫星到接收机的伪距。伪距的测量误差可以分为3部分：① GNSS卫星的星历误差、卫星钟误差；② 传播延迟误差，如电离层误差、对流层误差；③ 用户接收机的误差，如内部噪声、通道延迟、多路径误差等。DGNSS技术利用在较小的空间范围内，同一时刻、同一颗卫星到基准站和流动站与卫星和传输相关的误差近似相等这一特点，移动站通过接收基准站差分改正量用以改正测量距离，从而基本消除第1部分和第2部分误差的影响，提高定位精度。

DGNSS根据基准站向移动站发送信号的类型，可分为位置差分、距离差分和载波相位差分，根据基站覆盖的区域可分为单基站差分、多基站局域差分和多基站广域差分。

1）位置差分

根据GNSS定位原理，安装在基准站上的GNSS接收机观测到4颗以上的卫星后便可进行三维定位，求解出基准站的坐标。由于存在轨道误差、时钟误差、信号传输误差等各种来源的误差，求解出的坐标与基准站的已知坐标存在偏差。基准站通过数据链路将此改正数发送至移动站，移动站根据坐标改正量修正自己的坐标值。经改正后的用户坐标已消除了大部分误差，提高了定位精度。

位置差分的先决条件有两个，一是假设基准站和用户站在同一时段观测同一组卫星的情况；二是用户站和基准站的各种误差近似相等。经位置差分后的定位精度通常能达到分米级，适用于用户与基准站间距离在100 km以内的情况。

2）伪距差分

基准站上的接收机根据测距信号计算GNSS卫星至接收机的距离，并将测量距离与根据基准站的坐标与卫星坐标计算得到的距离相比较，得到每颗可见卫星至基准站距离的改正量并传输给移动站，移动站利用距离改正值来改正测量的伪距，最后利用改正后的伪距来解出接收机的位置，从而提高定位精度。

伪距差分的定位精度与位置差分类似，同样是建立在移动站和基准站在同一时刻对同一颗卫星的距离误差大致相等的前提下，移动站和基准站之间的距离对定位精度有较大的影响。

3）载波相位差分

载波相位差分(real time kinematic，RTK)技术是建立在实时处理基准站和移动站的载波相位基础上的。与伪距差分原理类似，基准站通过数据链路将GNSS卫星的载波相位观测值实时发送至移动站。移动站将接收到的载波相位与来自基准站的载波相位组成相位差分观测值进行统一平差计算，最终得到移动站的定位结果。

RTK技术首先通过测站和卫星之间的求差处理，消除了GNSS信号的传输误差；其次利用载波相位代替测距码作为观测值，提高了测距的精度；最后通过统一平差处理提高了移动站坐标求解的精度。目前,RTK 技术定位的精度以达到 2 cm,能满足大部分土木工程勘测和施工作业的精度要求。

6.3.3 静态相对定位模式

静态相对定位是把 2 台以上的 GNSS 接收机安置在若干观测点上,保持 GNSS 接收机的天线位置不变,持续跟踪 GNSS 卫星(以上的观测过程称为同步观测)。同步观测时间从几分钟到数小时不等,利用同步观测值经过统一平差后可以精确计算出测站之间的坐标差(也称为基线向量)。在给定一个或多个端点已知坐标的情况下,利用基线向量推算出各待定点的坐标。

静态相对定位模式首先利用多个观测站同步观测条件下同一时刻、同一颗卫星到接收机的传输误差近似相等的特点,通过接收机之间、卫星之间求差的方式降低了信号传输误差的影像;其次通过不直接求解接收机的绝对坐标,而是求解基线向量的方式减弱了卫星轨道误差的影响;利用长时间观测的多组载波相位值进行统一平差计算,提高了基线向量的解算精度。

GNSS 静态相对定位模式是精度最高的 GNSS 定位方法,得到的基线向量的精度能达到 mm 级,主要应用于高精度的平面控制网布设、高精度三维变形监测、卫星的精密定轨之中。

6.4 连续运行参考站

第 6.3 节分析了 GNSS 定位的几种模式,其中伪距单点定位无须地面增强设施的支持,使用起来最简单,但精度较低,难以满足大部分工程应用的精度需求,因此需要采用差分 GNSS 技术,但差分定位技术也有一定的局限性,使其在应用中受到限制。以 RTK 为例,其应用局限主要表现在以下方面:① 用户需要架设本地基准站;② 定位误差随着离基站距离的增加而增大;③ 基准站和移动站间的距离受限;④ 可靠性随着距离的增加而降低。为解决上述问题,需要将若干基站组成网络来为各行业提供更加方便、精度更高的服务。

CORS(continuously operating reference stations)称为连续运行参考站,由多台 CORS 站组成的网络称为 CORS 网。CORS 网是利用 GNSS、计算机、数据通信和互联网等技术,在一个城市、地区或国家建立的长年连续运行的若干个 GNSS 基准站组成的网络系统。

CORS 系统改变了传统 RTK 测量作业方式,其主要优势体现在以下方面:① 多个基站组网大幅增加了有效工作范围;② 用户无须自己架设基站,真正实现了单机作业,减少了成本,提高了工作效率;③ 基站组网的方式可以有效地消除各种来源的误差,提高差分作业的精度和可靠性;④ CORS 网使用固定可靠的数据链通信方式,减少了噪声干扰。

CORS 系统由 GNSS 基准站网、数据通信系统、数据处理中心、用户应用系统 4 个部分组成,各基准站与监控中心间通过数据链路连接成一体,形成专用网络,如图 6-8 所示。

(1) GNSS 基准站网,由若干 CORS 接收站和辅助设施构成,各网点能全天 24 小时接收 GNSS 信号。CORS 站的选址要求无电磁干扰、视野开阔、空间分布较均匀,并经 24 小时卫星数据观测等测试后方可安装,按照规范要求,还需安装避雷针、不间断电源、网络设备等辅助设施。

(2) 数据通信系统,由现有的有线或无线网络构成,能实现站点与数据中心之间的实时信息传输。数据通信系统通常采用 VPN 专网,VPN 是利用现有公共网络通过资源配置而成的

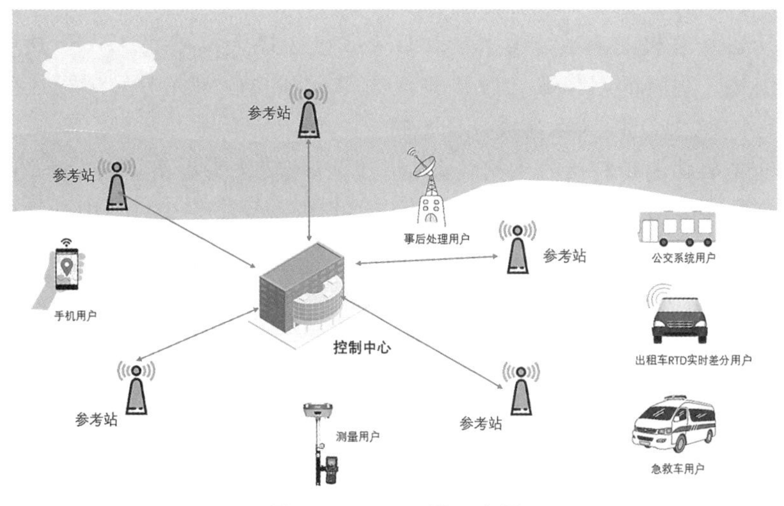

图6-8 CORS网示意图

虚拟网络，其网络资源具有独立性和安全性，能为数据中心与各个参考站数据传输的稳定可靠。

(3) 数据处理中心，主要由具备数据接收、数据存储、数据处理和数据发送功能的软硬件构成，其中硬件部分包括高性能服务器、数据传输网络、数据存储设备等，软件包括面向各种用户的GNSS数据处理软件。

(4) 用户应用系统。通过开放的网络协议为GPRS/CDMA无线上网用户提供实时RTK或RTD定位数据服务，通过TCP/IP协议，为用户提供静态数据下载服务。

目前，CORS系统主要应用于以下几方面：

(1) 用于地形图测绘、地籍图测绘、工程放样等领域，与传统以水准仪、全站仪为主的大地测量方法相比，CORS技术的效率要高得多。在CORS覆盖的区域内，用户只需要将测量设备与CORS网连接，并简单设置参数后，即可实时获得cm级精度的三维坐标。

(2) 用于建筑物或基础设施的长期变形监测。利用CORS网站的长期连续测量数据，或通过在变形体上布设与CORS网联测的变形监测点，可用于地质灾害、大坝、公路、铁路的变形监测。

(3) 用于定位和导航。将车载导航设备或智能手机与CORS网连接，可提供更高精度的定位和授时服务，将GNSS定位技术与地理信息技术、通信技术和先进的导航软件相结合，可以为用户提供透明、可视、实时的车辆导航定位以及车辆跟踪调度管理服务。

6.5 测量型GNSS接收机及其应用

6.5.1 测量型GNSS接收机简介

测量型GNSS接收机指用于大地测量领域的GNSS接收机，目前国内市场的GNSS接收大多数都能同时接收BDS、GPS、GLONASS信号，支持多系统联合定位。测量型GNSS接收机广泛应用于GIS数据采集、电力巡检、管线测量、高精度导航、航空航天、精准农业、勘探、交通、海洋、港口、气象、科研等行业的高精度定位和导航中。

测量型 GNSS 接收机的基本结构主要由 GNSS 接收机天线单元、GNSS 接收机主机单元和电源 3 部分组成。现有的 GNSS 接收机将天线单元和接收单元分别装配成两个独立的部件,两者之间通过有线或无线网络连成一个整机。

天线单元的主要功能是将接收到的较微弱卫星信号转化为电流,并对信号电流进行放大和变频处理。天线主要有普通球面天线和带扼流圈天线(见图 6-9),其中带扼流圈天线可减弱由多路径干扰、天线相位中心不稳定等因素造成的影响,提高定位精度和信号的稳定性,通常用于 CORS 站或高精度应用场合。

图 6-9　测量型 GNSS 接收机的天线

(a) 普通球面天线　(b) 带扼流圈天线

接收机主机主要由信号通道单元、存储单元、计算和显示控制单元组成。各部分的组成如图 6-10 所示。信号通道是接收单元的核心部件,它的主要功能是跟踪、处理和测量卫星信号,以获得导航定位所需要的数据。不同型号的接收机所具有的通道数目也不相同。每个通道在某一时刻只能跟踪一颗卫星的信号,目前大部分接收采用了并行多通道技术,可同时接收多颗卫星信号,信号通道数通常有几十个至上百个不等。存储器用于存储卫星星历、伪距观测值、载波相位观测值及其他数据和各种操作软件。目前,GNSS 接收机采用 PC 卡或内存作为存储设备。计算与显示控制单元包括一个显示器和一组控制键盘,它们有的安设在接收单元

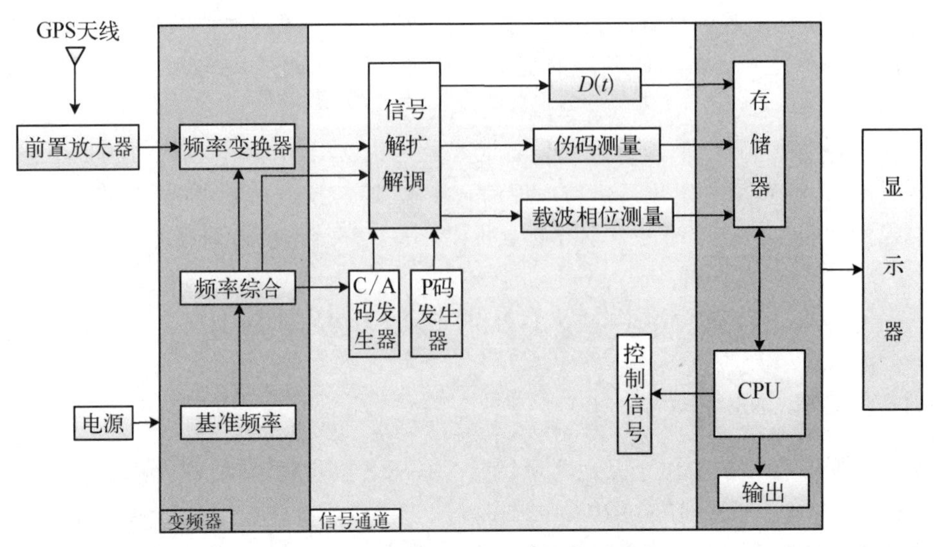

图 6-10　GNSS 接收机的构造示意图

的面板上，有的作为一个独立的终端设备，主要用于人机交互。

GNSS 接收机的电源有两种：一种是内电源，一般采用锂电池，主要用于为 RAM 存储器供电，以防止数据丢失；另一种为外接电源，通常采用可充电的 12 V 直流镉镍电池组或锂电池。当使用交流电时，需经过稳压电源或专用电流交换器。

早期的测量型 GNSS 接收机只能接收美国的 GPS 信号，设备生产也由国外厂家垄断，测量模式以静态测量为主。近年来，随着技术的进步，测量型 GNSS 接收机通常都能同时接收多种卫星导航定位系统的信号，同时具有 RTK 测量、静态测量等功能，性价比也越来越高。国外的 GNSS 接收机主要有美国的天宝(Trimble)，国内的设备主要有中海达、华测、南方测绘等。

在大地测量中，衡量仪器性能最主要的指标是精度指标，现有 GNSS 接收机的精度指标通常用$\pm(a+b\times10^{-6}D)$mm 来表示，其中 a 表示固定误差，b 表示与距离有关的比例误差。由于 GNSS 接收机在不同的定位模式下的定位精度有差别，平面和高程的定位精度也不相等，仪器供应商会根据不同的定位模式给出精度指标。以中海达 V60 GNSS 接收机为例，其静态或快速静态定位的平面精度为$\pm(2.5+1\times10^{-6}D)$mm、高程精度为$\pm(5+1\times10^{-6}D)$mm；实时动态 RTK 定位的平面精度为$\pm(10+1\times10^{-6}D)$mm、高程精度为$\pm(20+1\times10^{-6}D)$mm。通过增加观测时间，采用卫星精密星历后处理、增加观测基线数量等措施还可以进一步提高精度。

6.5.2　GNSS 接收机的应用

1. 中海达 V60 GNSS 接收机

中海达 V60 GNSS 接收机是一款测量型 GNSS 接收机(见图 6 - 11)，由接收机天线和手持手簿组成，接收机用于接收卫星信号，手簿用于接收机的参数设置和数据传输。手簿和天线是两个独立的部件，通过蓝牙或 wifi 连接。

V60 接收机具有内置 1G 大容量存储器，一个 SD 卡可扩展插槽，可同时记录 GNSS 和 Rinex 格式的静态数据；具有自我诊断功能，运行中可监控主机各项软硬件并即时告警；设备采用模块化设计，拥有稳定的内置 UHF 电台，同时兼具 GPRS 网络模块，可以根据客户不同需求更换差分传输模块，并能无缝连接主流的 CORS 网络系统。该仪器的主要技术指标如表 6 - 4 所示。

表 6 - 4　V60 接收机的主要技术指标

项　目	技　术　指　标
卫星通道数	220 个
能接收的卫星系统	GPS、BDS、GLONASS、Galileo 系统
RTK 定位精度	平面：$\pm(8+1\times10^{-6}D)$mm；高程：$\pm(15+1\times10^{-6}D)$mm
静态定位精度	平面：$\pm(2.5+1\times10^{-6}D)$mm；高程：$\pm(5+1\times10^{-6}D)$mm
DGPS 定位精度	平面：$\pm(0.25+1\times10^{-6}D)$mm；高程：$\pm(0.50+1\times10^{-6}D)$mm

V60 接收机采用普通的球面天线，并在天线上安装了控制面板，用于对接收机进行设置。控制面板包含 Fn 键(功能键)、电源键和 LED 显示屏。其中指示灯有 3 个，分别为卫星灯、状

图 6-11 V60 接收机的天线和手持手簿

态灯和电源灯，通过灯光提示接收机卫星接收状态、接收机自身状态以及电源状态。功能键用于设置工作模式、数据链、UHF 电台频道、卫星高度角、采样间隔和复位接收机等。该类接收机天线的构造与组成如图 6-12 所示。

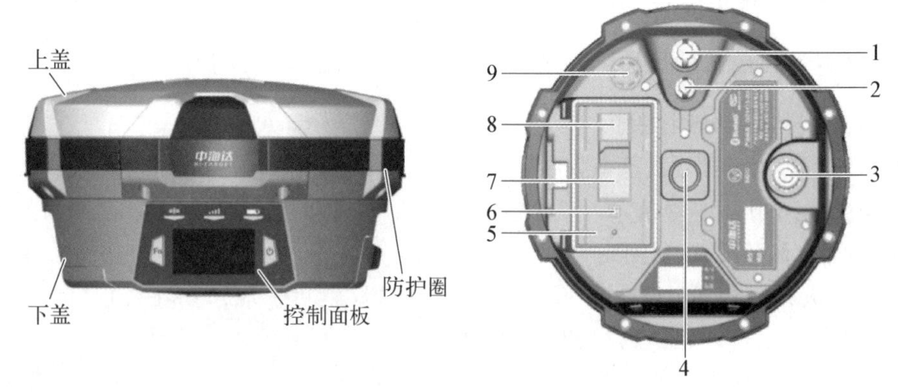

1—八芯插座及防护塞；2—五芯插座及防护塞；3—UHF 电台天线接口；4—连接螺孔；5—电池仓；6—弹针电源座；7—SIM 卡槽；8—SD 卡槽；9—喇叭。

图 6-12 V60 接收机天线的构造与组成

V60 接收机配备了 iHand 系列电子手簿。电子手簿采用了 Android 操作系统，并安装了仪器供应商自主开发的 Hi-Survey 测量软件，手簿通过蓝牙或 WiFi 与天线连接，方便用户进行各种模式的测量工作。

2. RTK 应用

RTK 是 GNSS 测量最常用的方法，假设已经有 3 个以上的地面控制点，利用 RTK 技术采集数据的主要操作步骤包括：

(1) 将天线安装在对中杆或三脚架上，并开机。

(2) 测量天线高度，取 3 次测量的平均值作为天线高度。

(3) 在电子手簿上选择新建项目，并根据提示设置项目信息，检查椭球转换、平面转换、高程拟合参数并设置为无。

(4) 通过手簿连接基准站，并根据程序提示输入仪器高、平滑次数(一般为 10 次)、频道、高度角、波特率等参数。

（5）通过手簿连接移动站，用同样的方法输入设置参数。

（6）将移动站放在3个已知坐标的控制点上采集数据，此时得到的坐标为WGS－84坐标，根据控制点坐标和WGS－84坐标求解坐标转换参数。当软件显示拟合度接近1时，表示已精确求解得到了转换参数。

（7）将设置好参数的移动站复测控制点并检验，此时的误差应在±2 cm内。

（8）带上移动站、手簿去测量其他待测点的坐标。

（9）测量完成以后，点击数据交换，生成导出文件，手簿连接电脑保存数据。

3. 静态测量应用

静态测量是保持测量型GNSS接收机在整个观测过程中的位置固定，通过高精度测量多台GNSS接收机之间的基线向量，从而得到高精度的点位坐标，主要用于建立高精度的控制网。在测量中，GNSS静态测量的具体观测模式是多台接收机在不同的测站上进行静止同步观测，时间从几十分钟到几十小时不等。

GNSS静态测量主要在完成了选点、埋石以及制订观测计划的基础上进行，野外工作由以下主要步骤构成：

（1）将接收机在测站上对中整平，静态测量至少需要架设3台仪器，并提前设置好静态模式、采样间隔和卫星高度角等参数。

（2）量取天线高度，通常取3次测量的平均值作为天线高。

（3）打开电源，在锁定卫星1 min后开始记录数据。

（4）手工记录测站信息，包括测站名、仪器编号、仪器高、开始及结束时间等。

（5）野外观测完成后，将数据下载传输至电脑。

（6）利用静态后处理软件平差计算得到测量点的坐标和精度。

静态数据处理使用中海达提供的HGO（hi-target geomatics office）软件，该软件用于高精度测量用户的基线数据处理、网平差、坐标转换。静态数据处理的一般步骤包括：① 新建项目，并设置坐标系统；② 导入数据，并编辑文件天线高信息；③ 基线解算，并根据残差信息进行调整；④ 网平差，输入控制点信息后，可选择自由网平差、约束平差、二维约束平差等方法平差计算；⑤ 导出测量结果，生成技术报告。

习　题　6

1. 什么是GNSS？目前有哪几种GNSS系统？

2. 简述GPS的组成以及各部分的作用。

3. GPS测量中有哪些误差来源？如何消除或减弱这些误差的影响？

4. 简述GPS与BDS之间的区别。

5. GPS接收机能接收到哪几种类型的信号？它们各有什么作用？

6. 简述GPS有哪些常用的定位模式以及各定位模式所能达到的精度及其应用场合。

7. 什么是伪距单点定位和载波相位差分定位？

8. 简述DGNSS的原理及种类。

9. 简述实时动态定位(RTK)的工作原理。

10. 简述CORS网的原理及应用。

第7章　小地区控制测量

7.1　控制测量概述

7.1.1　控制测量的基本概念

测量学是研究地球的形状和大小以及确定空间点位信息的科学，具有覆盖区域广、几何精度要求高的特点，因此必须采取正确的测量程序和方法。如第1章所述，测量工作在总体上应遵循“由高级到低级，由整体到局部，先控制后碎部”的原则，即首先在整个区域选择一些具有控制意义的点，用相对精确的手段测量这些点的坐标或高程，起到防止误差积累、方便测量作业的作用。

控制测量是指针对不同的测量和绘图任务，在给定的区域内，选择若干具有控制意义的点作为控制点，采用相关的仪器和方法得到这些控制点的坐标和高程的工作。大地测量中通常将三维地理空间分解为平面位置和高程的形式。相应地，控制网也分为平面控制测量和高程控制测量。控制测量涉及以下几个基本概念。

(1) 控制点，是指在测区内具有控制意义并以较高精度测量出了该点的平面坐标或高程的点。若仅已知平面坐标则称为平面控制点；若已知高程则称高程控制点，由于高程主要采用水准测量方法，也称为水准点。

(2) 控制网，将测量要素如角度、距离、高差、GNSS基线等和控制点根据测量方式连接而成的几何图形。

(3) 控制测量：对控制网进行外业观测，运用平差方法对数据进行处理，最终获得控制点的坐标或高程的过程。

控制测量在测量学中具有重要意义，是其他测量工作的基础。首先，控制网为工作区域提供了具有统一坐标或高程系统的控制点坐标或高程数据，为该区域的基础地理信息采集和工程建设提供基准数据，也便于多个小组分工作业。控制网主要包括国家级和省、市、区各种类别的测量控制网，大型工程的首级和次级控制网、施工控制网等。其次，控制测量具有限制误差积累，保证测量精度的作用。例如在地形图测绘过程中，需要测定地物、地貌的许多特征点的坐标和高程，如果按空间顺序采用从第一点测量第二点，再从第二点测量第三点，如此持续测量的模式，虽然也能完成测量任务，但会导致误差积累，甚至超出限差。因此，在测量工作中，首先需要进行控制测量。

覆盖区域小于10平方千米的范围，为小区域的大比例尺地形图测绘或工程测量所建立的控制网的测量工作，称为小地区控制测量。小地区控制测量通常可以将大地水准面视为平面，不需要将测量成果归算到高斯平面，也不需要考虑地球曲率对距离的影响。小地区控制网应尽可能与国家或城市控制网联测，将国家或城市控制点作为起算或校核数据。

平面控制测量的目的是为了测定平面控制点的坐标，采用的方法主要有导线测量、边角网、GNSS测量(见图7-1)；高程控制测量的目的是为了测定高程控制点的高程，其测量方法采用水准测量和三角高程测量。高程控制网和平面控制网一般是独立布设和独立计算的，但也可以共用同一个点，即某个点可能既是平面控制点，又是高程控制点。

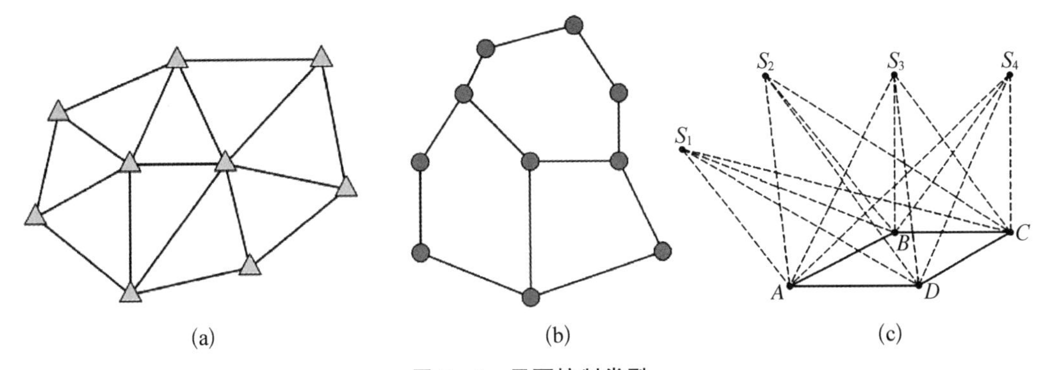

图7－1　平面控制类型

(a) 三角网　(b) 导线网　(c) GNSS网

7.1.2　我国的平面控制网

在全国范围内建立的平面控制网和高程控制网，统称为国家基本控制网。国家基本控制网为全国提供了高精度的位置基准，为国家的经济建设、国防建设和科学研究提供了高精度、统一协调的几何大地测量的基础地理信息。国家平面控制网按等级和施测精度分为一、二、三、四等控制网，其中一等平面控制网精度最高，其他等级逐渐降低。

早期的大地平面控制网是以传统天文测量和边、角测量技术建立的天文大地网为基础，通过联合平差处理形成的平面控制网。天文大地网主要由三角点、天文点和导线点组成，点与点之间需要相互通视，形成基本的三角网型，并在全国相互关联形成三角锁。我国先后于1954年和1980年分别对国家一、二等控制网进行了统一的平差计算(见图7－2)，得到了控制点的平面坐标，以此为基础建立的坐标系分别称为1954年国家坐标系和1980年国家坐标系。

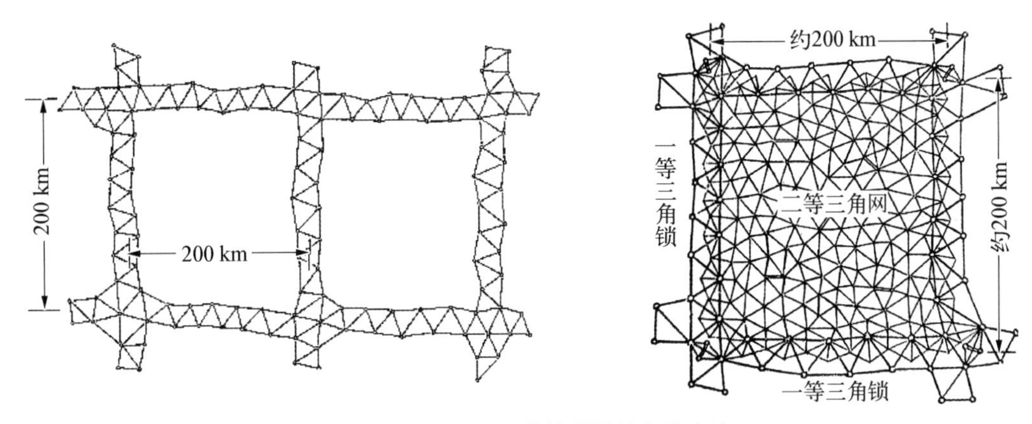

图7－2　国家一、二等控制网的布设方法

20世纪90年代，随着美国GPS的布设完成及其在大地测量中的广泛应用，我国相关部门先后布设了各种等级的GPS网。2003年由原国家测绘地理信息局、总参测绘局和中国地震局通过整合全国范围内的国家GPS A、B级网，全国GPS一、二等网、全国GPS地壳运动监测网等 3 个 GPS 网，共计 2 600 多个点和 30 余个 GPS 连续运行基准站，形成了“2000 国家 GPS 大地控制网”，并与国家天文大地网联合平差处理，建立了“2000 国家大地坐标系”。

各个城市或地区为满足 1∶500～1∶2 000 比例尺地形图和城市建设施工放样的需要，在国家控制网的基础上进一步布设城市平面控制网。城市平面控制网按城市范围大小布设不同精度等级的平面控制网。城市平面控制网分为二等、三等、四等及一、二、三级。城市平面控制网的首级网应与国家控制网联测，以保证城市坐标系和国家坐标系之间可以相互转换，维持统一的地理信息基准。

7.1.3 我国的高程控制网

国家高程控制网也遵循“从大到小、从整体到局部”的原则，按控制次序和施测精度分为一、二、三、四等水准测量。

一等水准路线是国家高程控制网的骨干，同时也是研究地壳和地面垂直运动及相关科学研究的主要依据；一、二等水准路线是高程控制网的基础，沿地质构造稳定、坡度平缓的交通路线布设，用精密水准测量方法施测；三、四等水准路线在国家一、二等水准网的基础上布设，直接为地形测图和各种工程建设提供所需要的高程控制点。

我国先后使用的高程基准有“1956 年黄海高程系”和“1985 年国家高程基准”。其中，以青岛验潮站 1950 年至 1956 年间的潮汐资料得到的黄海平均海水面作为高程基准面的高程系统称为 1956 年黄海高程系统。以青岛验潮站 1952 年至 1979 年的潮汐观测资料得到的黄海平均海水面作为基准面建立的高程系统称为 1985 年国家高程基准。由平均海水面得到的水准原点的高程有差别，1956 黄海高程系的水准原点高程是 72.289 米。1985 国家高程系统的水准原点高程是 72.260 米。目前我国基础地理信息产品采用的高程系统仍然是“1985 年国家高程基准”。

7.1.4 控制测量的基本流程

控制测量分为平面控制测量和高程控制测量，下面以平面控制测量为例来说明控制测量的基本流程(见图 7-3)。控制测量首先要进行需求分析，明确控制测量的目的是用于地形测量、变形监测、工程测量，还是其他任务需求；然后根据需求确定主要的技术指标，特别是精度指标，若有现有规范的则利用规范，常用的规范包括 GB/T 18314-2009《全球定位系统(GPS)测量规范》、GB/T 17942-2000《国家三角测量规范》、CJJ/T 8-2011《城市测量规范》、GB 50026-2020《工程测量标准》等；在明确技术指标和需求的前提下，编制技术方案，确定测量方法、点位布设和组网方案、现场观测方案和内业计算方案等；然后根据图上设计方案现场选点和标石埋设；最后完成现场观测、内业平差计算、数据检核和评价，并提交最终的资料和技术报告。

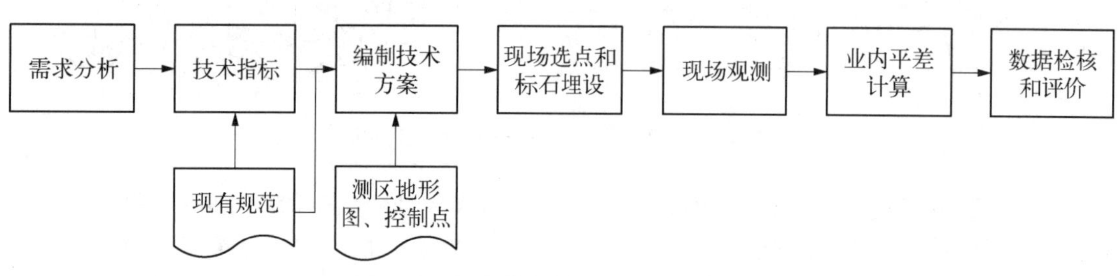

图 7-3 平面控制测量作业的基本流程

平面控制测量的技术方案设计中最重要的内容是控制网的网形设计。控制网的网形设计是在收集测区的地形图、已有控制点成果及测区的人文、地理、气象、交通、电力等资料的基础上进行的控制网布设方案设计。首先在地形图上标出已有的控制点和测区范围，再根据测量目的对控制网的技术要求，结合地形条件在图上设计出控制网的形式和选定控制点的位置，然后到实地踏勘，判明图上标定的已知点是否与实地相符以及标石是否完好，查看预选的路线和控制点点位是否合适，通视是否良好，可以根据现场情况再做适当的调整并在图上标明。控制点点位一般应满足点位稳定、视野开阔、并便于扩展、加密和观测等要求。经选定的点位需要采用标石埋设，常用的平面控制点标石如图 7－4 所示。

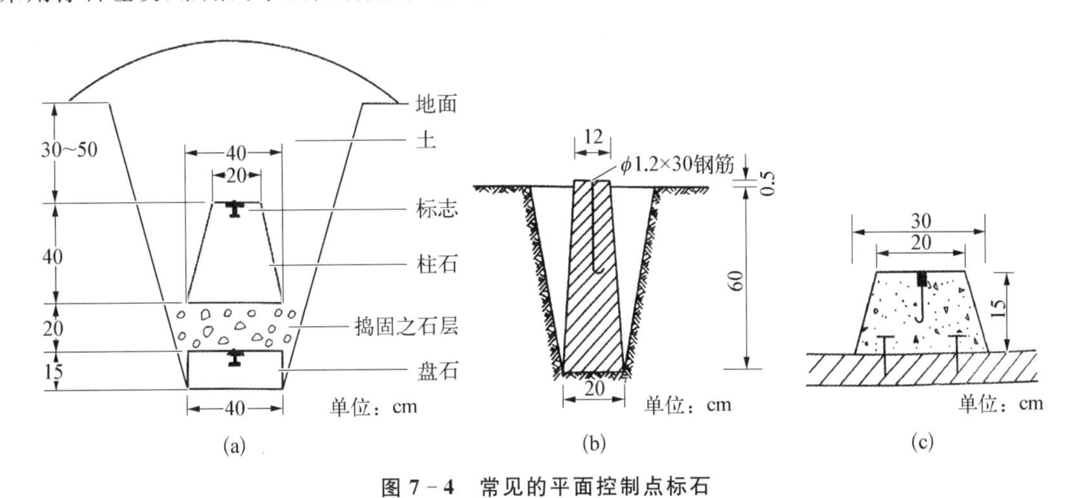

图 7－4　常见的平面控制点标石

(a) 国家三、四等三角点　(b) 城市一、二级小三角点　(c) 建筑物上各等级控制点

7.2　控制网的基准与坐标正反算

控制网的基准是指将测量成果统一到某个坐标系或高程系下需要给定的已知条件。以平面控制网为例，需要给定坐标已知条件和方位已知条件。若不给定基准条件，则平面控制网为自由网，建立的平面控制网为独立平面控制网，无法得到控制点在国家或城市坐标系中的坐标值。在传统的大地测量方法中，直接观测量为距离和角度，而我们需要得到的是控制点的坐标，通过距离和角度计算未知点坐标的过程称为坐标正算，而已知两点的平面位置计算两点的距离和坐标方位角的工作称为反算。

7.2.1　控制网的基准

平面控制网的基准就是求解未知点坐标时所给出的已知数据，对网的位置、大小和方位进行约束，从而计算出未知点的坐标。如果给定的基准条件不足，则会导致无法计算出未知点的坐标。如果网的基准过多，则存在基准是否相容的问题。测量控制网的基准条件分为以下 3 种类型。

(1) 约束网：具有多余的已知数据。

(2) 最小约束网：只有必要的已知数据。

(3) 自由网(无约束网)：没有已知数据，全部网点都是未知点。

对于水准网或高程网(一维网)，若网中只有 1 个点的高程已知，为最小约束网；若网中有 2 个以上点的高程已知，则为约束网；若网中没有已知点的，则为自由网。因此在高程控制测量时，需要找到1个以上的国家或地方水准点。若为自由网，则需要假设其中某个水准点的高程已知。

对于平面网（二维网），若只有1个点的坐标和1条边的方位角已知，为最小约束网；若有2个或2个以上已知点的为约束网；若没有已知点，则为自由网。同理，在平面控制测量时，需要找到2个已知点，或1个已知点和1个已知方位作为基准条件；若为自由网，则需要假设1个已知点的坐标和1个起始方位作为基准。

7.2.2 平面坐标的正、反算

平面控制测量的目的是为了得到控制点的平面坐标，但在实际测量工作中，传统大地测量直接测量的是距离和角度，利用已知点需要通过计算得到平面坐标。由距离和方位角推算得到平面坐标的工作称为正算，相应地，根据平面坐标计算出两点之前的距离和坐标方位角的工作称为反算。

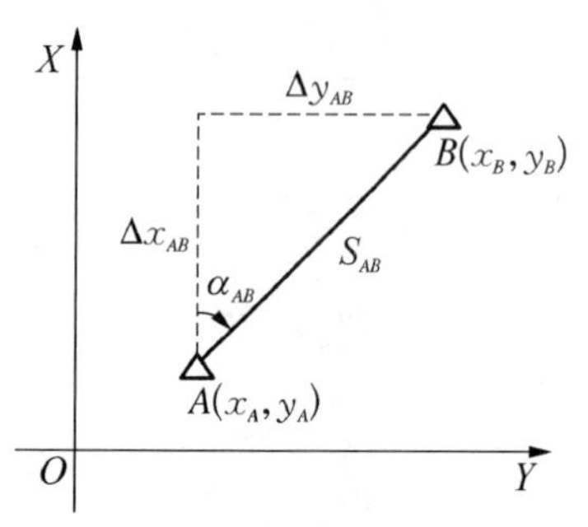

图7-5 平面坐标的正、反算

如图7-5所示，设A为已知点，B为未知点，设A点坐标(x_A, y_A)、A点至B点的水平距离S_{AB}和坐标方位角α_{AB}均为已知时，则可求得B点坐标(x_B, y_B)，该问题即为坐标正算问题。

根据图7-5中的几何关系，设Δx_{AB}为纵坐标增量；Δy_{AB}为横坐标增量，得到

$$\begin{cases} x_B = x_A + \Delta x_{AB} \\ y_B = y_A + \Delta y_{AB} \end{cases} \tag{7-1}$$

式中，

$$\begin{cases} \Delta x_{AB} = S_{AB} \cdot \cos\alpha_{AB} \\ \Delta y_{AB} = S_{AB} \cdot \sin\alpha_{AB} \end{cases} \tag{7-2}$$

根据式(7-1)得到

$$\begin{cases} x_B = x_A + S_{AB} \cdot \cos\alpha_{AB} \\ y_B = y_A + S_{AB} \cdot \sin\alpha_{AB} \end{cases} \tag{7-3}$$

式(7-3)即为坐标正算公式，给出两点之间的距离和坐标方位角，以及其中一个点的平面坐标，可得到另一点的坐标。但在实际应用中需要注意以下问题，一是给出的坐标正算采用的是坐标方位角而非测量角度；二是地理坐标与CAD坐标系的轴向不一致，切记不要将坐标方位角的正弦和余弦函数弄错。

坐标反算是指根据直线两端点的已知平面坐标反算出两点间的方位角和水平距离，如图7-5所示，设A、B两已知点的坐标分别为x_A、y_A和x_B、y_B，则直线AB的坐标方位角α_{AB}和水平距离S_{AB}为

$$\alpha_{AB} = \arctan\frac{\Delta y_{AB}}{\Delta x_{AB}} \tag{7-4}$$

$$S_{AB} = \frac{\Delta y_{AB}}{\sin\alpha_{AB}} = \frac{\Delta x_{AB}}{\cos\alpha_{AB}} = \sqrt{\Delta x_{AB}^2 + \Delta y_{AB}^2} \tag{7-5}$$

式中，$\Delta x_{AB}=x_B-x_A$；$\Delta y_{AB}=y_B-y_A$。由式(7-5)能算出多个 S_{AB}，可做互相校核。需要注意的是，由式(7-4)计算得到的并不一定是坐标方位角，应根据 Δy_{AB}、Δx_{AB} 的符号将其转化为坐标方位角，其换算方法见表7-1。

表7-1　坐标方位角换算方法

Δy_{AB}	Δx_{AB}	坐标方位角
+	+	α_{AB}
+	−	$180°-\alpha_{AB}$
−	−	$180°+\alpha_{AB}$
−	+	$360°-\alpha_{AB}$

7.3　导线测量

7.3.1　导线测量概述

导线测量是指将一系列测点依相邻次序连成折线形式，并测定各折线边的边长和转折角，再根据起始数据推算各测点平面坐标的技术与方法。导线测量布设简单，每点仅需与前、后两点通视，观测数量相对于传统的三角网少，适用于在难以接收到卫星信号的建筑物密集区、地铁、隧道等工程的控制测量。由于全站仪性能的提高及其广泛应用，使得导线测量的精度和速度也随之提高。导线测量需遵循现有的技术规范，根据CJJ/T 8-2011《城市测量规范》的要求，采用电磁波测距导线测量方法布设平面控制测量网的主要技术指标如表7-2所示。

表7-2　全站仪导线测量的主要技术要求(n 为测站数)

等级	导线长度/km	平均边长/m	测角中误差/s	测距中误差/mm	测回数			方位角闭合差/(″)	导线全长相对闭合差
					DJ_1	DJ_2	DJ_6		
三等	≤15	3 000	≤1.5	≤18	8	12	—	$\pm 3\sqrt{n}$	≤1/60 000
四等	≤10	1 600	≤2.5	≤18	4	6	—	$\pm 5\sqrt{n}$	≤1/40 000
一级	≤3.6	300	≤5	≤15	—	2	4	$\pm 10\sqrt{n}$	≤1/14 000
二级	≤2.4	200	≤8	≤15	—	1	3	$\pm 16\sqrt{n}$	≤1/10 000
三级	≤1.5	120	≤12	≤15	—	1	2	$\pm 24\sqrt{n}$	≤1/6 000

7.3.2　导线的布设形式

导线可根据工程需求和现场实际情况布设成单导线或导线网。导线中有两条以上的测量边汇聚的点，称为导线的节点。单导线与导线网的区别在于，导线网至少有一个以上的节点，而单导线不具有节点。按照工程需求和现场情况，导线的布设形式通常有支导线、闭合导线、附合导线和导线网。

(1) 附合导线。如图7-6(a)所示，导线起始于一个已知平面坐标的控制点而终止于另一个控制点。控制点上可以有一条边或几条定向边与之相连接，也可以没有定向边与之连接。

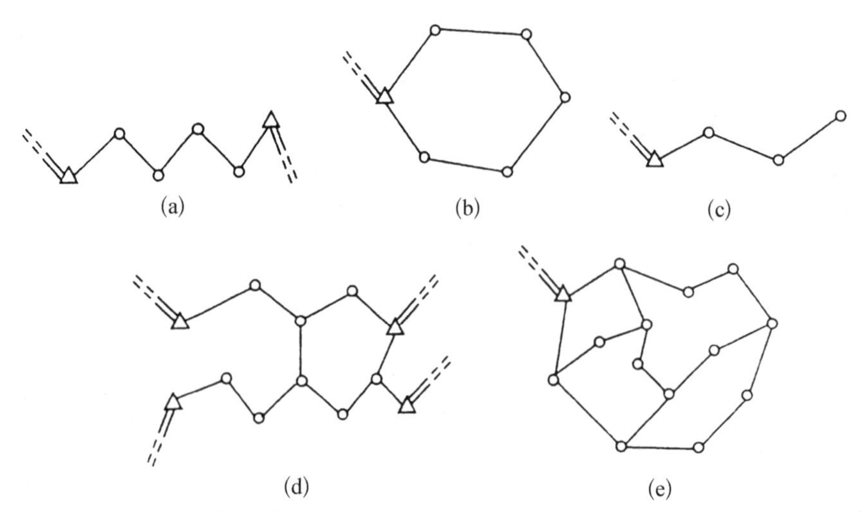

注：△表示已知坐标的控制点；○表示待测导线点。

图 7-6　导线的布设形式

(2) 闭合导线。如图 7-6(b)所示，由一个已知平面坐标的控制点出发，最终又回到该点，形成一个闭合多边形。在闭合导线的已知控制点上至少应有一条定向边与之相连接。需要指出的是，闭合导线由于无法检核已知条件的正确性，因此可靠性较低，在实际测量工作中应注意。

(3) 支导线。如图 7-6(c)所示，从一个已知平面坐标的控制点出发，既不附合于另一个控制点，又不闭合于原来的起始控制点。由于支导线缺乏检核条件，故一般只限于地形测量的图根导线测量或用于精度要求不高的控制点加密。

(4) 导线网。如图 7-6(d)和(e)所示，导线网是将若干条具有节点(包括已知点或未知点)的单导线组成网状，然后进行统一平差计算得到未知点坐标的导线测量形式。相对于单导线而言，导线网具有重复观测多、可靠性高的优点。

7.3.3　导线测量的外业工作

测绘工程的外业工作是指需要在野外和现场完成的工作。对于导线测量而言，外业工作包括踏勘选点、点位埋设和标记、角度和距离测量等。

1. 踏勘选点

踏勘就是到测区范围内观察和了解测区的实际情况，然后根据需要，在实地选定导线点的位置。选点主要有以下要求。

(1) 相邻点之间相互通视：两个相邻的导线点之间应相互通视，便于用光学仪器进行角度和距离测量。

(2) 周边视野开阔：控制点是为了后续的测图或工程应用而布设的基准点，因此为了方便架设仪器，导线点应选在视野开阔、土质坚实并便于保存的地方。

(3) 导线点应有足够的密度，分布均匀合理，以便能控制整个测区。

(4) 距离长短适宜：各导线边长最好大致相等，并尽量避免由短边突然转到长边，短边应尽量少，以减少测角精度对坐标的影响。

2. 控制点埋设和标记

控制点的标志分为临时性标志和永久标志。导线点位置选定后，要在每一点位上打一个木桩，在桩顶钉一个小钉，作为点的标志，也可在水泥地面上用红漆画一个圆圈，圆圈内点一个小点作为临时标志。永久性标志是指需要长期保存的导线点，应埋设混凝土桩，可按图7-4所示进行埋设。对于布设在坚固的水泥或沥青地面上的控制点，可选择在地面打入顶部带有"十"字形标志的测量专用钢钉。

对于埋设点，应等埋设标志稳定后方可进行测量。导线点应统一编号，为了便于寻找和使用，应量出导线点与附近明显地物的方位和距离，绘出草图，并注明尺寸，该图称为"点之记"，和技术报告一起提交。

3. *角度和距离测量*

现场测量包括测角和量边，主要采用全站仪测量。为保证测量的精度，除了按规范测角和量边以外，还需要注意仪器和目标对中误差的影响。

转折角的观测采用测回法进行，通常由已知点开始，沿导线前进方向逐点观测，一般观测左角。仪器依次安置于各导线点上，进行精确对中、整平，对中误差应不大于3 mm。目标尽可能直接瞄准导线点木桩上的小钉，以减小测角误差。在每站观测工作结束前，需当场进行测站检查计算，若发现观测结果超限，应立即重新观测，直至符合要求后，方可搬站。

导线边长测量应往返观测以增加检核条件，往返观测值较差在限差范围内时取中数作为该边长的观测值，否则应找出超限原因，必要时重测。需要注意的是，要将斜距转换为水平距离，必要时还应将其归算到椭球面上或高斯平面上。

外业测量结果应按规定的格式做好记录(见表7-3)，记录要求字迹端正、清晰，不能连环涂改。对于存储在全站仪上的观测数据，在外业工作完成后应及时导出原始数据，便于检核和后续处理。

表7-3　导线测量记录表

测站	竖盘位置	目标	水平度盘读数	角值(左角)	平均角值	距离测量		备注
						端点号	边长/m	
1	左	4	0°37′00″	87°25′36″	87°25′30″	1—4	136.858	略图
		2	88°02′36″					
	右	4	180°37′18″	87°25′24″		1—2	178.769	
		2	268°02′42″					
2	左	1	32°13′30″	85°18′00″	85°18′06°	2—1	178.780	
		3	117°31′30″					
	右	1	212″14′00″	85°18′12″		2—3	125.820	
		3	297°32′12″					
3	左	2	95°03′30″	98°39′54″	98°39′36°	3—2	125.817	
		4	193°43′24″					
	右	2	275°03′00″	98°39′18°		3—4	162.919	
		4	13°42′18″					
4	左	3	224°34′17″	88°36′13″	88°36′04″	4—3	162.930	
		1	313°10′30″					
	右	3	44°34′36″	88°35′54″		4—1	136.854	
		1	133°10′30″					

7.3.4 导线测量的内业计算

在内业计算之前，首先应检查和整理外业测量记录，判断观测结果是否符合要求，在确认外业成果符合要求之后再进行内业计算。内业计算的目的是根据外业测量的转折角和距离，以及已知点的数据，计算得到各导线点的平面坐标并评定精度。

根据测量平差理论，对于存在多余观测的测量问题需要进行平差计算。在导线测量中，支导线的未知参数的个数刚好等于观测值的个数，不需要平差计算，直接计算出未知点的平面坐标即可。而对于闭合导线、附合导线和导线网，则需要进行平差计算。通常情况下，三、四等导线测量应进行严密平差计算。而对于一、二、三级导线及其以下等级的导线可以采用近似平差方法计算。下面以支导线、闭合导线和附合导线为例，介绍导线测量的内业计算方法。

1. 支导线的计算

如图 7-7 所示的支导线，已知点 A 的坐标和 AM 边的坐标方位角，并观测了转折角 β_i 和距离 S_{ij}，计算导线点 P_i 的坐标，计算步骤如下。

(1) 设直线 MA 的坐标方位角为 α_{MA}，按式(7-2)计算 P_1P_2 导线边的坐标方位角。

$$\alpha_{P_1P_2}=\alpha_{MA}+\beta_1-180^\circ$$

(2) 由各边的坐标方位角和边长，按式(7-3)计算各相邻导线点的坐标增量。

$$\begin{cases}\Delta x_{P_1P_2}=S_{12}\cdot\cos\alpha_{P_1P_2}\\ \Delta y_{P_1P_2}=S_{12}\cdot\sin\alpha_{P_1P_2}\end{cases}\tag{7-6}$$

(3) 按式(7-4)计算 P_2 点的坐标。

$$\begin{cases}x_{P_2}=x_{P_1}+\Delta x_{P_1P_2}\\ y_{P_2}=y_{P_1}+\Delta y_{P_1P_2}\end{cases}\tag{7-7}$$

(4) 按步骤(1)～(3)依次推算 P_3，…，P_{n+1} 各导线点的坐标值。

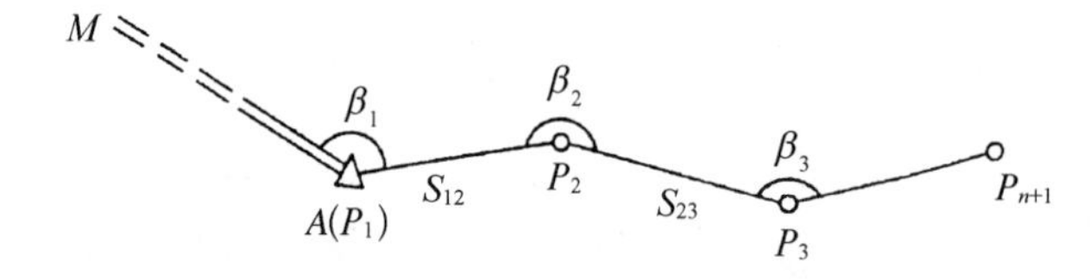

图 7-7 支导线计算

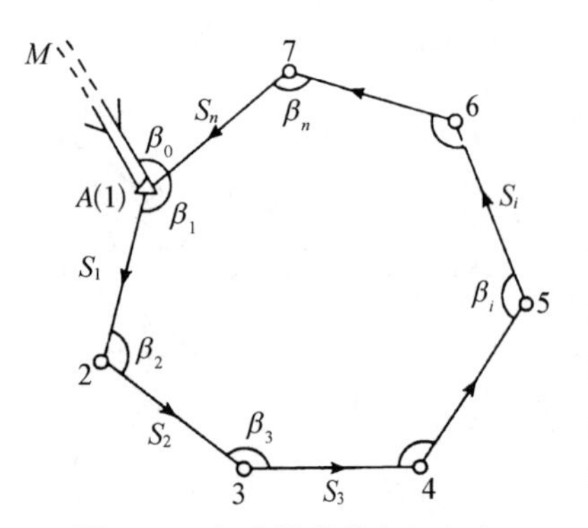

图 7-8 闭合导线的布设形式

2. 闭合导线的计算

1) 闭合导线平差计算的基本原理

如图 7-8 为某条闭合导线，该导线具有一个已知点和一个已知坐标方位角，共有 6 个未知点，每个点包含 x 和 y 坐标两个分量，因此需要的必要观测数 $t=2\times6=12$ 个，总的观测值包括 8 个角度观测值和 7 个距离观测值，$n=8+7=15$ 个，因此多余观测数 $r=n-t=3$ 个。由于有了多余观测，观测误差的存在会导致测量结果不严格满足实际的几何条件，闭合导线中多边形的内角和应满足

$(n-2)\times180^\circ$条件，还应满足坐标增量等于零的几何条件。因此需要对观测值进行改正，以满足这些几何约束条件。根据测量平差原理，每增加一个观测值则会增加一个条件方程，闭合导线严格的严密平差等价于求解以下问题。

$$\min: \sum_{i=1}^{n_\beta} v_{\beta_i}^2 w_{\beta_i} + \sum_{j=1}^{n_s} v_{s_j}^2 w_{s_j}$$

$$\text{s.t.}: \begin{cases} \sum \hat{\beta}_i = (n-2)\times 180^\circ = 900^\circ \\ \sum \Delta \hat{x}_i = 0 \\ \sum \Delta \hat{y}_i = 0 \end{cases} \tag{7-8}$$

式中，带有上标"^"的值为改正以后计算得到的值；v_{β_i}、w_{β_i} 为角度 β_i 对应的改正数及其对应的权；v_{s_i}、w_{s_i} 为距离 S_i 对应的改正数及对应的权；权值的大小由仪器的观测精度确定；$\hat{\beta}_i=\beta_i+v_{\beta_i}$ 为改正后的角度值；$(\Delta\hat{x}_i、\Delta\hat{y}_i)$ 为经改正后的角度和距离计算得到的坐标增量，在两个相邻的导线点之间可计算出一组坐标增量；n_β、n_s 分别表示角度观测值和距离观测值的总个数。

式(7-8)是一个非线性优化问题，需要在3个约束条件下求目标函数的极小值，最终得到15个观测值的改正数的值，并评定精度。该问题的计算方法主要有两种思路：解析法和数值法。解析法类似于解多个未知参数的非线性方程组，需要经过复杂的公式推导最终得到未知数的解。而数值法在给定参数初值的情况下，通过迭代逼近最优解。目前大多数的工程问题都采用数值解，关于数值计算方法的课程也是大多数工科研究生的一门必修课。这里针对本科学生主要介绍近似计算方法。

2）闭合导线的近似计算方法

由于严密平差模型的计算复杂，因此对于精度要求较低的导线可以采用近似平差的方法。近似平差方法的思路是先改正角度使其满足角度闭合条件，然后计算坐标增量并改正，使其满足坐标闭合条件，最终得到未知导线点的平面坐标。基本思路是将复杂的非线性优化问题变换为分步线性计算问题，计算步骤如下。

（1）角度闭合差的计算和调整。根据观测角度值计算角度闭合差，若闭合差在容许误差范围内，则将闭合差进行反号平均分配。

首先计算角度闭合差，得到

$$f_\beta = \sum_{i=1}^{n} \beta_i - (n-2)\times 180^\circ \tag{7-9}$$

根据角度闭合差的大小判断闭合差是否在给定的限差范围之内(由规范确定或根据测量仪器和方法预先给定)。若闭合差超限，则需要查找错误来源，必要时重测；若闭合差在限差范围之内，则将角度闭合差反号平均分配对每个角度进行改正

$$\hat{\beta}_i = \beta_i + v_{\beta_i}；\ v_{\beta_i} = -\frac{f_\beta}{n} \tag{7-10}$$

式中，$\hat{\beta}_i$、β_i、v_{β_i} 分别为改正后的角度值、测量的角度值以及角度值的改正数；n 为多边形的边数，即角度观测值总数。

（2）坐标方位角的推算。采用改正后的角度代入坐标方位角推算公式，计算每条边的坐标方位角，计算时需要注意测量的角度是左角还是右角

$$
\begin{cases}
\alpha_{12}=\alpha_{M1}+\beta_0+\hat{\beta}_1-180^\circ \\
\alpha_{23}=\alpha_{12}+\hat{\beta}_2-180^\circ \\
\quad\cdots\cdots \\
\alpha_{n1}=\alpha_{(n-1)n}+\hat{\beta}_n-180^\circ
\end{cases}
\tag{7-11}
$$

(3) 坐标增量的计算和调整。根据每条边的坐标方位角及其对应的距离，计算每条边的坐标增量，根据坐标增量计算坐标闭合差，并判断坐标闭合差是否超限。若超限则需要查找错误来源，必要时重新观测；若坐标闭合差在限差范围内，则对闭合差按距离成正比原则反号分配。

计算坐标增量及其 x 方向和 y 方向的坐标闭合差

$$
\begin{cases}
f_x=\sum_{i=1}^{n}\Delta x_{S_i}=\sum_{i=1}^{n}S_i\cdot\cos\alpha_{S_i} \\
f_y=\sum_{i=1}^{n}\Delta y_{S_i}=\sum_{i=1}^{n}S_i\cdot\sin\alpha_{S_i}
\end{cases}
\tag{7-12}
$$

计算整个导线的坐标闭合差 f 及其相对闭合差 k

$$
f=\sqrt{f_x^2+f_y^2}\text{；}k=\frac{f}{\sum S}=\frac{1}{\dfrac{\sum S}{f}}
\tag{7-13}
$$

式中，$\sum S$ 为闭合导线所有的长度和；k 为导线的相对精度，相对精度的限差由规范给定，如图根导线在一般地区不低于 1/2 000。若闭合差不超限，则按坐标增量闭合差与边长成正比的原则反号分配，得到改正后的坐标增量

$$
\begin{cases}
\Delta\hat{x}_{S_i}=\Delta x_{S_i}+\delta\Delta x_i=\Delta x_{S_i}-\dfrac{f_x}{\sum S}S_i \\
\Delta\hat{y}_{S_i}=\Delta y_{S_i}+\delta\Delta y_i=\Delta y_{S_i}-\dfrac{f_y}{\sum S}S_i
\end{cases}
\tag{7-14}
$$

(4) 坐标的计算和检核。坐标增量闭合差分配以后，根据导线起始点的已知坐标，以及改正后的坐标增量，按照导线坐标计算的方法，逐点计算各导线点的坐标。最后回到起始点，此时计算得到的坐标值应与其已知值相等，以此作为检核。

$$
\begin{cases}
x_{i+1}=x_i+\Delta\hat{x}_{S_i} \\
y_{i+1}=y_i+\Delta\hat{y}_{S_i}
\end{cases}
\tag{7-15}
$$

以上给出了闭合导线近似平差的分步计算方法，传统的方法采用表格计算，现在大多通过计算机编程或者利用 Excel 里面的函数计算工具实现。

图 7－9 给出了一条闭合导线，已知 A 点的坐标为(100.00，100.00)，AB 边的坐标方位角为 96°51′36″，其他测量数据如图所示，表 7－4 给出了表格计算方法。

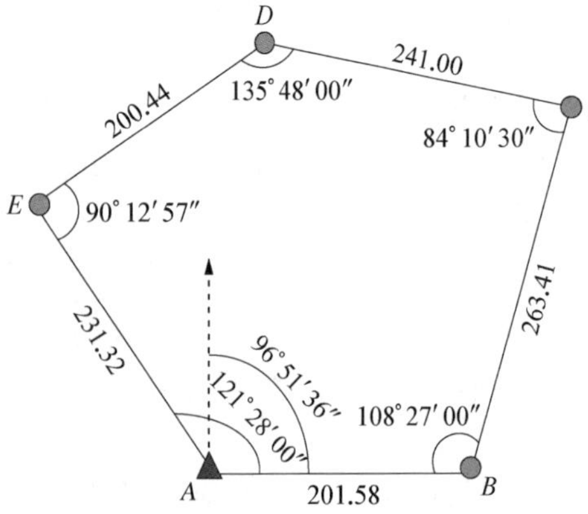

图 7－9　闭合导线计算算例

表 7－4　闭合导线计算表

测站	折角 β		方位角 α/(° ′ ″)	边长 D/m	增量计算值/m		改正后增量/m		坐标/m	
	观测值/(° ′ ″)	改正后角值/(° ′ ″)			$\Delta x = D\cos\alpha$	$\Delta y = D\sin\alpha$	Δx	Δy	x	y
A	−12 121　28　00	121　27　48							100.00	100.00
			96　51　36	201.58	−4 −24.08	+4 +200.14	−24.12	+200.18		
B	−12 108　27　00	108　26　48							75.88	300.18
			25　18　24	263.41	−6 +238.13	+5 +112.60	+238.07	+112.65		
C	−12 84　10　30	84　10　18							313.95	412.83
			289　28　42	241.00	−6 +80.36	+5 −227.21	+80.30	−227.16		
D	−12 135　48　00	135　47　48							394.25	185.67
			245　16　30	200.44	−4 −83.84	+4 −182.06	−83.88	−182.02		
E	−12 90　12　57	90　12　57							310.37	3.65
			155　23　48	231.32	−5 −210.32	+4 +96.31	−210.37	+96.35		
A		(121　27　48)							100.00	100.00
			(91　51　36)	1 137.75	$f_x = +0.25$; $f_y = -0.22$ $f = \pm\sqrt{f_x^2 + f_y^2} = \pm 0.33$ $K = 0.33/1\,137.75$ $= 1/3\,400$		$\sum \Delta \hat{x} = 0$; $\sum \Delta \hat{y} = 0$			
$\sum$	540　01　00 $f_\beta = +01'00''$ $f_\beta < \pm 60$; $\sqrt{n} = \pm 134''$	540　00　00								

3. 附合导线的近似计算

附合导线的近似计算与闭合导线的近似计算类似，两者的不同之处在于附合导线的角度闭合差的理论值是两个已知坐标方位角的差值，坐标闭合差是导线的终点和起始点间的坐标差。以图 7－10 所示的闭合导线为例，计算步骤如下。

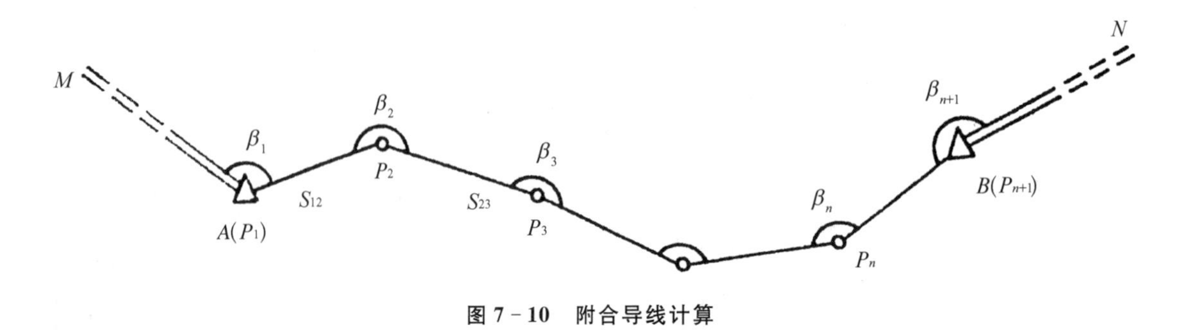

图 7－10　附合导线计算

(1) 角度闭合差的计算和调整。由已知坐标方位角 α_{MA} 推求 BN 的坐标方位角 α'_{BN}，由于各转折角存在观测误差，使得 α'_{BN} 不等于已知坐标方位角 α_{BN}，而产生坐标方位角闭合差 f_β，即

$$f_\beta = \alpha'_{BN} - \alpha_{BN} \tag{7-16}$$

若角度闭合差在限差范围之内，则闭合差反号平均分配到每个角度，得到每个角度的改正数 v_{β_i} 后对观测值进行改正。

(2) 坐标方位角的推算。附合导线坐标方位角的计算方法与闭合导线相同，采用改正后的角度值代入坐标方位角推算公式计算即可。

(3) 坐标增量的计算和调整。附合导线计算得到的坐标增量计算与闭合导线类似，但其端点 B 的坐标已知，故由于坐标方位角和边长误差的影响，计算得到的坐标 x'_B 和 y'_B 与已知的坐标 x_B 和 y_B 不相等，从而得到坐标闭合差 f_x、f_y，即

$$\begin{cases} f_x = x'_B - x_B \\ f_y = y'_B - y_B \end{cases} \tag{7-17}$$

根据坐标闭合差计算导线的相对误差，若坐标闭合差在限差范围内，则按距离成正比的原则反号分配，得到改正后的坐标增量值，否则应重测。

(4) 根据改正后的坐标增量值，依次计算每个点的坐标，并检核。

图 7－10 的附合导线中，已知：$\alpha_{MA} = 237°59'30''$，$\alpha_{BN} = 46°45'30''$，$x_A = 2\,507.69$；$y_A = 1\,215.63$；$x_B = 2\,166.72$；$y_B = 1\,757.29$，观测值列于表 7－5 中，详细的计算见表 7－5。

表 7-5　附合导线计算表

点名/M	观测角/(° ′ ″)	坐标方位角/(° ′ ″)	边长 S/m	Δx/m	Δy/m	x/m	y/m
		237 59 30					
$A(P_1)$	+7 99 01 00					2 507.69	1 215.63
		157 00 37	225.85	+4 −207.91	−4 +88.21		
P_2	+7 167 45 36					2 299.82	1 303.80
		144 46 20	139.03	+2 −113.57	−2 +80.20		
P_3	+7 123 11 24					2 186.27	1 383.98
		87 57 51	172.57	+3 +6.13	−3 +172.46		
P_4	+7 189 20 36					2 192.43	1 556.41
		97 18 34	100.07	+2 −12.73	−1 +99.26		
P_5	+7 179 59 18					2 179.72	1 655.66
		97 17 59	102.48	+2 −13.02	−2 +101.65		
$B(P_6)$	+7 129 27 24					2 166.72	1 757.29
		46 45 30	$\sum = 740.00$	$\sum = -341.10$	$\sum = +541.78$		
N				$f_x = -0.13$ m $f_y = +0.12$ m $f_S = \sqrt{f_x^2 + f_y^2} = 0.18$ m		$x_B - x_A =$ -340.97 m	$y_B - y_A =$ $+541.66$ m
$\sum$	888 45 18	$\alpha_n - \alpha_0 = -191°14'00''$					
$f_\beta = -42''$　$f_{\beta容} = \pm 40''\sqrt{6} = \pm 97''$				$K = \frac{f_S}{\sum S} = \frac{0.18}{740.00} = \frac{1}{4\,100} < \frac{1}{4\,000}$			

7.4　交 会 测 量

交会测量是加密控制点常用的方法，它可以在多个已知控制点上设站，分别向待定点观测角度或距离，也可以在待定点上设站向多个已知控制点观测方向或距离，而后计算待定点的坐标。常用的交会测量有前方交会、侧方交会、后方交会。侧方交会的计算与前方交会类似，这里主要介绍前方交会和后方交会的计算方法。

如图 7-11(a)所示，前方交会方法是指在 2 个控制点上分别对待定点观测水平角以计算待定点坐标的测量方法。为了便于检核和提高点位精度，在实际工作中通常需要利用 3 个控制点交会，用 2 个三角形分别计算待定点的坐标，既可以取 2 次计算结果的平均值，还可以根据两者之间的差值判断结果是否可靠。

如图 7-11(b)所示，侧方交会方法是指在 1 个控制点上和 1 个待定点上观测水平角以计算待定点的平面坐标。在实际工作中，还需要在待定点上观测另一个控制点方向的水平角，以用于检核和提高测量结果的可靠性。

如图 7-11(c)所示，后方交会方法是指仅在待定点上设站，向 2 个或 2 个以上的控制点观测水平夹角或距离，从而计算待定点的坐标的方法。后方交会方法常用于通过已知点反算出

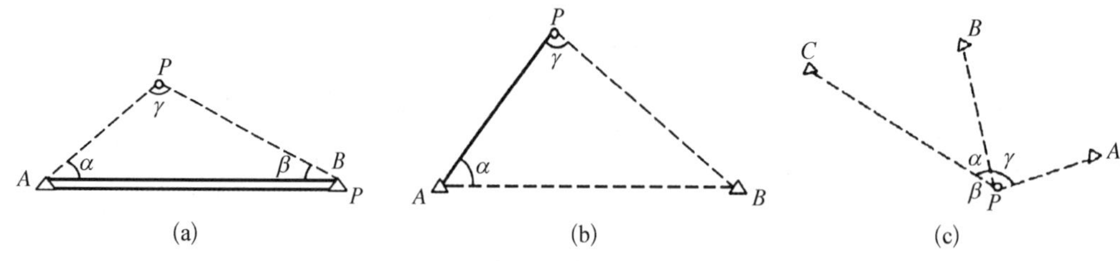

图 7-11 常用的交会定点方法

(a) 前方交会 (b) 侧方交会 (c) 后方交会

测站点的坐标,因此也称为自由设站。

7.4.1 前方交会测量

在已知控制点 A、B 上设站观测水平角 α 、β ,根据已知点的坐标和观测角值,计算待定点 P 的坐标,称为前方交会(见图 7-11)。在前方交会图形中,由未知点至相邻两已知点间的夹角称为交会角。当交会角过小(或过大)时,待定点的精度较差,交会角一般应大于 30°并小于 150°。

如图 7-11 所示,根据已知点 A、B 的平面坐标分别为 $(x_A,\ y_A)$ 和 $(x_B,\ y_B)$,通过平面直角坐标反算,可获得 AB 边的坐标方位角 α_{AB} 和边长 S_{AB} ,由坐标方位角 α_{AB} 和观测角 α 可推算出 AP 的坐标方位角 α_{AP} ,由正弦定理可得 AP 的边长 S_{AP} 。由此,根据平面直角坐标正算公式,即可求得待定点 P 的坐标,即

$$\begin{cases} x_P = x_A + S_{AP} \cdot \cos\alpha_{AP} \\ y_P = y_A + S_{AP} \cdot \sin\alpha_{AP} \end{cases}$$

当点 A、B、P 按逆时针编号时, $\alpha_{AP} = \alpha_{AB} - \alpha$,将其代入上式,得

$$\begin{cases} x_P = x_A + S_{AP} \cdot \cos(\alpha_{AB} - \alpha) = x_A + S_{AP}(\cos\alpha_{AB}\cos\alpha + \sin\alpha_{AB}\sin\alpha) \\ y_P = y_A + S_{AP} \cdot \sin(\alpha_{AB} - \alpha) = y_A + S_{AP}(\sin\alpha_{AB}\cos\alpha - \cos\alpha_{AB}\sin\alpha) \end{cases}$$

考虑到 $x_B - x_A = S_{AB} \cdot \cos\alpha_{AB}$; $y_B - y_A = S_{AB} \cdot \sin\alpha_{AB}$,则有

$$\begin{cases} x_P = x_A + \dfrac{S_{AP} \cdot \sin\alpha}{S_{AB}}[(x_B - x_A) \cdot \cot\alpha + (y_B - y_A)] \\ y_P = y_A + \dfrac{S_{AP} \cdot \sin\alpha}{S_{AB}}[(y_B - y_A) \cdot \cot\alpha - (x_B - x_A)] \end{cases} \tag{7-18}$$

由正弦定理可知

$$\frac{S_{AB} \cdot \sin\alpha}{S_{AB}} = \frac{\sin\beta}{\sin\gamma}\sin\alpha = \frac{\sin\alpha \cdot \sin\beta}{\sin(\alpha + \beta)} = \frac{1}{\cot\alpha + \cot\beta} \tag{7-19}$$

将式(7-19)代入式(7-18),并整理得

$$\begin{cases} x_P = \dfrac{x_A \cdot \cot\beta + x_B \cdot \cot\alpha + (y_B - y_A)}{\cot\alpha + \cot\beta} \\ y_P = \dfrac{y_A \cdot \cot\beta + y_B \cdot \cot\alpha - (x_B - x_A)}{\cot\alpha + \cot\beta} \end{cases} \tag{7-20}$$

式(7－20)为前方交会计算公式，也称为余切公式，输入观测值和已知点的坐标即可直接得到未知参数的解，在实际工作中可以通过编制计算程序实现。

7.4.2　后方交会测量

在待定点 P 设站，向 3 个已知控制点观测两个水平夹角 α、β，从而计算待定点的坐标，称为后方交会。后方交会如图 7－12 所示，图中 A、B、C 为已知点，P 为待定点。如果观测了 PA 和 PC 间的夹角 α，以及 PB 和 PC 之间的夹角 β，这样 P 点同时位于$\triangle PAC$ 和$\triangle PBC$ 的两个外接圆上，必定是两个外接圆的两个交点之一，由此可以得到待定点 P 的位置。需要注意的是待定点 P 不能位于由已知点 A、B、C 所决定的外接圆(称为危险圆)的圆周上，否则 P 点将不能唯一确定，若接近危险圆，则 P 点的可靠性将降低，选点时应尽量避免上述情况。

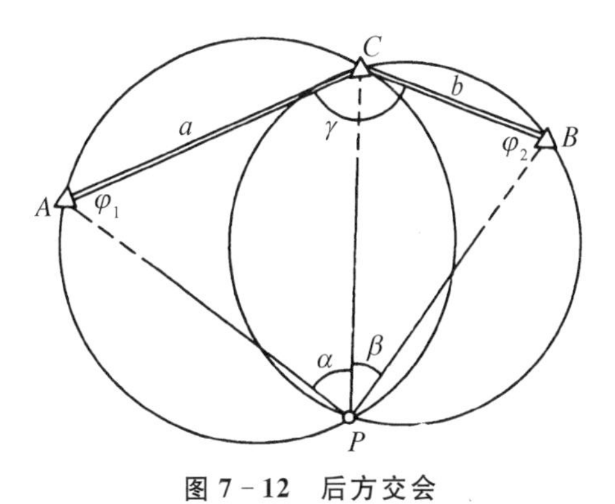

图 7－12　后方交会

图 7－12 中，可由 A、B、C 三点的坐标反算其边长和坐标方位角，得到边长 a、b 以及角度 γ，若能求出 φ_1 和 φ_2 角，则可按前方交会求得 P 点的坐标。

由图(7－15)中的几何关系，得到

$$\varphi_1+\varphi_2=360^\circ-(\alpha+\beta+\gamma) \tag{7-21}$$

根据正弦定理可知

$$\frac{a\sin\varphi_1}{\sin\alpha}=\frac{b\sin\varphi_2}{\sin\beta}$$

则

$$\frac{\sin\varphi_1}{\sin\varphi_2}=\frac{b\sin\alpha}{a\sin\beta}$$

令

$$\theta=\varphi_1+\varphi_2=360^\circ-(\alpha+\beta+\gamma)$$

$$\kappa=\frac{\sin\varphi_1}{\sin\varphi_2}=\frac{b\sin\alpha}{a\sin\beta}$$

即

$$\begin{cases}\kappa=\dfrac{\sin(\theta-\varphi_2)}{\sin\varphi_2}=\sin\theta\cot\varphi_2-\cos\theta\\[2ex]\tan\varphi_2=\dfrac{\sin\theta}{k+\cos\theta}\end{cases} \tag{7-22}$$

由式(7－21)求得 φ_2 后，代入式(7－20)求得 φ_1，即可按前方交会计算 P 点坐标。按以上过程推导，得到 P 点的坐标计算公式

$$\begin{cases}x_P=\dfrac{P_Ax_A+P_Bx_B+P_Cx_C}{P_A+P_B+P_C}\\[2ex]y_P=\dfrac{P_Ay_A+P_By_B+P_Cy_C}{P_A+P_B+P_C}\end{cases} \tag{7-23}$$

式中

$$\begin{cases}P_A=\dfrac{1}{\cot A-\cot\alpha}\\P_B=\dfrac{1}{\cot B-\cot\beta}\\P_C=\dfrac{1}{\cot C-\cot\gamma}\end{cases};\quad\begin{cases}A=\alpha_{AC}-\alpha_{AB}\\B=\alpha_{BA}-\alpha_{BC}\\C=\alpha_{CB}-\alpha_{CA}\end{cases};\quad\begin{cases}\alpha=R_c-R_b\\\beta=R_a-R_c\\\gamma=R_b-R_a\end{cases}\tag{7-24}$$

为计算方便，采用(7-24)计算后方交会点坐标时规定：已知点 A、B、C 所构成的三角形内角命名为 A、B、C(图和计算见表 7-6)，在 P 点对 A、B、C 三点观测的水平方向值为 R_a、R_b、R_c，构成的 3 个水平角为 α、β、γ。三角形三内角 A、B、C 由已知坐标反算的坐标方位角相减求得，P 点上的 3 个水平角 α、β、γ 由观测方向 R_a、R_b、R_c 相减求得。

传统的后方交会只测量角度，随着全站仪的普及，后方交会既可测量角度又可测量距离，这种测量方法也称为自由设站。由于增加了距离观测值，因此多余观测数更多，此时需要按严密平差方法求出待定点的坐标，由于计算过程较复杂，这里不再详细讲解。

表 7-6　后方交会测量计算

示意图　　　　野外图

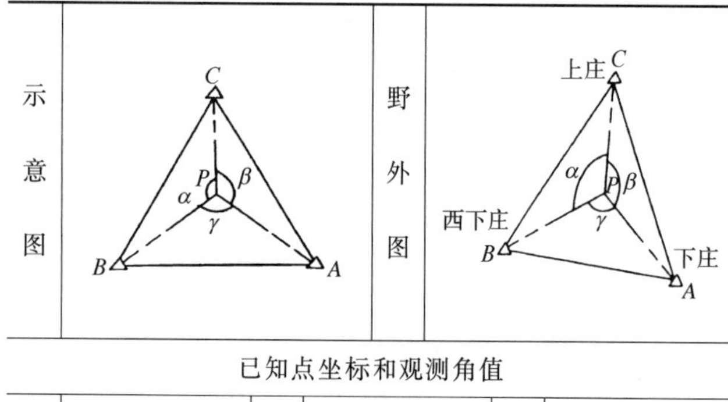

$$\begin{cases}x_P=\dfrac{P_Ax_A+P_Bx_B+P_Cx_C}{P_A+P_B+P_C}\\y_P=\dfrac{P_Ay_A+P_By_B+P_Cy_C}{P_A+P_B+P_C}\end{cases}$$

$$\begin{cases}P_A=\dfrac{1}{\cot A-\cot\alpha}\\P_B=\dfrac{1}{\cot B-\cot\beta}\\P_C=\dfrac{1}{\cot C-\cot\gamma}\end{cases}$$

已知点坐标和观测角值

x_A	19 802.485	y_A	8 785.893	α	106°18′44″
x_B	20 752.058	y_B	5 995.401	β	122°59′06″
x_C	22 714.984	y_C	7 575.591	γ	130°42′10″

待定点坐标之计算

坐标方位角		固　定　角		仿　权　值		待定点坐标	
α_{AB}	288°47′34″	A	48°38′30″	P_A	0.852 5302	x_P	20 982.269
α_{BC}	38°50′05″	B	69°57′29″	P_B	0.986 3538	y_P	7 369.033
α_{CA}	157°26′04″	C	61°24′01″	P_C	0.711 525 3		

7.5　GNSS 控制测量

目前，GNSS 定位技术已基本上取代了常规的控制测量方法，广泛应用于建立各种级别和用途的平面控制网。GNSS 技术在布设控制网方面具有测量精度高、选点灵活、不需要造标、全天候作业、观测时间短、观测和数据处理自动化程度高等特点。由于控制测量的精度要求高，GNSS 控制测量主要采用静态相对定位模式，与传统的控制测量流程类似，GNSS 控制测量作业的主要内容包括控制测量的技术方案设计、选点和标志埋设、外业观测和数据处理等技术环节。

7.5.1　GNSS 控制网的精度要求

从美国 GPS 的布设完成迄今为止已有二十余年，GNSS 测量的技术规范已较为成熟。常用的 GNSS 测量规范有 GB/T 18314－2009《全球定位系统(GPS)测量规范》、CJJ/T 73－2019《卫星定位城市测量技术标准》，规范详细给出了 GNSS 控制测量的方法和流程。根据 CJJ/T 73－2019《卫星定位城市测量技术标准》，GNSS 城市控制网分为二、三、四等网和一、二级网。GNSS 网的主要技术要求应符合表 7－7 的规定。

表 7－7　GNSS 网的主要技术要求

等　级	平均边长/km	a/mm	$b(1\times10^{-6})$	最弱边相对误差
二等	9	≤5	≤2	1/120 000
三等	5	≤5	≤2	1/80 000
四等	2	≤10	≤5	1/45 000
一级	1	≤10	≤5	1/20 000
一级	<1	≤10	≤5	1/10 000

注：a 表示固定误差；b 表示比例误差系数

7.5.2　GNSS 控制网的图形设计

GNSS 静态相对定位需要 2 台以上的 GNSS 接收机在相同的时间段内同时连续跟踪相同的卫星组，从而得到同步环，然后根据不同时段的同步环构成网形(异步环)，最后经过网平差得到控制点的坐标。因此，GNSS 控制网的网形设计主要包括同步环设计和异步环设计，下面先介绍几个基本概念。

(1) 观测时段：接收机开始接收卫星信号至停止接收为止，连续观测的时间间隔称为观测时段。

(2) 同步观测：2 台或 2 台以上接收机同时对同一组卫星进行的观测称为同步观测。

(3) 基线向量：计算得到的 2 个同步观测站之间的空间向量的坐标差，是既有长度又有方向特性的三维矢量。

(4) 同步环：3 台或 3 台以上接收机同步观测所获得的基线向量构成的闭合多边形。

(5) 异步环：由数条 GNSS 独立边构成的闭合多边形。

(6) PDOP 因子：PDOP(position dilution of precision)表示位置精度强弱度，主要归因于卫星的几何分布，天空中卫星分布程度越好，PDOP 值越小，定位的精度越高。

1. GNSS 控制测量的同步环

多台 GNSS 接收机同步观测就构成了同步环，同步环形成的基线数与接收机的台数有关，若有 N 台 GPS 接收机，则同步环形成的基线数为

$$基线总数 = N(N-1)/2$$

其中：独立基线数为$N-1$，如3台接收机测得的同步环中独立基线数为2，这是由于第3条基线可以由前两条基线计算得到。图7-13所示为常见的几种同步环的几何形状。从理论上讲，同步环中各基线向量的闭合差应等于零，但由于各种来源的观测误差的影响，导致同步环闭合差并不等于零，但不能超过规定的限差。若同步环闭合差较大，就表明观测或基线向量解算有错误。需要说明的是，同步环闭合差不超过限差，只能表明这一时段的观测和基线解算合格，并不表明GNSS定位的高精度。

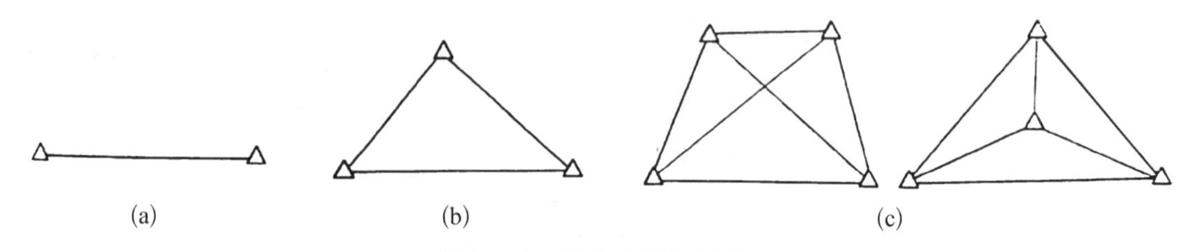

图7-13　常见GNSS同步环

(a) 2台接收机　(b) 3台接收机　(c) 4台接收机

2. GNSS测量的异步环

GNSS网的精度和可靠性取决于网的结构，而网的结构取决于同步环的连接方式。这是由于不同的连接方式将产生不同的多余观测，而根据测量平差理论，增加多余观测可以提高网的精度和可靠性。在实际工作中还应考虑外业工作量的大小，综合考虑精度、可靠性与劳动强度，以便优化网形和观测方案。

将不同观测时段的独立基线连接组成GNSS控制网，常用连接方式有点连接、边连接、边点混合连接、网连接等。

(1) 点连接：相邻同步环间仅有一个点相连接而构成的异步网图，如图7-14(a)所示。

(2) 边连接：相邻同步环间由一条边相连接而构成的异步环网图，如图7-14(b)所示。

(3) 边点混合连接：既有点连接又有边连接的GNSS网，如图7-14(c)所示。

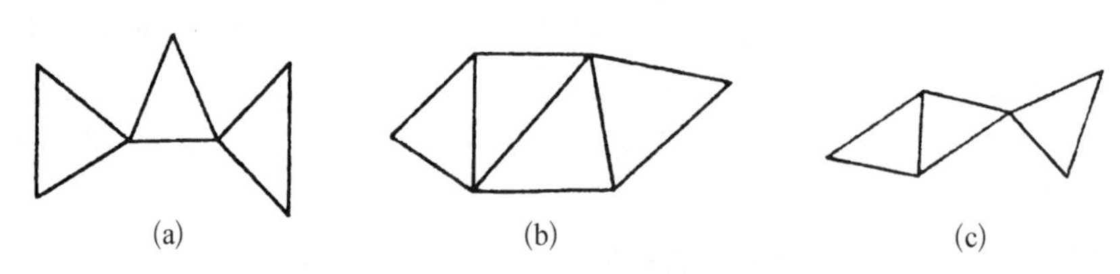

图7-14　GPS基线向量网布网的连接方式

(a) 点连接　(b) 边连接　(c) 边点混合连接

(4) 网连接：相邻同步环间有3个以上公共点相连接，相邻同步图形间存在互相重叠的部分，即某一同步图形的一部分是另一同步图形中的一部分。这种布网方式需要$N \geqslant 4$这样密集的布网方法，其几何强度和可靠性指标高，但其观测工作量大，仅适用于精度要求较高的测量任务。

7.5.3　GNSS测量的外业

与导线测量类似，GNSS控制测量在设计好测量方案后，需要到现场进行选点和标志埋设。GNSS测量通过接收天空卫星信号实现地面定位测量，一般不要求观测站之间相互通视。另外，

GNSS 观测精度主要受卫星的分布状况影响，与地面点构成的几何状况无关，因此网的图形选择相对简单和灵活。在实际工作中，GNSS 控制网的选点应根据控制测量的目的、精度、密度要求，在充分收集测区范围、地理状况以及原有控制点状态的基础上进行点位的选定与布设。

选点时通常应遵循以下原则：

（1）控制点选点应面向测量任务，如测绘地形图点位应尽量均匀，线路工程测量点位应布设为带状点对。

（2）应考虑便于其他测量手段联测和扩展，最好能与相邻 1～2 个点通视。

（3）点应选在交通方便、基础坚固、易于到达的地方，以便保存和安置接收设备。

（4）控制点应视野开阔，视场内周围障碍物的高度角一般应小于 15°。

（5）点位应远离大功率无线电发射源（如电视台、电台、微波站等）和高压输电线，以避免周围磁场对 GPS 信号的干扰。

（6）点位附近不应有对电磁波反射强烈的物体，如大面积水域、镜面建筑物等，以减弱多路径效应的影响。

（7）点位选定后，均应按规定绘制点记之，便于寻找。

外业观测应遵循 CJJ/T 73－2019《卫星定位城市测量技术标准》的规定，各等级作业的技术要求应满足表 7－8 中的规定。

表 7－8　GNSS 测量各等级作业的基本技术要求

项　目	观测方法	等　级				
		二　等	三　等	四　等	一　级	二　级
卫星高度角/(°)	静态	≥15	≥15	≥15	≥15	≥15
有效观测同类卫星数	静态	≥4	≥4	≥4	≥4	≥4
平均重复设站数	静态	≥2.0	≥2.0	≥1.6	≥1.6	≥1.6
时段长度/min	静态	≥90	≥60	≥45	≥45	≥45
数据采样间隔/s	静态	10～30	10～30	10～30	10～30	10～30
PDOP 值	静态	<6	<6	<6	<6	<6

GNSS 测量的观测步骤包括：

（1）各观测组应严格按规定的时间进行作业。

（2）安置天线：将天线架设在三脚架上整平对中，天线的定向标志线应指向正北。观测前、后应各量一次天线高，两次校差不应大于 3 mm，取平均值作为最终天线高。

（3）开机观测：将接收机与天线连接，启动接收机进行观测，接收机锁定卫星并开始记录数据后，可按操作手册的要求进行输入和查询操作。

（4）观测记录：GNSS 观测记录形式有两种，一种由 GNSS 接收机自动记录；另一种是人工记录，记录控制点点名、接收机序列号、仪器高、开关机时间等相关测站信息，记录格式参见有关规范。

7.5.4　内业数据处理

GNSS 测量数据处理可以分为观测值的预处理、基线向量解算和 GPS 网平差等基本步骤，GNSS 静态测量数据处理流程如图 7－15 所示。

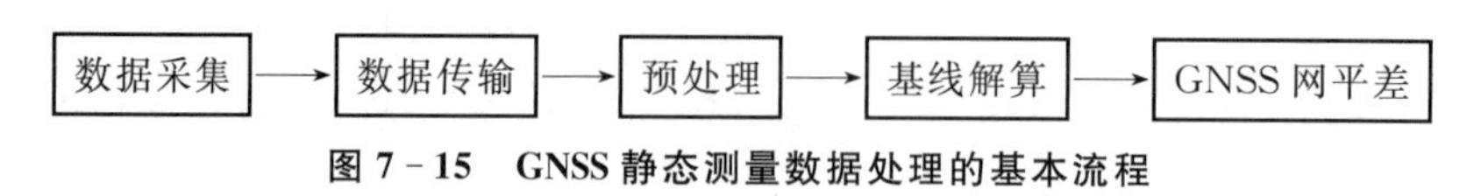

图 7－15　GNSS 静态测量数据处理的基本流程

1. 数据预处理

数据预处理是将接收机采集的数据通过传输、解译成相应的数据文件，通过预处理将各类接收机的数据文件标准化，形成平差计算所需的文件。预处理的主要工作包括：

（1）数据进行滤波，删除粗差，删除无效或无用数据。

（2）统一数据文件格式，将各类接收机的数据文件加工成彼此兼容的标准化文件。

（3）GNSS 卫星轨道方程的标准化，一般用一多项式拟合观测时段内的星历数据（广播星历或精密星历）。

（4）诊断整周跳变点，发现并恢复整周跳变，使观测值复原。

（5）对观测值进行各种改正，最常见的是大气折射模型改正。

2. 基线向量解算

基线向量解算是利用载波相位观测值或其差分观测值去求解两个同步观测的测站之间的基线向量的过程。基线向量解算是一个复杂的平差计算过程，计算过程中要考虑信号中断引起的数据处理、劣质观测数据的检测与剔除、星座变化引起的整周模糊度的增加等问题。基线向量解算一般采用双差模型，可选择单基线解算或多基线同时解算两种方案。由于 GNSS 基线向量解算方法较复杂，现有的测量型 GNSS 接收机都配备了专用的数据处理软件，对于非测绘专业的学生只需要熟悉软件后按说明书使用即可。

基线向量解算完成后，外业观测数据应经同步环、异步环和复测基线检核，满足同步环各坐标分量闭合差及环线全长闭合差、异步环各坐标分量闭合差及环线全长闭合差、复测基线的长度较差的要求，再进入网平差。

3. GNSS 网平差

GNSS 网平差是在基线向量解算完成后，利用测区的已知数据，将 GNSS 基线向量作为观测数据，对 GNSS 控制网进行整体平差以及坐标转换的过程。GNSS 网平差的算法类型有多种，根据参与平差计算的坐标空间维数，可将 GNSS 网平差分为三维平差和二维平差；根据平差时所采用的已知条件和起算数据情况，可将平差分为无约束平差、约束平差和联合平差等类型。

GNSS 网平差可选择三维平差与二维平差方法，三维平差在三维空间坐标系中进行，观测值为三维空间中的基线向量，解算出的结果为点的三维空间坐标。二维平差在二维平面坐标系下进行，首先需要将三维基线向量投影到椭球面或高斯平面，然后将投影后的二维基线向量作为观测值，解算出点的二维平面坐标，一般适合于小范围 GNSS 网平差。

根据基准条件类型，GNSS 网平差分为无约束平差、约束平差和联合平差。无约束平差是指平差时固定网中某点的坐标，并在 WGS－84 坐标系下进行的平差计算。约束平差以国家大地坐标系或地方坐标系的某些控制点的坐标、边长和方位角为约束条件，同时顾及 GNSS 网与地面网之间的转换参数进行平差计算，这是目前工程测量或小地区控制测量最常用的方法。联合平差时的观测值除了 GNSS 观测值以外，还包括采用传统的大地测量方法得到的角度、方位、距离、高差等观测值，将这些数据一起进行平差计算。

7.6　高程控制测量

控制测量除了平面控制测量外，还包括高程控制测量。在国家层面，高程控制网包括一、二等的高程控制网。而在小地区或施工测量中，多采用三、四等水准测量作为首级高程控制网，对于高程变化较大的地区，常采用四等水准测量和三角高程测量相结合的方法。

7.6.1　三、四等水准测量

普通水准测量的原理和方法在第 3 章中已做介绍，三、四等水准测量应选用 DS3 以上等级的水准仪，测量前应对水准仪进行检核，在测量过程中需要严格按照规范要求执行，根据 GB/T 12898－2009《国家三、四等水准测量规范》的规定，国家三、四等水准测量应遵循表 7－9 中的规范。

表 7－9　三、四等水准测量技术规范

等级	水准仪	视线长度/m	前后视距差/m	前后视距累积差/m	视线高度	黑面、红面读数之差/mm	黑面、红面所测高差之差/mm
三等	DS1	≤100	≤3	≤6	三丝能读数	≤1.0	≤1.5
	DS3	≤75				≤2.0	≤3.0
四等	DS3	≤100	≤5	≤10	三丝能读数	≤3.0	≤5.0

三、四等水准测量目前大多采用电子水准仪测量，也可以采用第 3 章中介绍的 DS3 等级的普通水准仪测量。用 DS3 微倾式水准仪测量时需要双面尺，按“后—前—前—后”的顺序观测。与普通水准测量不同的是，三、四等水准测量需要读仪器的视距，测量过程中需要及时计算前后视距差和累计视距差以及红、黑面读数和高差之差，以保证测量结果符合规范。观测结果按规定记录在表 7－10 中，作为检核和计算的原始数据。

表 7－10　四等水准测量记录表

测站编号	后尺 下丝	前尺 下丝	方向及尺号	水准尺读数		K＋(黑－红)/mm	平均高差 h/m	备　注
	后尺 上丝	前尺 上丝		黑面/mm	红面/mm			
	后视距	前视距						
	视距差 d/m	$\sum d$ /m						
1	1 042	1 134	后	848	5 633	－2	－0.164	
	652	768	前	1 012	5 696	－3		
	39.0	36.6	后—前	－164	－63	＋1		
	＋2.4	＋2.4						
2	1 775	1 300	后	1 455	6 239	－3	＋0.126	
	1 131	655	前	1 328	6 015	0		
	64.4	64.5	后—前	＋0.127	＋0.224	－3		
	－0.1	＋2.3						

三、四等水准测量在完成测站检核和高差计算以后，还需要根据水准路线的形式进行平差计算，若为闭合水准路线或附合水准路线，则计算方法与步骤与第三章的水准测量处理方法相同；若为水准网，则需要采用严密平差计算方法得到最终的高程。

7.6.2 三角高程测量

三角高程测量是指由通过测量测站点与目标点之间的垂直角和它们之间的水平距离，计算得到测站点与目标点之间的高差测量工作。三角高程测量的精度虽较水准测量低，但具有操作简便、速度快等特点，常用于山区或矿山井下倾斜巷道中的高程测量。

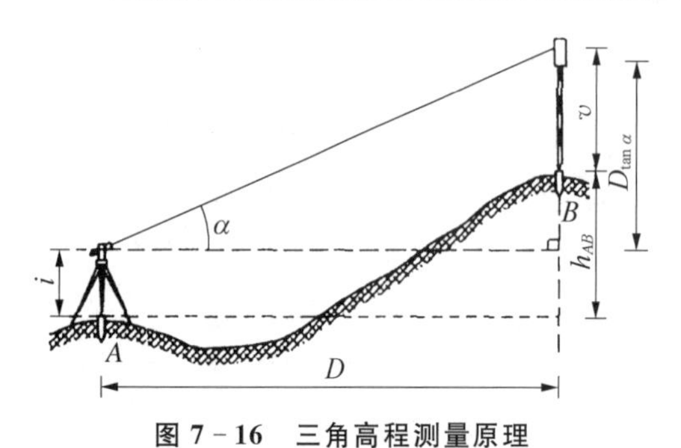

图 7-16 三角高程测量原理

如图 7-16 所示，假设 A、B 之间的水平距离为 D，仪器高度、目标高度分别为 i、v，竖直角为 α，根据几何关系，得到 A、B 两点之间的高差计算公式为

$$h_{AB}=D\tan\alpha+i-v \tag{7-25}$$

在三角高程测量中，当测量的距离大于 100 m 时，需要考虑地球曲率与大气折光对高差的影响(见图 7-17)。其中地球曲率影响是因为地球表面是一个椭球面而非平面，通常将椭球面当作平面而引起的高差的影响又称为地球曲率误差。大气折光影响是指由于大气层密度不均匀导致光线不严格按直线传播对高差产生的影响。

地球曲率改正也称为球差改正，其改正数为 c。同时，观测视线受大气折光的影响而成为一条向上凸起的弧线，需加以大气折光影响的改正，称为气差改正，其改正数为 γ。以上两项改正合称为球气差改正，简称两差改正，其改正数为 $f=c-r$ 。

$$f=c-r=(1-k)\frac{D^2}{2R} \tag{7-26}$$

式(7-26)中，f 为两差改正；k 值为大气折光系数，其大小与地区、气候、季节、地面覆盖物等因素有关，取值为 0.08～0.14。因此，f 恒大于零，两差改正后的高差为

$$h_{AB}=D\tan\alpha+i-v+f \tag{7-27}$$

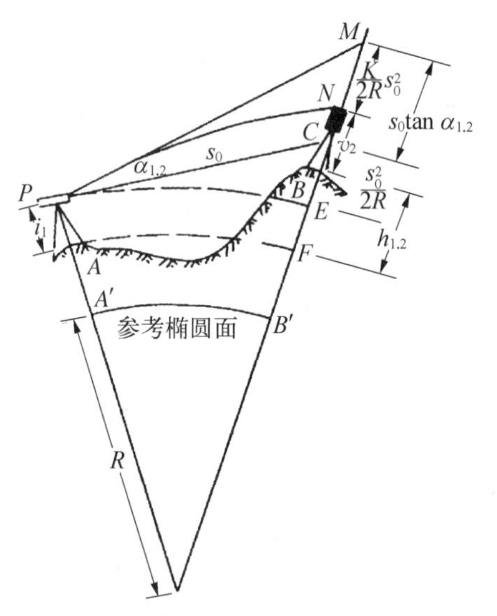

图 7-17 地球曲率和大地折光的影响

综上所述，当三角高程测量距离较远(>100 m)时，需要按式(7-26)改正。减少两差改正误差的另一个方法是：在 A、B 两点同时进行对向观测，此时可以认为 k 值是相同的，两差改正 f 也相等，取往返测高差的平均值可以消除地球曲率误差和大气折光误差的影响。

习 题 7

1. 什么是控制网？建立控制网的方法有哪些？

2. 测量控制网分为哪几种形式？在实际工程测量作业中，测量控制网有什么作用？
3. 什么是控制网的基准？平面控制网需要哪几个基准条件？
4. 在实际工程测量作业中，导线布设分为几种形式？
5. 简述闭合导线近似计算的方法和步骤。
6. 简述附合导线近似计算的方法和步骤。
7. 说明交会测量的类型并简要描述。
8. 什么是GNSS控制测量的同步环和异步环？
9. 简述一种将GNSS测量结果由WGS－84坐标系转化为城市坐标系的方法。
10. 地球曲率对三角高程测量结果的影响有多大？用什么方式消除？

第8章　大比例尺数字测图与应用

8.1　地图的基本知识

8.1.1　地图和地形图

地图是按照一定的法则，以二维或多维方式在平面或球面上表示地球（或其他星球）若干现象的图形或图像。地图依据规定的数学基础、符号系统、文字注记以及制图综合原则，科学地反映自然和社会经济现象的空间分布特征及其相互关系。传统地图的呈现载体多为纸张，随着科学技术的发展，地图的表达方式主要有数字地图、影像地图、立体地图等。

构成地图的基本内容称为地图要素，包括数学要素、地理要素和辅助要素，通称地图“三要素”。

（1）数学要素，指构成地图的数学基础。例如地图投影、等高线、等温线、比例尺、控制点、坐标网、高程系、地图分幅等。这些内容是决定地图图幅范围、投影方法、表达方式等的基本准则。它保证了地图的精确性，并作为在地图上量取点位、高程、长度、面积的依据，在大范围内保证多幅图的精准拼接。

（2）地理要素，指地图上表示的具有地理位置、分布特点的自然现象和社会现象。因此，地理要素分为自然要素（如水文、地貌、土质、植被）和社会经济要素（如居民地、交通线、行政境界等）。

（3）辅助要素，主要指便于读图和用图的注释、图表等。例如图名、图号、图例和地图资料说明，以及图内各种文字、数字注记等。

地图在各种领域都有广泛的应用，因此也有多种分类方法。按照地图的内容，地图可分为普通地图、地形图和专题地图。

（1）普通地图，是以不同详细程度来表示地面上主要的自然和社会经济现象的图形，能够比较全面地反映出制图区域的地理特征，包括水系、地形、土质、植被、居民地、交通网、境界线以及主要的社会经济要素等。与地形图相比，普通地图在地图投影、分幅、比例尺等方面具有一定的灵活性，几何精度较地形图低。

（2）地形图（topographic map），是按照统一的规范和符号系统，将地面上的地物和地貌按一定的投影方式投影到平面上并按比例尺绘制的地图。地形图具有高精度、规范性和完整性的特点，能满足多方面用图需求，是国家资源勘探、城市规划、工程建设的基础资料，也是编制其他专题地图的依据。如图8-1为某城区地形图，图8-2为某丘陵地区地形图。

（3）专题地图（thematic map），用于表示一种或几种自然或社会经济现象的地理分布，或强调表示某一方面特征的地图，如交通图、旅游图、地下管线图等。

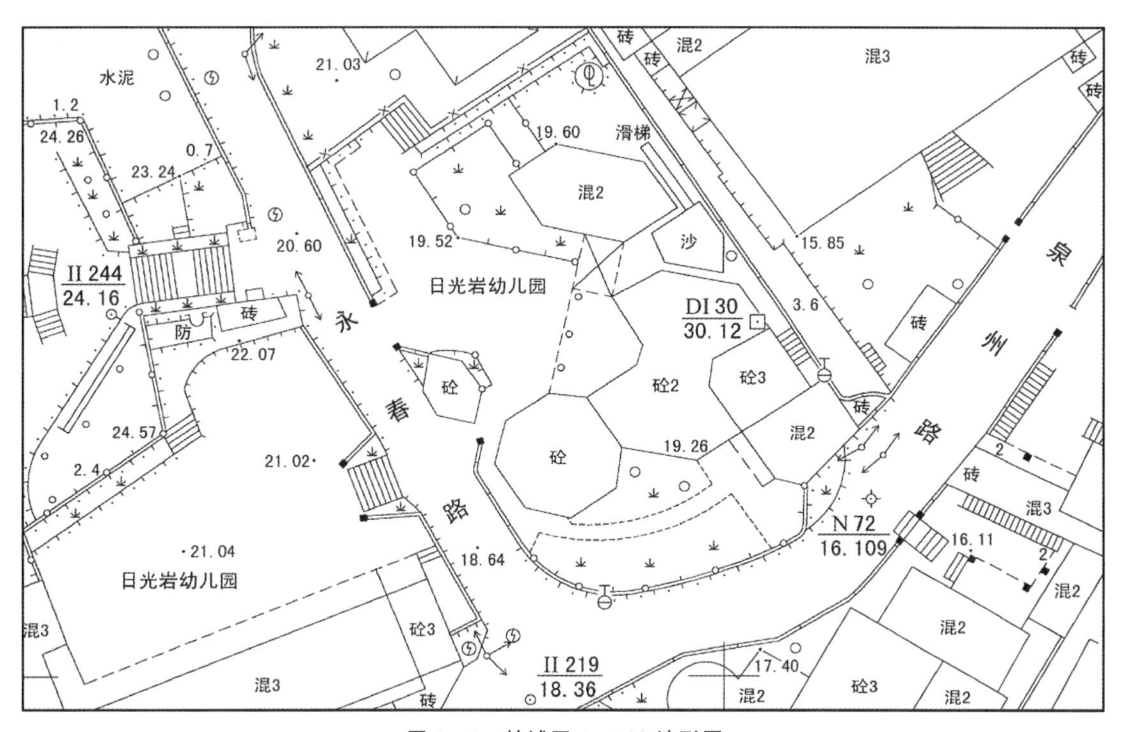

图 8－1　某城区 1∶500 地形图

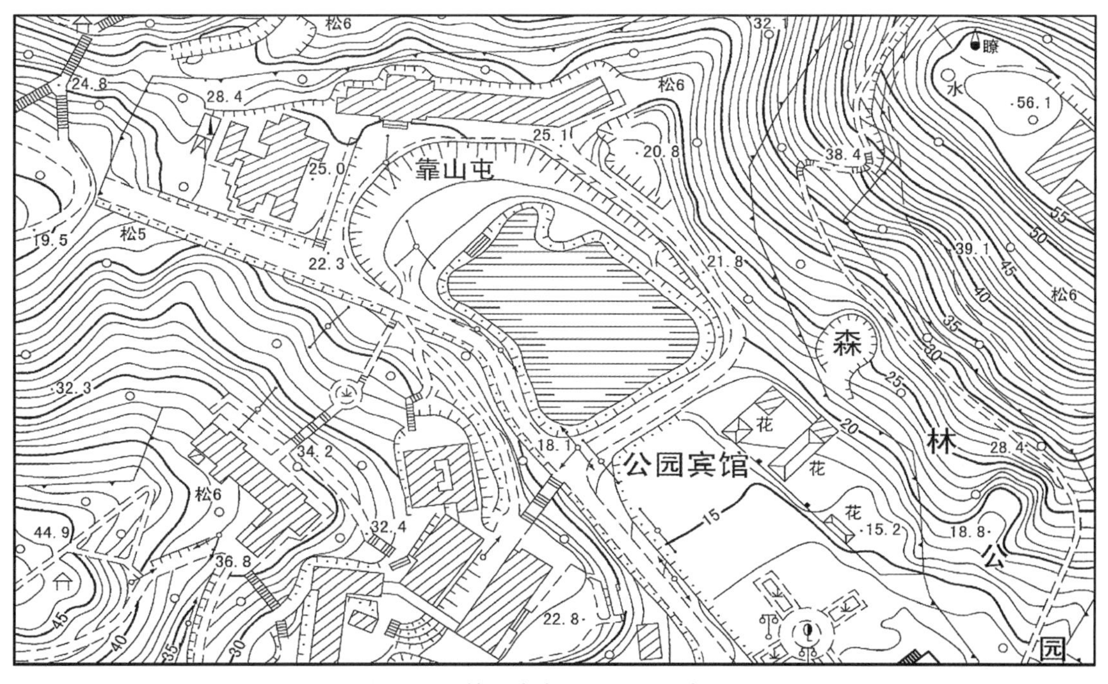

图 8－2　某丘陵地区 1∶2 000 地貌图

8.1.2 地图的比例尺

绘制各种地图时，实地的形状必须经过缩小后才能绘制在图纸上。图上某一线段的长度与相应线段的实际长度之比，称为图的比例尺。地形图的比例尺有两种表示方法：数字比例尺和图示比例尺。

1）数字比例尺

用分子为1、分母为整数的分数表示的比例尺称为数字比例尺，如1∶500、1∶1 000等。地形图按比例尺的不同，可以分为大、中、小3种。1∶500、1∶1 000、1∶2 000、1∶5 000比例尺的地形图，称为大比例尺图；1∶10 000、1∶25 000、1∶50 000、1∶100 000的地形图，称为中比例尺图；1∶200 000，1∶500 000、1∶1 000 000的地形图，称为小比例尺图。本章主要介绍大比例尺地形图的测绘。表8-1列出了不同比例尺地形图的用途。

表8-1 各种比例尺地形图的用途

比例尺	用途
1∶10 000，1∶5 000	城市总体规划，厂址选择，区域布置，方案比较
1∶2 000	城市详细规划，工程项目初步设计
1∶1 000，1∶500	建筑设计，城市详细规划，工程施工设计，竣工图

设地图上的线段长度为l，地面上相应线段的水平长度为D，M为比例尺的分母，则图的数字比例尺为

$$\frac{1}{M}=\frac{l}{D}$$

2）图示比例尺

图示比例尺是以图形的方式来表示地图上距离与实地距离关系的一种比例尺形式。与数字比例尺相比，图示比例尺可以更直观地表示地图上标志间对应的距离，而且用于数字地图的图示比例尺可以和地图等比例缩放，便于用户更加直观地获取几何信息。直线比例尺如图8-3所示。

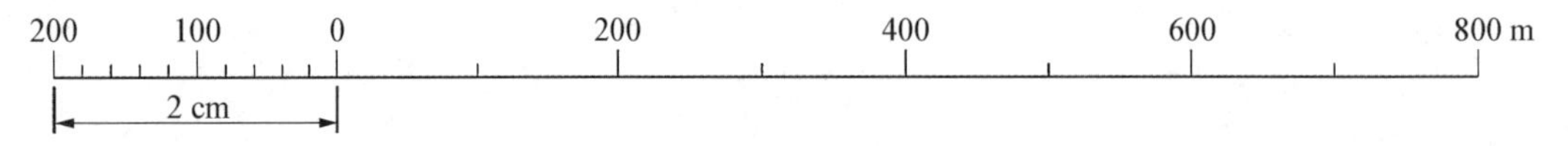

图8-3 直线比例尺示意图

3）比例尺精度

不同比例尺的地形图上所表示的地物、地貌的精细程度不同，其精确与详尽程度受比例尺精度的影响。传统的地形图是经人工用绘图工具将测量成果绘制于纸质图上的，因此制图误差既包含了测量误差，又包括因人眼分辨能力不足引起的误差。人眼分辨角值为60″，在明视距离25 cm内能辨别两条平行线的间距为0.1 mm，因此通常将0.1 mm作为人眼分辨率。

地形图上0.1 mm所表示的实地长度，称为地形图的比例尺精度。由此可见，不同比例尺的地形图其比例尺精度不同。大比例尺地形图所绘的地物、地貌较小比例尺更为详尽。地形图比例尺精度数值列于表8-2中。

表 8-2　常用大比例尺地形图对应的比例尺精度

比例尺	1∶500	1∶1 000	1∶2 000	1∶5 000
比例尺精度/(±cm)	5	10	20	50

综上所述，地形图的比例尺精度与测量有以下关系：① 根据地形图比例尺确定实地测量精度，如在比例尺为 1∶500 的地形图上测绘地物，距离测量精度只需达到±5 cm 即可；② 可根据用图需要表示地物、地貌的详细程度确定所选用地形图的比例尺，如要求测量能达到距离精度为 10 cm 的图，应选比例尺为 1∶1 000 的地形图。

8.1.3　地图的辅助要素

1）图幅

图的量词为“幅”，一张地形图称为一幅地形图。图幅是指图的幅面大小，即一幅图所测绘的地貌、地物的范围。大比例尺地形测量采用矩形图幅，标准图幅的幅面大小为 50 cm×50 cm、或 40 cm×50 cm（见图 8-4），比例尺不同，每幅图对应的大小和面积也不一样。比例尺越大，每幅图对应的实际面积越小，面积相同的区域包含的图幅数量也越多。

2）图名

地形图的图名一般是用本幅图内最大的城镇、村庄、名胜古迹或突出的地物、地貌的名称来表示的。图名通常用粗体写在图幅上方中央。

3）图号

在保管、使用地形图时，为使图纸有序地存放和检索，需要将地形图进行编号，该编号称为地形图图号。图号一般写在图名的正下方。

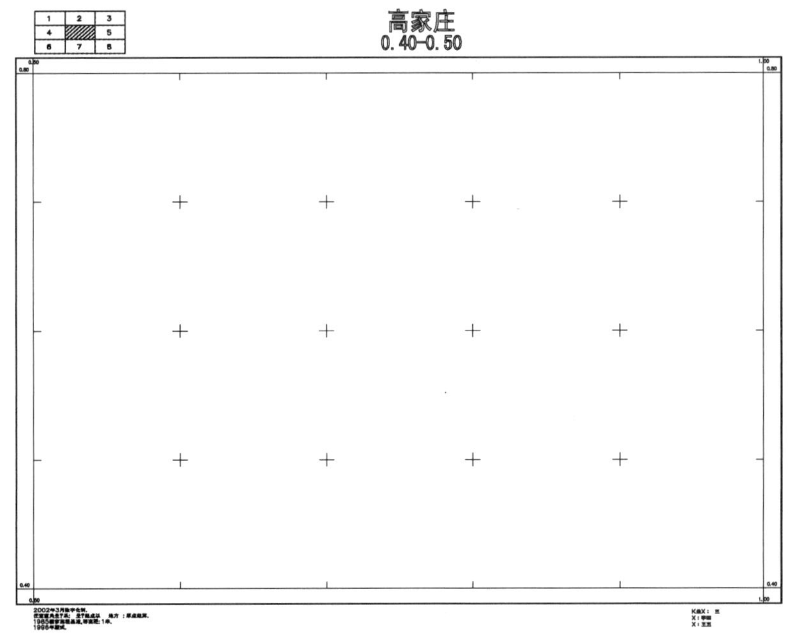

图 8-4　40 cm×50 cm 标准图幅

4）接图表

接图表是表示本幅图与相邻图幅之间位置关系的示意图，供查找相邻图幅之用。接图表位于图幅左上方，给出了与本幅图相邻的8幅图的图名。

5）图廓

图廓有内、外图廓之分，内图廓线就是测量边界线。内图廓之内绘有10 cm间隔互相垂直交叉的短线，称为坐标格网。外图廓线是一幅图最外边的界线，以粗实线表示。有时地形图在内外图廓线间尚有一条分图廓线。在外图廓线与内图廓线空白处，与坐标网线对应地写出坐标值。

外图廓线外除了有接图表、图名、图号外，还应注明测量所用的平面坐标系、高程系、比例尺、测绘日期和测绘单位等。

8.1.4 地形图的分幅和编号

在地形测量中，通常不能用一张图纸将整个测区描绘出来。为了便于地形图的测绘、管理和使用，需要将大面积的各种比例尺的地形图进行统一的分幅和编号。地形图的分幅方法分为两类：一类是按经纬线分幅的梯形分幅法；另一类是按坐标格网分幅的矩形分幅法。前者用于中、小比例尺的国家基本地形图的分幅，后者用于城市大比例尺图的分幅。

大比例尺地形图采用矩形分幅法，图廓线为纵、横坐标线。以1∶500比例尺测图为例，若采用纵、横各40 cm×50 cm的图纸，则实地距离为200 m×250 m，因此可以将测区按以上大小进行矩形分幅。

图幅的编号是指将图幅编注序号的方法，矩形图幅常用的编号方法如图8-5所示，采用西南坐标编号法，或逐行、逐列的顺序依次排序的基本图幅法。

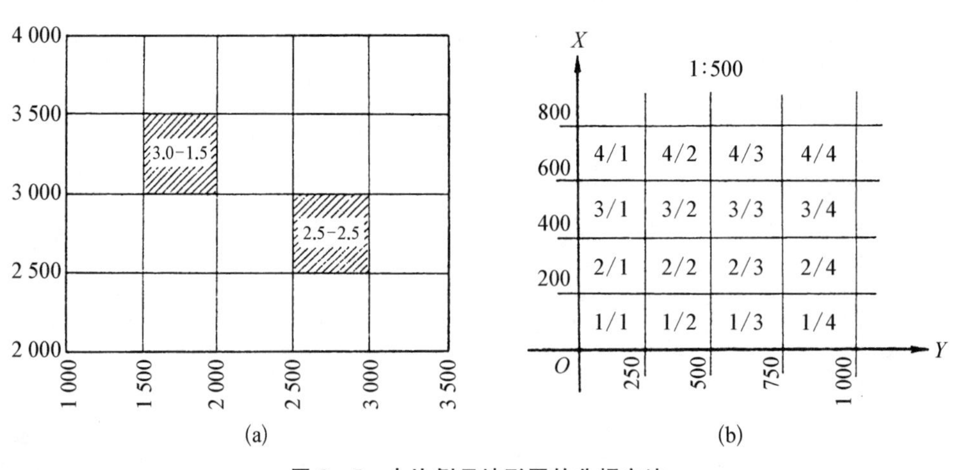

图8-5 大比例尺地形图的分幅方法

（a）西南坐标法 （b）基本图幅法

8.1.5 地形图的图示

地形图中需要测绘的内容可分为地物和地貌两大类。地物是指地球表面上的人造或天然的固定性物体，如房屋、道路、河流、湖泊、森林等。地貌是指地球表面自然起伏的形态，如平原、山地、丘陵、盆地、高原等。

地物符号是地形图上表示地物类别、形状、大小及位置的符号。根据地物形状大小和描绘方法的不同，地物符号又可分为4类。

(1) 比例符号。地物的形状和大小均按测图比例尺缩小，并用规定的符号绘在图纸上，这种地物符号称为比例符号，如房屋、运动场、湖泊、森林、田地等，这类符号表示地物的轮廓特征。

(2) 非比例符号。有些地物的轮廓较小，无法将其形状和大小按比例缩绘到图上，而采用相应的规定符号表示，这种符号称为非比例符号，如控制点、独立树、电线杆等。非比例符号只能表示物体的位置和类别，不能用来确定物体的尺寸。

(3) 半比例符号。地物的长度可按比例尺缩绘，而宽度按规定尺寸绘出，这种符号称为半比例符号。用半比例符号表示的地物都是一些带状地物，如道路、通信线、管道、垣栅等。

(4) 地物注记。对地物加以说明的符号称为地物注记，如江河的流向以及林木、田地类别等说明。

为了便于地形图的测绘、编制和出版，以及地形图的识读和使用，国家有关部门对地形图上表示的各种要素的符号、注记等进行了规范化管理，针对不同比例尺的地形图制定了一系列的标准，例如地形图图式相关规范。

针对大比例尺地形图测绘，目前采用的标准为GB/T 20257.1－2017《国家基本比例尺地图图式 第1部分：1∶500 1∶1 000 1∶2 000地形图图式》，图示符号如表8－3所示。

8.1.6　地形图的测绘方法

地形图的测绘主要包括测量和绘图两个主要内容，传统的大比例尺地形图测量采用平板仪或经纬仪测图法。自20世纪80年代开始，随着全站仪、电子计算机和绘图软件的广泛应用，数字测图方法成为大比例地形图测绘的主要方法。近年来，随着无人机倾斜摄影、三维激光扫描等技术的发展和测量精度的大幅提高，基于轻小型无人机平台的遥感技术成为获取三维全景地图、数字地形图的主要方式。现有的地形图测绘主要采用以下几种方式。

1) 全站仪数字测图

全站仪数字测图是大比例尺地形图测绘的主要方法，通过在布设好的控制点上利用全站仪测量角度、距离、坐标等信息，利用数字化测图软件按规范绘制就能得到大比例尺数字地形图。全站仪测图最大的优点是能近距离采集地物和地貌的详细信息，测量的几何精度高，但与无人机摄影和激光扫描方法相比，野外测量的工作量大。

2) GNSS RTK 测图

GNSS RTK 测图是指采用测量型 GNSS 接收机，接收 CORS 网或自主布设的基站信号，以 RTK 模式采集地形或地物数据，并绘制大比例尺地形图。这种测量模式需要的作业人员少，测量速度快，但 GNSS 信号易受树木和建筑物的遮挡，适用于在无信号干扰的开阔区域的地形测量。

3) 数字摄影测量和遥感测图

对于大范围的地形图以及大型工程建设场地测绘等，利用无人机摄影、高分辨率遥感卫星影像、机载激光扫描等方式，经数字摄影测量或遥感图像处理系统得到标准化的 DOM(数字正射影像图)、DEM(数字高程模型)、DRG(数字栅格图)、DLG(数字线划图)等数据产品。这种测量模式数据采集速度快、外业成本低，已逐渐取代传统方法成为空间数据采集的主要模式。

表 8-3 地形图常用的图示符号

编号	符号名称	1:500 1:1000	1:2000
1	一般房屋 混——房屋结构 3——房屋层数	混3	1.6
2	简单房屋		
3	建筑中的房屋	建	
4	破坏房屋	破	
5	棚房	45° 1.6	
6	架空房屋	砼4 砼 砼4 1.0	1.0
7	廊房	混3 1.0	1.0
8	台阶	0.6 1.0 1.0	
9	无看台的露天体育场	体育场	
10	游泳池	泳	
11	过街天桥		
12	高速公路 a——收费站 0——技术等级代码	a 0 0.4	
13	等级公路 2——技术等级代码 (G325)——国道路线编码	0.2 0.4 2(G325)	
14	乡村路 a. 依比例尺的 b. 不依比例尺的	a 4.0 1.0 0.2 b 8.0 2.0 0.3	
15	小路	1.0 4.0 0.3	
16	内部道路	1.0 1.0	
17	阶梯路	1.0	
18	打谷场、球场	球	
19	旱地	1.0 2.0 10.0 10.0	
20	花圃	1.6 1.6 10.0 10.0	
21	有林地	1.6 松6	
22	人工草地	2.0 3.0 10.0 10.0	
23	稻田	0.2 3.0 1.0 10.0 10.0	
24	常年湖	青湖	
25	池塘	塘	塘
26	常年河 a. 水涯线 b. 高水界 c. 流向 d. 潮流向 涨潮 落潮	a b 0.15 3.0 c 1.0 0.5 d 7.0	
27	喷水池	1.0 3.6	
28	GPS控制点	B 14 / 495.267 3.0	

（续表）

编号	符号名称	1:500　1:1 000	1:2 000
29	三角点 凤凰山——点名 394.468——高程	凤凰山 / 394.468　3.0	
30	导线点 I16——等级、点号 84.46——高程	2.0　I16 / 84.46	
31	埋石图根点 16——点号 84.46——高程	1.6　2.6　16 / 84.46	
32	不埋石图根点 25——点号 62.74——高程	1.6　25 / 62.74	
33	水准点 Ⅱ京石5——等级、点名、点号 32.804——高程	2.0　Ⅱ京石5 / 32.804	
34	加油站	1.6　3.6　1.0	
35	路灯	2.0　1.6　4.0　1.0	
36	独立树 a. 阔叶 b. 针叶 c. 果树 d. 棕榈、椰子、槟榔	a　1.6　2.0　3.0　1.0 b　1.6　3.0　1.0 c　1.6　3.0　1.0 d　2.0　3.0　1.0	
37	上水检修井	2.0	
38	下水（污水）、雨水检修井	2.0	
39	下水暗井	2.0	
40	煤气、天然气检修井	2.0	
41	热力检修井	2.0	
42	电信检修井 a. 电信人孔 b. 电信手孔	a　2.0 b　2.0　2.0	
43	电力检修井	2.0	
44	污水篦子	2.0　2.0　1.0	
45	地面下的管道	污　4.0　1.0	
46	围墙 a. 依比例尺的 b. 不依比例尺的	a　10.0 b　10.0　0.3　0.6	
47	挡土墙	1.0　0.3　6.0	
48	栅栏、栏杆	10.0　1.0	
49	篱笆	10.0　1.0	
50	活树篱笆	6.0　1.0　0.6	
51	铁丝网	10.0　1.0	
52	通讯线 地面上的	4.0	
53	电线架		
54	配电线 地面上的	4.0	
55	陡坎 a. 加固的 b. 未加固的	2.0 a b	
56	散树、行树 a. 散树 b. 行树	a　1.6 b　10.0　1.0	
57	一般高程点及注记 a. 一般高程点 b. 独立性地物的高程	a　0.5　163.2	b　75.4
58	名称说明注记	友谊路　中等线体4.0(18k) 团结路　中等线体3.5(15k) 胜利路　中等线体2.75(12)	
59	等高线 a. 首曲线 b. 计曲线 c. 间曲线	a　0.15 b　0.3 c　1.0　6.0　0.15	
60	等高线注记	25	
61	示坡线	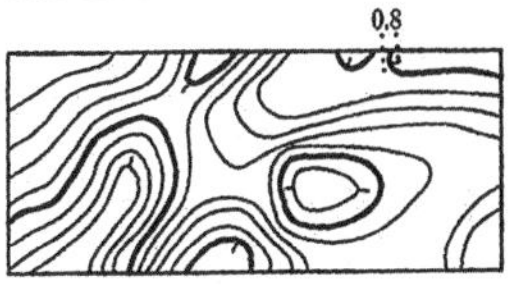 0.8	
62	梯田坎	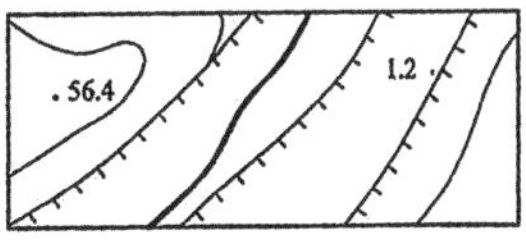 56.4　1.2	

4）车载移动测图

车载移动测图系统又称为移动道路测量系统，以车辆为平台，集成GNSS接收机、惯性导航系统、高分辨率视频影像、三维激光扫描等感知和测量设备，在车辆行驶过程中，快速采集道路和周边的地形数据。这种测图方式主要用于街景等三维地图的数据采集，数据处理工作量较大。

5）多模式测图

根据测绘任务和现场环境特点，采用多种测量方法相结合的模式，如采用GNSS RTK模式测量空旷区域、全站仪测量建筑物或树木密集区域的测量模式；采用无人机倾斜摄影和全站仪测量相结合的数据测图模式等。

除了上述数据采集方式外，充分利用现有的地图或影像资源也是一种重要的地理信息获取手段。首先，可以利用已有的数字地形图、影像等资料，通过现场修正和补测后应用；其次，目前全国主要城市和地区都具有各种比例尺的数字地形图，用户可以向测绘主管部门购买基础地形图。需要注意的是，地形图是具有严格的几何精度要求和时效性的地理信息产品，需要通过专业途径获取。

8.2 地貌与等高线

8.2.1 等高线的概念

等高线是指地面上高程相等的各相邻点所连成的闭合曲线，也就是水平面（严格来说应为水准面）与地面相截所形成的闭合曲线。如图8-6所示，用不同高度的水平面与山头相截得到山表面与水平面相交的轮廓曲线，即一系列不同高程的等高线。这些等高线的形状代表了山表面不同高度的形状。将这些等高线垂直投影在同一个水平面上，并按测图比例尺缩小绘制在图纸上，就得到用等高线表示的地貌图。

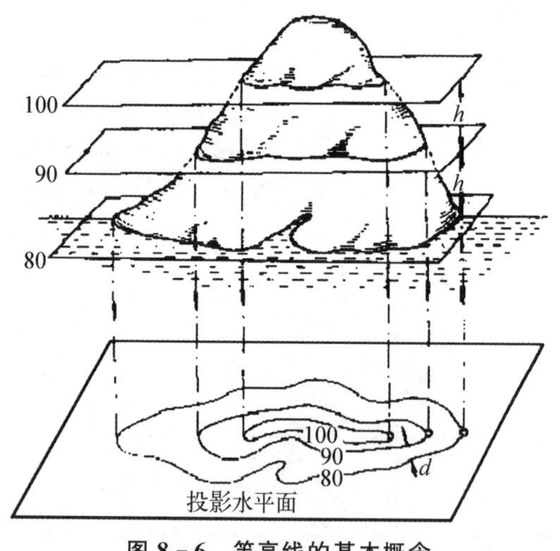

图8-6　等高线的基本概念

地貌是地球表面各种形态的总称，包括山地、平原、河谷、沙丘、盆地等，是地形图测绘的主要内容。在地形图中，地貌通常用等高线来表示。用等高线表示地貌不仅能简单而准确地显示地貌的形状，还能根据它较精确地求出图上任意点的高程。工程中使用的地形图都用等高线来表示地貌。

等高线具有以下特点：

（1）同一条等高线上的点高程相等。

（2）等高线为闭合曲线，不是在图内闭合就是在图外闭合。因此在图内，除遇房屋、道路、河流等地物符号外，等高线不能中断。

（3）除遇悬崖等特殊地貌外，等高线不能相交。

（4）同一幅图中的等高距应相同，等高线越密，表示地面坡度越陡；反之，等高线越稀，表示地面坡度越平缓。

（5）等高线遇山脊线或山谷线应垂直相交，并改变方向。

相邻等高线间的高差称为等高距。在地形图测绘时应根据应用需求、地貌特点和规范要求合理选择等高距。若选择的等高距过大,则不能精确地表示地貌的形状;若选择的等高距过小,虽能更精确地表示地貌,但这不仅会增大测图的工作量,还会影响图形的清晰度。

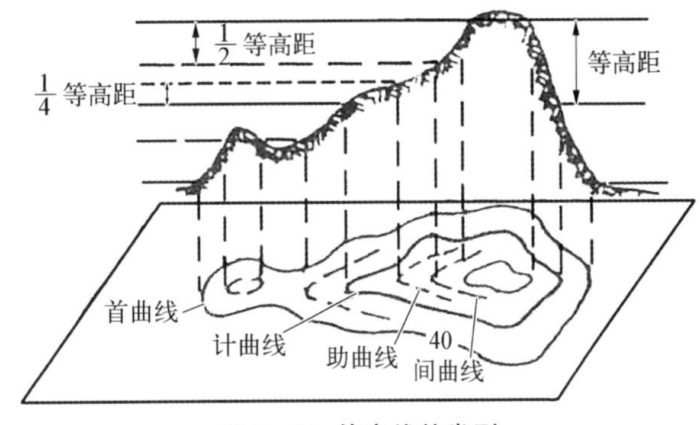

图 8-7　等高线的类型

等高线的种类有首曲线、计曲线、间曲线和助曲线,如图 8-7 所示。

(1) 首曲线。按规定的基本等高距测绘的等高线称为首曲线,又称基本等高线。

(2) 计曲线。每隔 4 条首曲线描绘一条加粗等高线,称为计曲线,又称为加粗等高线,地形图在计曲线上注记高程。

(3) 间曲线。当首曲线不能详细表示地貌特征时,需要在首曲线间加绘 1/2 基本等高距的等高线,称为间曲线,一般用长虚线表示。

(4) 助曲线,又称为辅助等高线,按 1/4 等高距局部加绘,表示首曲线和间曲线之间都不能显示出的某些重要的微型地貌。

8.2.2　典型地貌的等高线

地表形态的多样性导致等高线的形状和分布有较大的差异,我们可以通过一些典型的特征对地貌进行分析。典型的地貌特征有山头和洼地、山脊和山谷、鞍部和悬崖等。常见的等高线的基本形状如图 8-8 所示。

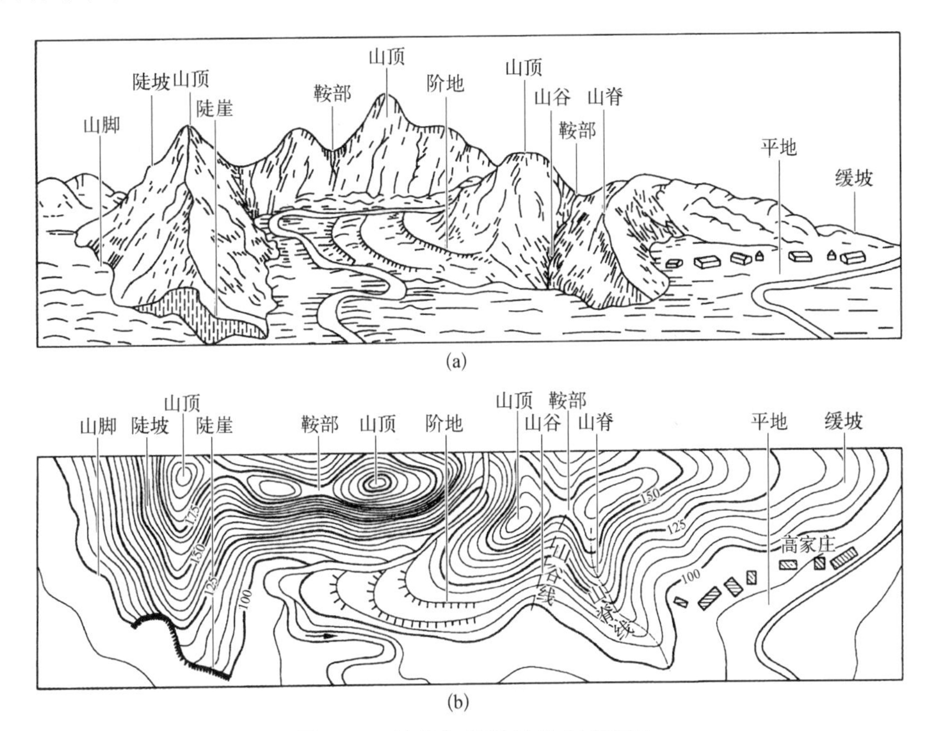

图 8-8　地貌与等高线的典型特征

(a) 地貌三维示意图　(b) 各种典型地貌等高线

(1) 山头和洼地。凸出且高于四周的高地称为山头,高大的称为山峰,矮小的称为山丘;比周围地面低且经常无水的地势较低的地方称为凹地,大范围低地称为盆地,小范围低地称为洼地。图 8-9 所示为山头和洼地的等高线。

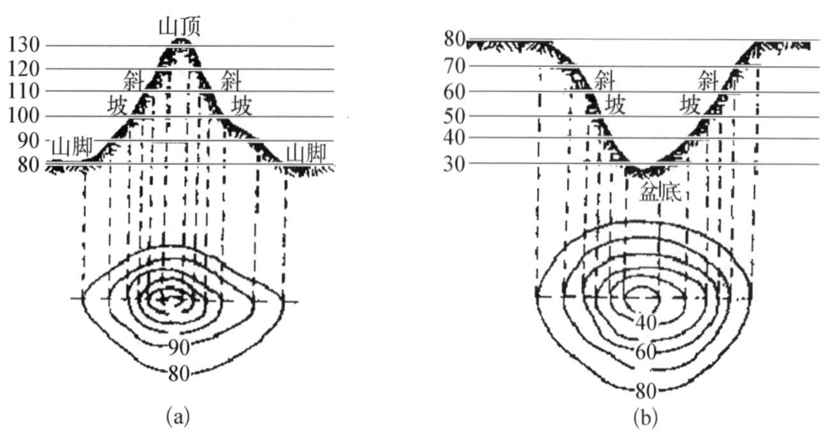

图 8-9　山头和洼地的等高线

(a) 山头等高线　(b) 洼地等高线

(2) 山脊和山谷。山脊是从山顶到山脚的凸起部分,山脊最高点间的连线称为山脊线。以等高线表示的山脊是等高线凸向低处,雨水以山脊为界流向两侧坡面,故山脊线又称为分水线;山谷是沿着一个方向延伸下降的洼地,山谷中最低点连成的谷底线称为山谷线或集水线。图 8-10 所示为山脊和山谷的等高线。

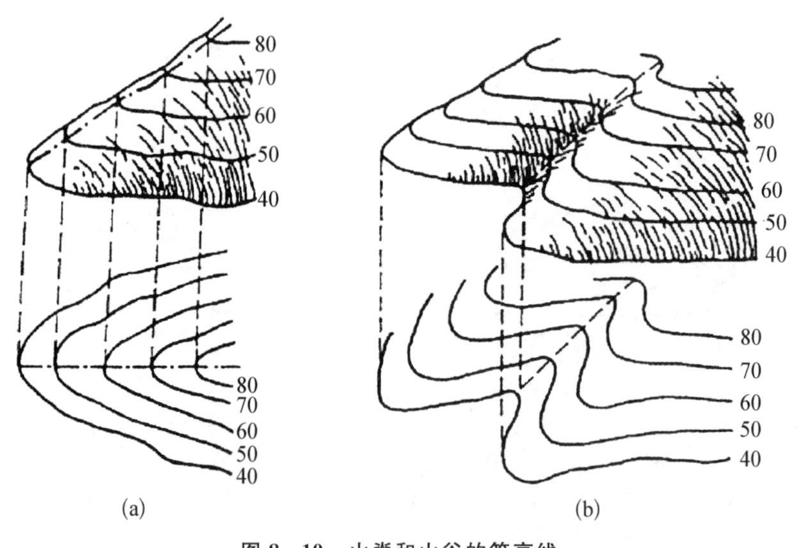

图 8-10　山脊和山谷的等高线

(a) 山脊等高线　(b) 山谷等高线

(3) 鞍部和悬崖。鞍部是指介于相邻两个山头之间、形似马鞍的低凹部分,它是两条山脊线和两条山谷线相交之处。悬崖是坡度在 70°以上或为 90°的陡峭崖壁,若用等高线表示将非常密集或重合为一条线,因此采用悬崖符号来表示。图 8-11 所示为鞍部和悬崖的等高线。

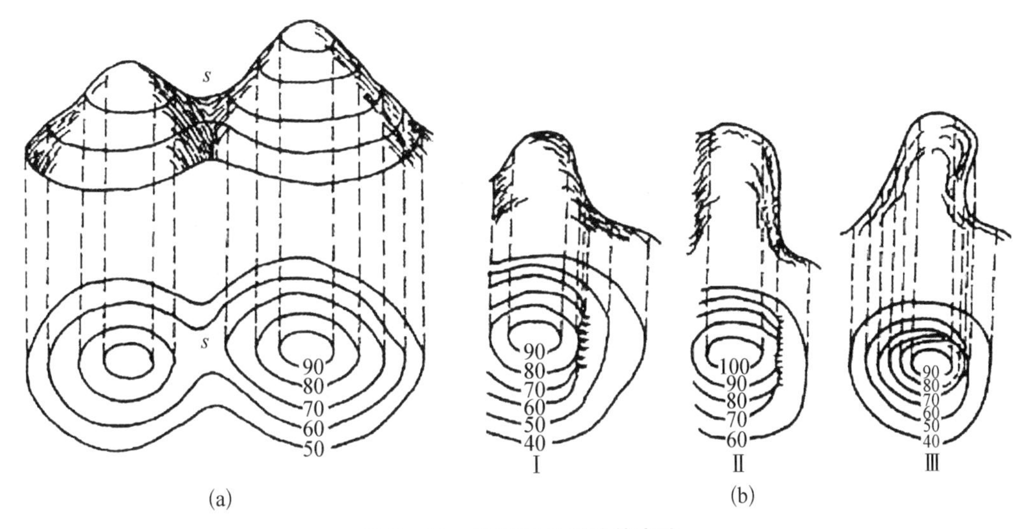

图8-11　鞍部和悬崖的等高线

(a) 鞍部等高线　(b) 悬崖等高线

8.2.3　等高线手工绘制的方法

等高线的绘制方法主要有两种，传统大比例尺测图中采用手工绘制，而数字测图中以软件自动绘制为主。

获取地貌的等高线需要先测量后绘图，即首先需要测量地表若干特征点的坐标和高程，然后绘制等高线。地貌特征点是指山顶、鞍部、山脊与山谷的坡度变换点、山脚点、山脚坡度变换点、山坡面倾斜变换点等。根据地貌特征点的平面位置按比例尺缩小后绘制在图纸上，并在其旁注记该点的高程(高程注记按图式规定)，上述工作完成后便可在图纸上绘制等高线。手工勾绘等高线的步骤如下：

1) 连接地性线

将山顶、鞍部、山脚点等有共性空间关系的特征点相连，这些连线称为地性线，它是构成地貌的骨架。自山顶至山脚用细实线连接山脊线上各变坡点，用细虚线将山谷线上各变坡点连接。通常地貌形态是山脊与山谷间隔排列，即两条分水线夹一条集水线，两条山谷线夹一条山脊线。

2) 求等高线通过点

地形特征线上的点大多数为坡度变换点。由于变坡点的高程大多不等于需要勾绘的等高线的高程值，因此需要通过插值求出等高线通过点，两变坡点之间的等高线通过点的高程可按比例内插求得。

3) 勾绘等高线

如图8-12所示，在图纸上连接特征线，根据特征线用插值法求等高线通过点与勾绘等高线。应边测边绘等高线，对照实地勾绘等高线可逼真地显示地貌形态，并便于检查测绘过程中的各种错误。绘图过程中应采用制图综合的思路，减少因地形的微小起伏与变化对等高线整体的影响，并尽量描绘均匀圆滑。

8.2.4　等高线的自动绘制方法

等高线的自动绘制方法是指使用计算程序，利用野外测量的若干分布不规则的数据点，自

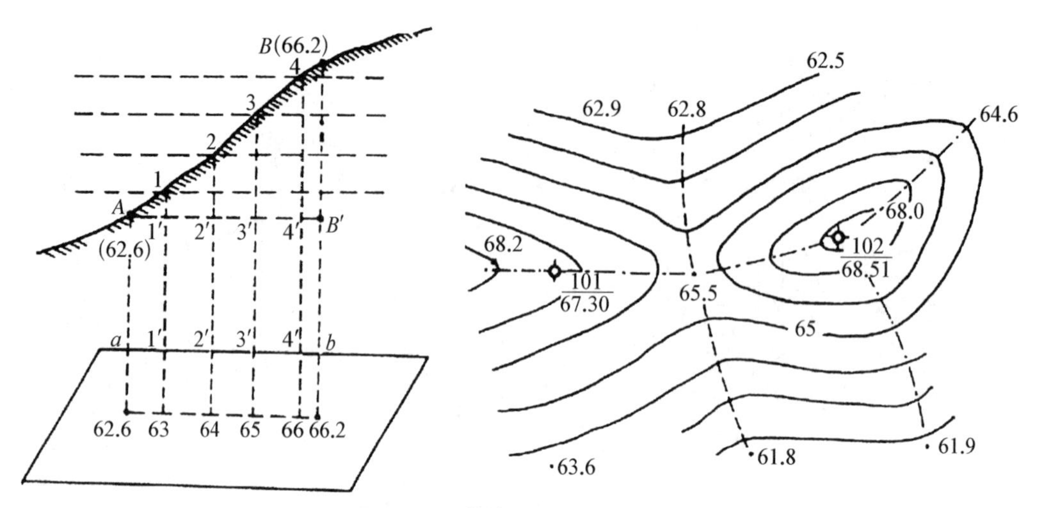

图 8-12　等高线手工绘制方法

动生成等高线的方法。等高线的自动绘制方法有规则网格法和三角网法。规则网格法是由长方形或正方形排列成矩阵形式组成网格，每个网格点的高程根据该点周围已知点求得，然后在网格边搜索等高线点位生成等高线的方法。三角网法直接由不规则数据点连成不交叉、不重叠的三角形网，在三角形边上搜索等高线点位、通过等高线点的追踪、光滑处理生成等高线。

基于不规则三角形格网法(triangulated irregular network, TIN)的等高线绘制方法，由于其能更准确地反映地形地貌的细节特征，也方便原始测量数据的存储与管理，是测绘与地理信息领域最常用的方法。基于 TIN 的等高线绘制方法主要包括以下过程。

1) TIN 的生成

TIN 生成最常用的算法是三角形生长算法。该方法首先选择邻近的 3 个数据点连接成初始三角形，再以这个三角形的每一条边为基础连接邻近的数据点，组成新的三角形，如此继续下去，直至所有的数据点均已连成三角形为止。

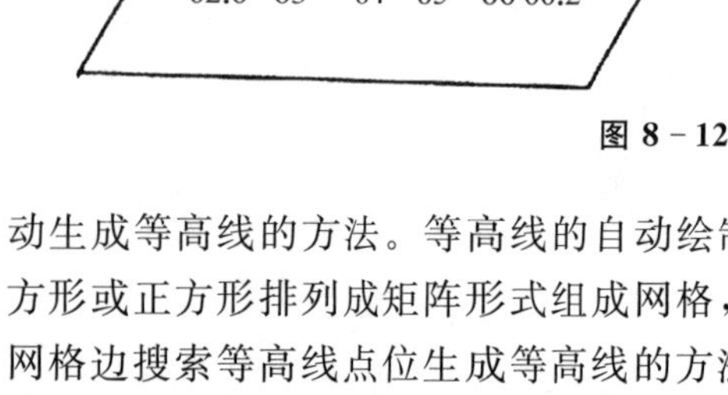

以图 8-13 所示的某三角形的一边形的向外扩展为例，首先排除与三角形位于同一侧的数据点，利用余弦定理计算另一侧的候选点与两端点的夹角 C，选择角度最大的点作为组成新三角形的点。建网过程中还需要保证三角形网中无交叉和重复的三角形。

图 8-13　某三角形一边向外扩展原则

若按上述规则只考虑几何条件构网，则在某些区域可能会出现与实际地形不相符的情况，如在山脊线处可能会出现三角形穿入地下，在山谷线处可能会出现三角形悬空。因此在构网时还需要引入地性线，并对地性线上的数据点编码，优先连接地性线上的边，然后在此基础上构网。

2) 等高线点的确定

在三角形网形成后，需要确定等高线点在三角形边上的位置。首先要判断等高线是否通过某一条边，然后通过线性内插方法求出等高线点的平面位置。设等高线的高程为 z，只有当 z 值介于该边的两个端点高程值之间时，等高线才通过该条边，等高线是否通过某条边的判别

式为

$$\Delta z=(z-z_1)\cdot(z-z_2) \tag{8-1}$$

当 $\Delta z\leqslant 0$ 时，则该边上有等高线通过；否则，该边上没有等高线通过。式(8-1)中 z_1、z_2 分别为该边两个端点的高程。当 $\Delta z=0$ 时，说明等高线正好通过边的端点，为了便于处理，可在精度允许范围内将端点的高程加上一个微小值(如 0.000 1 m)，使端点高程不等于 z。

当确定了某条边上有等高线通过后，即可求该边上等高线点的平面位置。设高程为 z 的等高线点，通过三角形边时两个端点的三维坐标分别为 (x_1, y_1, z_1)、(x_2, y_2, z_2)，则等高线点的平面坐标为

$$\begin{cases} x_z=x_1+\dfrac{x_2-x_1}{z_2-z_1}(z-z_1) \\ y_z=y_1+\dfrac{y_2-y_1}{z_2-z_1}(z-z_1) \end{cases} \tag{8-2}$$

3）等高线点的追踪

在相邻三角形公共边上的等值点，既是第一个三角形的出口点，又是相邻三角形的入口点，根据这一原理建立追踪算法。对于给定高程的等高线，从构网的第一条边开始顺序搜索，判断构网边上是否有等值点。当找到一条边后，则将该边作为起始边，通过三角形追踪下一条边，依次向下追踪。如果追踪又返回到第一个点，即为闭曲线，如图 8-14 中 1、2、3、4、5、6、1。如果找不到入口点(即不能返回到入口点)，如图中 7、8、9、10、11，则将已追踪的点进行逆排序，再由原来的起始边向另一方向追踪直至终点。

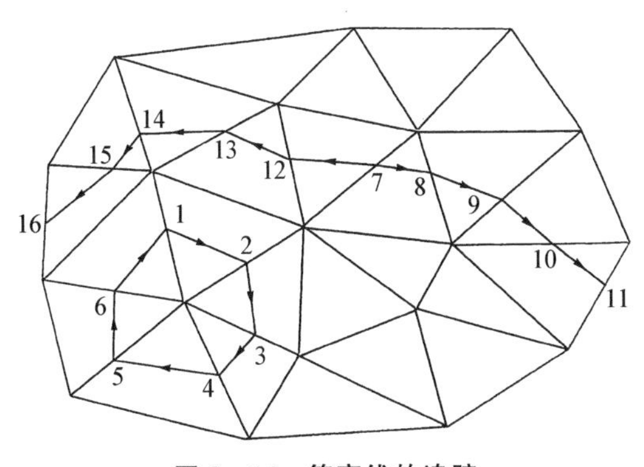

图 8-14　等高线的追踪

4）绘制光滑的等高线

经过等高线点的追踪可以获得等高线的有序点列，将这些点作为等高线的特征点保存在文件中。在绘制等高线时，从等高线文件中调出等高线的特征点的坐标，用曲线光滑方法计算相邻两个特征点的加密点，用短线段逐次连接两点，即绘制出光滑的等高线。

8.3　常规测图方法

常规测图方法指在野外同步测量和绘图，最终得到纸质地形图的方法。目前，数字测图方法已全面取代常规测图方法，但两者的基本原理是类似的，通过常规测图方法的讲解有助于更清晰地理解大比例尺地形图测图的基本原理和方法。常规测图的方法主要有平板仪测图法和经纬仪测图法。常规测图首先需要制订技术方案，然后按图 8-15 所示的流程测图。

下面以经纬仪测图法为例介绍常规测图方法的基本工作流程。

1. 图根控制测量

根据规范按地形图的比例尺并结合测区特点布设图根控制点，并测量其平面坐标和高程。

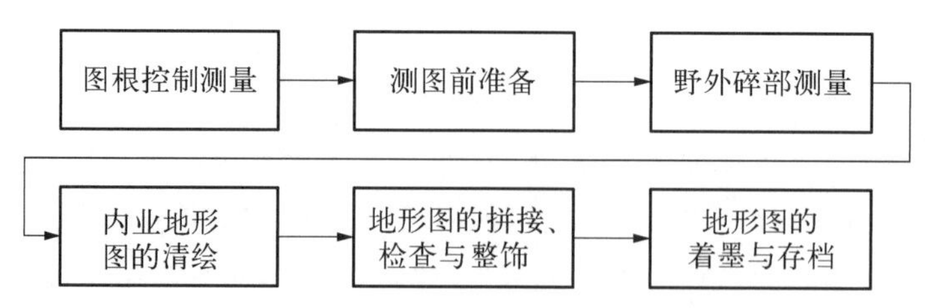

图 8-15　常规测图方法的基本流程

图根控制测量方法主要有全站仪控制测量方法和 GNSS 控制测量方法，高程测量方法通常采用四等或四等以下等级的水准测量方法。

2. 测图前准备

测图前的准备工作包括踏勘测区地形，抄录控制点的平面坐标和高程，了解完好程度，准备工具材料，检验校正仪器，拟订作业计划，在图纸上绘制坐标格网、图廓线及展绘控制点等。

(1) 准备图纸。地形测绘一般选用半透明聚酯薄膜图纸，厚度为 0.07～0.1 mm。聚酯薄膜图纸的优点是透明度好、变形和伸缩性小、耐湿，便于使用和保管，并可直接在底图上着墨，复晒蓝图。

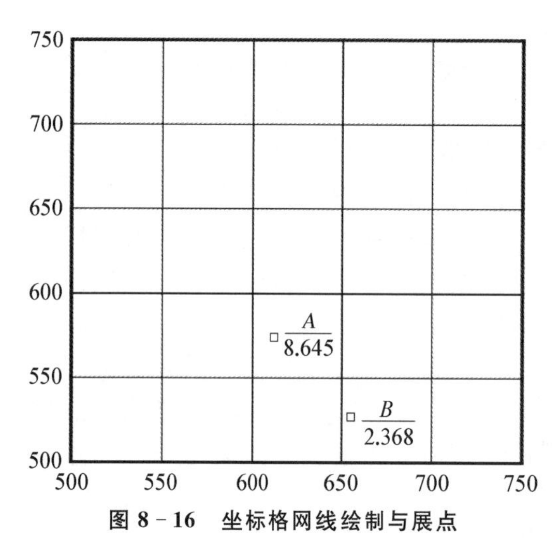

图 8-16　坐标格网线绘制与展点

(2) 绘制坐标格网。为了准确地将控制点展绘在原图上，必须先在图纸上精确绘制出 10 cm×10 cm 的坐标格网(见图 8-16)。绘制坐标格网可使用直角坐标展点仪、格网尺等专用工具。坐标格网绘制好后要进行检查，要求任意方格边长误差不超过 0.2 mm，小方格对角线长度误差不超过 0.3 mm；对角线各点应在一条直线上，偏离不大于 0.2 mm。检查合格后在对应格网处注明坐标值和图幅编号。即便使用购买的已印有坐标格网的图纸，仍需做格网精度检查。

(3) 展绘控制点。首先确定控制点所在的方格，根据坐标尾数按测图比例尺量取确定。全部控制点展绘好后，用比例尺量取所绘控制点之间的相邻距离，比较与实际距离的差距，限差不超过 0.3 mm，超限的点应重新展绘。符合要求后用细针刺出点位，刺孔应小于 0.1 mm，并按图式规定注记点号和高程(见图 8-16)。

3. 经纬仪法碎部测量

经纬仪测图法的原理(见图 8-17)是将经纬架设在控制点上，将标尺放在地物或地貌特征点上，采用极坐标法定点测量特征点的坐标并绘图的过程。

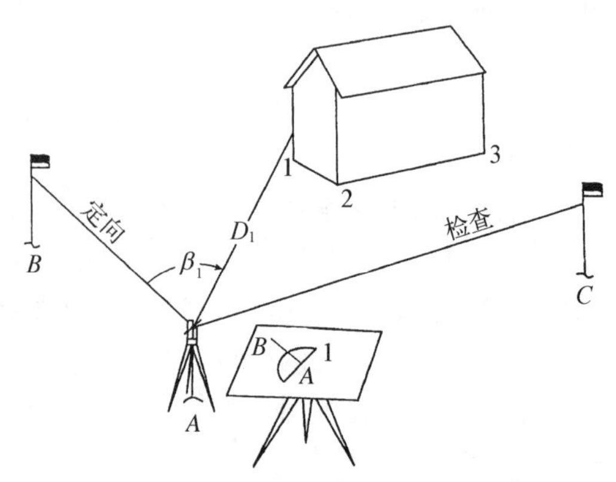

图 8-17　经纬仪测图法原理示意图

经纬仪测图的主要操作步骤如下：

(1) 安置仪器。将经纬仪在控制点上对中整平，量取仪器高，填入记录手簿。绘图板安置在测站旁。

(2) 定向。将另一控制点作为后视点，精确瞄准后视点后将经纬仪水平度盘读数设置为0°00′00″。

(3) 立尺。由立尺员选定立尺点，将标尺竖立在地物、地貌特征点上。

(4) 观测。转动照准部，瞄准特征点上的标尺，读视距间隔、中丝读数、竖盘读数和水平角。

(5) 记录。将观测结果依次记入记录手簿。对有特殊作用的碎部点(如山头、鞍部等)应在备注中加以说明。

(6) 计算。根据视距测量公式计算测站点到碎部点之间的水平距离以及碎部点的高程。

(7) 展绘碎部点。用细针将量角器插在图上测站点 A 处，转动量角器，使量角器上等于观测水平角值的分划线对准起始方向线 AB，则量角器的零方向就是测站到碎部点的方向，用测图比例尺按测得的水平距离在该方向上定出碎部点的位置，如图 8－18 所示，并在右侧注明高程。

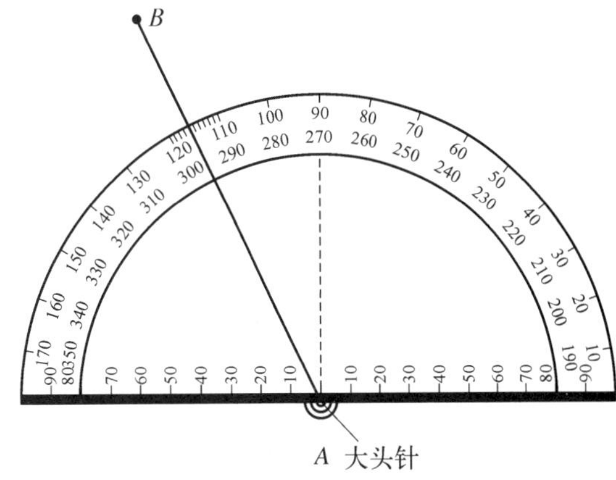

图 8－18　碎部点的展绘

4. 地形图的清绘

地形图的清绘是指在野外测量的地形原图的基础上，在室内用铅笔对原图进行修改和完善，内容主要包括：① 地物的绘制。地物按图示符号表示，用铅笔绘制。房屋轮廓用直线连接，道路、河流的拐弯处要逐点连成光滑曲线。不按比例描绘的地物按规定的非比例符号表示；② 地貌符号——等高线的勾绘。先用铅笔轻轻描绘出地性线，然后用内插法求出等高线通过点，再勾绘等高线。

5. 地形图的拼接、检查与整饰

地形图的拼接(见图 8－19)是指当测区包含多幅地形图时，需分幅测绘，而由于测量和绘图误差的影响导致相邻图幅在拼接处不能完全吻合，因此需要通过地形图的拼接消除上述因素的影响，保证图形的连续性和一致性。可利用聚酯薄膜的透明性，将相邻两幅图的坐标格网线重叠，如果相邻处的地物地貌偏差不超过表 8－4 规定的 $2\sqrt{2}$ 倍时，取平均位置，改正相邻图幅的地物、地貌位置。

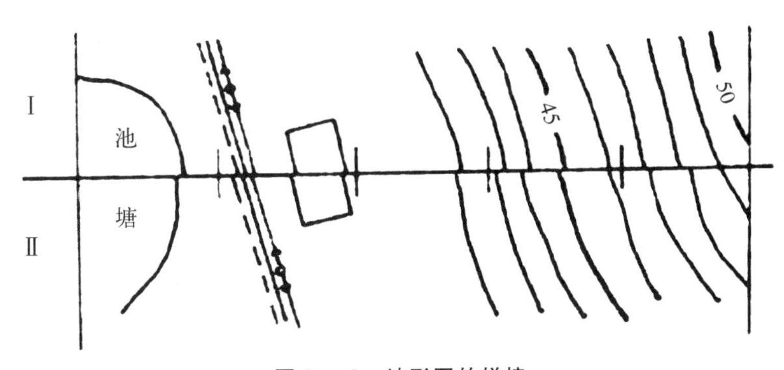

图 8－19　地形图的拼接

表 8-4　相邻图幅的拼接要求

<table>
<tr><th rowspan="2">地 区 类 别</th><th rowspan="2">点位中误差
(图上)/mm</th><th rowspan="2">邻近地物点间距中
误差(图上)/mm</th><th colspan="4">等高线高程中误差</th></tr>
<tr><th>平地</th><th>丘陵</th><th>山地</th><th>高山地</th></tr>
<tr><td>山地、高山地及设站困难的旧街坊内部</td><td>±0.75</td><td>±0.6</td><td rowspan="2">1/3</td><td rowspan="2">1/2</td><td rowspan="2">2/3</td><td rowspan="2">1</td></tr>
<tr><td>平地、丘陵和城市建筑区</td><td>±0.5</td><td>±0.4</td></tr>
</table>

地形图的检查包括室内检查和室外检查。室内检查主要包括检查地物、地貌是否清晰易读,符号注记是否正确,地形点高程与等高线是否相符,拼接有无问题、有无矛盾和可疑之处。外业检查包括巡视检查和仪器设站检查。巡视检查也称为实地对照检查,包括检查地物、地貌有无遗漏,地物之间的关系是否正确,符号注记是否正确,等高线是否逼真等。仪器设站检查是根据室内和巡视检查所发现的问题在野外设站检查,修正和补测发现的问题,同时对本站所测地形进行抽检,检查原始地形图的精度是否满足要求。

地形图的整饰是指在拼接和检查的工作基础上,为使图面清晰、美观、合理,需要进行整饰。整饰的顺序是先图内后图外、先地物后地貌、先注记后符号。再按图式要求写出图名、图号、比例尺、坐标系统、高程系统、测绘单位、测绘者和测绘日期等。

6. 地形图的着墨与存档

地形图的着墨是指在人工绘制的铅笔图上运用直线笔、曲线笔等工具对手绘的曲线、符号、注记等进行标准化绘制,着墨的工作通常由专业的绘图员完成。着墨后的地形图可存档或晒成蓝图供用户使用。

8.4　全站仪大比例尺数字测图方法

常规的地形测图需要将测量数据手工绘制为图形,这种方法存在一些缺点:首先,人工绘图需要大量的室内外人工操作,技术要求高,劳动强度大;其次,将观测值转化为线划地形图,"数-图"转换降低了数据精度,而用户在用图过程中需进行"图-数"转换,也将产生误差;最后,纸质地形图不利于保存和修正。

随着数字化测量设备、计算机技术和信息技术的发展,利用电子测量仪器直接测量或将地形图通过数字化仪转换为数字信号输入计算机,以数字形式存储在磁盘等存储介质上,不仅便于用绘图软件绘制和显示地形图,还便于传输与直接获取地形指标,以上技术统称为数字化测图技术。目前以全站仪测量、摄影测量、三维激光扫描等方法进行数字地形测量的方法已全面取代常规的测量方法。

基于全站仪的数字测图原理与常规的经纬仪测图原理基本类似,包括制订测图方案、图根控制测量、野外地物和地貌测绘、地形图的清绘与整饰等工作。

8.4.1　制订测图方案

测图开始前,应根据任务需求选择相应的测量规范,收集现有的测区资料以及测区踏勘等,然后编制技术设计书。需要预先收集的测量成果资料包括现有地形图的情况;控制点的等级、精度和保存情况；测区范围、平面坐标和高程系统、投影带号等。编制测量技术设计书的目的是拟定测量方案和计划，保证测量工作在技术上合理可行，工作组织和实施上高效有序。

目前，大比例尺测图的作业规范和图式主要有 CJJ/T 8－2011《城市测量规范》、GB 50026－2020《工程测量标准》、GB/T 14912－2017《1∶500 1∶1 000 1∶2 000 外业数字测图技术规程》、GB/T 20257.1－2017《国家基本比例尺地形图图式第 1 部分：1∶500 1∶1 000 1∶2 000 地形图图示》、GB/T 13923－2006《基础地理信息要素分类与代码》等。

技术设计书的主要内容有：任务概述、测区情况、已有资料及其分析、技术方案的设计、分组与测绘计划、仪器配备及供应计划、进度安排和财务预算、检查验收计划以及安全措施等。此外在技术设计书的基础上编制测量任务书，测量任务书应明确各个小组的测区范围及工作量、对测量工作的技术要求以及上交资料的种类和日期等内容。

大比例尺测图的坐标系统应采用国家或地方统一的坐标系统。在工程建设中，一般面积多为几至十几平方千米，这时可利用国家控制网一个点的坐标和一条边的方向。当测区没有国家控制点时，可采用独立坐标系统，若测区面积大于 100 km^2 时，则应与国家控制网联测。

8.4.2　图根控制测量

测区高级控制点的密度不能满足大比例尺测图的需要时，应布置适当数量的图根控制点，又称为图根点，直接供测图使用。图根控制点是测区各等级控制点的加密，当图根控制点的数量较多时需要构成控制网。

图根点精度的基本要求是点位中误差不应大于图上 0.1 mm 对应的实际距离，高程中误差不应大于测图基本等高距的 1/10。图根控制点的数量应根据测图比例尺、测图方法、地形复杂程度以满足测图需要为原则。根据 GB 50026－2020《工程测量标准》，图根控制点的密度满足表 8－5 的要求。

表 8－5　图根点的密度要求

测图比例尺	图幅尺寸/(cm×cm)	图根控制点数量	
		全站仪测图	GNSS RTK 测图
1∶500	50×50	2	1
1∶1 000	50×50	3	1～2
1∶2 000	50×50	4	2

图根控制测量包含图根平面控制测量和图根高程控制测量，可同时进行，也可分别施测。图根平面控制可采用导线测量、GNSS RTK、边角交会等测量方法。图根点高程控制可采用图根水准测量或三角高程测量方法。

GNSS RTK 图根控制测量可直接测定图根点的坐标和高程，但其作业半径不宜超过 5 km，每个图根点均应进行 2 次以上的独立测量，其点位较差不应大于图上 0.1 mm 对应的实际距离，高程较差不应大于基本等高距的 1/10。

测图时利用各级控制点(包括高等级控制点和图根控制点)作为测站点，或通过自由设站方法增加测站点。对于地形和地貌较为复杂的区域，仅利用控制点仍然难以完成测区的全覆盖测量，还需要增设测站点，尤其是在地形琐碎、山沟、山脊转弯处，房屋密集的居民地等地区，但不宜用增设测站点做大面积的测图。

增设测站点是在各级控制点上，采用极坐标法、交会法和支导线测定测站点的坐标和高程。数字测图时，测站点的点位中误差应不大于图上 0.2 mm，高程中误差应不大于测图基本等高距的 1/6。

8.4.3 全站仪碎部测绘方法

全站仪碎部测量是指在高等级控制点、图根点或加密测站点上架设全站仪，经设站和定向后，通过观测碎部点的水平角、竖直角和距离得到坐标和高程，利用电子平板现场绘图，或者将数据记录存储后再进行内业绘图的方法。对于能接收到 GNSS 信号的测区，也可以采用 GNSS RTK 直接得到碎部点的平面坐标和高程，采用 GNSS 和全站仪相结合的方法测绘地形图。图 8-20 为免棱镜全站仪碎部测量的示意图。

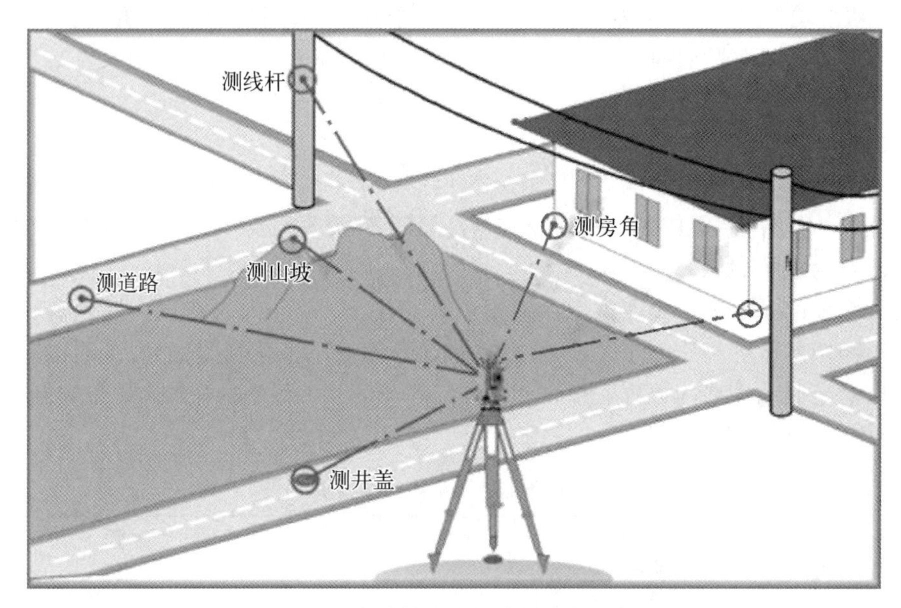

图 8-20 免棱镜全站仪碎部测量示意图

全站仪测图法首先需要对全站仪设站，并输入仪器高、目标高等信息，主要采用极坐标法测量碎部点的平面坐标和高程并编码存储，对于某些难以直接用极坐标法测量的地物，可以根据现场条件采用角度交会法、偏距法、插值法等方式获取碎部点的坐标。

全站仪数字测图法也包括测量和绘图两个主要过程，根据绘图模式和方法的不同，分为编码法、草图法和电子平板法。

1）编码法

在测站上将全站仪或 GNSS RTK 测得碎部点的三维坐标及编码信息记录到仪器的内存或电子手簿中，在室内输入到装有成图软件的计算机编辑成图。这种方法对硬件要求不高，但要求作业员熟记各种复杂的地物编码，当地物比较凌乱或者地形较复杂时，用这种方法作业速度慢且容易输错编码，因而这种方法适用于地形较简单、地物较整齐的场合。

按照《GB/T 20257.1—2017 国家基本比例尺地形图图式第 1 部分：1∶500 1∶1 000 1∶2 000 地形图图式》，地形图要素分为 8 大类（见表 8-6）：测量控制点、水系、居民地及设施、交通、管线、境界、地貌、植被与土质。按照《GB 13923—2016 基础地理信息要素分类与代码》，地形图要素分类代码由6位数字码组成，例如图根点分类代码为10103，普通建成房屋分类代码为310301，围墙分类代码为380201等。

表8-6　地物、地貌分类

地物类型	简要说明
测量控制点	各种平面控制点和高程控制点，包括测图图根点
水系	江、河、湖、海、井、泉、水库、池塘、沟渠等自然和人工水体及连通体系的总称
居民地及设施	城市、集镇、工矿、村庄、窑洞、蒙古包以及居民地的附属建筑物
交　通	铁路、公路、乡村路、大车路、小路、桥梁、涵洞以及其他道路附属建筑物
管　线	电力线（分为输电线和配电线）、通信线路、各种管道及其附属设施的总称
境　界	国界、省界及其界碑，县界、乡、镇界及特殊地区界线等
地　貌	地表面起伏的形态，包括用等高线表示的地表面起伏形态和特殊的地貌
植被与土质	森林、果园、菜园、耕地、草地、沙地、石块地、盐碱地等

2）草图法

在测站上用仪器内存或电子手簿记录碎部点坐标，绘图员现场绘制碎部点的连接信息草图，在室内利用数字测图软件，根据碎部点坐标和草图进行计算机编辑成图。这种方法弥补了编码法的不足，是保证数字测图质量的一项措施。草图法观测效率较高，外业观测时间较短，对仪器的要求低，但内业工作量大。

草图法主要适用于测区面积小、地形较简单的区域，对于非测绘专业的人员尤为适用。野外测量的数据可直接导入CAD软件进行内业绘图，而不需要借助专业的数字测图软件，草图可以采用手绘草图（见图8-21）、开放地图或数字影像等。

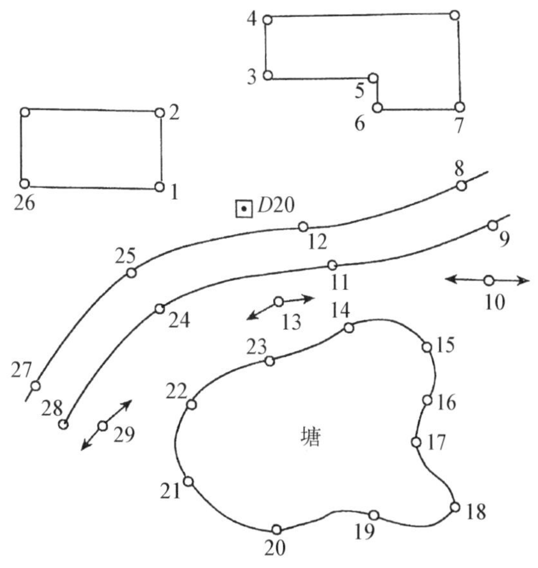

图8-21　某测区的工作草图

3）电子平板法

将装有数字成图软件的笔记本电脑或掌上电脑（统称电子平板），通过电缆线（或蓝牙）与仪器连接，所测的碎部点直接在屏幕上显示，绘图员可在电子平板屏幕上绘图。电子平板法的优点是现场成图，效果直观。但电子平板在野外屏幕不易看清、操作较为不便，实际作业中易受到限制，而且电子平板采用了专业的测图软件，非专业人员需要提前熟悉软件的各种操作指令。

电子平板法数字测图法需要在电子平板上安装专业的数字测图软件，常用的数字测图软件有南方测绘的CASS软件系列、北京威远图易的SV300数字测图软件、清华三维的EPSW电子平板测图系统等。首先将笔记本电脑与测站上安置的全站仪连接，并在全站仪和测图软件上设置通信参数。全站仪测得的碎部点坐标自动传输到笔记本电脑并展绘在屏幕上，完成一个地物的碎部点测量工作后，现场实时绘制地物。它是一种在野外作业现场实时连线成图的数字测图方法，其特点是直观性强，在野外作业现场可以实现“所测即所得”，当出现错误时可以及时发现、立即修改。图 8－22 为 CASS 5.1 软件的操作界面。

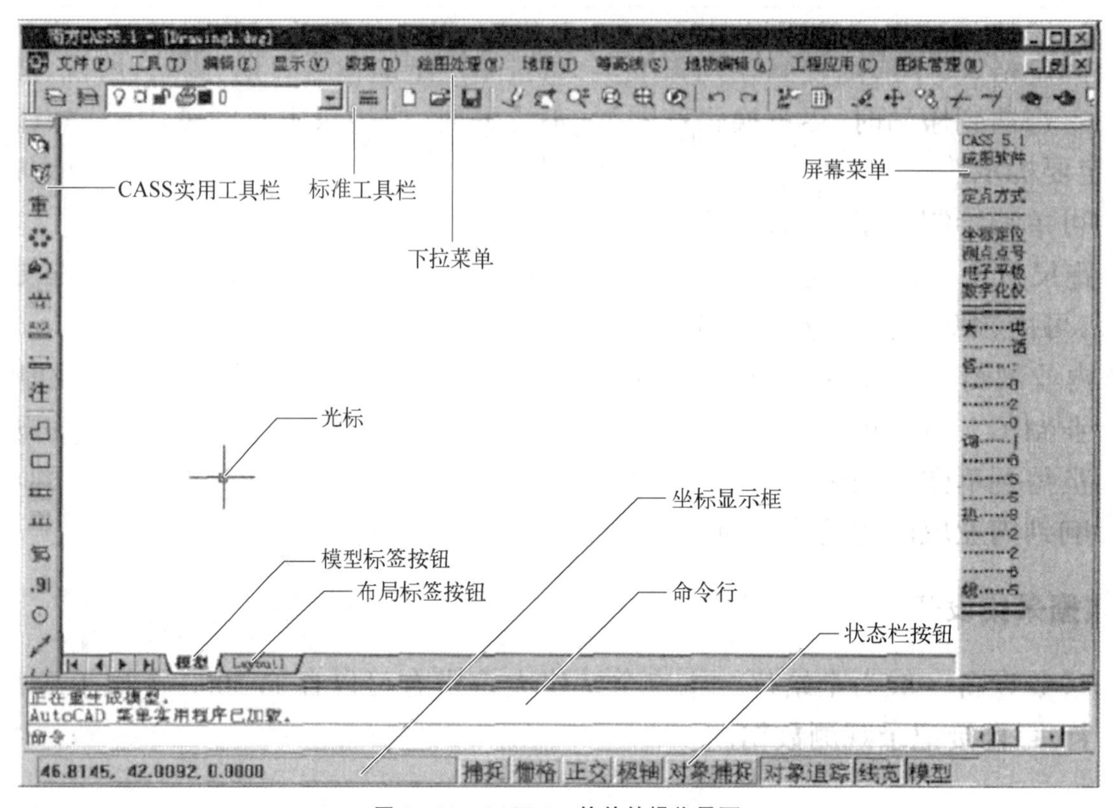

图 8－22　CASS 5.1 软件的操作界面

8.5　建筑物立面图的测绘

将建筑物不同的立面投影到与立面平行的铅垂面上，然后按一定比例尺缩小而得到的正射投影图形，称为建筑物立面图。立面图是环境改造、景观设计、光照分析、建筑物改扩建、建筑物外部装修设计等工程的主要依据。

立面测量首先需要根据需求明确立面的绘图比例尺和测量精度，立面测量的比例尺有 1∶50、1∶100、1∶200 等。对于没有明确精度要求的，通常取比例尺精度作为测量的精度指标，测量的精细程度要求能准确反映建筑物的轮廓或特征线。建筑物立面图的主要要素有建筑物室外地面线、墙体凹凸线、花台、台阶、阳台、门窗、雨棚、室外楼梯、墙柱、梁体、女儿墙、外墙孔洞、屋顶、檐口、雨水管、装饰构件等。立面图要求能准确展示建筑物外立面各要素；图面应清晰、美观，图廓整饰正确完整；图示、线性、字体应符合要求，以作为设计改造的依据。

目前，测量建筑物立面图的主要方法有近景摄影测量、三维激光扫描和全站仪测量方法。

其中摄影测量和三维激光扫描技术具有速度快、非接触、高密度、自动化等特点，它突破了传统的单点测量方式，可以直接获取建筑物立面的实景三维数据，是目前立面测量最常用的方法。但以上两种方法成本高、数据量大、技术要求高。

本节简要介绍利用免棱镜全站仪草图法测量建筑物立面图的方法。本方法与草图法大比例尺地形测量方法类似，利用免棱镜全站仪测距时无须安装棱镜的优点，首先直接照准建筑物的特征点来测量建筑物的坐标、长度、宽度和高度，然后将测量结果标注在绘制的草图上，最后在外业完成之后将测量数据导入绘图软件，根据草图绘制立面图。

全站仪测量方法可采用坐标测量法，首先通过自由架设法得到仪器的坐标，然后测出建筑立面上的房屋主线、屋檐、屋顶、窗户、窗框、门、阳台、防盗网、空调架、台阶等要素特征点的三维坐标，并将测量结果标记在图 8－23 所示的草图上，可以在草图上将对应的位置上标注编号，也可以标记相对距离和高度。

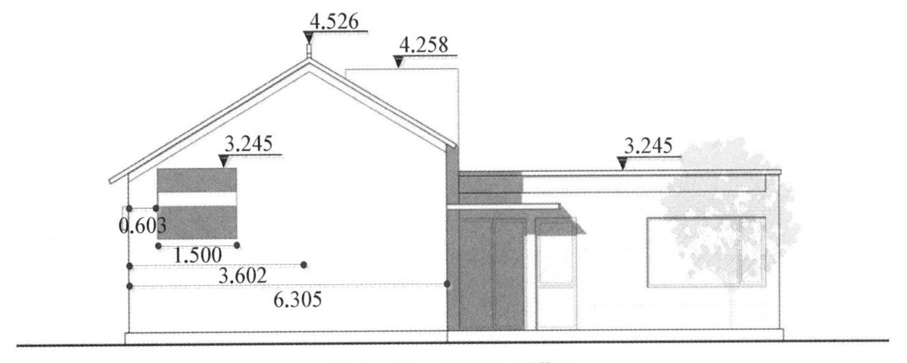

图 8－23　景观立面草图

当建筑物的空间尺寸较小、结构形式较简单时，可采用将相对距离和高度分开测量的方法。测量距离时采用对边测量模式，减少由坐标到长度和宽度等要素的计算。在测量高度时，可以先取室外地坪的相对高程为 0，再测量立面特征点的高度。这种测量方法对于非测绘专业的人员较为适用。

目前，大多数全站仪都有对边测量模式，可测量两个目标之间的相对水平距离(dHD)、斜距(dSD)和高差(dVD)，如图 8－24 所示。对边测量模式可选择两种方式：一是放射对边测量方式，该方式测量的相对距离为相对于起始点的距离，如 $A-B$，$A-C$，$A-D$，…；二是相邻测量方式，测量的距离为 $A-B$，$B-C$，$C-D$。

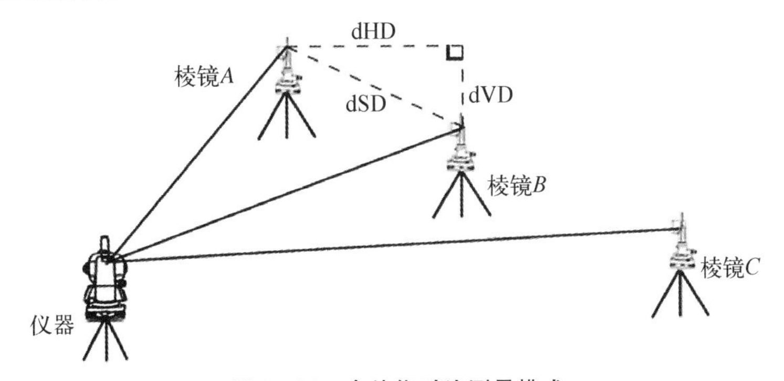

图 8－24　全站仪对边测量模式

8.6　地形图的分析与应用

地形图是反映地物和地表高低起伏的相关位置关系的图纸，是客观世界的空间模型，也是进行工程规划设计的重要基础资料。使用地形图前首先应正确识图，充分理解地形图所包含的数学要素、地理要素、社会要素、辅助要素及其相互关系，在此基础上才能更好地应用地形图。

首先可以利用目视分析方法定性地认识地形图表达的基本地理空间信息。因为地图是直观表示客观现象与实体的象形符号模型，使用者可以通过用肉眼直接观看地图，定性地获得制图对象空间结构变化(包括形状特点、分布范围、分布规律、相互联系等)。例如，根据典型地貌的等高线表示法，从地形图上可找出地性线，从山脊线上可看出山脉的连绵，从山谷线上可找出水系的分布。

地形图的应用范围很广，主要有以下几大应用：① 量算分析，即通过图面测量或计算获取地形点或地物的坐标、高度、方向、距离、坡度、面积、体积等几何信息；② 地形图经过处理后可以得到坡面、断面等图形或图表；③ 可以采用数理统计、数学模型分析等方法对地形图相关要素进行各种分析；④ 以地形图为基础，通过专题信息的采集制作各种专题地图。

8.6.1　量算分析

量算分析是通过对地形图的测量和计算来获得各种要素或现象数量特征的一种方法，包括量算坐标、角度、长度、面积、体积、高度、坡度、密度、梯度、强度等各种绝对和相对数值。

1. 点的坐标和高程测量

地形图包含地物和地貌的空间信息，通过测量可以得到地图上任意点的坐标和高程。对于数字地形图，可通过鼠标位置直接得到该点的平面坐标。对纸质地形图，则需要通过直尺、量角器等工具。如图 8－25 所示，欲求 P 点的坐标，首先根据 P 点在图上的位置，将该点所在的方格按坐标格网的十字交点绘出方格，如 $abcd$；然后过 P 点分别作平行于纵、横坐标轴的两条直线，分别交于 e、g 点和 f、h 点，量取 af 和 ae 的长度分别为 d_{af} 和 d_{ae}，为了防止错误以及考虑图纸变形的影响，还应量出 fb 和 ed 的长度进行检验。若地形图的比例尺为 1∶M，则可以得到 P 点的坐标值。

$$\begin{cases} x_P = x_a + d_{af}M \\ y_P = y_a + d_{ae}M \end{cases} \tag{8-3}$$

欲得到某点的高程，若根据目测判断该点在平坦区域，则该点的高程近似等于邻近的注记高程。若所求点恰好在某条等高线上，则该等高线的高程即为该点的高程，如图 8－26 中的 q 点，该点对应的高程为 64.00 m。若所求点位于两等高线之间，则需要做一条大致垂直于两等高线线段 mn，在图上测量 mn 和 np 的长度 d_{mn}、d_{mp}，设基本等高距为 h，按线性内插法得到 p 点的高程。

$$H_p = H_m + \frac{d_{mp}}{d_{mn}}h \tag{8-4}$$

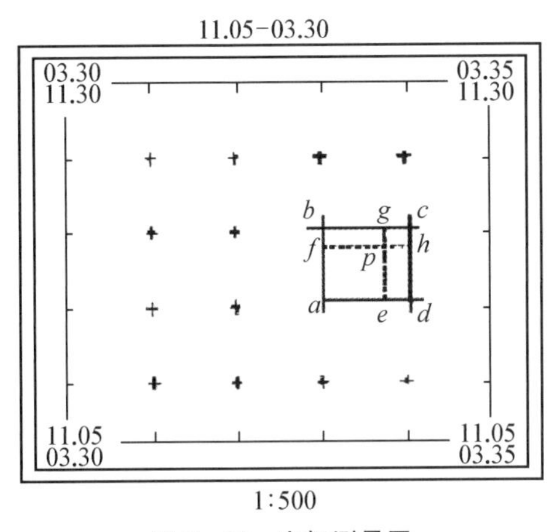

图 8-25　坐标测量图

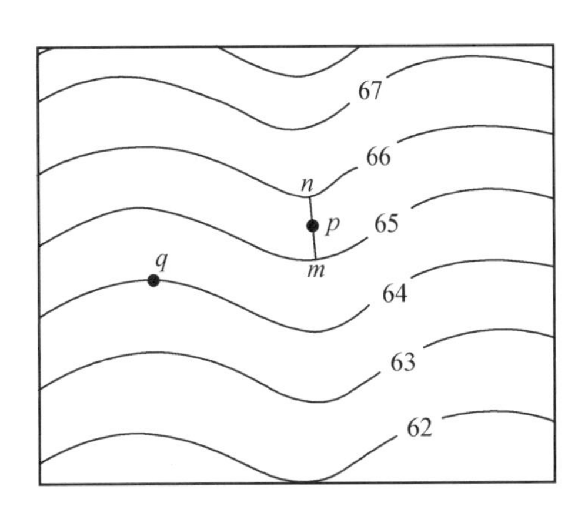

图 8-26　高程测量

2. 直线的距离、方位和坡度测量

如图 8-27 所示，A、B 两点为地形图上的任意两点，需要得到 AB 两点间的水平距离和坐标方位角。若地形图采用图示比例尺，则可直接测量图上距离，按图示比例尺换算得到实地距离；如果没有图示比例尺，且图纸存在变形，则需要先求出 A、B 两点的坐标，计算出 A、B 两点间的水平距离。

$$d_{AB}=\sqrt{(x_B-x_A)^2+(y_B-y_A)^2} \tag{8-5}$$

如图 8-28 所示，如果想要求 AB 两点间的倾斜距离，则还应考虑地面的坡度。如图 8-27 所示，当已知 A、B 两点间的坐标时，可以根据坐标反算求出直线的坐标方位角。

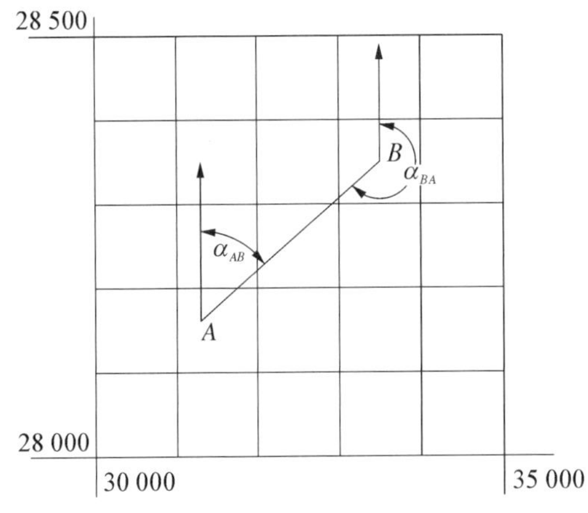

图 8-27　距离和坐标测量

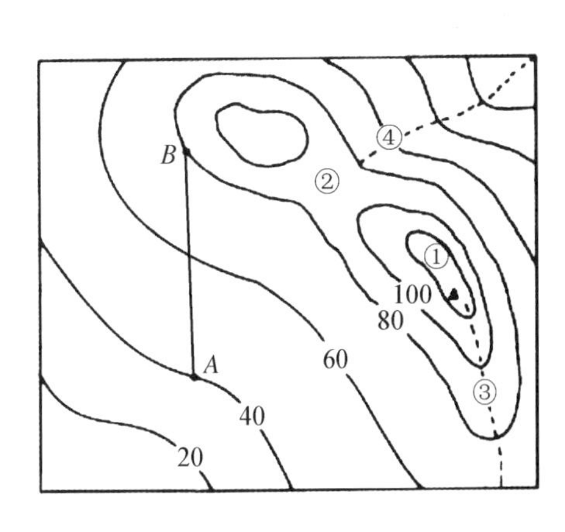

图 8-28　坡度测量

直线的坡度是指该直线两端的高差 h 与实地水平距离 d 之比，通常用百分数来表示。设地形图的比例尺为 1∶5 000。图上量得两点的直线长度为 20 mm，两点高差为 5 m，则该直线的坡度为

$$i=\frac{h}{d}=\frac{5}{0.02\times 5\,000}=5\% \tag{8-6}$$

由坡度的定义可知,坡度实际上是坡度角的正切函数,即 $\tan\delta=i$,由此反算得到坡度角为 $\delta=2°52'$。

3. 面积测量

对于传统的纸质地形图,通常采用求积仪方法或坐标格网法来测量面积;对于数字地形图可以直接用 Area 命令计算闭合多边形的面积。

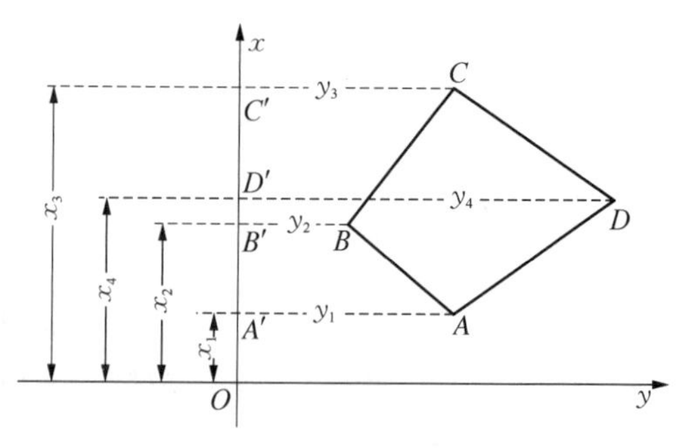

图 8-29 解析法计算面积

由于通过地形图可以得到多边形各顶点的坐标,因此可以利用各顶点的坐标解析计算得到多边形的面积。如图 8-29 所示为一任意四边形,各顶点按顺时针方向编号,将各顶点向 x 轴投影,则四边形 $ABCD$ 的面积 $A=C'CDD'$ 面积 $A_1+D'DAA'$ 面积 A_2-($C'CBB'$面积 $A3+B'BAA'$面积 $A4$),即

$$A=A_1+A_2-A_3-A_4 \tag{8-7}$$

设 A、B、C、D 4 个顶点的坐标分别为(x_1, y_1)、(x_2, x_2)、(x_3, y_3)和(x_4, y_4),则

$$\begin{aligned}2A&=(y_3+y_4)(x_3-x_4)+(y_4+y_1)(x_4-x_1)-\\&\quad(y_3+x_2)(x_3-x_2)-(y_2+y_1)(x_2-x_1)\\&=x_1(y_2-y_4)+x_2(y_3-y_1)+x_3(y_4-y_2)+x_4(y_1-y_3)\end{aligned} \tag{8-8}$$

根据式(8-8)类推,得到 n 个顶点的多边形的面积为

$$A=\frac{1}{2}\sum_{i=1}^{n}x_i(y_{i+1}-y_{i-1}) \tag{8-9}$$

式中,当 $i=1$ 时,$y_{i-1}=y_n$;当 $i=n$ 时,$y_{i+1}=y_1$ 。

4. 体积测量

体积测量需要首先得到相邻断面的面积,然后根据若干断面的面积和断面之间的间距求出体积。体积测量主要用于矿产勘查中的储量计算和工程建设中的土方计算。

利用等高线计算体积时,首先计算各等高线范围内的面积,再用等高距相乘求出每一等高线层的体积,最后将各层体积相加得到总体积。如图 8-30 所示,设 A_0、A_1、A_2、A_3 为各等高线范围内的面积,基本等高距为 h,得到各等高线层范围内的体积分别为

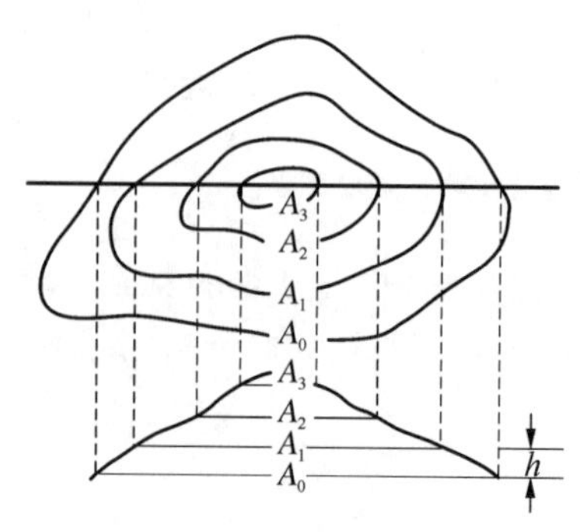

图 8-30 利用等高线法求体积

$$\begin{aligned}V_{01}&=\frac{1}{2}(A_0+A_1)h\\V_{12}&=\frac{1}{2}(A_1+A_2)h\\V_{23}&=\frac{1}{2}(A_2+A_3)h\\V_k&=\frac{1}{3}A_3h_k\end{aligned} \tag{8-10}$$

式中,h_k 为上层等高线至山顶的高度,将以上体积相加可得到等高线所圈范围内的总体积。

8.6.2　图解分析

图解分析是根据地形图制作各种图形、图表来分析各种现象的方法，应用较多的是制作剖面图、断面图和玫瑰图表等。

断面或剖面图的作用是反映各种现象的立体分布和垂直结构。根据地形图或地势图制作地形剖面图可显示地形的起伏变化。例如，根据公路设计的轴线方向绘制纵断面图，可作为路面坡度设计的依据。另外，在地形图的基础上增加一些专题内容，如土壤、植被、地质等信息，可作为某些要素的垂直分布剖面图。

如图 8－31 所示的地形图，需要绘制 AB 方向上的断面图。首先在地形图上绘制直线 AB，并标出该直线与各等高线的交点，1，2，…，n；然后在另一张纸上作相互垂直的坐标轴，横坐标 S 表示水平距离，纵坐标表示高程 h，按规定的比例尺将所有点依次转绘到横坐标轴上；再由所得各点作垂线，根据各点高程在垂线上按高程比例尺标出各点位置；最后用光滑曲线连接，可得到 AB 方向上的断面图。

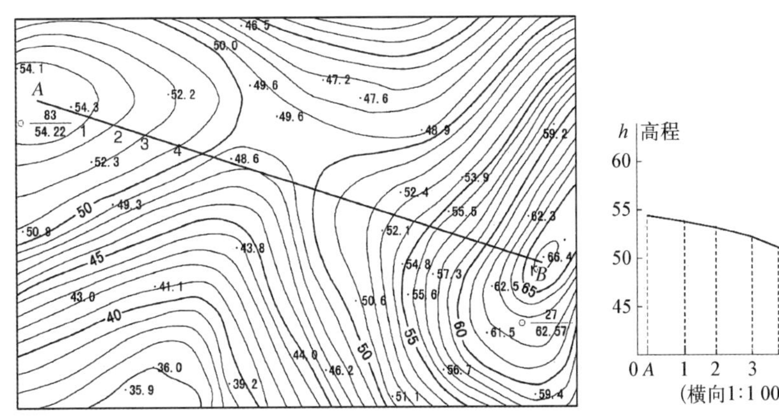

图 8－31　利用地形图绘制断面图

玫瑰图表是从一点向四周 8 个方向伸展的图形，可以按方位角获得诸如风向、断裂构造方向等现象分布的直观概念。方向玫瑰图上的辐射长度与所绘现象的强度或重复率成正比。图 8－32 是根据某地地形图上地面断裂方向绘制的方向玫瑰图。

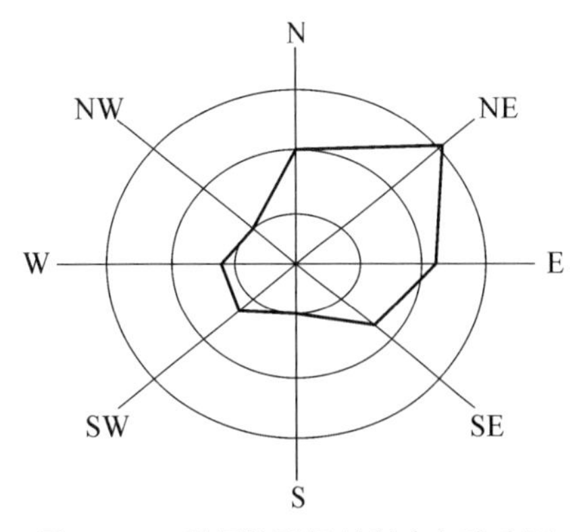

图 8－32　利用地形图绘制方向玫瑰图

8.6.3　专题地图绘制

专题地图是指在各种比例尺的地形图的基础上按照地图主题的要求，突出并完善地表示与主题相关的一种或几种要素，使地图内容专题化、表达形式各异、用途专门化的地图。

专题地图按内容性质分类可分为自然地图、社会经济(人文地图)和其他专题地图。

(1) 自然地图。反映制图区中的自然要素的空间分布规律及其相互关系的地图称为自然地图，主要包括地质图、地貌图、地势图、地球物理图、水文图、气象气候图、植被图、土壤图、动物图、综合自然地理图(景观图)、天体图、月球图、火星图等。

(2) 社会经济(人文)地图。反映制图区中的社会、经济等人文要素的地理分布、区域特征和相互关系的地图称为社会经济地图,主要包括人口图、城镇图、行政区划图、交通图、文化建设图、历史图、科技教育图、工业图、农业图、经济图等。

(3) 其他专题地图。不宜直接划归于自然或社会经济地图的,而用于专门用途的专题地图,主要包括航海图、交通图、规划图、设计图、环境图、旅游图等。

习　题　8

1. 什么是地形图? 它与普通地图有什么区别?

2. 什么是地形图的比例尺精度?

3. 什么是大比例尺地形图? 它有什么作用?

4. 图根控制测量和第 7 章所讲的控制测量有什么区别?

5. 大比例尺地形图数据采集有哪几种方法?

6. 什么是地物的等比例符号、半比例符号和非比例符号?

7. 等高线、等高线有哪些特点?

8. 简述全站仪结合电子平板测绘大比例尺地形图测绘的基本流程。

9. 简述基于不规则三角形格网的等高线绘制方法。

10. 现有免棱镜全站仪一台,请简要描述一种利用该仪器测量下图所示建筑物立面图的方法。

第9章　数字摄影测量

9.1　遥感概述

遥感(remote sensing, RS)是指非接触、远距离的探测技术。广义的遥感泛指一切无接触的远距离探测,包括对电磁场、力场、机械波(声波、地震波)等的探测技术。本书中介绍的遥感是指应用安装于不同平台的传感器对物体的电磁波的辐射或反射特性的探测,通过分析接收到的信号,揭示出物体的特征性质及其变化的科学和技术。

任何物体都具有光谱特性,即具有不同的吸收、反射、辐射光谱的性能。在同一光谱区各种物体反映的情况不同,同一物体对不同光谱的反映也有明显差别。即使是同一物体,在不同的时间和地点,由于太阳光照射角度不同,它们反射和吸收的光谱也各不相同。遥感技术通过接收不同目标的电磁辐射信息,通过对接收信息的解译和分析来实现对地球环境和资源认知的技术,如图9-1所示。

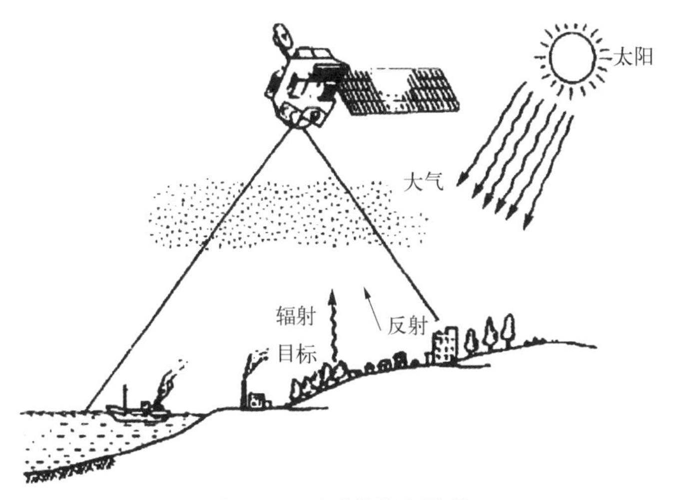

图9-1　遥感的基本原理

遥感通过采集电磁波的辐射信息来实现,但并非所有的电磁波都能用于遥感。由于地球表面的大气层中各种粒子与天体辐射的吸收和反射等相互作用,大部分波段范围内电磁波无法到达地面。人们把能到达地面的波段形象地称为“大气窗口”,这种“窗口”有3个。第1个窗口是光学窗口,也是最重要的一个窗口,其波长在300～700 nm之间,包括了可见光波段(400～700 nm),光学遥感一直是对地观测的主要方式;第2个窗口是红外窗口,其波长范围在0.7～1 000 μm之间,对地观测常用的波段有近红外、短波红外、中红外和远红外;第3个窗口是微波窗口,指波长大于1 mm的电磁波,波段范围在40 mm～30 m之间。

典型的遥感系统由遥感平台、传感器或载荷、信息传输系统、地面接收和处理系统等组成。传感器安装在遥感平台上,是遥感系统的重要设备,它可以是照相机、多光谱扫描仪、微波辐射计或合成孔径雷达等;信息传输是飞行器和地面间传递信息的工具,通常通过地面站接收卫星发射的电磁波信号;地面处理系统通过接收到的遥感图像信息进行处理(几何校正、滤波等)以获取反映地物性质和状态的信息。下面简要介绍几个基本概念。

(1) 遥感平台,是遥感过程中搭载遥感器的工具,主要的遥感平台有卫星、飞船、高空气球、有人或无人驾驶飞机、地面观测平台等。

(2) 遥感器或载荷,是远距离感测地物辐射或反射电磁波的仪器,主要包括光学摄影机、红外/紫外摄影机外、多光谱扫描仪、侧视雷达、成像光谱仪等,在卫星遥感中,传感器也称为载荷。

(3) 空间分辨率,是遥感图像上能够详细区分的最小单元的尺寸或大小,用来表征影像分辨地面目标细节的能力。对于数字图像,我们通常用每个像素对应的实际距离的大小来描述影像的空间分辨率。每个像素对应的尺寸越小,则对应的分辨率越高。

(4) 时间分辨率,是在同一区域进行的相邻两次遥感观测的最小时间间隔。对于轨道卫星,亦称为覆盖周期。时间间隔大,则时间分辨率低,反之时间分辨率高。

(5) 光谱分辨率,是传感器所能记录的电磁波谱中某一特定波长的频率范围,波长范围值越窄,光谱分辨率越高。

遥感技术是人们在资源、环境、灾害、区域、城市等进行调查、监测、分析、预测和预报等方面使用的重要技术手段。随着对地观测技术的发展,遥感影像的空间分辨率、时间分辨率和光谱分辨率也逐渐提高。高分辨率对地观测领域应用最多的是光学遥感卫星,目前世界上分辨率最高的民用卫星是美国的 WorldView-3 卫星,该卫星获取的全色影像的分辨率已达到 0.3 m。国内外提供的各种遥感数据使得遥感影像的应用也越来越便捷。

下面以我国自主开发的高分辨率遥感卫星“高分二号”(GF-2)为例,简要介绍光学卫星遥感的基本情况。GF-2 是我国首颗空间分辨率优于 1 m 的民用光学遥感卫星,具有亚米级空间分辨率、高定位精度和快速姿态机动能力等特点。

图 9-2 GF-2 获取的某地区遥感影像

GF-2 卫星的重量为 2 100 kg,设计寿命为 5～8 年,运行轨道高度为 631 km、倾角为 97.9°,设计具有 180 s 内侧摆 35°并稳定的姿态机动能力,69 天内能实现对全球的观测覆盖,以及 5 天内对地球表面上任意一个区域的重复观测。

GF-2 搭载有 2 台高分辨率 1 m 全色、4 m 多光谱相机,星下点空间分辨率可达 0.8 m,多光谱分辨率为 3.24 m,成像幅宽为 45 km。图 9-2 为 GF-2 获取的某地区遥感影像。

9.2 数字摄影测量的原理

9.2.1 数字摄影的原理

照相机是一种利用光学成像原理获取影像的设备,传统的光学相机将物体反射出的光线聚焦到含有感光材料的胶片上,将胶片冲洗后得到照片。自 20 世纪 80 年代以来,随着电子技术的快速发展,数码相机逐渐取代传统的光学相机在各行业广泛应用。数码相机是集光学、机械、电子一体化的产品,它集成了影像信息的转换、存储和传输等部件,具有数字化存取模式,与电脑交互处理和实时拍摄等特点。

普通数码相机由光学镜头、感光传感器、图像处理器、显示和存储设备构成(见图9-3)。光线通过镜头或者镜头组进入相机,经数码成像元件转化为数字信号,数字信号通过影像运算芯片储存在存储设备中。

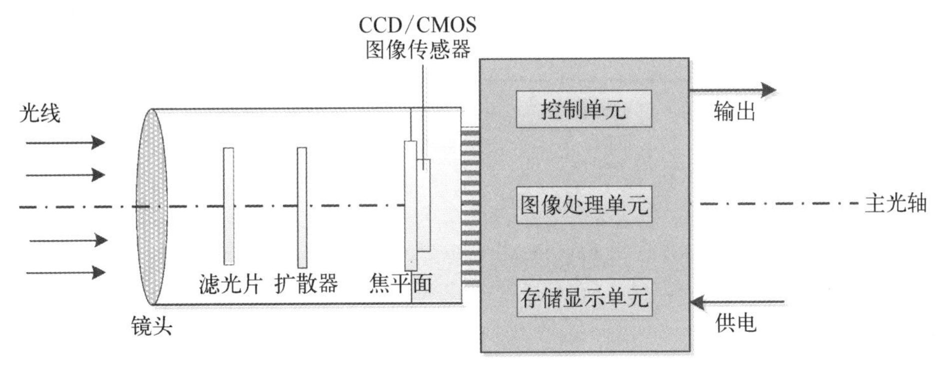

图9-3 数码相机的结构示意图

镜头是相机最重要的部件,直接决定成像效果和质量。镜头的性能主要由镜头的焦距范围、变焦能力、视场角、有效孔径、镜片加工和安装精度等技术指标决定。在摄影测量中,镜头的焦距有着重要作用,在其他成像参数不变的情况下,焦距的大小决定了单次拍摄的范围和影像的分辨率。根据镜头能否变焦,可将镜头分为变焦镜头和定焦镜头(见图9-4)。一般将焦距低于35 mm的镜头称为广角镜头,将焦距大于135 mm的镜头称为长焦镜头。专业的航空摄影测量相机通常采用长焦距的定焦镜头,而普通的单反相机大多采用变焦镜头。

图9-4 数码相机的常用镜头

(a) 变焦镜头 (b) 定焦镜头

成像传感器是数码相机区别于光学相机的主要设备,主要有电荷耦合器件(charge coupled device, CCD)和互补金属氧化物半导体(complementary metal oxide semiconductor, CMOS)两种类型,主要功能是将不同强度的光信号转化为数字信号。如图9-5所示,CCD的成像原理是将光学镜头聚焦光线透射到传感器平面上,光电二极管受到光线激发释放出电荷,电信号经放大和滤波后转换为数字信号。与CMOS相比,CCD传感器具有高灵敏度、高分辨率、低噪声、低成本的等特点,是最主要的影像传感器。

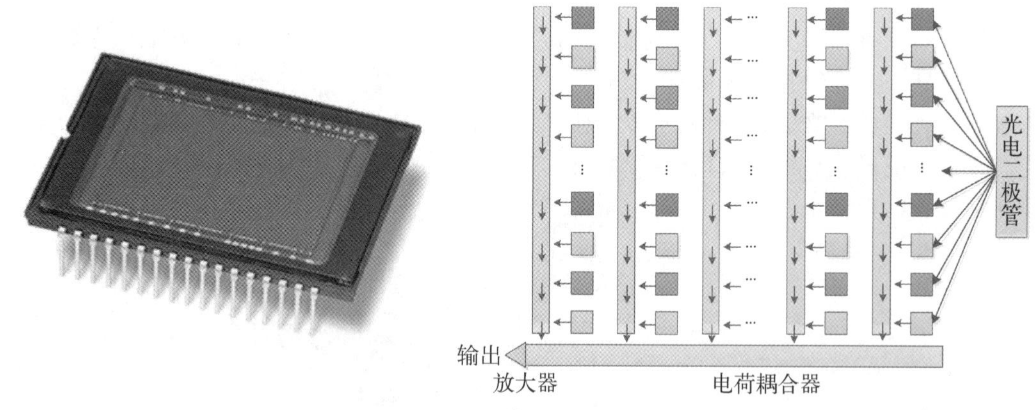

图 9-5　CCD 传感器的成像原理

CCD 传感器的主要指标包括靶面尺寸、像素大小、感光度、电子快门、帧率和信噪比，此外还要考虑 CCD 与镜头的匹配情况。靶面尺寸指图像传感器有效感光部分的大小，通常用图像传感器的对角线长度来表示，单位为英寸(in)①。常用的 CCD 靶面有 1/3、2/3、1/1.8 英寸。像素大小是指图像传感器上感光单元的数量，它们可以将光线转换成电荷，并经处理后得到数字图像。每个感光单元都对应着一个像素，像素越多，代表它能够感测到更多的物体细节，从而图像的分辨率越高。如高清摄像机影像的每帧的分辨率为 1 920×1 080 像素，目前大多数单反相机的分辨率能达到 2 000 万像素。

图像处理器的功能是将数字信号转化为标准的数字图像。经 CCD 或 CMOS 得到的数字信号进行滤波、色彩校正、白平衡处理、图像编码等处理后转换为标准的图像或视频格式。

数码相机的种类很多，其中单镜头反光式照相机(简称单反相机)是目前应用最广泛的相机之一。以常用的 Cannon 50D 为例，其主要参数如表 9-1 所示，其中光学镜头可根据用户需求选择更换。

表 9-1　Cannon 50D 单反相机主要参数

传感器类型	CMOS	最高分辨率	4 752×3 168
感光器尺寸/mm	22.3×14.9	标准镜头焦距/mm	EF-S 17-55
有效像素	1 510×10^3	显示屏尺寸/in	3

利用普通数码相机进行摄影测量时，测量的精度与相机的等效焦距、分辨率、相机的几何畸变(与镜头加工和安装精度密切有关)等因素直接相关，应尽量选择分辨率高、成像质量好、镜头畸变小的相机。需要说明的是，现在的数码相机大多是可变焦相机，变焦方式有光学变焦和数码变焦两种方式。其中光学变焦通过改变镜头中各镜片的相对位置来改变焦距，光学变焦倍数越大，能拍摄的景物就越远。数码变焦实际上是影像的电子放大，即将 CCD 原始影像的一部分像素使用“插值”处理放大，相当于将拍摄的部分景物放大，视觉可以产生类似于光学变焦的成像效果，但图像的清晰度和质量会下降。

① 1 英寸(in)=2.54 厘米(cm)。

9.2.2　相机针孔成像模型

三维空间中的物体到像平面的投影关系称为成像模型(camera model)。在摄影测量领域，相机的成像模型表示为共线方程，而计算机视觉领域，相机线性模型称为针孔模型(pinhole model)，两者在本质上是一致的。针孔成像模型是一种理想的成像模型，假设物体表面的反射光都经过一个针孔投射到相机成像平面上，投影中心、物点和像点形成了一条光束，即投影中心、像点和物点是共线的。

针孔成像模型的原理如图 9-6 所示，将相机抽象为一个小孔加一个成像平面，像平面与小孔之间的距离为主距 f。为了便于分析，将影像旋转后在小孔与三维场景之间建立一个等效像平面，该等效平面与小孔的距离仍等于焦距，且具有与原成像平面等价的成像几何关系，区别仅在于成像为正像。

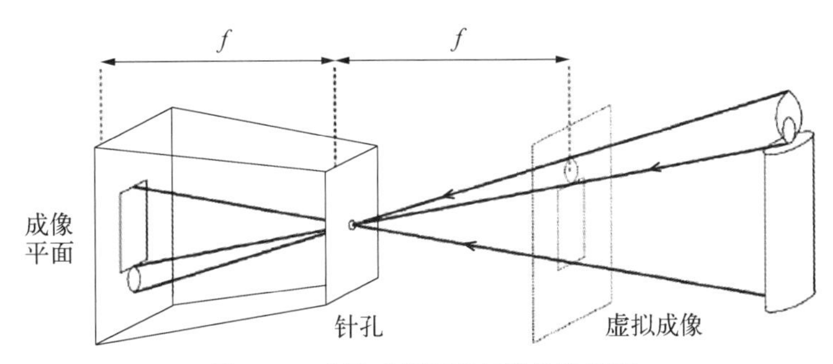

图 9-6　小孔成像原理与等效像平面

图 9-7 定义了一个以投影中心为原点，以主光轴为 Z 轴，X 轴平行于像平面水平方向并满足右手法则的坐标系，称为摄影机坐标系，在摄影测量领域通常称为像空间坐标系。用 $O_c - X_cY_cZ_c$ 来表示，根据图中的几何关系，可以得到空间点 P 的像空间坐标与对应的像平面坐标之间的关系为

$$\begin{cases} x = f\dfrac{x_c}{z_c} \\ y = f\dfrac{y_c}{z_c} \end{cases} \tag{9-1}$$

若采用齐次坐标(homogeneous coordinates)表示上述投影关系，则为

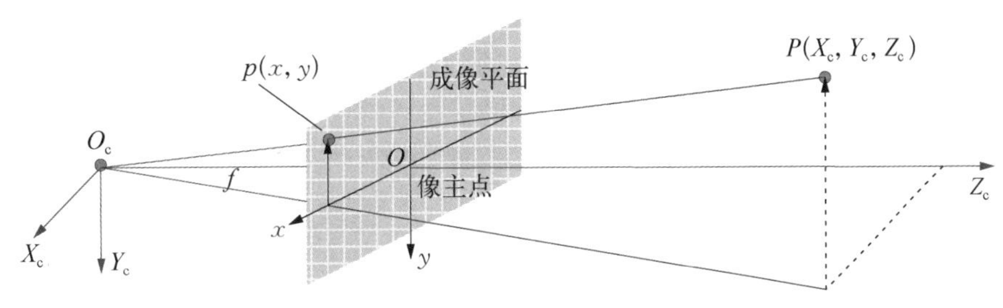

图 9-7　针孔相机的投影模型

$$\begin{bmatrix} x \\ y \\ 1 \end{bmatrix} = \begin{bmatrix} f & 0 & 0 & 0 \\ 0 & f & 0 & 0 \\ 0 & 0 & 1 & 0 \end{bmatrix} \begin{bmatrix} x_c \\ y_c \\ z_c \\ 1 \end{bmatrix} \tag{9-2}$$

式(9-2)中的像平面坐标是以像主点为原点、以像平面的实际尺寸(单位通常为 mm)表达的坐标系统。影像坐标是以像素为单位的图像坐标系，两者的关系如图 9-8 所示。图(a)中 $O_c-X_cY_cZ_c$ 表示像空间坐标系，O-xy 表示像平面坐标系，影像坐标系是指以影像的左上角为原点 u、v 分别表示影像的横轴和纵轴的坐标系，单位为像素。若不考虑相机纵横轴之间的倾斜，像平面坐标系与影像坐标系之间的转换关系可表示为

$$\begin{cases} x = d_x(u - u_0) \\ y = d_y(v - v_0) \end{cases} \tag{9-3}$$

式中，(u, v) 为以像素为单位的影像坐标；d_x，d_y 为每个像素在 x 轴与 y 轴方向对应的物理尺寸，单位为 mm/pixel，其大小由相机的 COMS 或 CCD 成像传感器确定；(u_0, v_0)为像主点的坐标，大致位于影像中心。将式(9-3)写成齐次坐标形式为

$$\begin{bmatrix} u \\ v \\ 1 \end{bmatrix} = \begin{bmatrix} 1/d_x & 0 & u_0 \\ 0 & 1/d_y & v_0 \\ 0 & 0 & 1 \end{bmatrix} \begin{bmatrix} x \\ y \\ 1 \end{bmatrix} \tag{9-4}$$

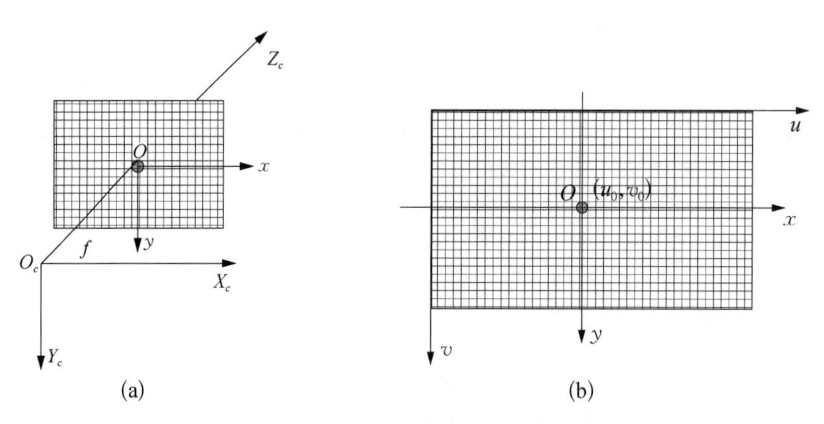

图 9-8 图像坐标与影像坐标之间的关系

(a) 像空间坐标系 (b) 像平面坐标系

从式(9-2)和式(9-4)中可以得到影像坐标系与像空间坐标系之间的转换关系，而在实际应用中，摄影机的拍摄位置和姿态参数是不断变化的，因此需要定义一个相对固定的三维坐标系，这个坐标系称为世界坐标系或物方坐标系，用 $O_w-X_wY_wZ_w$ 表示。世界坐标系与摄像机坐标系都是三维空间直角坐标系(见图 9-9)，两者之间的转换可以用三维空间变换模型表示为

$$\begin{bmatrix} x_w \\ y_w \\ z_w \end{bmatrix} = \begin{bmatrix} r_{11} & r_{12} & r_{13} \\ r_{21} & r_{22} & r_{23} \\ r_{31} & r_{32} & r_{33} \end{bmatrix} \begin{bmatrix} x_c \\ y_c \\ z_c \end{bmatrix} + \begin{bmatrix} x_0 \\ y_0 \\ z_0 \end{bmatrix} \tag{9-5}$$

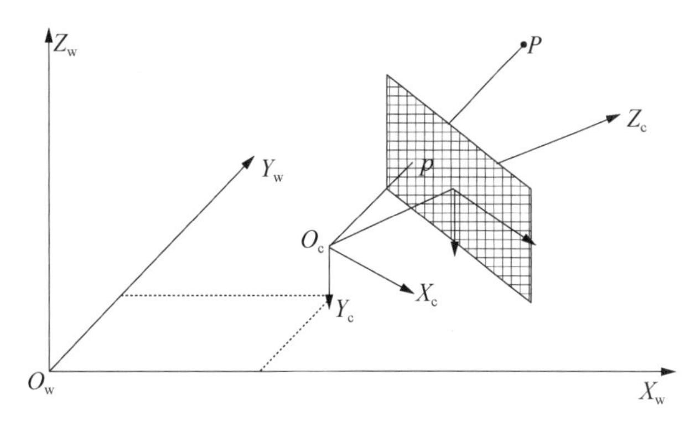

图 9－9　像空间坐标系与物方坐标系之间的关系

式(9－5)中 (x_0, y_0, z_0) 为投影中心在世界坐标系中的坐标；r_{ij} 为旋转矩阵 $\boldsymbol{R}$ 的元素。旋转矩阵的表示方法主要有欧拉角表示法、旋转轴和旋转角度表示法、四元数表示法等，其中基于欧拉角的表示方法的应用最广泛。

根据欧拉角表示方法，旋转矩阵可以由 3 个独立的欧拉角表示。首先看图 9－10(a)所示的三维旋转情况，该方法表示坐标系仅绕 Z 轴顺时针旋转 κ 角，从图中的几何关系可知，旋转后 Z 坐标不变，因此相当于图(b)所示的平面坐标旋转，得到旋转矩阵为

$$\begin{bmatrix} x' \\ y' \\ z' \end{bmatrix} = \boldsymbol{R}(z, \kappa)\begin{bmatrix} x \\ y \\ z \end{bmatrix}; \boldsymbol{R}(z, \kappa) = \begin{bmatrix} \cos\kappa & -\sin\kappa & 0 \\ \sin\kappa & \cos\kappa & 0 \\ 0 & 0 & 1 \end{bmatrix} \tag{9-6}$$

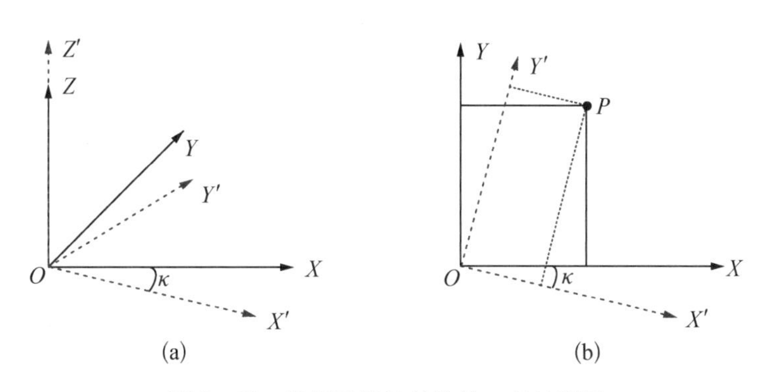

图 9－10　坐标系绕 Z 轴旋转 κ 角示意图

(a) 三维旋转　(b) 平面旋转

类似地，在以上旋转的基础上再绕 Y 轴、X 轴旋转可以得到任意三维旋转矩阵，研究表明，任意一个三维旋转都可以由 3 个独立的欧拉角来表示。以摄影测量中常用的 φ-ω-κ 转角系统为例，得到欧拉角表示的三维旋转矩阵为

$$\boldsymbol{R} = \begin{bmatrix} r_{11} & r_{12} & r_{13} \\ r_{21} & r_{22} & r_{23} \\ r_{31} & r_{32} & r_{33} \end{bmatrix} = \begin{bmatrix} \cos\varphi & 0 & -\sin\varphi \\ 0 & 1 & 0 \\ \sin\varphi & 0 & \cos\varphi \end{bmatrix}\begin{bmatrix} 1 & 0 & 0 \\ 0 & \cos\omega & -\sin\omega \\ 0 & \sin\omega & \cos\omega \end{bmatrix}\begin{bmatrix} \cos\kappa & -\sin\kappa & 0 \\ \sin\kappa & \cos\kappa & 0 \\ 0 & 0 & 1 \end{bmatrix}$$

$$
= \begin{bmatrix} \cos\varphi\cos\kappa - \sin\varphi\sin\omega\sin\kappa & -\cos\varphi\sin\kappa - \sin\varphi\sin\omega\cos\kappa & -\sin\varphi\cos\omega \\ \cos\omega\sin\kappa & \cos\omega\cos\kappa & -\sin\omega \\ \sin\varphi\cos\kappa + \cos\varphi\sin\omega\sin\kappa & -\sin\varphi\sin\kappa + \cos\varphi\sin\omega\cos\kappa & \cos\varphi\cos\omega \end{bmatrix} \tag{9-7}
$$

由式(9－7)可以看出，旋转矩阵由3个独立的欧拉角参数组成，如果已知3个欧拉角 φ、ω、κ，就可以得到两个空间坐标系间的旋转矩阵。同理，也可以根据旋转矩阵反算出欧拉角。

将式(9－3)和式(9－5)代入式(9－1)并经简单的数学变换就得到成像方程为

$$
\begin{cases} u - u_0 = \alpha_x \dfrac{r_{11}(x_w - x_0) + r_{12}(y_w - y_0) + r_{13}(z_w - z_0)}{r_{31}(x_w - x_0) + r_{32}(y_w - y_0) + r_{33}(z_w - z_0)} \\ v - v_0 = \alpha_y \dfrac{r_{21}(x_w - x_0) + r_{22}(y_w - y_0) + r_{23}(z_w - z_0)}{r_{31}(x_w - x_0) + r_{32}(y_w - y_0) + r_{33}(z_w - z_0)} \end{cases} \tag{9-8}
$$

式(9－8)为摄影测量中最基础的共线方程，其几何意义是指成像目标、投影中心及其对应的影像应该在一条直线上。令 $\alpha_x = f/d_x$，$\alpha_y = f/d_y$，$\boldsymbol{t} = [x_0,\ y_0,\ z_0]^{\mathrm{T}}$ 为投影中心在物方坐标系中的坐标值，写成齐次坐标的形式

$$
z_c \begin{bmatrix} u \\ v \\ 1 \end{bmatrix} = \begin{bmatrix} 1/d_x & 0 & u_0 \\ 0 & 1/d_y & v_0 \\ 0 & 0 & 1 \end{bmatrix} \begin{bmatrix} f & 0 & 0 & 0 \\ 0 & f & 0 & 0 \\ 0 & 0 & 1 & 0 \end{bmatrix} \begin{bmatrix} \boldsymbol{R} & -\boldsymbol{Rt} \\ 0 & 1 \end{bmatrix} \begin{bmatrix} x_w \\ y_w \\ z_w \\ 1 \end{bmatrix} \tag{9-9}
$$

$$
= \begin{bmatrix} \alpha_x & 0 & u_0 & 0 \\ 0 & \alpha_y & v_0 & 0 \\ 0 & 0 & 1 & 0 \end{bmatrix} \begin{bmatrix} \boldsymbol{R} & \boldsymbol{T} \\ 0 & 1 \end{bmatrix} \begin{bmatrix} x_w \\ y_w \\ z_w \\ 1 \end{bmatrix} = \boldsymbol{P}\widetilde{\boldsymbol{X}}_w
$$

令 $\widetilde{\boldsymbol{X}} = \widetilde{\boldsymbol{X}}_w$、$\lambda = 1/z_c$、$\boldsymbol{T} = -\boldsymbol{Rt}$，得到齐次坐标成像模型

$$
\tilde{\boldsymbol{u}} = \lambda \boldsymbol{A}[\boldsymbol{R} \mid \boldsymbol{T}]\widetilde{\boldsymbol{X}}_w = \lambda \boldsymbol{P}\widetilde{\boldsymbol{X}} \tag{9-10}
$$

式(9－10)为计算机视觉中的线性成像模型，$\tilde{\boldsymbol{u}}$ 为像点的齐次坐标；$\widetilde{\boldsymbol{X}}$ 为对应空间点的齐次坐标；λ 为比例常数；α_x、α_y 为相机在 X 轴和 Y 轴方向以像素为单位的聚焦长度；$\boldsymbol{A}$ 为相机的内方位元素矩阵，由 u_0、v_0、α_x、α_y 4个独立的参数构成；$\boldsymbol{R}$ 为旋转矩阵，包含3个独立的参数；$\boldsymbol{T}$ 包含3个平移参数；$\boldsymbol{R}$、$\boldsymbol{T}$ 共同组成6个外方位元素；$\boldsymbol{P}$ 是一个 3×4 阶的矩阵，称为投影矩阵，由内、外方位元素组成。若不考虑投影矩阵各参数的几何意义，将式(9－11)写成非齐次坐标表达的形式

$$
\begin{cases} u = \dfrac{P_{11}x_w + P_{12}y_w + P_{13}z_w + P_{14}}{P_{31}x_w + P_{32}y_w + P_{33}z_w + P_{34}} \\ v = \dfrac{P_{21}x_w + P_{22}y_w + P_{23}z_w + P_{24}}{P_{31}x_w + P_{32}y_w + P_{33}z_w + P_{34}} \end{cases} \tag{9-11}
$$

式(9－11)给出了摄影测量中和计算机视觉中的成像模型，两者在本质上是一致的，只是表达形式不同，摄影测量中表示为式(9－8)中的共线方程，而计算机视觉领域习惯于表达为式

(9-10)表示的由内、外部参数组成的齐次坐标表达方式。

9.2.3　相机的非线性畸变

共线方程描述了理想状态下的成像模型,而由于透镜加工和安装、影像采样等多种因素的影响,相机成像并不严格满足线性模型,尤其是镜头质量不佳或使用视角较大的广角镜头时,在远离图像中心的边缘区域会形成较大的变形,称为相机的畸变。由相机的光学系统引起的几何畸变主要有径向畸变、偏心畸变和薄镜畸变。

1. 径向畸变

径向畸变是由于镜头质量的影响导致图像畸变以影像中心为圆心,沿着径向产生的位置偏差,是成像过程中最主要的畸变,径向畸变误差表示为

$$\begin{cases}\delta_x = x(k_1\rho^2 + k_2\rho^4 + \cdots)\\ \delta_y = y(k_1\rho^2 + k_2\rho^4 + \cdots)\end{cases} \tag{9-12}$$

式中,(x, y)为影像的像平面坐标;$\rho = \sqrt{x^2 + y^2}$ 为像点到相机主点的距离;k_1、k_2 为径向轴对称畸变误差系数。径向畸变又分为正向畸变和负向畸变,正向畸变称为枕形畸变,负向畸变称为桶形畸变,如图 9-11 所示。

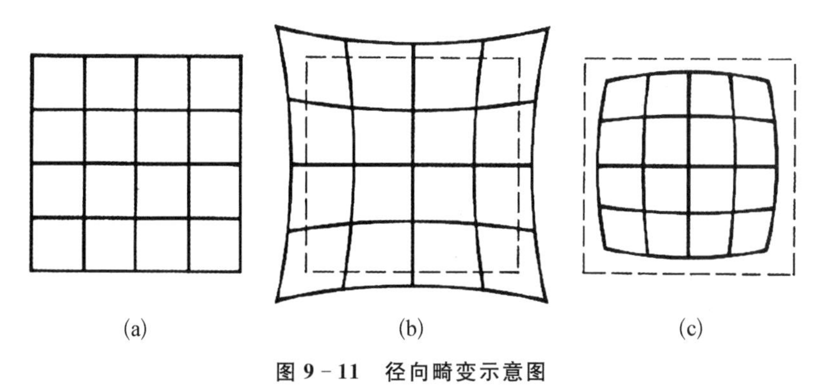

图 9-11　径向畸变示意图

(a) 无畸变　(b) 枕形畸变　(c) 桶形畸变

2. 离心畸变

离心畸变是由于透镜组中各透镜中心不共线所造成的,它使得成像过程中径向和切向都产生畸变,若用 p_1, p_2 表示偏心畸变参数,则偏心畸变可表示为

$$\begin{cases}\delta_{xd} = p_1(3x^2 + y^2) + 2p_2xy + \cdots\\ \delta_{yd} = p_2(3y^2 + x^2) + 2p_1xy + \cdots\end{cases} \tag{9-13}$$

3. 薄镜畸变

薄镜畸变是由于镜片设计及安装不当造成,高精度的镜头可以忽略薄镜畸变。若以参数 s_1、s_2 表示薄镜畸变参数,得到薄镜畸变为

$$\begin{cases}\delta_{xt} = s_1(x^2 + y^2) + \cdots\\ \delta_{yt} = s_2(x^2 + y^2) + \cdots\end{cases} \tag{9-14}$$

上述的 $(k_1, k_2, p_1, p_2, s_1, s_2)$ 统称为相机的畸变参数,它与线性模型的内部参数一起

构成了非线性模型的相机内部参数。在使用非专业相机进行高精度的摄影测量时,需要考虑非线性畸变的影响。

9.3 摄影测量的流程与成像模式

9.3.1 摄影测量的作业流程

摄影测量的主要工作就是从二维影像恢复三维场景的过程,首先需要明确应用需求并制定测量方案,然后按以下工作流程。

1. 影像获取

根据测量对象和任务,选择摄影测量设备和拍摄方式。对于无人机倾斜摄影测量,在确定无人机平台和多目摄像机(见图 9-12)后,规划飞行高度和路径,设置影像重叠率和采样间隔等参数。对于近景摄影测量,选择相机的焦距、分辨率、拍摄位置和姿态。

图 9-12 多目摄像机影像获取

2. 像点测量和匹配

像点的测量是确定像点的影像坐标,像点坐标的测量主要采用自动化或半自动化的测量方式,通常采用软件测量,为提高测量的精度,像点的坐标测量应达到子像素级。对于立体像对上的同名像点通过影像匹配的方法实现像点坐标的自动测量和匹配,如图 9-13 所示。

图 9-13 像点测量与匹配

3. 相机标定

为了得到三维坐标,需要先求解相机的内、外部参数和畸变参数,求解成像参数的过程在计算机视觉中称为相机标定(camera calibration)。在大多数条件下,这些参数需要布设若干已知点后通过实验与计算得到。对于小场景测量,可以采用二维棋盘格或三维标定块(见图 9-14),同时标定相机的内、外部参数和畸变参数;对于大场景测量,可以利用预先标定的方法得到相机的内部参数和畸变参数,然后通过在现场布设少量控制点的方式得到相机的外参数。

4. 平差计算

平差计算的目的是获取影像匹配点的高精度三维坐标,平差计算以摄影测量的光束服从

图 9-14　小场景测量相机的标定

共线方程为基础。在大场景测量中,需要利用若干已知点或已知场景标定成像参数(特别是外部参数),然后采用整体优化方法得到未知点的坐标。根据采用的方法不同,常用的数据处理方法有相对定向-绝对定向、空间后方交会-前方交会方法、光束法平差方法等。

5. 测量成果输出

摄影测量最直接的成果是得到若干特征点的三维坐标,在此基础上,将数字摄影影像经处理得到 4D 产品(见图 9-15),其中数字正射影像图(DOM)和数字高程模型(DEM)是数字摄影测量的直接产品。

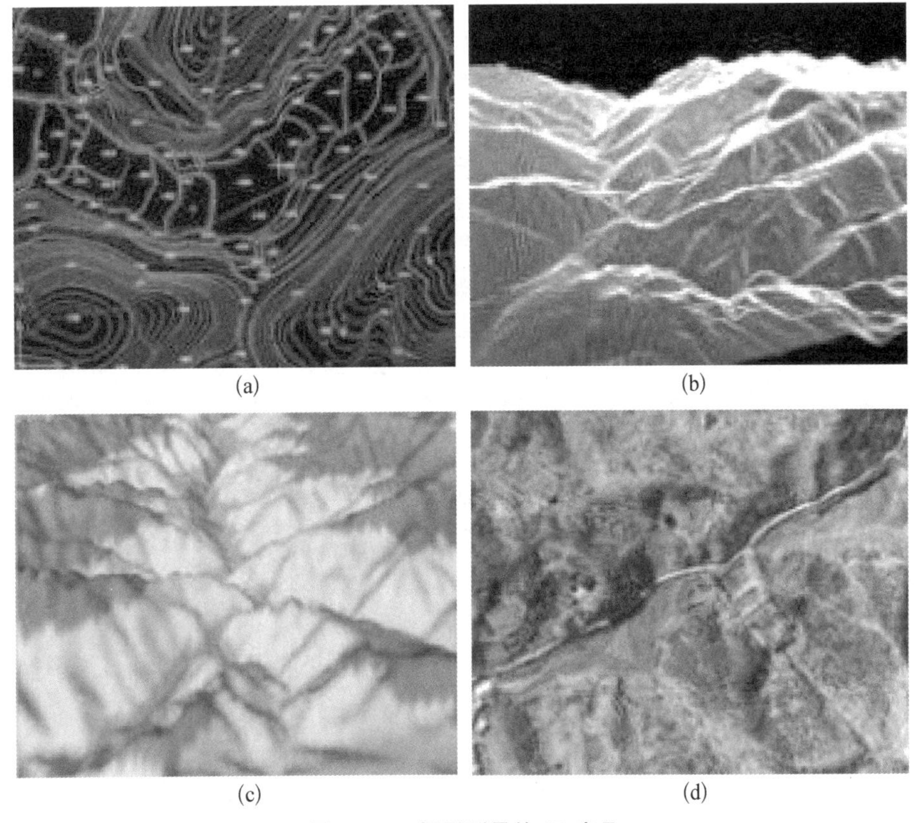

(a)　(b)　(c)　(d)

图 9-15　摄影测量的 4D 产品

（1）数字正射影像图（DOM），是将数字摄影测量影像逐像素纠正，按图幅范围裁切生成的影像数据。DOM除了具有几何信息外，还包含丰富的色彩和纹理信息，具有良好的可判读性和可量测性，从中可直接提取自然地理和社会经济信息。

（2）数字高程模型（DEM），是以高程表达地面起伏形态的数字集合。可制作透视图、断面图，进行工程土石方计算、表面覆盖面积统计，用于与高程有关的地貌形态分析、通视条件分析、洪水淹没区分析。

（3）数字栅格地图（DRG），是纸制地形图的栅格形式的数字化产品。可作为背景与其他空间信息关联，用于数据采集、评价与更新，与DOM、DEM集成派生出新的可视信息。

（4）数字线划地图（DLG），通常是地形图、各种专题地图和图形化表达的地理信息，对地形图上的基础地理要素分层存储的矢量数据集。数字线划图既包括空间信息又包括属性信息，可用于建设规划、资源管理、投资环境分析等各个方面以及作为人口、资源、环境、交通、治安等各专业信息系统的空间定位基础。

9.3.2 平面摄影测量

利用单台相机拍摄的单幅图像进行物体几何尺寸或空间位置测量的技术在计算机视觉领域称为单目视觉测量。由相机成像模型可知，单幅图像将三维空间目标投影到像平面得到二维影像，但由于成像过程深度信息的缺失，造成通过单幅影像无法恢复目标的三维信息。但对于平面目标，通过单应矩阵可以直接建立像平面和物平面之间的映射关系，从而可以利用单张影像进行平面测量。

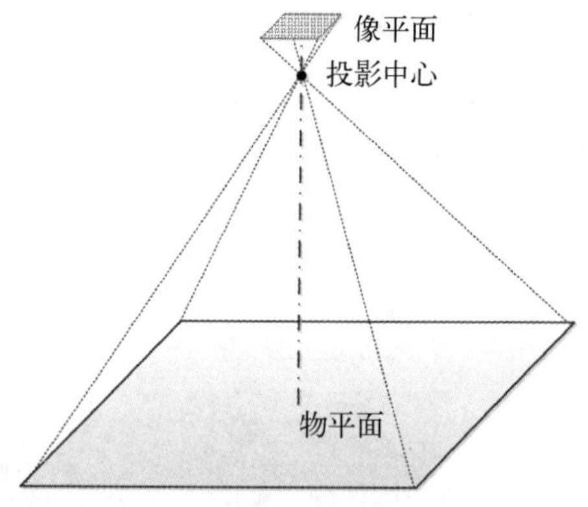

图9-16 单幅影像的平面摄影测量

单幅影像的平面摄影测量通常将主光轴近似垂直于物平面（见图9-16），从而保证影像的变形较小，假设物平面的 Z 坐标为零，则像点与目标点之间的关系可以表示为

$$\begin{cases} u = \dfrac{h_{11}x + h_{12}y + h_{13}}{h_{31}x + h_{32}y + h_{33}} \\ v = \dfrac{h_{21}x + h_{22}y + h_{23}}{h_{31}x + h_{32}y + h_{33}} \end{cases} \tag{9-15}$$

式中，h_{ij} 表示3×3的单应矩阵（homography）的元素，除去一个尺度因子外，共有8个独立的元素，因此需要4个已知点才能计算出单应矩阵。得到单应矩阵后，则可以实现影像坐标和物方坐标之间的相互变换，从而实现单像测量。

9.3.3 双目测量

双目视觉是指由两台相机从不同角度拍摄同一目标或场景而得到两幅数字图像，或由单台相机在不同时刻从不同角度获取同一场景的两幅数字图像，并基于双目成像模型恢复物体的三维几何信息。

图9-17所示为双目立体成像的原理。两台相机的投影中心分别为 O_1、O_2，类似于人的“左眼”和“右眼”，两者间的连线称为摄影基线，可以用一个三维向量来表示。双目测量系统拍摄得

到的同一场景的两张影像称为立体像对。根据相机成像模型，空间点 P 在左右影像上的成像点为 p_1、p_2，该点在左右影像坐标系中的坐标分别表示为 $\boldsymbol{u}_l^p=(u_l^p, v_l^p)$，$\boldsymbol{u}_r^p=(u_r^p, v_r^p)$，同一目标在不同影像上的像点也称为同名点或匹配点。

如图 9-17 所示，双目立体视觉系统的左视线 Pp_1O_1、右视线 Pp_2O_2 和基线 O_1O_2 构成了一个空间三角形。若已知相机的成像参数(包括内参数和外参数)，就相当于已知了左右两条光线的位置和方向，则两条光线的交点就是要求的空间点 P 的位置。

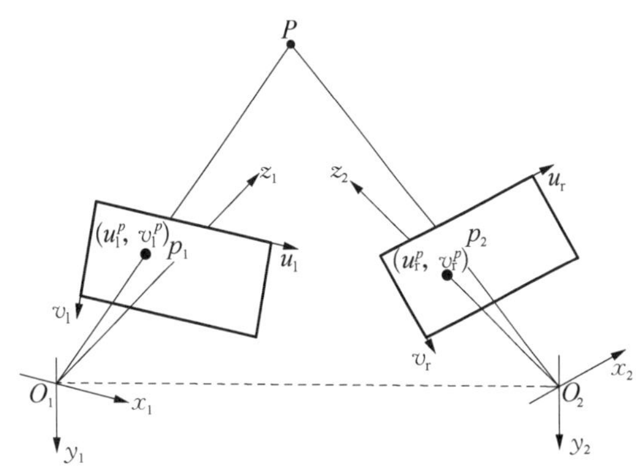

图 9-17　双目立体成像的原理

已知两个摄像机的内、外部参数以及两者之间的空间位置关系，根据空间前方交会原理，便可以获得两摄像机公共视场内物体的三维尺寸及空间物体特征点的三维坐标。

9.3.4　多目测量

多目测量通过3个或3个以上的位置和角度获取同一场景的影像，多视角摄影测量的方式既可以保证对待测量对象的全覆盖，又增加了光束的数量，提高了测量的精度。

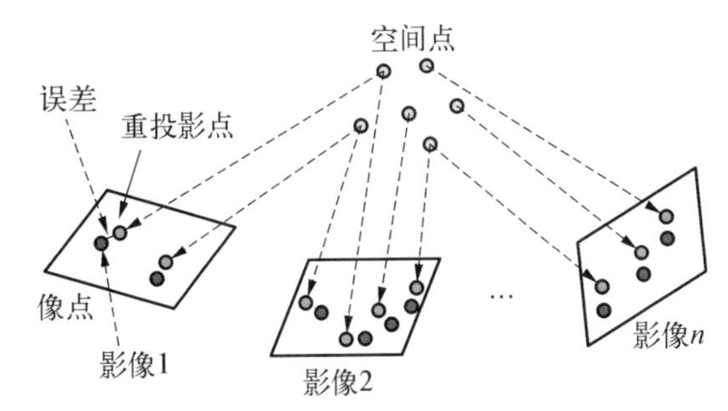

图 9-18　多目摄影测量与光束法平差

设对某一目标从不同的视角拍摄了 n 张相片(见图 9-18)，在拍摄过程中相机保持相机的内方位元素不变，若以 (u_i^k, v_i^k) 第 i 个点在第 k 张照片的影像坐标，(x_i, y_i, z_i) 表示第 i 点的物方空间坐标，$(u_0^k, v_0^k, \alpha_x^k, \alpha_y^k)$ 表示第 k 张影像的内方位元素，$\boldsymbol{R}_k$ 、(x_0^k, y_0^k, z_0^k) 分别为第 k 张照片的旋转矩阵和投影中心的物方空间坐标，得到共线方程

$$\begin{cases} u_i^k-u_0^k=\alpha_x^k\dfrac{r_{11}^k(x_i-x_0^k)+r_{12}^k(y_i-y_0^k)+r_{13}^k(z_i-z_0^k)}{r_{31}^k(x_i-x_0^k)+r_{32}^k(y_i-y_0^k)+r_{33}^k(z_i-z_0^k)} \\ v_i^k-v_0^k=\alpha_y^k\dfrac{r_{21}^k(x_i-x_0^k)+r_{22}^k(y_i-y_0^k)+r_{23}^k(z_i-z_0^k)}{r_{31}^k(x_i-x_0^k)+r_{32}^k(y_i-y_0^k)+r_{33}^k(z_i-z_0^k)} \end{cases} \tag{9-16}$$

多目摄影测量的计算通常采用光线束平差法，该方法将未知点的坐标和成像参数作为参数，在最小二乘原则下整体求解。光束法平差理论严密，计算精度高(是计算机视觉和近景测量中计算精度最高的)，但光束法平差计算量大，并且在平差计算时需要已知方位元素的初值。

9.4　无人机摄影测量

9.4.1　无人机摄影测量简介

传统的摄影测量需要有人驾驶飞机搭载专业航空摄影测量相机对地面连续摄取影像，结合地面控制点和野外调绘，得到各种成图比例尺的数字影像和地形图等航测产品。近年来随着技术的发展，基于轻小型无人机平台的摄影测量系统逐渐取代了传统的航空摄影测量系统，成为地理信息采集的主要手段之一。

无人机摄影测量是指以轻小型无人机为平台，搭载高分辨率相机在空中（通常离地面几十米至200米）对地面连续成像，经数据处理得到摄影测量产品的技术。飞行器的安全性、稳定性、可操作性是摄影测量的基础和保障。无人机作为一个可搭载多种传感器的飞行平台，一般可分为多旋翼和固定翼两种。多旋翼无人机具有操作简单、可垂直起降和定点悬停等特点，这类无人机对于起降场地要求不高，常应用于摄影和城市测绘等行业中，在测绘中常见的有大疆经纬M600、华测P700等。与多旋翼无人机相比，固定翼无人机具有航时长和飞行速度快等优点，因此可用于长时间、大面积的测绘作业。该类无人机常见的有南方的天巡系列、华测的P600等。

无人机飞行由飞控系统控制，飞控系统由自驾仪、GNSS/IMU惯性导航系统、GNSS接收机等组成，可实现无人机的姿态、航高、速度、航向的控制及无人机飞行状态参数的实时共享，方便地面人员实时监控无人机飞行信息。无人机有手动、辅助和全自动飞行控制模式，可以保证无人机按预定的飞行路径平稳飞行。

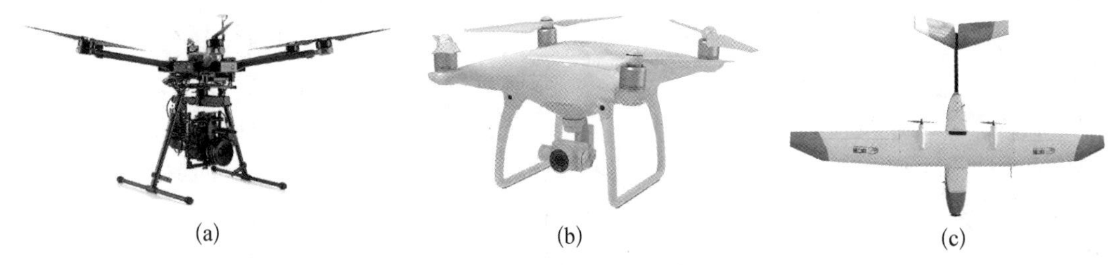

(a)　(b)　(c)

图 9－19　常用的无人机航测平台

(a) 大疆经纬M600　(b) 大疆精灵P4 RTK　(c) 华测P700E

无人机可以搭载各种类型的成像设备，单反相机、摄像机、红外相机都可以搭载在无人机上。常用的无人机测绘系统主要搭载两种类型的相机，一种是单镜头相机，另一种是用于倾斜摄影的多镜头相机。传统的无人机摄影测量系统通常只装载对地面垂直拍摄的相机，通过相机航向和旁向的重叠实现立体测量。近几年发展起来的无人机倾斜摄影测量（见图9－20）系统突破了正射成像模式的局限，通过在同一飞行平台上搭载多台摄像机，从1个垂直和4个倾斜视角上同步采集影像。倾斜摄影能够在一次飞行过程中获取针对同一地物的3张以上不同角度的影像，因而能得到更精细的三维模型。另外，倾斜摄影测量技术还能大范围、高精度、高清晰地采集地理信息，通过数据处理得到地物的外观、位置、高度、色彩、纹理等信息，已成为三维实景测绘的主要手段。

图 9－20　无人机倾斜摄影测量

倾斜摄影用于三维地理数据采集具有以下技术优势：

(1) 高分辨率。倾斜摄影设备搭载于低空飞行器上,可近距离对目标摄影,获取cm级高分辨率的垂直和倾斜影像。

(2) 获取丰富的地物纹理信息。倾斜摄影从多个不同的角度采集影像,能够获取地物侧面更加真实丰富的纹理信息,弥补了正射影像只能获取地物顶面纹理的不足。

(3) 高效自动化的三维模型生产。通过垂直与倾斜影像的全自动联合空三加密,无须人工干预,即可全自动化纹理映射,以及构建三维模型。

(4) 逼真的三维空间场景。通过影像构建的真实三维场景,不但拥有准确的地物地理位置信息,而且可以精细地表达地物的细节特征,包括突出的屋顶和外墙,以及地形地貌等精细特征。

9.4.2　无人机摄影测量的作业流程

无人机摄影测量包括外业工作和内业工作,外业工作主要包括布设控制点、航线规划和影像拍摄,内业工作主要利用各种软件进行数据处理,其作业流程如图9-21所示。

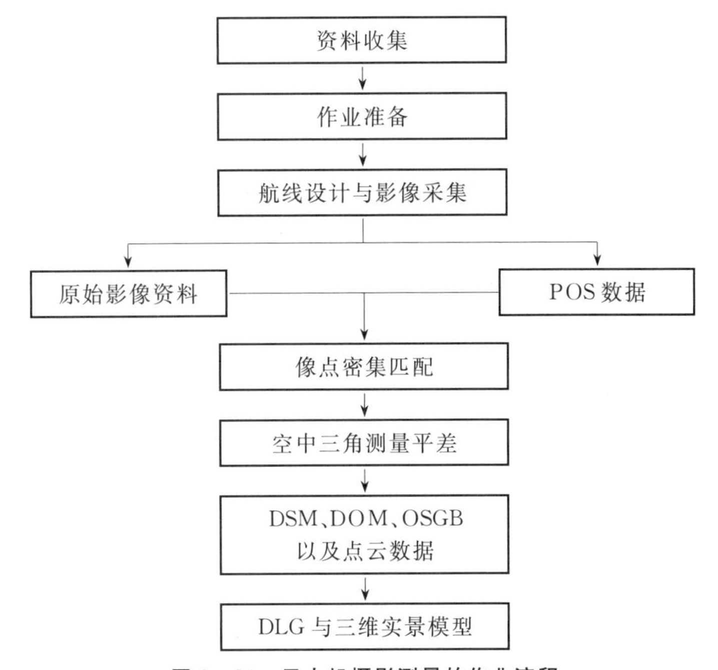

图9-21　无人机摄影测量的作业流程

1) 资料收集

在进行无人机倾斜摄影测量前,首先需要收集测区的影像地图、测区的控制点坐标、测区的飞行高度限制等情况,以便作为制定无人机飞行路线和拍摄方案的依据。

2) 作业准备

准备好无人机、倾斜摄影相机、GNSS接收机等设备,针对轻小型无人机要准备好备用电池,并布设地面控制点。控制点布置地面标记以对角的三角形或正方形为主,均匀分布在测区内,当地势起伏较大时应尽量在不同高度处布设控制点。无人机测量精度最弱点通常位于测区边缘,因此要在测区边缘处布置控制点以提高整体测量精度。在相同的测量条件下,地面控制点越多,摄影测量的精度越高。控制点的测量通常采用GNSS RTK的测量方法,并转换到当地的坐标和高程系统。

3）航线规划与影像采集

航线规划要综合地面分辨率、航高、航速、相机倾角、重叠度、成像质量等因素。无人机起飞点的选择也十分重要，在地势起伏较大的区域，应尽量选择高处起飞。航测范围可以使用谷歌地球制作的 KML 文件导入航线规划软件。为保证测区的全覆盖，飞行范围应略大于任务区域或者对边缘区域增加偏距。

顾及地表高低起伏和影像分辨率等因素，无人机的相对航高一般选择 20～50 m，航向重叠度、旁向重叠度通常应大于 80%，由于大多数轻小型无人机的单块电池续航时间较短，为提高作业效率，还需要配备多块电池或便携式充电设备。

4）POS 处理

无人机在飞行作业时，需要得到获取影像的 POS（position and orientation system）数据，以便于影像处理和空中三角交会测量。POS 数据主要包括 GNSS 位置数据和惯性导航单元（inertial measurement unit，IMU）姿态数据，即纬度、经度、高程、航向角、俯仰角及翻滚角。无人机的位置通常采用 RTK 或动态后处理技术（post processed kinematic，PPK）处理，并且需要将坐标系转换为地方坐标。

5）空中三角测量

空中三角测量利用外业采集的影像、像制点坐标、POS 信息，先通过建模获得所有影像的外方位元素，再通过多视影像密集匹配，自动获取高密度三维点云坐标。空中三角测量是无人机摄影测量中最核心的算法，计算量大，需要较高的硬件和成熟的软件配置。常用的数据处理软件有 Pix4D、Context Capture（CC）、PhotoScan 等。

CC 软件是 Bentley 公司开发的三维实景模型软件，该软件集成了先进的计算机视觉三维重建算法，经过空中三角测量、密集匹配、三角网构建、纹理映射等过程对立体影像进行处理，无须人工干预，即可高效率、高精度地完成实景三维模型的构建。

6）标准影像产品

摄影测量最直接的产品是数字表面模型（digital surface model，DSM）和数字正射影像（digital orthoimage map，DOM），在此基础上通过后续处理得到数字线划图（digital liae graph，DLG）、三维模型等产品。

DSM 建模首先利用密集匹配和空中三角测量得到的高密度真彩色点云构成 TIN 三角网，进而形成了高分辨率的数字表面模型，在获取初始的 DSM 数据后，还需要对其进行滤波处理，并将有差异的匹配单元融合，构成最终的数字表面模型。

DOM 是基于数字的表面模型，依据物方不间断的地形地貌以及离散地物的几何特点，利用提取表面特征、面片拟合以及重建屋顶等方式来获取物方语义信息，再由图像分割、边缘信息的获取以及纹理聚类等方式来得到像方语义信息，然后利用前期的匹配结果将创建各个方面的同名点对应联系，从而进行全局优化的采样策略和考虑到的几何辐射特征的联合纠正，再对图像进行匀色处理，得到倾斜图像的正射纠正影像。

7）DLG 制图和三维建模

将数字正射影像及其地理坐标导入 AutoCAD、ArcGIS 等常用的图形或地理信息软件，通过对图像的矢量化和编辑处理得到 DLG。还可以利用 DP Modeler、Lumnion 等软件对进行三维建模和动态展示。

倾斜摄影输出的三维模型的数据格式主要有 OSGB 格式和 OBJ 格式。OSGB(open scene gragh binary)文件是目前倾斜模型常用的文件格式，是一种按二进制存储，并带有嵌入式链接纹理数据(＊.jpg)的文件，是 Smart3D 等常用的倾斜摄影测量数据处理软件的三维模型数据文件。OBJ 文件是一套基于工作站的适用于三维建模和动画软件开发的一种标准三维模型文件格式，通常包括.obj、.mtl、.jpg 3 个子文件以及纹理文件。OBJ 文件适用于三维软件模型之间的交互，Smart3D 生成的模型按 OBJ 文件格式输出后可以导入 3D Max 等软件进行后续处理。

9.4.3　无人机倾斜摄影测量的案例

本次航测作业区域位于上海交通大学闵行校区西区，整个作业区域面积约 0.5 km^2，平坦，最大高差为 28 m 左右，作业时天气状况较好，影像成像清晰，光线均匀。

观测平台采用大疆精灵(Phantom)4 RTK 无人机，该无人机体积小、重量轻，可以保证更加贴近成像。同时，集成全新 RTK 模块，拥有更强大的抗磁干扰能力与精准定位能力，提供实时的 cm 级定位数据，显著提升图像元数据的绝对精度，并支持 PPK 后处理。飞行器持续记录卫星原始观测值、相机曝光文件等数据，在作业完成后，用户可直接通过 DJI 云 PPK 服务解算出高精度位置信息。倾斜相机选用 PSDK 101S 五镜头倾斜摄影专用相机，该设备体积小、质量轻、适应性强、作业效率高，适用于单人测绘作业。表 9－2 列出了该无人机摄影成像设备的主要技术参数。

表 9－2　无人机摄影成像设备的主要技术参数

项　　目	技 术 指 标	传 感 器 外 形
有效像素	单镜头 2 430 万	
总像素	5 个镜头总计 1.2 亿	
传感器尺寸/mm×mm	23.5×15.6	
图像分辨率像素	6 000×4 000	
镜头焦距/mm	侧视 35，下视 25	
镜头倾角/(°)	45	

测量前在测区共布设地面控制点 4 个，通过 GNSS 技术连接到上海市 CORS 网测量得到控制点的坐标。设计航线高度为 80 m，设计航线航向重叠率 80%、旁向重叠率 70%。共拍摄 4 158 张照片，影像的分辨率约 2.22 cm，成像清晰，拍摄间隔均匀无漏片。空三平差处理软件采用 CC 软件，输出坐标为上海城市坐标，使用摄影测量数据处理工作站处理。

拍摄时根据提前设定好的航线设计参数，提交航线任务采集测区影像数据。无人机的定位采用大疆精灵(Phantom)4 RTK 自带的差分模块，拍摄时通过网络获取千寻公司提供的实时差分数据，因此拍摄的影像位置精度较高。

在本测量作业数据处理时，将测区控制点坐标及其影像坐标、影像数据及其对应的 POS 数据按输入到 CC 软件中参与空三平差。在数据处理前，需要将无人机的 POS 数据提前转换为上海城市坐标，并提取姿态信息。空三平差后，检查控制点水平误差、垂直误差、均方根误差满足 1∶500 测图精度要求。

倾斜摄影测量经处理后得到如图 9-22 所示的标准数字摄影测量产品，包括 OSGB 格式倾斜模型、DSM 点云、正射影像。

图 9-22 倾斜摄影测量输出的信息产品

(a) 倾斜模型 (b) 正射影像 (c) 处理后的点云模型

图 9-22 中各种格式的数据经转换后与三维建模软件、矢量化软件做后续处理，以满足各行业的应用需要。将数据输入到 GIS 软件中，用于 GIS 地理数据的采集和管理；将图像或点云输入到 CAD 或 BIM 软件中，可辅助规划设计与施工。

下面以正射影像的矢量化为例介绍一种将 DOM 转换为 CAD 图形的简单方法。随着技术的发展，DOM 影像的制作方法日益成熟，获取方式也更加方便。摄影与遥感的 DOM 产品、导航影像地图、导航地图的屏幕截图等都可以视为正射影像。而在土木工程领域，应用最广泛的是 CAD 软件，因此需要将影像转换为矢量图形。

将 DOM 导入到矢量软件中，除了以 TIFF 格式存储的 DOM 影像文件外，还需要一个 TFW(TIFF world file) 文件，该文件是关于 TIFF 影像坐标信息的文本文件。常用的 ArcGIS、AutoCAD 等软件均支持该格式。TFW 是一个包含 6 行内容的 ASCII 文本文件，可以用任意文本编辑器打开。此文件包含相关的 DOM 文件的空间转换参数数据，定义了影像像素坐标与地理坐标的仿射关系为

$$\begin{cases} x = Au + Bv + C \\ y = Du + Ev + F \end{cases} \tag{9-17}$$

式中，(u, v)为某点的影像坐标；(x, y)为该点对应的地理；A 为 x 方向上的像素分辨率，即每像素对应的地面距离；D、B 为平移和旋转参数；E 为 y 方向上的像素分辨素；C、F 分别为栅格地图左上角像素对应的 x、y 坐标。以本项目某影像对应的 TFW 文件为例，只需要利用文本编辑器逐行存储转换数值即可，如图 9-23 所示。

0.022 308 163 465 38	A	（x 方向上的像素分辨素）
0.0	D	（平移系数）
0.0	B	（旋转系数）
−0.022 308 164 265 38	E	（y 方向上的像素分辨率）
−23 800.000	C	（栅格地图左上角像素中心的 x 坐标）
−4 200.000	F	（栅格地图左上角像素中心的 y 坐标）

图 9-23　TFW 文件格式及说明

将正射影像文件和同名的 TFW 文件放在同一目录下，在 AutoCAD 软件中插入图像，则可以将影像坐标转换为地理坐标，作业人员以插入的图像为底图，通过手工绘制图形实现图像的矢量化，如图 9-24 所示。以上操作为非测绘专业人员进行图像矢量化提供了一套简洁实用的方法，在实际使用过程中，需要注意图形的几何精度。

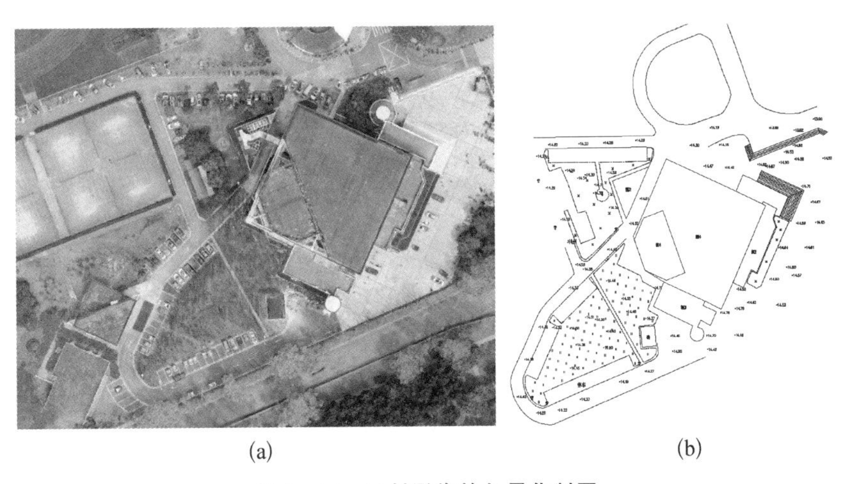

(a)　　(b)

图 9-24　正射影像的矢量化制图

(a) 输入正射影像　(b) 矢量化图形

习　题　9

1. 数码成像有哪两种常见的图像传感器？
2. 什么是光学变焦和数码变焦？两者有何区别？
3. 数码相机的内部参数和外部参数分别有什么几何或物理含义？
4. 怎样描述摄像机的姿态？
5. 什么是共线方程？
6. 请用相机的成像模型说明为什么可以从三维图像中得到二维影像，而从二维影像中无法恢复三维形状？

7. 什么是摄影测量的DOM、DSM、DEM和DLG产品？
8. 什么是倾斜摄影测量？它与常规摄影测量有什么区别？
9. 无人机POS系统的作用是什么？
10. 简要描述从导航地图上裁剪一张影像进行矢量化的方法。

第10章　三维激光扫描测量

三维激光扫描技术是测绘领域中继全站仪、全球定位系统后出现的又一项新技术。它利用高速激光扫描测量的原理，大面积、高分辨率地快速获取被测对象表面的三维坐标数据，为建立物体的三维模型提供了一种全新的技术手段。与全站仪和GNSS测量技术不同，三维激光扫描技术可以密集地获取目标的海量三维点云，将数据获取方式从传统的单点测量转变为连续自动获取批量数据，提高了测量的精度和速度。利用三维激光扫描技术进行三维模型重建具有非接触、高精度、高速度等技术特点，能节约测量时间与测量成本。目前，三维激光扫描技术已广泛应用于文物保护、建筑规划、土木工程、室内设计、建筑监测、交通事故处理、灾害评估、数字城市、军事等诸多领域。

10.1　三维激光扫描的原理与设备

10.1.1　三维激光扫描的原理

三维激光扫描仪的工作原理是通过激光发生器发射激光至旋转式镜头中心，通过镜头的高速旋转逐行扫描，发射出的激光一旦接触到物体会反射回扫描仪，由记录器记录反射信号的强度并计算出激光发射点至目标的距离，根据扫描光束的水平和垂直方向角，按设定的采样间隔精确得到每个网格点的三维坐标。三维激光扫描仪的测量原理与激光全站仪类似，与全站仪不同的是，全站仪只能测量单个点的三维坐标，而激光扫描仪通过逐行扫描可以得到大量点的三维坐标。扫描得到的目标表面采样点的三维坐标数据的集合称为点云(point cloud)。三维激光扫描仪的测量原理如图10－1所示，若(x_O，y_O，h_O)为测站点的三维坐标，(x_P，y_P，h_P)为某个目标点的三维坐标，α为平面坐标方位角，τ为竖直角，i为仪器高度，s为测站至目标的斜距，则可以得到目标点的三维坐标为

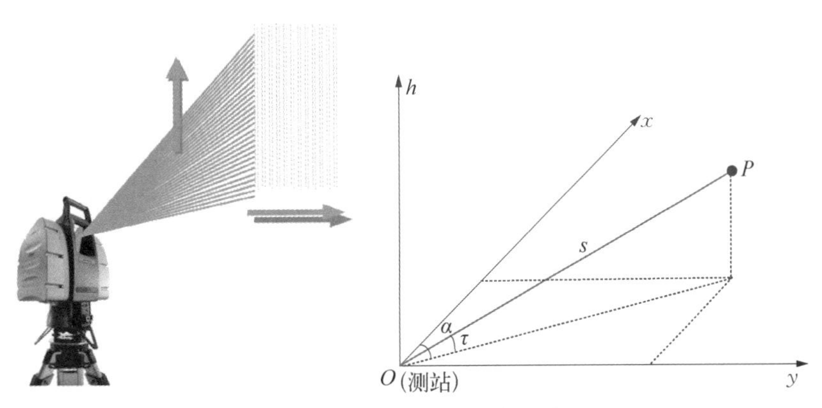

图10－1　三维激光扫描仪的测量原理

$$
\begin{aligned}
x_P &= x_O + s\cos\tau\cos\alpha \\
y_P &= y_O + s\cos\tau\sin\alpha \\
h_P &= h_O + s\sin\tau + i
\end{aligned}
\tag{10-1}
$$

10.1.2 三维激光扫描设备

目前市场上有多种类型的三维激光扫描设备，其用途、功能和性能指标各不相同，需要根据应用需求和成本选择合适的仪器设备。根据三维扫描仪的观测位置或承载平台来划分，三维激光扫描设备大致可分为机载、车（船）载、地面（固定式）或手持式等几种类型（见图10－2）；根据测距原理可分为脉冲测距法、相位测距法、激光三角法、脉冲-相位式 4 种类型。

图 10－2 LiDAR 系统的类型

(a) 机载 LiDAR 系统 (b) 车载 LiDAR 系统 (c) 地面(固定式)LiDAR 系统 (d) 手持式 LiDAR 系统

(1) 机载激光扫描系统是一种集激光扫描仪、GNSS、惯性导航系统（inertial navigation system，INS）、高分辨率数码相机、计算机以及数据采集设备和电源等于一体的光机电集成系统。它将三维激光扫描仪和航空数码摄像机装载在专业的航拍飞机或小型无人机上，利用激光测距和航空摄影测量原理，快速获取地面的三维坐标和影像数据。通过对点云和影像的后处理生成数字高程模型（DEM）、数字表面模型（DSM）、数字正射影像（DOM）和三维实景模型。

(2) 车载激光扫描系统，集成了激光扫描仪、数码相机或视频、GNSS 接收机的数据采集和记录系统，能快速采集三维激光点云和高分辨率数字影像，主要用于城市街景等地理信息采集。

(3) 地面（固定式）激光扫描系统，主要由扫描仪、控制器（计算机）和电源 3 部分组成。激光扫描仪本身包括激光测距系统和激光扫描系统，同时还集成了数字成像和仪器内部控制和校正系统等。仪器能同步测量激光发射器发出的每个窄束激光脉冲的传播时间、横向扫描角度和纵向扫描角度，直接获得激光点所接触的物体表面的水平方向、天顶距、斜距和反射强度，经处理后得到大量的点云数据。扫描数据和影像可通过数据线或无线网络传输到电脑中。点云数据经数据处理软件，并结合 CAD、3DMAX 等软件可快速重构出被测物体的三维模型及线、面、体、空间等各种制图数据。

(4) 手持式三维激光扫描仪是一种利用人工手持进行多角度贴近扫描来获取物体表面三维数据的便携式三维扫描仪，用于采集和分析物体或环境的几何形状和颜色等数据，采集的点云密度和精度高，可用于小型目标的三维测量和重建，常用于反向工程、文物修复、精密制造等领域。

目前国内所采用的地面(固定式)三维激光扫描仪以国外产品为主，设备主要有瑞士 Leica、奥地利 Rigel、德国 Z+F、法国 FARO、日本 Topcon 等厂家生产的三维激光扫描仪系列产品。常用的地面三维激光扫描设备如图 10-3 所示，各设备的主要技术参数见表 10-1。

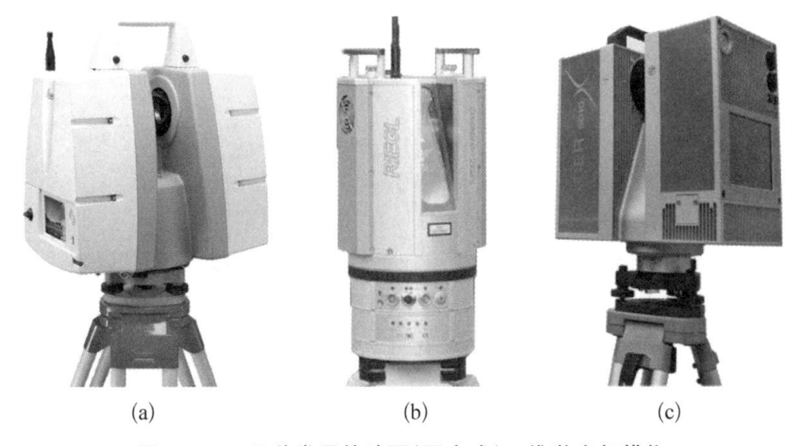

(a)　(b)　(c)

图 10-3　几种常用的地面(固定式)三维激光扫描仪

(a) Leica Scanstation P40　(b) Rigel VZ1000　(c) Z+F IMAGER 5010X

表 10-1　几种典型的三维激光扫描设备技术参数

项　　目	Leica Scantation P40	Rigel VZ1000	Z+F IMAGER 5010X
生产国别	瑞士	奥地利	德国
激光波长	1 550 nm (不可见)	近红外	1 级激光
测角精度	8″	—	—
测距精度	$\pm(1.2+10\times10^{-6}D)$mm	—	—
点位精度	6 mm@100 m	5 mm@100 m	3 mm@100 m
最大测程	270 m	1 200 m	150 m
扫描速率	1 000 000 点/秒	300 000 点/秒	1 000 000 点/秒
视场角度/(°)	水平：360 垂直：270	水平：360 垂直：100	水平：360 垂直：320

(1) Leica ScanStation P40 是瑞士 Leica 公司生产的三维激光扫描仪，Leica 三维激光扫描仪融合了高精度的测角测距技术、波形数字化技术、混合像元技术和高清晰动态成像技术，具有极高的性能和稳定性，扫描距离可达 270 m。

(2) Riegl VZ1000 三维激光扫描成像系统是奥地利 Riegl 公司独有的全波形回波技术和实时全波形数字化处理和分析技术，每秒可发射高达 300 000 点的纤细激光束，提供 0.000 5°的角分辨率，可进行高精度、高速激光测距，并可同时探测到多重目标的细节信息，具有传统单次回波无法比拟的技术优势。该系统利用多棱镜快速旋转扫描技术，能够产生完全线性、均匀分布、单一方向、完全平行的扫描激光点云线。

(3) Z+F IMAGER 5010X 是德国 Zoller + Fröhlich 公司生产的三维激光扫描仪，内置陀螺仪、惯性导航单元、电力罗盘、GNSS 传感器，能记录站点的位置，并在测站过程中进行数据拼接，扫描现场可自动检索实时的扫描数据，配合使用便携式平板电脑实时回传并接收数据。仪器还拥有数据的实时回传，盲区分析，边扫描边拼接数据等功能以及自动标定标识、检查数据质量、检查标识质量、查找补测盲区等全新的工作流程。

10.2　三维激光扫描的误差来源

从三维激光扫描得到的数据是三维点云，它是通过扫描仪测量角度和距离得到的，因此仪器的测量精度通常用测角、测距或点云的精度来评价。而在实际应用中，我们往往需要得到所测对象的三维模型，而这些模型是通过点云处理得到的，称为建模精度。本节主要分析点云的误差来源。三维激光扫描仪测量误差可以分为 3 类：仪器误差、目标相关误差和外界环境引起的误差。

1) 仪器误差

仪器误差来自仪器本身，由于仪器的制造加工误差、测量方法误差使得测量值与理论值之间存在一定的差异。仪器的误差来源主要包括测距误差和扫描角度误差。

激光扫描仪的原理是利用激光发射器向测量对象发射激光信号，通过逐行扫描得到被测目标表面的海量点云。激光扫描仪的测距原理与免棱镜激光全站仪类似，根据激光在大气中传播的时间和速度计算得到距离。由于电磁波在大气中传播的速度并非常数，而且传播时间测量也存在误差，由此引起的误差与所测量的距离成正比，距离越长，误差越大，这一类误差称为比例误差。此外，由于测距系统内部激光发射器与仪器的中心之间还存在一定的距离，使得测得的距离与实际距离存在一个固定的差距，这一类误差称为固定误差。因此，激光扫描仪的测距精度可以表示为$\pm(a+b\times10^{-6}D)$mm 的形式，其中 a 为固定误差，b 为比例误差，如 Leica Scanstation P40 的标称精度为$\pm(1.2+10\times10^{-6}D)$mm。

扫描角度误差包括水平扫描角度误差和竖直扫描角度误差。扫描角度引起的误差主要来自扫描镜面平面角误差、扫描镜转动的微小震动、扫描电机不均匀转动、仪器不严格水平等因素的影响。扫描仪的角度测量精度低于全站仪和经纬仪的测角精度，如 Leica Scanstation P40 的角度误差为 8″，而全站仪的精度大多为 2″，角度误差较大导致了离测站越远的点云的位置误差也越大，因此为保证点云精度，应尽量控制测程。

2) 目标相关误差

目标相关的误差主要表现在两方面，一是目标表面对激光的反射性能；二是目标表面的几何特性。

不同的物体对激光具有不同的反射性能，金属、白色目标对激光的反射信号强，因此激光测距的精度高，得到的点云的精度也高。反之，水体、黑色目标对激光的反射信号弱，收到的反射信号强度低，因此测距的精度较低，有时甚至无法测距。此外，对于玻璃等具有镜面反射功能的目标，由于激光经镜面反射后不能按发射路径返回，因此三维激光扫描测量的效果也较差。

激光在目标物体表面会形成一个激光光斑，目标物体距扫描仪越远，光斑的直径越大。扫描仪测量的理论距离应该是激光中心轴线投射到目标位置所对应的距离，但在实际测量时，扫描仪获得的数据是根据第一次回波信号来确定的，因此会导致测量误差。目标表面的倾斜和不平整（见图 10－4），以及复杂表面引发的多路径效应等也会导致测量误差。

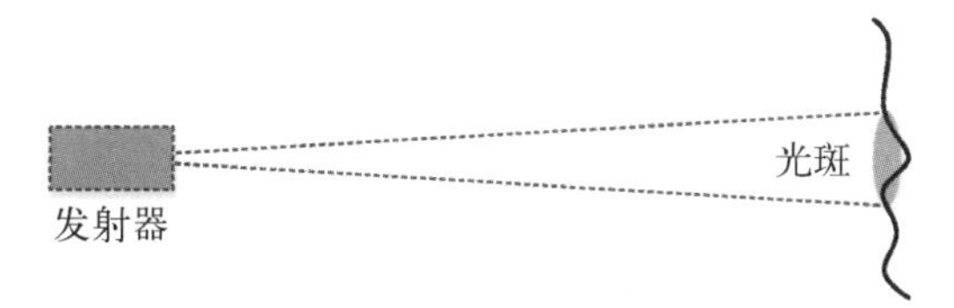

图 10－4　目标表面不平整对激光测距的影响

3）外界环境的影响

温度、气压等外界环境条件对激光扫描的影响主要表现为温度和气压变化对精密机械结构关系的细微影响，扫描过程中风荷载引起的震动，以及雨、雾、霾等气象环境引起的激光吸收和散射等。较差的外界环境条件对三维激光扫描数据的影响也较大，三维激光扫描作业应尽量避开不良气象环境时段。

在实际应用中，我们利用三维扫描技术需要得到的是目标的三维模型或通过点云分析被测对象的某些特性，因此还需要对点云进行处理。最终得到的精度除了与点云本身的精度有关外，还与点云的密度、点云拼接的精度、点云滤波的效果，以及所选择的数据处理模型和算法有关，此时需要根据误差传播规律考虑各种类型的误差来源，提高测量的精度。

10.3　三维激光扫描作业的流程

三维激光扫描仪获取的原始测量数据是三维点云，主要应用于大比例尺地形图测绘、三维建模、变形测量等测绘工作中。本节以 Leica Scanstation P40 仪器为例简要介绍三维激光扫描作业的主要流程。

三维激光扫描按工作流程可分为 4 个阶段：① 测前准备和技术方案制订；② 现场数据采集；③ 数据处理和分析；④ 成果检核、补测和编写工作报告。

1. 测前准备和技术方案制订

测量前应首先明确需求和技术指标，收集相关图纸、控制点坐标以及现场踏勘等资料。三维激光扫描的测量精度主要受点云密度、角度及距离测量误差、现场环境、被测对象的复杂度、点云拼接精度等因素的影响。因此测量前需要规划好测站、标靶的布设位置，确保各测站扫描的数据有一定的重叠度，并对设备进行调试和检校。

2. 现场数据采集

如果测量对象为独立的建筑物或设备，可以选择建立独立的坐标系，如可以选择坐标轴与建筑物的主轴线一致，但需要通过数据处理将不同测站的点云配准到同一个坐标系上。对于大面积的地形图测绘、隧道工程等，则需要布置一定数量的控制点，便于点云的配准和转换。在机载三维激光扫描地形测量中，需要采用类似于无人机摄影测量的方式布设地面控制点。对于精度要求高的三维扫描任务，则需要布设靶标，并用免棱镜全站仪精确测量靶标的三维坐标。

在扫描过程中，应合理设置点云的扫描密度和扫描距离，避免因点云过于稀疏而损失某些重要特征，或者因作用距离的限制导致某些部位的数据缺失。不同测站的点云要有一定的重叠度，从而保证点云的配准和拼接精度。

对于难以全面完整采集点云的复杂区域，如树木茂密、遮挡严重、建筑物密集区域，以及车流及人流量较大的街道区域，三维激光扫描技术常由于受到干扰而出现局部数据缺失的情况，还需要采用全站仪或其他手段补充测量。

与传统的大地测量方法相比，三维激光扫描的外业工作相对简单，而数据处理的工作量较大。下面以某测站使用 Leica Scanstation P40 的点云扫描为例介绍地面三维激光扫描仪的数据采集的基本操作步骤。

(1) 扫描仪安置和整平。在选定的测站位置将脚架调整到合适高度，并拧紧架腿固定螺丝；将扫描仪安装到脚架上，并拧紧连接螺丝；通过收缩脚架和调节扫描仪的脚螺旋将仪器整平。由于扫描仪主要利用目标的特征点或标靶实现坐标转换和拼接，仪器通常不需要对中。

(2) 设置工程名称和扫描参数。打开仪器后进入如图 10－5 所示的扫描仪主菜单，单击“扫描”选项后进入扫描项目界面，可以选择新建一个项目或者在已有的项目上继续扫描。项目设置完成后进入 10－6 所示的扫描参数设置界面，参数设置包含扫描视场、分辨率、图像控制、过滤器和精细扫描 5 个子窗口，用户可根据需要设置参数。

图 10－5　扫描仪主菜单

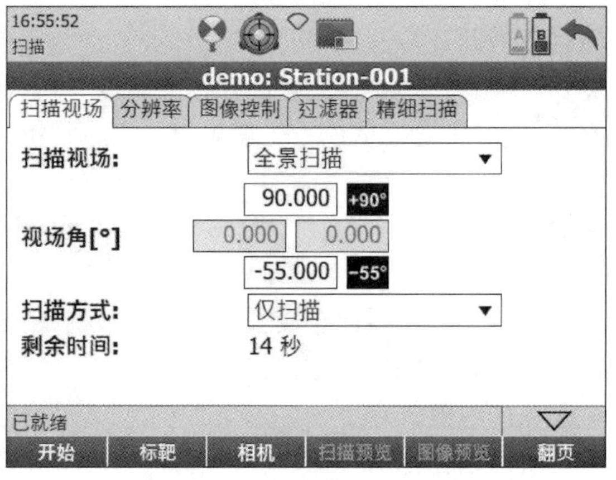

图 10－6　扫描参数设置界面

图 10－7　扫描预览界面

(3) 现场扫描。执行“开始”命令，仪器将会按照当前设置的参数开始扫描，扫描时间与设置的点云密度和扫描模式有关。当设置的点云扫描密度较低时，扫描速度快。当一站扫描完成后，仪器会自动进入扫描预览界面(见图 10－7)。本站扫描完成后，单击“返回”到扫描界面，进行下一站扫描。

(4) 数据传输。扫描任务结束后，单击“返回”到达主菜单界面，将已经准备好的 U 盘插入仪器的 USB 接口，单击“工具—传输”，并在下拉框中选择项目名称，单击“到 USB”，将扫描项目传输到与 USB 连接的存储设备。

3. 数据处理和分析

三维激光扫描数据采集的是连续、密集、海量的三维点云，因此需要数据处理才能得到三维模型和其他信息。以某建筑物的室内外三维重建为例，点云数据的处理过程（见图 10-8）主要包括以下几项。

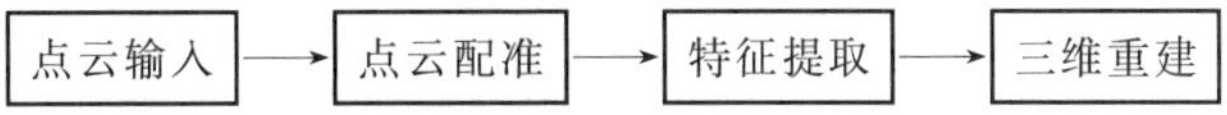

点云输入 → 点云配准 → 特征提取 → 三维重建

图 10-8　点云数据的处理过程

（1）点云输入。扫描得到的点云数据需要通过设备配套的软件导入，如 Leica 系列三维激光扫描仪配备的 Cyclone 软件、Rigel 系列扫描仪配备的 Riscan Pro 软件。在软件中进行常用的配准、编辑、重建等处理，也可以将粗处理后的点云转换为 LAS、xyz、txt 等标准格式后输入第三方软件进一步处理。

（2）点云拼接。通常一个待测区域需要多个测站才能完成现场的数据采集，每个测站采集的点云大多采用独立的坐标系，数据处理时需要将不同测站的点云通过一定的方式拼接成一个整体。点云拼接是三维激光扫描内业数据处理过程中的重要环节之一，常用方法包括：① 每个测站通过绝对坐标系下的控制点进行定位，将各个测站点云进行合并、优化处理即可拼接成一个整体；② 在相邻的测站扫描 2 个以上的标靶，通过标靶进行拼接；③ 在相邻测站的点云里，由人工选择 3 个以上同名点进行拼接。点云拼接实际上就是将不同测站的点云坐标统一到同一个坐标系统中，其变换关系表示为

$$\begin{bmatrix} x_{\mathrm{w}} \\ y_{\mathrm{w}} \\ z_{\mathrm{w}} \end{bmatrix} = \begin{bmatrix} r_{11} & r_{12} & r_{13} \\ r_{21} & r_{22} & r_{23} \\ r_{31} & r_{32} & r_{33} \end{bmatrix} \begin{bmatrix} x_{\mathrm{s}} \\ y_{\mathrm{s}} \\ z_{\mathrm{s}} \end{bmatrix} + \begin{bmatrix} x_0 \\ y_0 \\ z_0 \end{bmatrix} \tag{10-2}$$

式中，$(x_{\mathrm{s}}, y_{\mathrm{s}}, z_{\mathrm{s}})$、$(x_{\mathrm{w}}, y_{\mathrm{w}}, z_{\mathrm{w}})$ 分别为测站坐标系和世界坐标；(x_0, y_0, z_0) 为两坐标的平移参数；r_{ij} 为旋转矩阵 $\boldsymbol{R}$ 的元素，由 3 个独立的元素构成。在点云拼接过程中，需要预先给定 3 个以上的同名点求出坐标转换参数，再将其他点云按模型转换，或者给定 3 个粗匹配点，通过算法进行精确匹配和拼接。

以 Cyclone 软件的点云配准为例，将扫描工程导入软件后，可得到各测站扫描的点云数据。为了保证点云的配准精度，Leica 扫描仪配备了球形和平面两种类型的标靶，这些标靶在扫描过程中通常独立扫描并编号。标靶在扫描后通过建模获取球心坐标或平面中心坐标，将这些点作为控制点求解配准参数，用于不同测站点云的精确拼接。如图 10-9(a)和(b)分别为两个测站的点云，S_1、S_2、S_3、S_4 表示 4 个球形标靶点，通过点云拼接后得到如图 10-9 中图(c)所示的点云。由于点云的配准操作过程较为复杂，这里不再描述具体的操作步骤，详细的操作过程可参考相应的软件说明。

（3）特征提取。拼接后的三维点云包含了大量的噪声和冗余信息，需要将要处理的对象从配准后的点云中分割和提取出来做进一步的建模和分析。根据图 10-9 中的数据，可以提取屋顶、地面和结构柱的点云分别进行重建。

（4）三维重建。扫描仪配置的软件通常只能实现常用的点云处理功能，在许多专业应用中还需要借助第三方软件处理。在土木工程中，经常需要将点云数据导入到 Auto CAD 软件中进一步处理和分析。Leica 扫描仪配备了 CloudWorx for Revit 插件，在 Revit 中安装

CloudWorx for Revit 插件，不需要导出其他数据格式，直接在 Revit 打开点云数据(见图 10 - 10)。

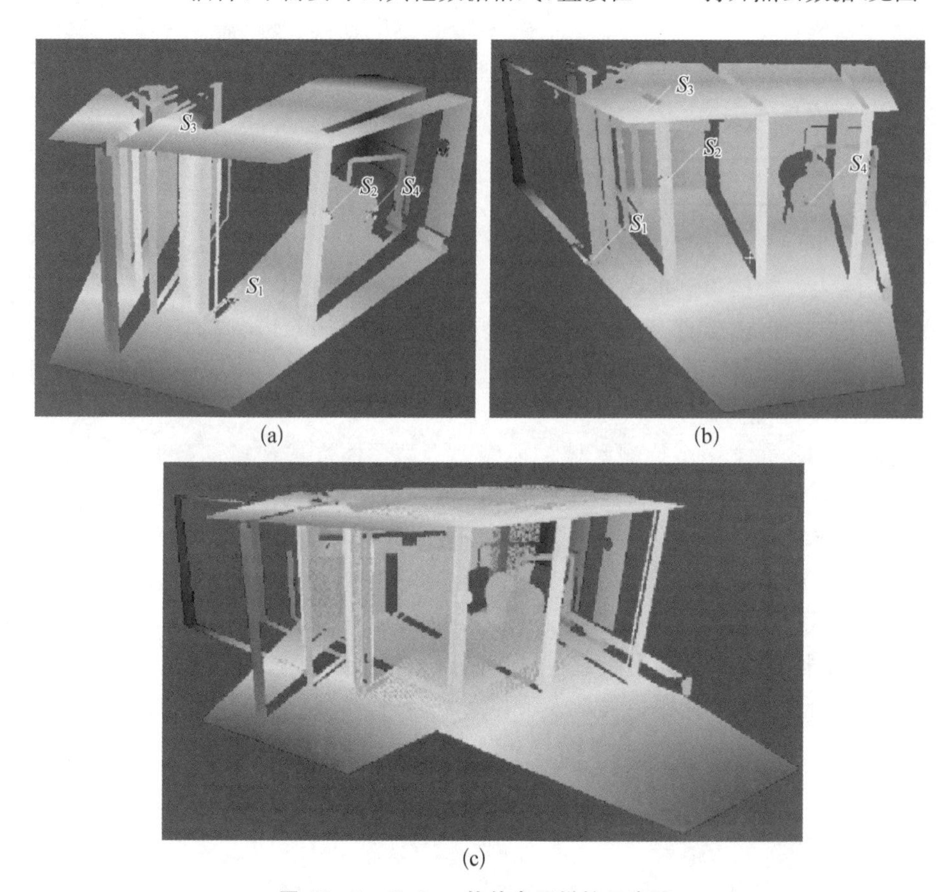

图 10 - 9　Cyclone 软件点云拼接示意图

(a) 测站 1 点云　(b) 测站 2 扫描点云　(c) 拼接后点云

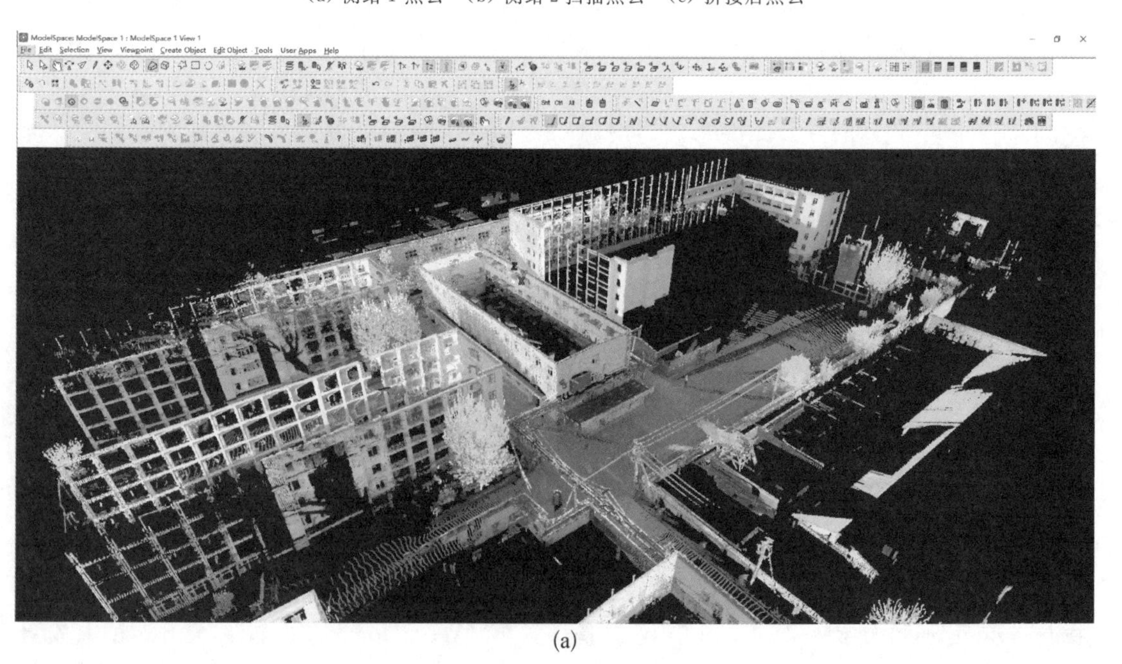

(a)

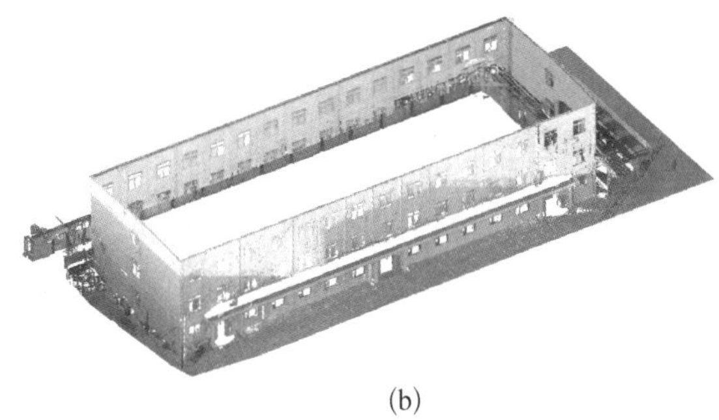
(b)

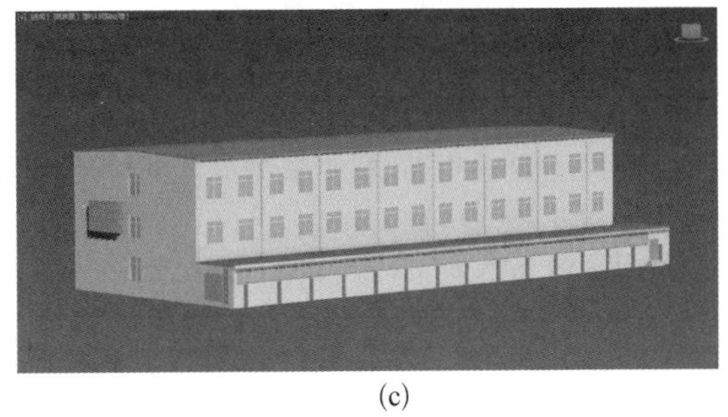
(c)

图 10-10　利用 CloudWorx for Revit 插件的点云三维重建

(a) 配准的三维点云　(b) 导入 Revit 的某建筑物室外点云　(c) Revit 中重建的建筑三维模型

4. 成果检核、补测和编写工作报告

在完成外业扫描和内业数据处理工作后，应针对工程要求检核测量成果，对测量精度达不到要求和点云不完整的测量还需要补测。在工程完成后，将测量方案、点云数据、CAD 图形、三维模型等技术资料整理归档后提交给用户。

10.4　三维激光扫描技术的应用

三维激光扫描技术不断发展并日益成熟，已在各行业有着广泛的应用。三维激光扫描技术主要用于以下方面。

(1) 测绘工程领域。大坝和电站基础地形测量，公路测绘，铁路测绘，河道测绘，桥梁、建筑物地基等测绘，隧道的检测及变形监测，大坝的变形监测，隧道地下工程结构，测量矿山及体积计算。

(2) 结构测量方面。桥梁改扩建工程、桥梁结构测量，结构检测、监测，几何尺寸测量，空间位置冲突测量，空间面积、体积测量，海上平台、造船厂测量，电厂、化工厂等大型工业企业内部设备的测量，管道、线路工程测量，各类机械制造安装。

(3) 建筑、古迹测量方面。建筑物内部及外观的测量保真，古建筑的保护、文物修复，古建筑测量、资料保存等古迹保护，遗址测绘，现场保护性影像记录。

(4) 应急业务应用。移动侦察，灾害估计，交通事故，森林火灾，滑坡和泥石流预警，灾害预警和现场监测，核泄漏监测。

(5) 娱乐业。电影产品的设计，为电影演员和场景进行的设计，三维游戏的开发，虚拟博物馆，虚拟旅游指导，人工成像，场景虚拟，现场虚拟。

下面以三维激光扫描技术在隧道施工测量中的应用为例，简要介绍三维激光扫描技术在土木工程中的应用。

三维激光扫描仪能快速采集隧道表面的三维点云，通过对隧道三维空间信息的实景采样，为分析隧道内部物体的空间分布和形变提供实测数据。通过对点云数据的处理和分析，可以提取隧道特征轴线及特征断面，实现对隧道空间结构状态与变形信息的高效、高精度重建以及可视化的呈现，通过对测量数据与设计资料的对比分析，分析隧道工程中的施工超欠挖控制以及隧道变形监测等应用。

本项目测量的对象为某在建地铁隧道，该地铁区间采用矿山法隧道开挖，位于盾构区间尾部。盾构隧道管片外径 6.0 m，内径 5.4 m，测量的长度约 200 m，扫描设备采用 Leica Scanstation P40 三维激光扫描仪。

为保证测量精度、减少数据缺失，本次扫描共布设 6 个测站，测站的分布如图 10 - 11 所示。为保证数据拼接的精度，各测站间具有较高的点云重叠度，测站之间采用标靶拼接。为便于数据处理和分析，三维点云配准后采用统一的工程坐标系，标靶的三维坐标采用免棱镜全站仪与控制点联测。

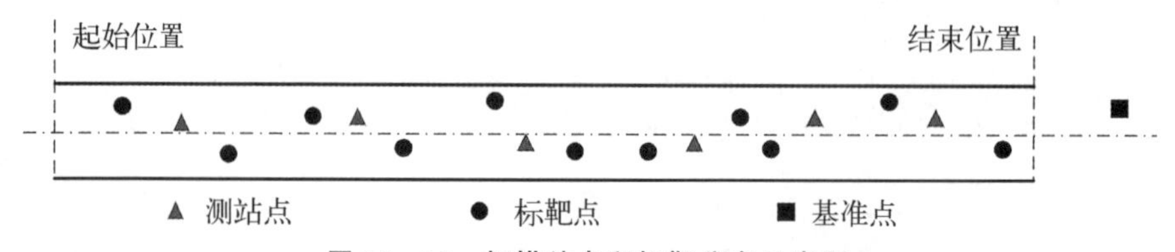

图 10 - 11 扫描站点和标靶分布示意图

在采集数据完成后，将现场采集的点云数据、标靶点的点云及其坐标导入到配套的后处理软件 Cyclone 中，提取标靶的中心点坐标并进行数据拼接，然后基于控制点的已知坐标将数据转换到统一的坐标系中，再经去噪后，得到的如图 10 - 12 所示的点云数据。

图 10 - 12 拼接后的点云数据

将点云数据导入到 Geomagic 软件中，Geomagic 是一款结合了三维扫描、三维点云和三角网格编辑功能以及 CAD 造型设计、实体建模等功能的三维设计软件。利用该软件生成如图 10 - 13 所示的隧道三维实体模型。

图 10 - 13 隧道三维实体模型

三维激光扫描技术在隧道施工中的主要应用是检测隧道超欠挖情况，检测方法是选取若干固定里程的断面轮廓，通过实测数据与设计数据的对比分析，比较实际施工断面与初期支护设计断面的吻合情况。测量的目的一是为了保证开挖面净空能够包络整个盾构机刀盘面，以便盾构机向前顺利空推；二是检测隧道的超欠挖部分，以便后续施工。

为此，将配准后的扫描点云数据按 5.0 m 的间隔切取多个断面进行精细分析，为保证视觉效果，将提取的断面点云采用 B 样条曲线拟合，并与初期支护设计断面、盾构机刀盘面进行对比，得到初期支护最大超挖量、平均超挖量、最小欠挖量等数据，其中隧道某断面如图 10－14 所示。

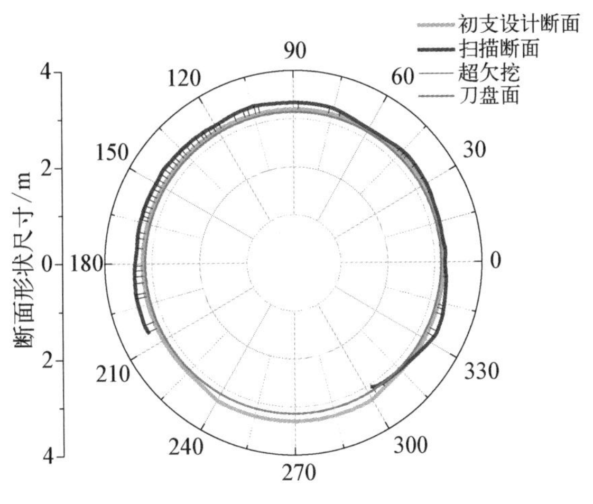

图 10－14　隧道某横断面图

习　题　10

1. 简述三维激光扫描测量的基本原理。

2. 三维激光扫描和摄影测量有何区别和联系？

3. 什么是三维点云？点云数据和图像数据有何区别？

4. 三维激光扫描有哪些误差来源？

5. 什么是点云配准？

6. 三维激光扫描在土木工程中有哪些应用？

第 11 章　水下地形测量

11.1　水下地形测量概述

11.1.1　水下地形测量的概念

水下地形测量(underwater topographic survey)是测量江河、湖泊、水库、港湾河床和海底的平面位置和高程,得到水下的地貌和地物信息,绘制水下地形图的测绘工作,是陆地地形测量在水下的延伸。水下地形测量能为航运交通、海洋渔业、水产养殖、海洋资源开发、水利设施建设、港口码头建设、路桥建设、海底管道电缆铺设、国防军事、海洋划界等工作提供基础地理数据和各种比例尺的水下地形图。

如前所述,陆地上的大比例尺地形测量是利用经纬仪、全站仪、GNSS、摄影测量等仪器和方法,测量各地形要素的平面坐标和高程,并根据测量数据和制图规则绘制成的地形图。水下地形测量与陆地地形测量的原理类似,主要区别在于测量的设备和方法不同。陆地地形测量一般通过测量光学、激光、电磁波等信号实现测距和定位。而由于光信号、电磁波在水介质中衰减很快,而声波在水中能远距离传输,因此水下测量和定位一般以声学设备为主。

11.1.2　水下地形测量的主要工作与方法

1. 水下地形测量的主要工作

水下地形测量的主要工作包括三大部分:水面测量平台的定位、水深测量和数据处理。

在进行水下测量之前首先需要测量搭载设备的测量船的位置和姿态。早期在没有 GNSS 时,测量船的定位主要采用光学定位和无线电定位技术,这两种定位的精度差、效率低。随着 GNSS 技术的广泛应用,现有的测量船大多通过 GNSS RTK 或连接 CORS 网的方式定位。由于在实际作业时水面的高度受到潮汐影响呈动态变化,同时受到水流、风荷载等环境因素的影响,测量船的航向、姿态、吃水深度会发生变化,因此在测量过程中还需要安装声速剖面仪、电罗经、姿态仪等设备,用于测量平台的精确位置和定姿。此外,为了减小水面高度受到潮汐变化的影响,需要先在水深测量过程中同步验潮,然后在数据处理过程中消除潮汐或水位变化的影响将测点的水深换算至同一参考基准上。

2. 水下地形测量的方法

水下地形测量的方法很多,但基本原理是相同的。水下地形测量的目的是需要测量若干水底点的平面位置和高程,最终绘制出水下地形图。水下地形测量首先需要在待测水体周边的陆地上布设若干已知点,然后再利用水下测量设备进行水下地物、地貌的探测。陆地控制测量的方法主要有全站仪法、GNSS 测量方法、水准测量方法等;而水下地形测量主要采用回声测深仪、多波束测深仪和侧扫声呐等声学测量方法,以及机载激光测深和贴近测量方法。在水质好的浅水区也可采用遥感测深系统。为满足特殊需要或小范围的探测,如水下工程、管线敷设以及重要部位的精细测量，也可由潜水员或机器人携带水下经纬仪、水下摄影机等设备贴近测量。随着科学技术的发展，水下测量方法已逐步趋向自动化和一体化。将海上定位和探测水下地貌、地物的设备与计算机连接，经数据处理后可以直接绘制出水下地形图。

回声测深仪利用水声换能器垂直向下发射声波并接收水底回波，根据声波传输时间和声速计算水深；多波束测深系统能一次给出与航线垂直的平面内几十个甚至百余个水下点的水深值，形成一定宽度的全覆盖的水深条带，全面、可靠地反映出水下地形的细微变化；侧扫声呐通过发射不同频率的声波，可探测船一侧或两侧一定面积海域内的水下障碍物或地貌，根据回波信号识别被扫描对象；20 世纪末出现了机载激光测深系统，该系统利用激光光束的高分辨率获得水下影像，从而可以详细调查水下地形和地貌。此外还可利用潜水器携带水下立体摄影机获取水下地形的立体相片，利用高分辨率声学系统的全息摄影技术测量水下地形，利用水下经纬仪、水下激光测距仪、水下气压水准仪和水下液体比重水准仪、水下电视摄影系统测量水下地形。

数据处理系统通过将地面载体的位置、姿态、水深等信息统一处理，得到水下点的平面坐标和高程，并绘制水下的等深线、点云图、断面图等图形。通常不同的测量设备都配有自己的数据处理软件，也可以将测量数据经格式转换后采用第三方软件处理。

图 11－1 为目前最常用的水下地形测量方法，即 GNSS 与船载测深仪器组合的测量方法。测量船通过 GNSS 定位，水深测量采用回声测深仪或多波束测量，数据处理利用设备配置的处理软件。

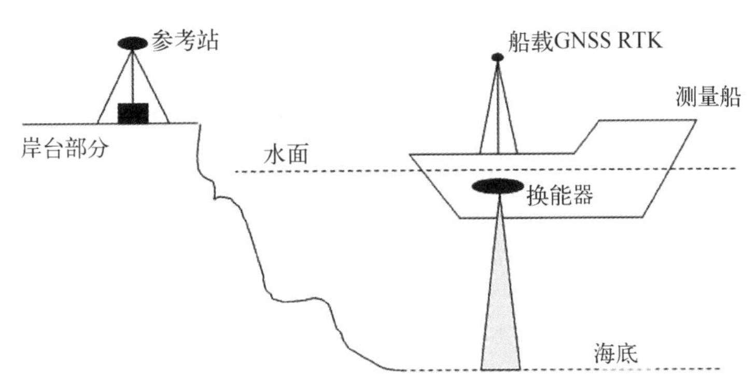

图 11－1　常用水下地形测量方法

传统的水下测量需要有人驾驶船只将 GNSS 接收天线、测深仪等设备安装于船体上，对系统参数标定后再作业，因此前期准备的工作量大，效率低。近年来，以轻小型无人艇为平台的水下测量系统代替了传统的水下测量方式，该设备将轻小型无人艇、GNSS 定位、水下测量、通信设备集成于一体，具有作业安全性好、效率高、便于携带的特点，广泛应用于水库、内河、近海的水下测量中。

目前，无人测量船的品牌较多，已成为水下地形测量最主要的测量方式之一。图 11－2 所示为“华微 3 号”无人测量船，船体自重 7 kg，船长 1 m，便于易携带。船体内置单波束测深仪，集合 GNSS RTK 定位、避障、无线传输于一体，测深范围为 0.3～300 m，精度为 1 cm＋0.1%h，可满足城市中小型河流、内陆江、河、湖泊水下测量的要求。作业人员只需要在岸边控制船体自动按照规划路线行驶和接收数据，不需要人工水上作业，可以实时获取水下高程数据，通过多个断面的测量得到水下三维地形图。

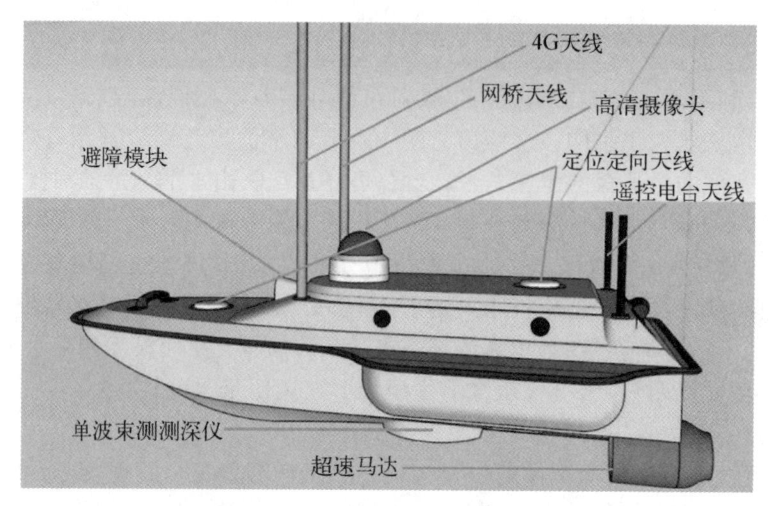

图 11-2 “华微 3 号”无人测量船

11.1.3 水下地形测量的模式

水下地形测量根据不同的准则可分为多种类型。在测绘领域，根据是否测量水面的瞬时高度可分为有验潮测量模式和无验潮测量模式两大类。

有验潮测量模式需要测量水面的瞬时高度，该方法利用测深仪测量水深，利用 GNSS 采集水深点的平面位置。计算水下点的高程时需要考虑瞬时水位高程，经水位改正后才能精确得到水下点的三维坐标，早期的水下地形测量大多采用有验潮测量模式。验潮数据可以利用已有的长期验潮站数据，潮位数据可以从国家海洋局的各监测中心站得到，也可以利用潮位观测仪直接测量。图 11-3 为某测站利用潮位仪测得的某海面 73 h 的海面高度变化曲线，从图中可以看出，最高和最低的潮位的差值达到了近 5 cm，说明潮位对水下地形测量有较大影响，需要利用模型改正。

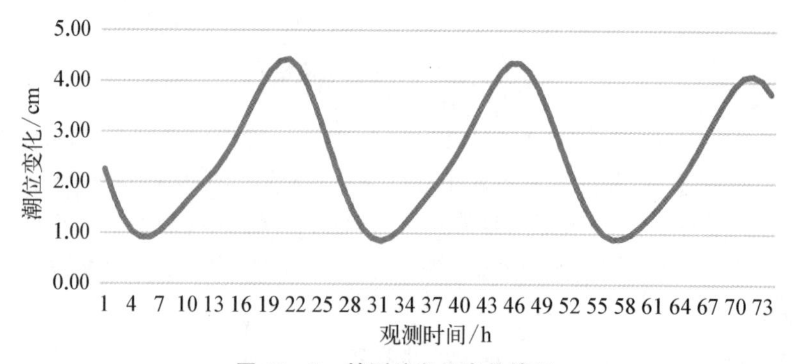

图 11-3 某测站潮位变化情况

无验潮测量模式不需要测量水面的瞬时高度，直接利用 GNSS RTK 的高精度定位功能根据船载 GNSS 接收机位置与水下目标平面位置和高程间的关系直接获取水底目标点的高程，有效地消除了船舶动态吃水和涌浪等因素的影响，还避免了验潮站水位改正模型的误差影响。无验潮测量技术在水深测量中的精度主要取决于似大地水准面的拟合精度、船载测量系统的标定精度以及水深测量的精度。

目前水下地形测量多采用无验潮测量模式，有验潮测量主要用于对无验潮测量结果的检核和比较。

11.2　单波束水深测量的原理和设备

11.2.1　回声水深测量的原理

回声测深仪的原理是利用测量超声波自发射至被反射接收的传输时间来得到水深，测量水深的原理如图 11-4 所示。在船上装有发射超声波的发射换能器 A 和接收超声波的接收换能器 B，A 与 B 之间的距离为 s，称为测量基线。发射换能器 A 以一定的时间间隔向水下发射频率为 20～200 kHz 的超声波脉冲，声波经反射后一部分能量被换能器 B 接收。根据图 11-4 中的几何关系，只要测出声波自发射至接收所经历的时间，即可计算出水深为

$$H = D + h = D + \sqrt{\overline{AO}^2 - \overline{AM}^2} = D + \sqrt{\left(\frac{ct}{2}\right)^2 - \left(\frac{s}{2}\right)^2} \tag{11-1}$$

式中，H 为水面至海底的深度；D 为船舶吃水深度；h 为测量水深；S 为基线长度；c 为声波在水中的传播速度，标准声速为 1 500 m/s；t 为声波自发射至接收所经历的时间；M 表示 A、B 的中点；$\overline{AO}$，$\overline{AM}$表示线段 AO，AM 的距离。

对于给定的测量设备，吃水深度和测量基线是已知的，因此只要测出传输时间 t，即可求出水深 H，若换能器是收发兼用换能器，即 $AB = s = 0$，取 $c = 1\,500$ m/s，则测量深度 h 可表示为

$$h = \frac{1}{2}ct = 750t \tag{11-2}$$

回声测深仪的组成如图 11-5 所示，由显示器、发射系统、发射换能器、接收换能器、接收系统、电源和通信设备等组成。

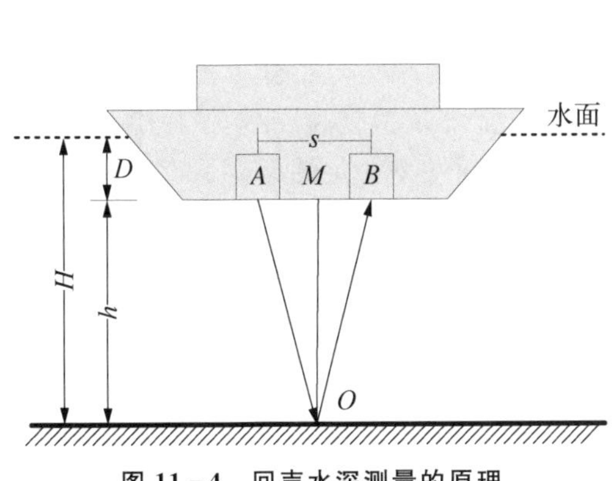

图 11-4　回声水深测量的原理

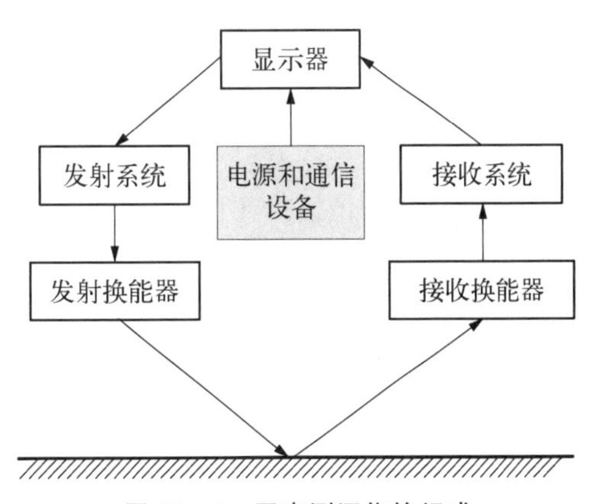

图 11-5　回声测深仪的组成

(1) 显示器主要用于人机交互,其作用是控制协调整机工作,测量声波往返时间并将其换算成水深以数字或图形的方式显示。

(2) 发射系统将根据用户指令生成一定脉冲宽度、频率和输出功率的电振荡脉冲并发送至发射换能器。

(3) 发射换能器将电振荡信号转变为机械振动信号,即将电能转换为声能,形成超声波信号向水下发射。

(4) 接收换能器的作用与发射换能器正好相反,它将从海底反射来的声波信号转变为电振荡信号,即将声能转换为电能。

(5) 接收系统的作用是将来自接收换能器的回波信号适当地放大、选择和处理,从而变换为适合显示器所需要的回波脉冲信号。

(6) 电源设备通常为机器内部的电源或专用的变流机,目前大多数测深仪都可直接接船电工作。

回声测深仪的基本原理与测量过程如图 11-6 所示。用户通过指令启动测深程序后,发射系统按一定时间间隔 T(称为脉冲重复周期)产生触发脉冲,该脉冲触发发射系统产生一定宽度 τ(称为脉冲宽度)和一定输出功率的脉冲信号。发射换能器将电振荡发射脉冲转变为频率为 20～200 kHz 的超声波脉冲向水下发射。在发射同时产生与发射脉冲同步的零点信号,并开始计时。接收换能器将声波反射信号经接收系统放大、滤波、处理后形成回波信号送至显示器。显示器累计回波信号和零点信号间的时间间隔,并按深度公式转换为深度并显示。

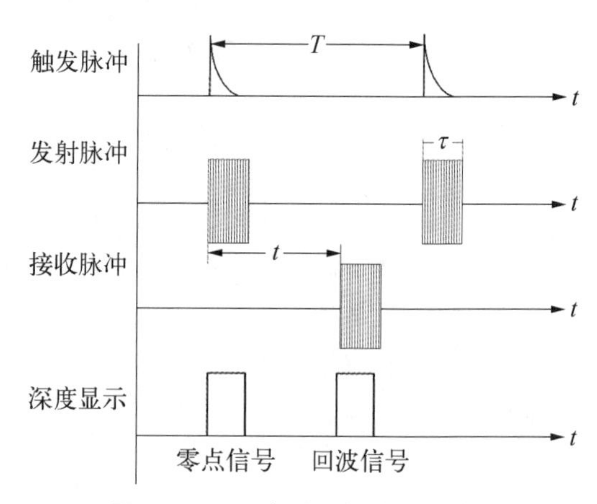

图 11-6 回声测深仪的测量过程

11.2.2 回声测深仪的主要技术指标

对于水下测量应用,回声测深仪最主要的技术指标是最大测量深度和测量精度,此外还包括测深仪的体积和重量、显示方式等指标。

1) 最大测量深度

最大测量深度是测深仪可能测量得到的最大深度。国际海事组织(International Maritime Organization, IMO)建议,适用于远洋船舶的测深仪的最大测量深度为 400 m;沿海船舶搭载的测深仪的最大测量深度为 100～200 m。测深仪的最大测量深度与发射功率、换能器效率和工作频率等因素有关。发射功率越大,测量深度越深;换能器效率越高,能量损耗小,测量深度越深;工作频率低,传播损耗小,测量深度越深。因此在发射功率一定的条件下,为了增加测量深度,应选用较低的工作频率。

最大测量深度与脉冲重复周期也是密切相关的,由于测量的最大时间间隔只能是两次发射的间隔时间,即脉冲重复周期,所以脉冲重复周期与最大测量深度的关系为

$$T=\frac{2h_{\max}}{c} \tag{11-3}$$

为了使显示器所显示的深度不会超过最大测量深度,实际设计的脉冲重复周期总是略大

于最大测量深度所需要的声波往返时间，即 $T > t$。

2）测深仪的测量误差

测深仪的误差包括声速误差、时间测量误差、基线误差、零点误差等多种来源的误差，同时还与所测水域的水质、流速等因素紧密相关。与全站仪距离测量精度的误差表示方法类似，测深仪的标称精度通常用固定误差和比例误差的形式来表示，表示方法为$\pm(a\ \text{cm}+bh)$，其中 h 为水深，单位为 m；a 为固定误差，通常以 cm 或 mm 为单位；b 为比例误差，与测量的深度有关，通常用百分数来表示。

下面以华测 D380 变频测深仪（见图 11－7）为例，介绍目前常用的回声测深仪的主要技术指标。华测 D380 变频测深仪采用变频技术，可以配置不同频率的换能器，适用于不同水文条件下的水下地形测量。该仪器通过将电脑、测深仪、软件和存储设备的集成，将定位导航、数据采集、数据进行一体化处理，形成了全数字化水深系统，提高了水深测量的精度和效率，其主要技术指标如表 11－1 所示。

图 11－7　华测 D380 变频测深仪

表 11－1　华测 D380 变频测深仪的主要技术指标

项　　目	技　术　指　标
工作频率/kHz	100～750（可调）
发射功率/W	500
测深范围/m	0.3～600
测深精度	±1 cm+0.1%h（h 为水深值，单位为 m）
分辨能力/cm	1
声速调整范围/(m/s)	1 300～1 700
尺寸/cm	40×27×11（长×宽×高）
重量/kg	6

11.3　无验潮水下地形测量的误差分析

目前，以 GNSS RTK 技术和声学水深测量设备相结合的无验潮测深模式已成为水下地形测量的主要方法。与传统的有验潮测深模式相比，无验潮测深模式具有全天候观测、实时快速测量、节省人工验潮成本、避免潮位观测误差、动态消除换能器吃水影响等技术优势。本节主要分析无验潮水下地形测量的误差来源，旨在帮助作业人员在实际工作中减弱测量误差，提高测量精度。

图 11－8 为无验潮水深测量的原理，利用 RTK 技术得到船载 GNSS 接收机相位中心的大地经纬度和大地高，经坐标转换和高程拟合后转换为当地的坐标和高程系统。由于 GNSS 天线和测深仪的相对位置是固定的，因此可以根据设备间的空间关系计算出水下点的坐标和高程，并绘制出水下地形图。

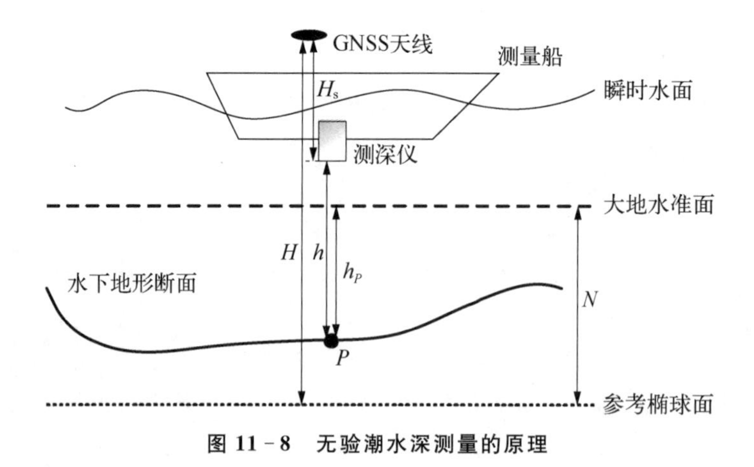

图 11-8　无验潮水深测量的原理

图 11-8 中，H 为 GNSS 天线中心至参考椭球面的高度，即 GNSS 天线的大地高；h 为测深仪测量得到的水深；H_s 为 GNSS 天线相位中心至测深仪发射中心的垂直距离；N 为该区域大地水准面与参考椭球面之前的垂直差距，也称大地水准面差距；h_P 为水下点至大地水准面的距离，也就是我们需要测量的水下点的高程值。根据图中的几何关系，得到高程为

$$h_P = H_s + h + N - H \tag{11-4}$$

式(11-4)是由 GNSS 天线高推算水下点高程的基本公式，表明测量的高程值与水面的瞬时高度、吃水深度、船舶的上下运动等因素无关。这在很大程度上减弱了潮汐、动态吃水、涌浪等因素引起的测量误差，提高了测量精度。无验潮测量方法也因此减少了潮位测量、潮位改正等内外业工作，节省了大量的人力成本。

由式(11-4)中的关系表明，无验潮水深测量的误差来源主要包括以下方面：① 由于高程异常值 N 不同引起的误差，不同地区的高程异常值不同并且无法准确测量，高程异常值通过高程拟合得到，由此产生的误差称为高程拟合误差；② 因波浪引起的测量船纵横摇摆、上下沉浮、航向摆动导致平面测量点的高程与实际测量高程不符而产生误差；③ GNSS 高程测量的误差、水深测量的误差以及 GNSS 测量与测深时刻不同步等引起误差。

1. 高程拟合误差

GNSS 的测量成果经转换后只能得到大地高，而水下地形测量需要得到的是高程。前面的章节已经讲述，大地高是指点沿法线方向到参考椭球面的距离，而水准高时点沿垂线方向到大地水准面的距离。大地水准面是一个不规则的闭合曲面，因此难以准确求出大地水准面到参考椭球面之间的高程异常值 N。在实际工作中，通常是选择测量区域若干已知大地高又已知水准高程的点，通过拟合的方法将大地高转换为水准高程。

高程拟合精度与测点的数量和分布、测量精度、选用的拟合模型等因素有关。参加拟合点的数量较多且分布均匀，大地高和水准高程的测量精度高，得到的拟合结果较高。常用的拟合模型有平面拟合模型、曲面拟合模型、地球重力场模型等，拟合模型的选择对拟合精度也有较大影响。因此需要考虑测区地形情况、数据收集情况等合理选择拟合方法。实践证明，在已知点分布均匀、精度较高的情况下选用正确的拟合模型，所求得的高程异常值精度可达到 cm 级。而在海洋地形测绘中，由于水准点无法覆盖海面区域，高程拟合通常采用外推的方法，离海岸越远误差影响越大，10 km 的海域的拟合误差约±20 cm。

2. GNSS RTK 定位误差

GNSS RTK 定位误差主要与所选用的测量仪器、测站与基准站间的距离以及坐标转换的精度等有关，而且 GNSS 测量高度方向的误差要大于平面位置的误差。以中海达 V60 测量型 GNSS 接收为例，该仪器 RTK 定位的标称精度为平面位置的定位误差$\pm(8+1\times10^{-6}D)$mm，高程测量误差$\pm(15+1\times10^{-6}D)$mm（D 为被测点间与基准站之间的水平距离）。

3. 水深测量误差

在水下地形测量作业中，水深测量的误差主要包括声波的传播速度对测深信号的影响、测深仪信号延迟以及换能器的安装等的影响。

(1) 声速误差。声信号在水中的传播速度并非标准常数，而与水质、流速、环境等因素有关。水中的泥沙杂质、水体的流动、信号的干扰等因素会影响声信号的传播速度，从而影响水深测量结果。因此在测量过程中，需要对声速引起的误差进行修正。

(2) 时间误差。测深仪获得水深值是依据换能器发射、接收脉冲的信号时间差乘以声波在水中的传播速度，而在测量过程中不可避免地存在信号延迟效应。时间测量误差主要表现在以下两方面：一是接收机接收到的时刻与测深仪的标记时刻不同步；二是测深仪发射脉冲信号与标准时间不一致。

声速误差和时间误差对水声测量值的影响表现为比例误差。此外，还有因测深仪自身的加工和安装等引起的误差，这些误差主要为固定误差。因此水深测量误差用固定误差加上比例误差的形式来表示，例如华测 D380 测深仪的标称精度为±1 cm+0.1%h（h 为水深值，单位为 m）。

4. 测量平台的影响

水面作业中，因风、浪、流等因素的作用会引起测量船纵横摇摆和上下升降，从而对测深精度产生影响。实践表明：1.0 m 的浪高对水深测量的影响可以达到 10～40 cm。如图 11-9 所示，假设测量船的摇摆角度为 $\alpha=5°$、GNSS 天线到测深仪发射中心的距离为 $L=5$ m，则在 $H=20$ m 处引起的中心波束平面位置偏差为 2.2 m，对测量深度的影响为0.1 m。因此测量船上需要配置姿态测量仪，用于测量船体的航向、横摆、纵摆等参数来对测量结果改正。作业时间应尽量选择观测条件较好的时段，减少不良气象条件对测量结果的影响。

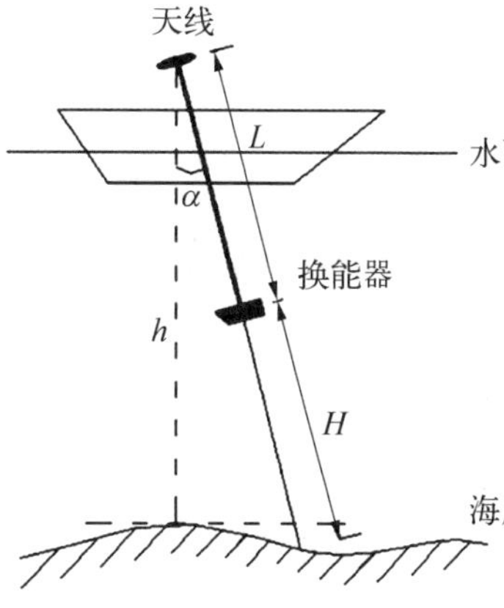

天线
L
水面
α
换能器
h
H
海底

图 11-9　测量船偏角

5. 定位与测深不同步的影响

在无验潮水深测量中，GNSS 定位与测深相对独立，GNSS 测量的时间和测深的时刻难以达到完全同步，从而影响水下测量的精度。现在大多数 RTK 的输出频率可高达 20Hz，而不同型号测深仪的输出频率有一定差异，数据输出的延迟也不同。定位数据和测深因时间不同步会引起平面位置和深度测量误差。这类误差可以在延迟校正中通过模型改正，也可以采用以往的经验数据修正。

11.4　多波束水下测量系统

多波束水下测量系统又称为多波束测深仪、条带测深仪或多波束测深声呐等。它是从单波束测深系统发展而来的，与传统的回声测深仪每次只能测量船体下方一个深度值相比，多波束探测能获得一个条带覆盖区域内几十个甚至上百个测点的深度值，可以大幅提高水下地形测量效率和测量精度。

多波束测深系统的发射换能器的基阵由多个换能器单元组成，它能在与航线垂直的平面内以一定的张角发射多个波束，其原理见图 11－10。多个换能器基元发射多个波束，再接收其水底反射波束，可获得多个水声斜距值，得到多个点的位置和水深，一次探测就能给出与航向垂直的垂面内上百个甚至更多点的水深值。

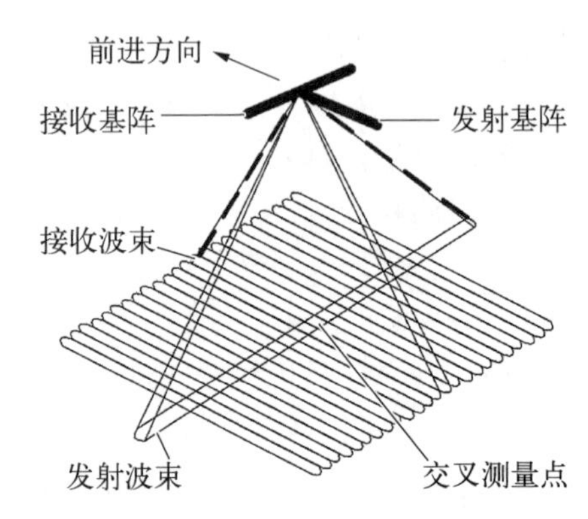

图 11－10 多波束测深原理

使用多波束测深系统可以测绘各种比例尺下的水下地形图，将测深数据传送给计算机控制的自动成图系统，绘制出海底地形图、彩色三维立体图、地形剖面图等。多波束测深系统还可用于扫海测量、探测海底障碍物、寻找沉船以及海上施工测量。

图 11－11 SeaBat 7125 多波束水下测深系统

下面以丹麦 RESON 公司生产的 SeaBat7125 多波束测深仪为例简要介绍多波束测深系统。SeaBat 7125 多波束测深系统(见图 11－11)的组成部分主要有发射接收换能器、链路控制单元(LCU)、数据处理器、显示器及其他辅助设备，能实时输出高分辨率三维水深数据。SeaBat 7125 多波束换能器能安装在母船或深海拖曳载体上，将其安装在钛合金壳体中，耐压可达 6 000 m 水深，测量深度为 0.5～500 m，可广泛应用于全球海洋、航道测量、水下检测和目标物定位、河流和湖泊等水文地形测量，其主要技术指标如表 11－2 所示。

表 11－2 SeaBat 7125 多波束测深仪的主要技术指标

项　　目	技 术 指 标
供电要求	111/220 VAC，50/60 Hz；功耗 500 W
收发器电缆长/m	25

（续表）

项　　目	技 术 指 标
工作深度/m	0.5～500
工作频率/kHz	200，400（双频可选）
发射波束宽/(°)	2.2±0.5@200 kHz，1±0.2@400 kHz
接收波束宽/(°)	1.1±0.05@200 kHz，0.54±0.03@400 kHz
发射频率/Hz	50±1
波束数	256EA/ED@200 kHz，256EA，512EA/ED@400 kHz
带状角/(°)	128(140)
水深分辨率/mm	6

11.5　水下地形测量的应用

本节以沉管隧道的水下地形测量为例介绍水下测量在土木工程中的应用。沉管法作为一种重要的水下隧道施工方法已应用于许多大型水下隧道工程建设中。沉管隧道施工首先需要在河床或海床上预先挖好基槽，将在陆地上预制好的管段浮运到沉放现场，按顺序沉放到基槽中并进行连接，然后经沉管顶部回填，隧道内部设施铺设，形成一个完整的水下通道。

为保证沉管的安全沉放，需要在沉放前对开挖的水下基槽进行测量。例如，某工程的管段结构外形尺寸的长度为 75 m、高度为 8.55 m、宽度为 22.1 m，管节重约 1.4 万吨，需要沉放入河床底以下至少 11 m(管节结构高 8.55 m，管顶覆盖层厚不少于 2.5 m)处。水下测量的目的是通过多波束扫描得到基槽的水下三维地形图来判断开挖的基槽是否符合设计要求，基槽内是否存在超挖或欠挖点，以保障管节的安全沉放。

测量采用多波束扫描测量方法，水下测量设备选用 R2Sonic 2024 多波束测深系统，该系统工作频率在 200～400 kHz，有 21 个频率可调，可用于 2～500 m 深水域进行水下地形测绘。辅助测量设备包括 GNSS 接收机、测量船横摇、纵摇、艏向、升沉等数据姿态传感器、验潮仪、声速剖面仪等。

在测量作业前，应选择岸上通视条件好、地面稳固、周围无遮挡、信号干扰小的地点来架设 GNSS 基准站，并根据用户提供的控制点，将测量成果转换至工程坐标系；再将多波束声呐、GNSS 移动站、姿态仪等设备固定安装于测量船上并统一转换至工程坐标系上。将多波束声呐头插至水下 50 cm，连接 GNSS、表面声速仪、姿态仪与罗经，记录各个传感器与船体重心的相对位置并调试。打开多波束采集软件，根据测量水域的水深选择多波束作业参数。根据测区情况，按相邻测深线间覆盖率不小于 30%的原则布设主测深线，按照不小于测深线长度的 5%的原则布设检查测深线，并规划测量船的航迹。测量船按规划航迹进行不间断水下声呐扫测，航行过程中同时记录来自多波束仪的深度值、GNSS 信息以及表面声速等数据。

现场作业完成后，可进行吃水改正、声速改正、水文改正等预处理，然后利用 CARIS HIPS 数据后处理软件将现场测量数据、声速深度梯度变化曲线、水位变化情况等信息整合得到待测区域的平面坐标、河床底标高等数据，剔除粗差后，导入 CASS 水域成图软件、Surfer 三维绘图软件，绘制检测区域水下三维地形图、地形等高线图。图 11－12 为经色彩渲染后的水下三维地形图，从图中可以看出沉陷基槽与河床的关系。图 11－13 为使用 CASS 软件按 0.5 m 高程绘制的水下等深线。图 11－14 为基槽的实测横断面及其与设计断面和沉管位置的相对关系，可用于基槽开挖情况的精确分析。

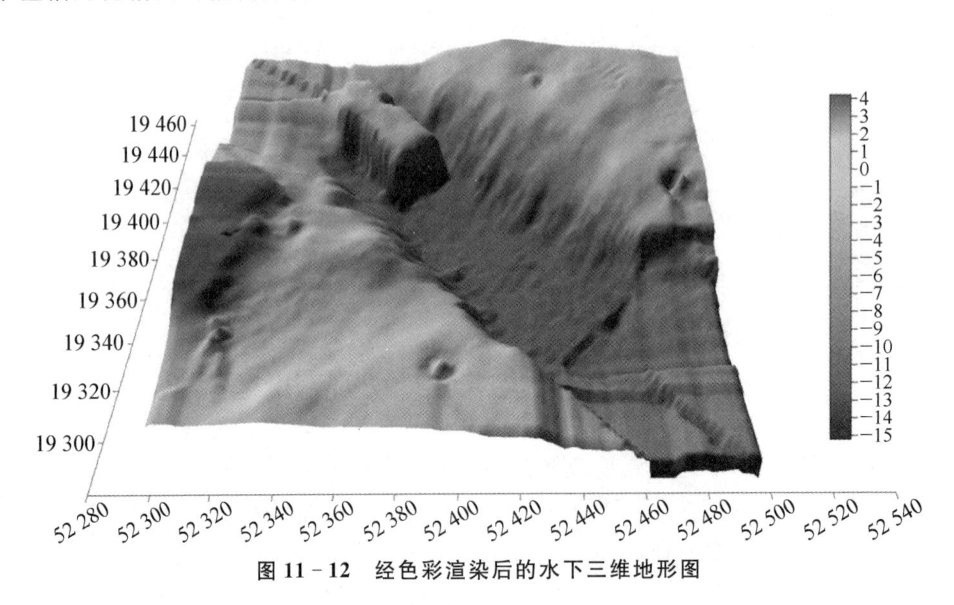

图 11－12　经色彩渲染后的水下三维地形图

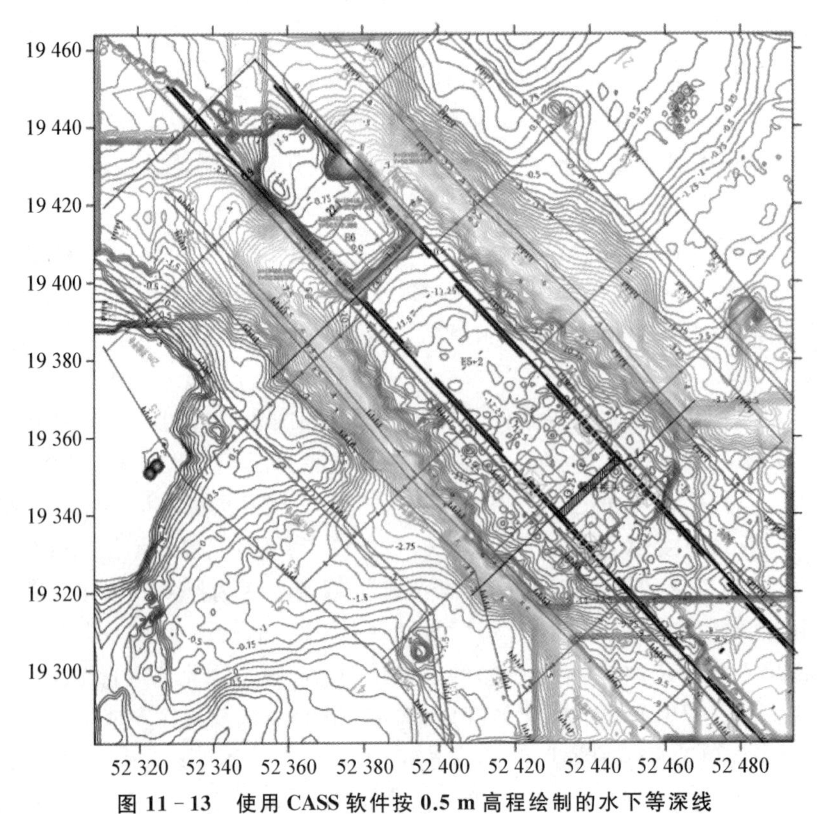

图 11－13　使用 CASS 软件按 0.5 m 高程绘制的水下等深线

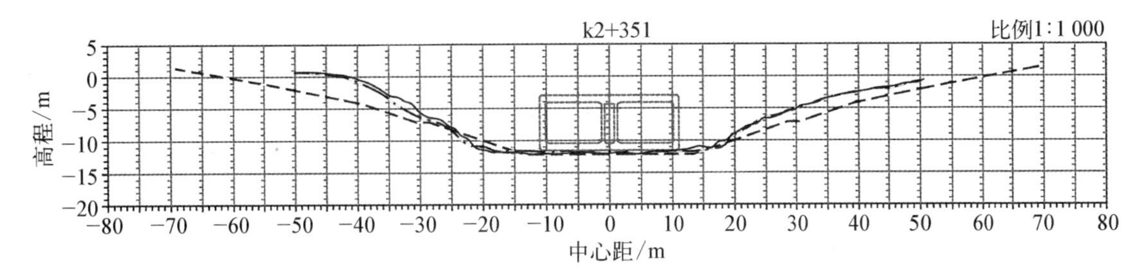

－－ 为设计基槽边坡线；－·－ 为第一期扫测基槽边坡线；—— 为第二期扫测基槽边坡线。

图 11－14　基槽的实测横断面及其与设计断面和沉管位置的相对关系

习　题　11

1. 水下测量为什么采用声学测量方式？

2. 简述回声测深仪、多波束测深和侧扫声呐的原理。

3. 回声测深仪的性能可以用哪些指标来衡量？

4. 什么是有验潮水下测量和无验潮水下测量？两者有何区别？

5. 无验潮水下测量有哪些误差来源？怎样减弱或消除这些误差？

6. 用本章所学的知识简要描述采用无人船测量某水库水下地形图的方法。

第 12 章　土木工程测量

12.1　土木工程测量概述

12.1.1　土木工程与测量

土木工程是设计和建造各类地表或地下工程和设施的科学技术的统称，与人们的生活息息相关，具有丰富的内涵和外延。土木工程既指应用各种材料和设备进行的勘测、设计、施工、保养、维修等技术，又指建造在地表或地下，直接或间接为人类生活、生产、军事、科研服务的各种工程设施，如房屋、道路、铁路、管道、隧道、桥梁、运河、堤坝、港口、电站、机场、海洋平台、给水排水以及防护等工程对象。

土木工程测量是测绘科学与技术在土木工程中的应用，对土木工程建设具有重要的支撑作用。土木工程测量的主要工作包括工程建设各个阶段所进行的与地形及工程有关的空间信息的采集和处理、工程的施工放样及设备安装、变形监测分析和预报以及测量相关的信息使用和管理。

工程建设按时间顺序或流程一般分为 3 个阶段：规划设计、施工建设和运营管理，每个阶段都离不开测量工作。本节以港珠澳大桥建设为例，简要介绍土木工程在各个阶段涉及的测量工作。

我国建造的港珠澳大桥是一座连接香港、珠海和澳门的桥隧工程，是迄今为止世界上最长的桥隧工程。港珠澳大桥全长 55 km，其中包含 22.9 km 的桥梁工程和 6.7 km 的海底隧道，隧道由东、西两个人工岛连接。大桥设计使用寿命 120 年，可抵御 8 级地震、16 级台风。该工程最早期的规划可追溯到 20 世纪 90 年代，2009 年底正式开工建设；2017 年 7 月实现主体工程全线贯通；2018 年 10 月正式开通运营。港珠澳大桥是一项具有标志性意义的重大工程，具有工程规模大、跨海距离长、结构形式多样、建设条件复杂、技术难度高、施工周期长的特点，对测量工作提出了极高的要求。

1）规划设计阶段

每项工程建设都需要在环境条件、预期目标、资金投入等约束条件下进行规划设计，规划阶段的测量工作主要是为初步设计提供各种比例尺的地形图及其他相关资料。从时间顺序来讲，测量工作往往位于规划设计之前。这个阶段的测量工作主要是布设工程首级控制网、测绘各种比例尺的地形图，以及为工程、水文地质勘察等工作提供基础测绘资料。

对于大型工程，工程规划设计通常分为初步规划和详细设计两个阶段，在初步规划阶段所用的地形图一般比例尺较小，可以使用 1∶10 000～1∶100 000 的国家基本比例尺地形图。而在详细规划和设计阶段，则需要测绘 1∶500～1∶5 000 的大比例尺区域性或带状性地形图，以及水下（含江、河、库、湖、海等）地形测绘和各种纵横断面图。因此需要根据工程特点布设专门的工程控制网，作为地形图测绘、施工安装以及安全监测的基准数据。

以港珠澳大桥的测量为例，为保证大桥的勘察、施工及变形监测等工作，首级控制网的建网工作需要提前完成。首级控制网共布设了 16 个平面兼高程控制点，分别按国家 B 级 GNSS

控制网和国家一、二等水准测量的精度要求施测。首级平面控制网的数据采集采用了多台 GNSS 接收机同步观测，并在施工期间进行多次复测。如图 12－1 所示，首级平面控制网在 CGCS2000 坐标系下最弱点的点位中误差为±3.8 mm，最弱边的相对中误差为 1/764 000。在首级高程控制网中，一等水准测量每千米往返测高差中数的偶然中误差为±0.36 mm，二等水准测量每千米往返测高差中数的偶然中误差分别为±0.48 mm（A 测区）和±0.26 mm（B 测区）。在首级控制网的基础上，进行了地面和水下大比例尺地形图的测绘。

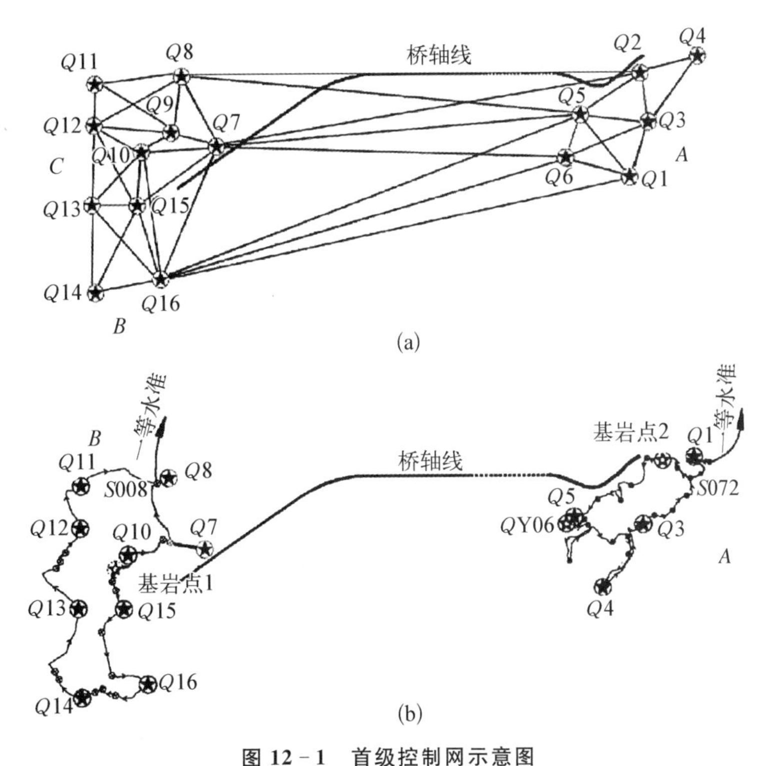

图 12－1　首级控制网示意图

（a）首级平面控制网示意图　（b）首级高程控制网示意图

2）施工建设阶段

工程的设计经过论证、审批之后进入施工阶段。对于高铁、高速公路、桥隧工程等大型工程，通常将工程分为不同的标段由不同单位进行施工建设。各工程单位首先要根据现场的地形、地质状况，在首级控制网的情况下建立施工测量控制网。然后按照施工的要求，采用不同测量设备和方法将图纸上设计的设施在现场标记出来，作为建设施工的依据，这就是常说的测设或施工放样。测设工作是施工建设阶段最主要的测量工作。以高速公路的主轴线测设为例，通常需要每隔 10 m 测设一个轴线点，而且需要根据工程进度及时恢复轴线。施工期间还要通过现场测量几何尺寸对施工的质量进行检查和控制，例如高耸建筑物的竖直度，曲线、曲面形建筑的形态，隧道工程的断面等。为了监测工程进度，测绘人员还要做土石方量测量、预制设备的安装测量、竣工验收测量等。总之，施工测量贯穿于整个施工周期中，为工程建设提供可靠的空间数据保障。

港珠澳大桥的主体工程包括桥梁，沉管隧道，东、西人工岛建设。施工阶段的测量工作主要包括：桥梁钢管桩和埋置式承台的施工定位和高精度安装测量；沉管隧道施工过程中的沉放定位及水下对接测量；东、西人工岛高程贯通测量等。由于工程的精度要求高，而海上作业的观测条件较差，施工测量工作的难度大大增加了。

3）运营维护阶段

在工程建筑物运营期间，为了监测工程的安全和稳定的情况，同时为了验证设计是否合理，需要定期地对工程的动态变形如水平位移、沉陷、倾斜、裂缝、挠度以及震动、摆动等进行监测，这里统称为变形观测。此外，对于大型的仪器设备、安全性要求高的大型工程和基础设施，需要建立常态化的安全监测和管理信息系统，以保证系统的安全运行，同时也便于对工程进行有效的维护和管理。

在港珠澳大桥工程的营运阶段，大桥管理局通过多种监测手段对桥梁进行安全监控，利用加速度传感器对桥梁振动精确测量，利用高精度 GNSS 技术实现对大桥挠度和位移进行精密监测，通过机器人巡检、视频实时回传及远程控制等一系列新型监测手段为养护工作提供实时、安全、高精度的监测和管控。

12.1.2 土木工程测量的方法和特点

1. 工程测量的方法

工程测量的方法主要是前面几章中已介绍的方法，即常规的大地测量方法、现代测量方法，以及针对特定工程采用的专用测量方法。

常规的测量方法是指以水准仪、经纬仪和全站仪作为主要测量仪器，以角度、边长和高差为观测量所采用方法的总称，这仍然是工程测量最主要的方法。由于 GNSS 高程测量的精度低，因此水准测量方法在高程控制测量和测设中具有不可替代的作用。与 GNSS 测量相比，全站仪测量能直接测量角度和距离，不需要进行复杂的解算和投影变换，也不受卫星信号遮挡的影响，仍然是工程测量中应用最广泛的测量设备。

现代测量方法主要指以 GNSS、摄影测量、三维激光扫描技术为代表的测量方法。随着技术的发展，现代测量方法在工程中的应用也越来越广泛。随着我国北斗系统的组网完成，GNSS 信号的稳定性和测量精度也大幅提升。在能接收到 GNSS 卫星信号的情况下，GNSS 已取代全站仪成为施工平面控制测量最主要的方法，GNSS 在三维变形测量、地理信息采集中也有大量应用。随着技术的发展，摄影测量和三维激光扫描技术也用于施工现场监控、土石方测量、位移和形变监测、竣工测量等领域。

特殊测量方法作为常用大地测量方法的补充，用于各种工业测量中的设备安装、调校和变形监测之中，如百分表、测微尺、引张线、倒垂法、静力水准等设备和方法，这些方法的特点是操作方便简单、精度特别高，能满足某些特种工程的高精度测量需求。

需要说明的是，本书介绍的测量主要是表面位置和变形的测量，在很多工程中还需要测量工程内部的应力、应变、深部变形等要素，通过表面和内部、几何参数和物理参数的一体化测量，为结构的性能分析和状态评估提供实测数据。

2. 工程测量的特点

与基础测绘工作相比，工程测量具有以下特点：

(1) 工程测量的精度要求有较大差异。精度要求取决于工程的性质、规模、材料、施工方法等因素。以建筑工程测量为例，一般高层建筑物的工程测量精度要求高于低层建筑物的工程测量精度，钢结构工程测量精度要求高于钢筋混凝土结构的工程测量精度，装配式建筑物的工程测量精度要求高于非装配式建筑物的工程测量精度。此外，由于建筑物、构筑物的各部位相对位置关系的精度要求较高，因而工程的细部放样精度要求往往高于整体放样精度。

(2) 工程测量的流程与工程进度紧密相关。工程测量的任务是为工程建设提供高精度的位置信息，测量进度与施工进度密切相关，如桥梁施工测量在工序上包括墩台、梁体、桥面等施工测量，某项工序还没有开工，就不能进行该项的工程测量。测量人员必须了解设计的内容、性质及其对测量工作的精度要求，熟悉图纸上的设计数据，了解施工的全过程，并掌握施工现场情况，使工程测量工作能够与施工密切配合。

(3) 工程测量的测量频次高。工程测量的测量频率比控制测量、地形测量的频率高，如高速公路的路基施工，需要根据填挖情况频繁测设道路轴线，因此增大了测量工作的劳动强度，同时施工控制点的布设密度也需要增加。

(4) 工程测量受环境的影响大。施工现场多工种交叉作业，工程车的频繁出入和大型工程机械施工引起的震动容易造成施工控制点的移动或破坏，因此各种测量标志必须埋设在稳固且不易破坏的位置，而且需要布设远离施工影响区域的控制点，便于控制点的检核和恢复。

12.1.3　土木工程测量的基本流程

土木工程测量的目的是服务于工程建设，因此需要在分析工程特点，明确测量需求的前提下有步骤地实施，基本的工作流程如图 12－2 所示。

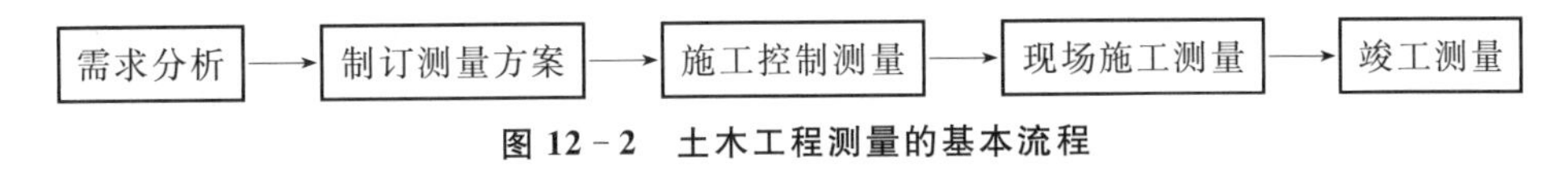

图 12－2　土木工程测量的基本流程

(1) 需求分析。工程建设的范围很广，不同的工程类型和现场环境对工程测量的要求也不相同，因此首先需要收集已有的测量资料、熟悉设计图纸、踏勘施工现场，然后根据工程特点明确测量需求，特别是测量的内容、测量的精度、测量的频次等指标，作为制订测量方案的依据。

(2) 制订测量方案。在明确测量需求和技术指标的前提下制订测量方案，对测量工程来说，最主要的技术指标就是测量精度。对于已经有行业测量规范的工程，应严格按现有规范设计测量方案。对于无现有规范的工程，则可以借鉴相关工程的规范或者根据工程的设计要求确定测量的精度。现有的测量规范主要有两大类，一类是测绘领域通用的规范，如 GB 50026－2020《工程测量标准》、JGJ 8－2016《建筑变形测量规范》、GB/T 18314－2009《全球定位系统(GPS)测量规范》等。另一类针对某些特定工程的测量规范，如 GB/T 50308－2017《城市轨道交通工程测量规范》、TB 10601－2009《高速铁路工程测量规范》、JTG/T 3650－02－2019《特大跨径公路桥梁施工测量规范》等。

(3) 施工控制测量。对于小型工程，不需要布设专用的施工控制网，只需要将附近的控制点联测到施工现场附近，便于测量即可。而对于桥梁、高速公路、铁路等工程，需要在首级控制网的基础上布设施工控制网，控制点的精度和密度根据工程状况确定，并且需要定期对施工控制网复测。

(4) 现场施工测量。利用各级控制点，根据工程进度测设建筑物的特征点、公路的轴线、桥梁的墩台等特征点，对设备的安装、施工期间的沉降和位移等进行测量，施工测量过程中尽可能减少误差传播，对测量和测设的结果要有检核。

(5) 竣工测量。竣工测量是工程验收前进行的测量，目的是对工程的实际完成情况进行测量，并将实测结果与设计资料对比，作为竣工验收的依据。以高速公路工程为例，竣工测量的内容包括道路中线测量、道路的纵横断面测量、道路的坡度测量等。

12.2 测设方法

前面我们讲过，测量是指利用测量仪器获取地面上已有的地物、地貌、控制点的平面坐标或高程的过程，因此地面上的点是已经存在的，测量工作的目的是得到该点的平面坐标和高程。而测设可以视为测量的逆过程，它是根据设计图纸上待建建筑物或设施的轴线位置、尺寸及高程，反算出各特征点与控制点之间的距离、角度和高差等测设数据，以地面控制点为基础，利用测量仪器在实地找到对应的点并标记的过程。

测设是工程施工阶段最主要的测量工作，也称为施工放样。测设的基本工作包括测设已知的角度、距离、坐标和高程。测设的方法可分为直接测设法和归化测设法：直接测设法是利用测设数据直接找到要测设的角度、距离和位置并标记；归化测设法是先找到待测设点的近似位置，通过对近似位置的精确测量并计算出与理论值的偏差改正，最终得到精确的待测设点。

12.2.1 角度测设

角度测设是根据地面上的一个已知方向和图纸上设计的角度值，用经纬仪或全站仪在地面上标出设计方向作为施工依据的过程。

(1) 直接测设法。如图 12-3(a)所示，设 OA 为地面的已知方向，β 为设计的角度值，OB 为待测设方向，测设时在 O 点安置经纬仪或全站仪，在盘左位置瞄准 A 点并将水平度盘读数设置为 $00°00'00''$，转动照准部，使水平度盘读数为 β，在视线方向上标定 B'点；在盘右位置再测设 β 角，标定 B''点。由于存在测量误差，B'点和 B''点不重合，取两者的中点 B，则$\angle AOB$ 为测设的角度 β，OB 方向就是要标记于地面的设计方向。

(2) 归化测设法。如图 12-3 中图(b)所示，先用盘左测设出概略方向 OB'，并测量出 OB'的水平距离 d；再用测回法测量$\angle AOB'$的角度值 β'，测回数可根据精度要求而定，根据两者的角度差 $\Delta\beta=\beta-\beta'$ 计算出距离改正值 BB'。

$$BB'=d\cdot\Delta\beta/\rho'' \tag{12-1}$$

式中，$\Delta\beta$ 为以秒为单位的角度差值；$\rho=206\ 265$，ρ 为常数，表示 1 弧度对应的以秒为单位的角度值；若 $\Delta\beta$ 的值为正，则向外侧量取支距 BB'后标记 B 点；反之，则向内量取支距并标记 B 点，$\angle AOB$ 即为所测设的 β 角。

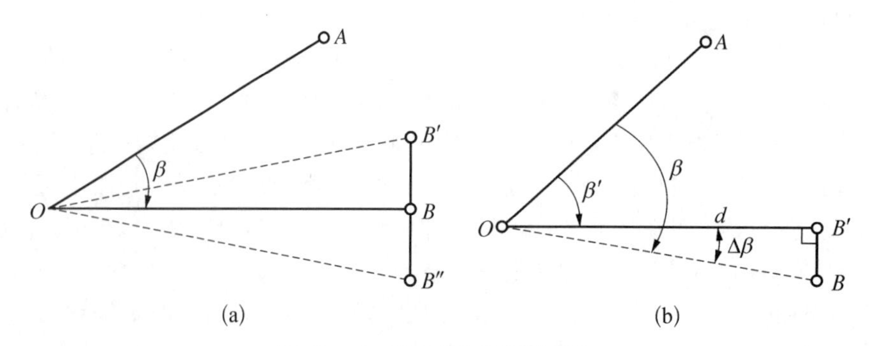

图 12-3 平面角度的测设方法

(a) 直接测设法 (b) 归化测设法

12.2.2　距离测设

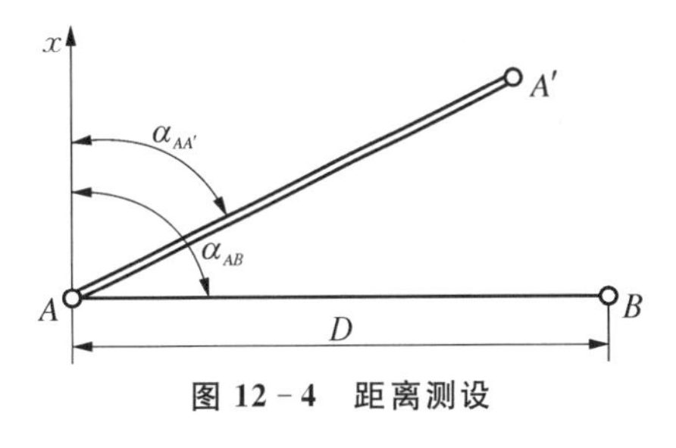

图 12-4　距离测设

进行距离测设首先需要找到要测设的方向，如图 12-4 所示，根据 $\alpha_{AA'}$、α_{AB} 找到 AB 的方向再沿此方向测设距离 D。大地测量中的距离测量主要采用电磁波测距，而在很多简单的工程中，距离测量可采用钢尺测距方法。用钢尺丈量两点间的水平距离时，首先需要用钢尺量出两点间的近似距离，然后进行必要的改正，以准确得到水平距离。而测设已知的水平距离时，其程序则相反。

1. 钢尺测设距离

测设已知距离时，首先需要给定线段的起点和方向。若要求以一般精度进行测设，可在给定的方向上从起点用钢尺丈量方法量取设定的距离值量得到线段的另一端点。距离测设还需要采用往返丈量法对测设的结果进行检核，若往返丈量的校差在限差之内，则取其平均值作为最后结果。

当测设精度要求较高时，应考虑钢尺的尺长、倾斜、温度等改正，按精密钢尺量距方法进行测设，具体作业步骤如下：

（1）将经纬仪安置在起点 A 上，标定给定的直线方向，沿该方向测量距离得到 B 的近似位置，并用十字标志标记。若待测距离大于整尺长，则需要在此方向按图 12-5 所示标记转点。

（2）用水准仪测量起点、终点和各转点之间的高差。

（3）按钢尺精密测量方法测量出各段间的距离，并加尺长改正、温度改正和高差改正，计算改正后的 AB 点间的水平距离 D。

（4）将测量距离 D' 与测设的理论距离 D 比较，得到两者之间的差值 ΔD 。

（5）根据地面上测设差值 ΔD 修正待测设点的位置，最终得到 B 点并标记。

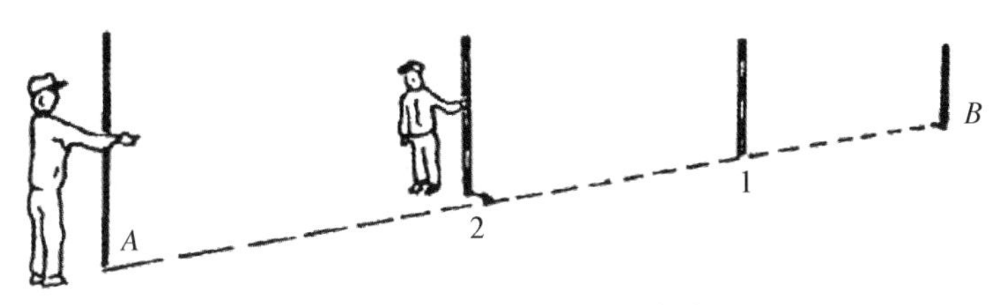

图 12-5　钢尺精确测设方法

2. 测距仪测设距离

将测距仪或全站仪安置于起始点 A，瞄准已知方向，沿此方向移动棱镜的位置，此时不需要将棱镜精确对中，得到待测设距离对应的近似位置 C'（见图 12-6）。在 C' 点上安置棱镜，测出棱镜到测站的水平距离 D'。根据计算水平距离，求出 D' 与应测设的水平距离 D 之差。根据差值的符号在实地用小钢尺沿已知方向改正 C' 至 C 点，并用木桩标定其点位。为了检核，应将棱镜安置于 C 点再实测 AC 的距离，若不符合应再次改正，直到测设的距离符合限差为止。

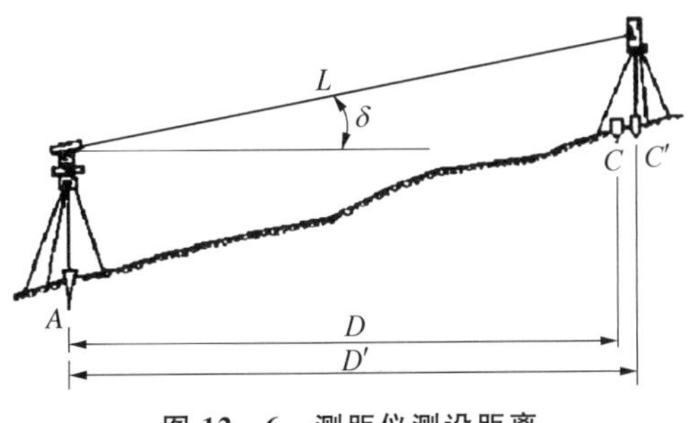

图 12-6　测距仪测设距离

如果用具有跟踪功能的测距仪或全站仪测设水平距离会更方便。测设时将仪器安置在 A 点，瞄准已知方向，设置好仪器的气压、温度、棱镜等参数，选择自动跟踪测量模式，作业员手持反光棱镜杆(测距时需保持杆上圆水准气泡居中)立在 C 点附近。观测者指挥沿方向线前后移动棱镜，即能得到待测设距离对应的近似位置，经检核和修正后标记最终位置。

12.2.3 已知平面坐标测设

将图中设计的房屋、道路、桥梁的轴线等已知平面坐标的特征点通过仪器测量并标记在施工现场的工作称为已知平面坐标的测设。已知平面坐标的测设主要用于施工和安装测量，测设时应根据施工控制网的形式，控制点的分布，建筑物的形状，测设精度要求和施工现场条件等因素，选择适用的测设方法。

已知平面坐标的测设方法有 3 种方法：① 基于反算要素的测设方法，即根据反算的角度、距离要素的测设方法；② 全站仪直接测设方法；③ GNSS RTK 测设方法。

1. 基于反算要素的测设方法

该方法首先需要根据待测设点的坐标和控制点的坐标，反算求出距离、角度等测设元素，然后再利用测量仪器进行测设的方法，此类方法主要有直角坐标法、极坐标法、角度交会法、距离交会法等。

1）直角坐标法

直角坐标法指根据建筑方格网或矩形控制网，利用坐标差测设点位，具有准确、快捷的特点。如图 12-7(a)所示，已知某车间矩形控制网 4 个角点 A、B、C、D 的坐标，以及矩形车间 4 个角点 1、2、3、4 的设计坐标，现根据 B 点测设 1 点为例说明其测设步骤。

(1) 计算 B 点与 1 点的坐标差

$$\begin{cases}\Delta x_{B1} = x_1 - x_B \\ \Delta y_{B1} = y_1 - y_B\end{cases} \tag{12-2}$$

(2) 在 B 点安置经纬仪或全站仪，瞄准 C 点，沿该方向丈量 Δy_{B1} 得到 E 点。

(3) 将仪器安置于 E 点，瞄准 C 点，盘左、盘右位置两次向左测设 90°角，在两次平均的 $E1$ 方向上，丈量 Δx_{B1} 得房屋角点 1。

(4) 用同样方法，从 C 点测设点 2，从 D 点测设点 3，从 A 点测设点 4。

(5) 检查矩形的 4 个角是否等于 90°，各边长度是否等于设计长度，若误差在允许范围内，则测设合格。

2）极坐标法

极坐标法指根据已知水平角度和水平距离测设点位，如图 12-7(b)所示。测设前根据施工控制点或导线点以及测设点的坐标，反算出已知方向和测设方向的坐标方位角 α_{AB} 和 α_{AP}，反算出测设的水平距离 D_{AP}，由坐标方位角计算测设的水平角，即 $\beta = \alpha_{AP} - \alpha_{AB}$。

在控制点 A 安置仪器，测设角 β 以确定 AP 方向，沿该方向丈量水平距离 D_{AP} 可确定 P 点的位置，为保证测设精度，需要盘左、盘右测设。各点测设完成后，按设计建筑物的形状和尺寸检核角度和长度，若误差在允许范围内，则测设合格。

3）角度交会法(方向交会法)

角度交会法是用 2 个水平角测设点位，适用于距离难以精确测量的地区。为防止测设错

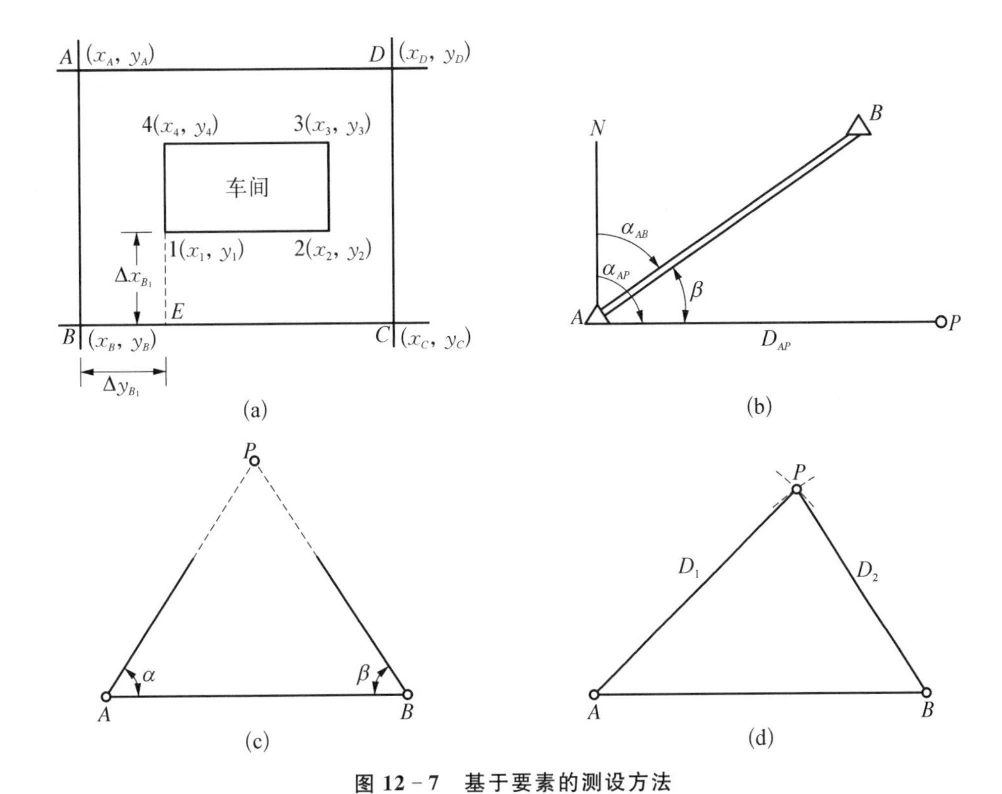

图 12－7　基于要素的测设方法

(a) 直角坐标法　(b) 极坐标法　(c) 角度交会法　(d) 距离交会法

误，最好采用第 3 个方向进行检核。如图 12－7(c)所示，A、B 为两个已知控制点，P 为已知设计坐标的待测设点，该方法的测设步骤如下。

(1) 坐标反算，求 AB、AP、BP 边的坐标方位角 α_{AB}、α_{AP}、α_{BP}，计算待测设点的角度 $\alpha=\alpha_{AB}-\alpha_{AP}$，$\beta=\alpha_{BP}-\alpha_{BA}$。

(2) 在 A 点安装仪器，测设角度 α，估计 P 点的位置并在其附近标记方向线。

(3) 在 B 点安装仪器，测设角度 β，在 P 点附近标记方向线。

(4) 两方向线的交点即为待测设的 P 点，以木桩或其他方式标记 P 点的位置。

(5) 通过距离或其他要素检核，最终得到 P 点的精确位置。

4) 距离交会法

距离交会法适用于边长较短且便于量距的地区。如图 12－7(d)所示，由已知控制点 A、B 来测设 P 点。先根据控制点的已知坐标和 P 点的设计坐标，反算出测设的距离 D_1、D_2。从已知点测设距离，两距离的交点即为测设点。再量取两个测设点间的距离与设计长度比较，作为检核。

2. 全站仪直接测设方法

全站仪直接测设方法是将控制点和待测设点的坐标输入到全站仪中，不需要预先计算测设数据，利用全站仪的测设功能直接测设待定点的方法。全站仪直接测设的原理与极坐标法相同，区别是全站仪测设法由全站仪内置的程序模块直接计算出放样要素，并给出相应的操作提示，因此操作更加方便，是目前最常用的测设方法。

全站仪测设方法需要首先利用控制点建站，然后选择全站仪的测设模式(有些仪器中也称为放样)，再按屏幕的提示逐步操作，最终完成测设。下面以 Pentax TS802 全站仪为例介绍该测设方法的步骤。

确认仪器处于基本测量界面下并已经完成建站，进入“放样”菜单，进入菜单后选择“已知坐标放样”模式，如图 12-8(a)所示；若待放样点的坐标已存储于数据文件中，则输入点号检索出待放样点，否则采用键盘输入待放样点的平面坐标，如图 12-8(b)所示；将全站仪照准测量目标后按“测量”键，则屏幕显示待移动的距离，如图 12-8(c)所示；按屏幕上的数据移动目标直至屏幕上待移动的数据显示为零为止，如图 12-8(d)所示。最后标记测设点并检核。

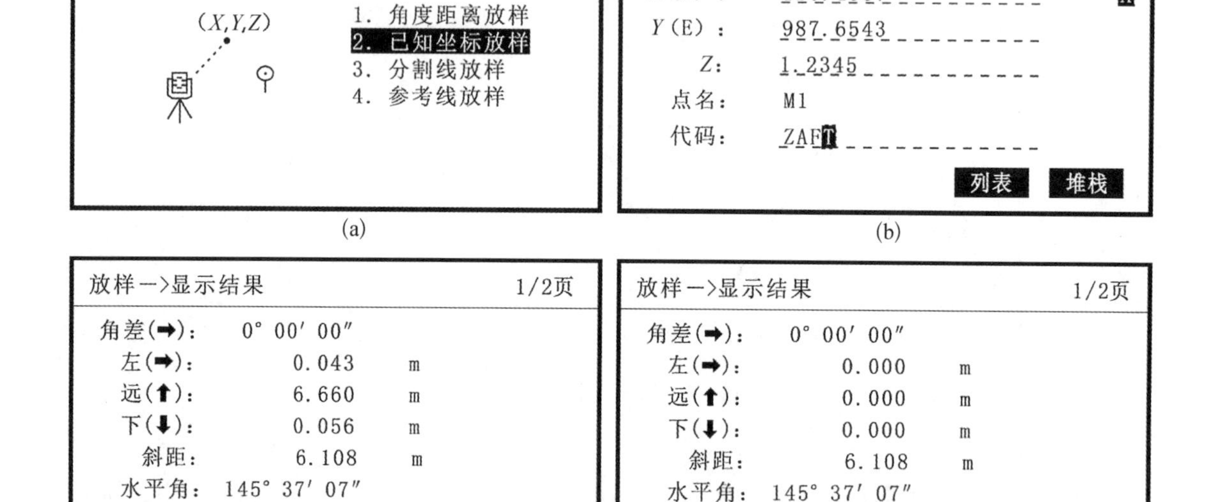

图 12-8 Pentax TS802 全站仪测设方法

(a) 选择测试模式 (b) 输入待测设点的坐标 (c) 按显示距离移动目标 (d) 测设完成

3. GNSS RTK 测设方法

利用 GNSS RTK(或 CORS 网)进行已知平面坐标的测设也是一种广泛应用的测设方法，利用该技术进行测设不需要点位之间通视，放样速度快，效率高，能达到约 2 cm 的测设精度，在建筑施工、公路中线测设中大量应用。

GNSS RTK 测设方法与 GNSS RTK 测量类似，首先需要设置好基准站，然后在对应的软件上选择点放样功能，根据页面提示，选择或输入待放样点的坐标，根据手簿指示，移动接收机到放样点附近区域，当接收机离放样点很近时手簿会出现语音提示，根据手簿上的点位提示，缓慢调整对中杆位置，一直移动到待测设的点位，注意要保持对中杆气泡居中。此时接收机对中杆底部所对应的位置即为放样点位置，做好标记后完成测设。

12.2.4 高程测设

高程测设是指根据已知高程点，将设计高程在实地上标记出来的过程，高程测设方法主要采用水准测量方法。

如图 12-9 所示，设 B 为待测点，其设计高程为 H_B，A 为水准点，已知其高程为 H_A。为

了将设计高程 H_B 测定于 B，安置水准仪于 A、B 之间，先在 A 点立尺，读取后视读数为 a，然后在 B 点立尺。为了使 B 点的标高等于设计高程 H_B，升高或降低 B 点上的水准尺，使前视尺之读数等于 b，即

$$b = H_A + a - H_B \qquad (12-3)$$

测设的高程通常在木桩、墙体、电杆等固定设施上标记。当前尺读数等于 b 时，在标尺底部画上标志线。

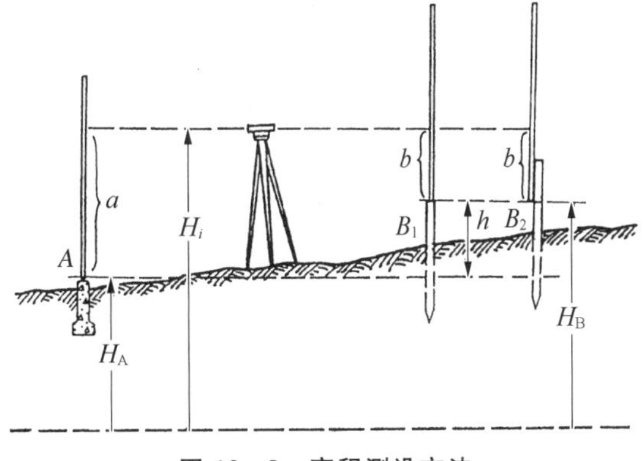

图 12-9　高程测设方法

当待测设高程点的设计高程与已知水准点的高程相差很大时，如测设较深的基坑标高或测设高层建筑物的标高，只用水准尺是无法测设的，此时需借助钢尺将地面水准点的高程传递到坑底或楼层上所设置的临时水准点上，再根据临时水准点按高程测设的一般方法测设其他各点的设计高程。

如图 12-10(a)所示，为了将地面水准点 A 的高程传递到基坑底部的临时水准点 B 上，在坑边需搭建支撑杆以悬挂经过检定的钢尺。钢尺的零点在下端，并悬挂 10 kg 的重锤，以使钢尺竖直。同时为了减少钢尺的摆动，应将重锤放入盛水或废机油的桶内。在地面和坑底分别安置水准仪，瞄准水准尺和钢尺，读取读数 a、b、c 和 d，则坑底临时水准点 B 的高程为

$$H_B = H_A + a - (c - d) - b \qquad (12-4)$$

同理，可将地面水准点 A 的高程传递到高层建筑物上，如图 12-10(b)所示。高层建筑物上任意一临时水准点的高程为

$$H_{B_i} = H_A + a + (c_i - d) - b_i \qquad (12-5)$$

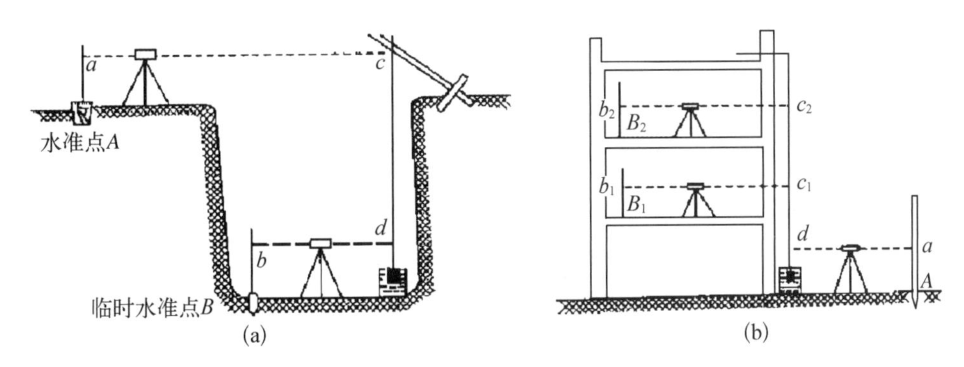

图 12-10　高程传递测设方法

(a) 深基坑高程测设　(b) 高层建筑高程测设

12.3　变 形 测 量

在施工和运营过程中，高层建筑或大型基础设施受到基础的承载能力、外部荷载等因素的影响会引起结构本身及其邻近区域的变形，从而影响工程施工和设备运行。若结构和设施的

变形在允许的范围内,则不会影响安全;但若变形超过一定的限度,则会影响正常使用,甚至危及结构自身和周边设施的安全。为了保障建筑物的安全,建筑物施工或运营管理期间需要对其进行变形测量。通过对变形监测数据的分析,可以及时发现结构的异常变化,从而采取有效措施来保证施工及周边设施和人员的安全。

与常规测量相比,变形测量的一个显著特点就是测量精度要求较高,一般工程也要求达到毫米级,有些工程的变形监测精度则要求达到±0.1 mm,甚至更高。建筑物的变形观测内容包括沉降测量、位移测量、倾斜测量、裂缝和挠度测量等。建筑物变形观测方案的设计需要依据 JGJ 8－2016《建筑变形测量规范》。根据规范规定,建筑物的变形监测分为特级、一级、二级和三级,各等级的观测精度要求如表 12－1 所示。

表 12－1　各等级观测精度要求

变形测量级别	沉降观测	位移观测	主要适用范围
	观测点测站高差中误差/mm	观测点坐标中误差/mm	
特级	±0.05	±0.3	特高精度要求的特种精密工程的变形测量
一级	±0.15	±1.0	地基基础设计为甲级的建筑变形测量;重要的古建筑或特大型市政桥梁等变形测量等
二级	±0.5	±3.0	地基基础设计为甲、乙级的建筑变形测量;场地滑坡测量;重要管线的变形测量;地下工程施工及运营中的变形测量;大型市政桥梁的变形测量等
三级	±1.5	±10.0	地基基础设计为乙、丙级的建筑的变形测量;地表、道路及一般管线的变形测量;中小型市政桥梁变形的测量等

12.3.1　沉降测量

沉降测量又称为垂直位移观测,目的是测定基础和建筑物本身在垂直方向上的变化。高层建筑、深基坑、地铁等工程施工期间都需要沉降测量。大多数的沉降测量采用水准测量方法,沉降测量在工程开始之前就需要获取起始数据,在施工过程中根据工程进度选择观测频率进行测量。竣工后还需要继续监测,直至数据表明不存在沉降,地基基本稳定,方可停止监测。

沉降测量需要首先制订沉降观测方案,布设沉降监测点,然后根据观测方法和频率进行观测,最后根据观测数据绘制沉降曲线和编制监测报表。

1) 制订观测方案

制订观测方案前要收集设计资料、控制点的情况并现场踏勘,然后根据工程要求确定精度等技术指标,对于有规范规定的需要严格按规范执行,对于没有现行规范的,通常取预警值的 1/10～1/20 作为每次测量的精度指标。在此基础上进行图上选点、完成测量方法和测量路线、测量的频次等技术方案的设计。

2）布设沉降监测点

沉降测量首先需要布点，根据点的用途分为基准点和观测点。对于变形区域比较大的区域，还可以在基准点和观测点之间增加工作点。

基准点是指不受工程影响的点，应布设在施工影响区域以外的安全地点，且应尽量靠近观测点，以保证观测的精度。为了对水准点进行相互校核以防止其本身的沉降变化，基准点的数目应不少于 3 个。基站点的高程应采用闭合环、结点或附合水准路线等形式在沉降观测前测定，并定期检核。

观测点设置在可能发生沉降的建筑、基坑边缘等区域，作为沉降观测的永久标志。观测点的位置和数量应根据基础的构造、荷载以及地质情况确定。高层建筑物应沿其周围每隔 15～30 m 设点，房角、纵横墙连接处以及沉降缝的两侧均应设置观测点。工业厂房的观测点可布置在基础柱子、承重墙及厂房转角、大型设备基础及较大荷载的周围。如图 12－11 所示，观测点通常采用角钢、圆钢或铆钉固结在变形体上，其位置能显示变形体的沉降特征，且便于在上面立尺观测。

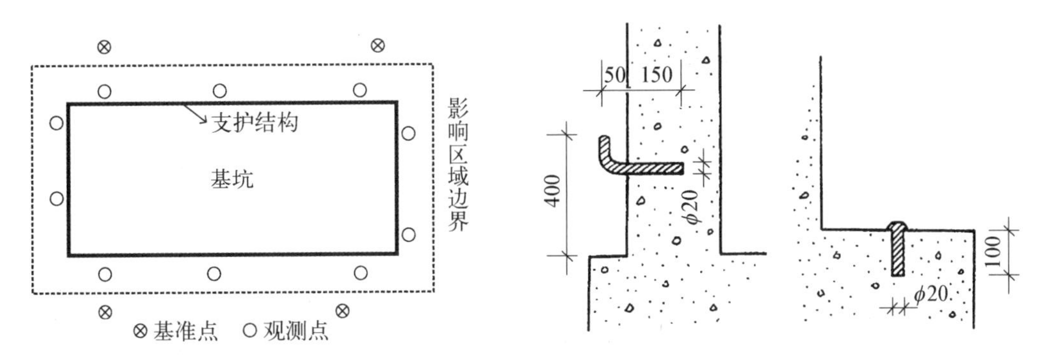

图 12－11　沉降点的布置与埋设

3）观测方法和频率

根据沉降观测的精度要求和现场条件选择测量仪器、测量方法和测量路线。对一般精度要求的沉降测量，可以采用普通水准仪测量。沉降测量前应根据基准点、测点的空间分布和施工现场情况，确定仪器位置、转点位置、测量点编号以及测量路线等。测量前应对水准仪进行检校，为保证沉降测量的精度，各期测量应采用同一台仪器并与首期测量的路线保护一致。测量应在成像清晰、稳定的条件下进行，并尽可能降低各种来源的误差。

沉降测量的频次应根据工程性质、工程进度、地基地质状况、荷载增加情况、外界环境影响等因素确定。首选需要在埋设的观测点稳定后进行首期观测，以得到可靠的初始高程值。施工期间，在增加较大的荷载前后均应进行观测。当基础附近地面荷载突然增加，周围大量积水、暴雨后，或周围大量挖方等，也应进行测量。施工期间中途停工时间较长，应在停止时和复工前进行观测。工程竣工后，应持续观测，观测时间的间隔可按沉降量大小及速度而定，直至沉降稳定为止。

4）数据处理

每次测量之后，应及时检查手簿的记录和计算是否正确，精度是否满足要求，如果误差超限则需要重新测量。将现场数据经平差处理后得到本期测量各观测点的高程值。本期各观测点的高程与上一期高程之差称为本次沉降，本期高程与首期高程之差称为累计沉降。为了直观地表示建筑物沉降量、荷载、时间之间的关系，还应根据观测成果绘制每一观测点的时间与沉降量及时间与荷载的关系曲线(见图 12－12)，以便掌握和分析沉降情况。

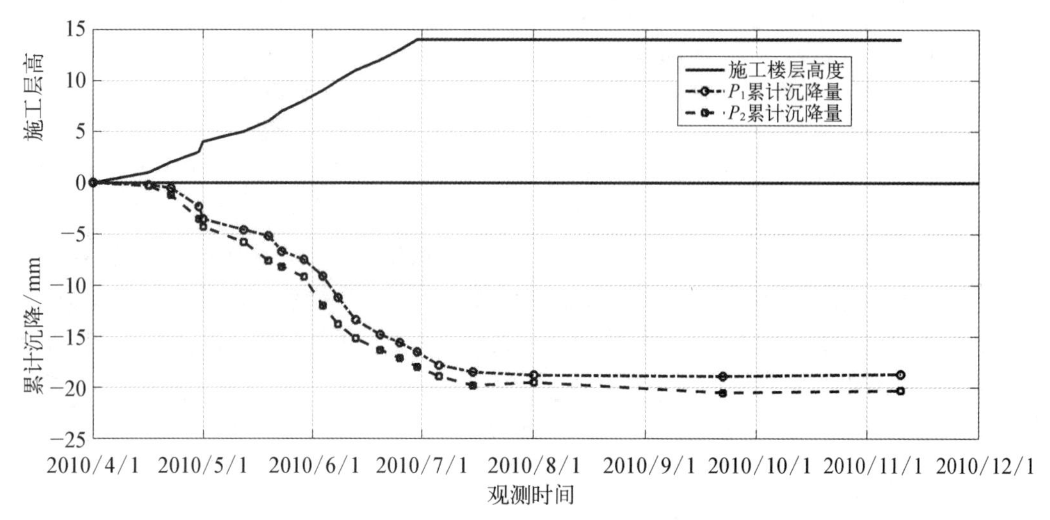

图 12－12 时间、累计沉降与结构层数间的关系曲线

12.3.2 位移测量

位移测量是指测量被监测对象(变形体)的空间位置随时间发生变化的形态和特征，根据工程的位移特点，位移监测包括三维位移、平面位移和一维位移。测量的方法主要有 GNSS 测量、全站仪测量和引张线法等其他测量方法。

与沉降测量方法类似，位移测量首先需要确定监测精度、监测频率等技术指标，并尽量利用现有技术规范制订位移监测方案，布设位移监测点，然后根据观测方案和频率进行观测，最后根据观测数据绘制位移曲线和提交监测报表。由于位移观测方法主要采用前面已经介绍过的测量方法，观测点的坐标计算需要严密平差计算，而这已经超过了非测量专业的学习范围，因此本小节仅简要介绍位移测量的主要方法。

1) 全站仪位移测量方法

使用全站仪进行三维或平面位移测量是变形监测最常用的方法之一。全站仪位移测量法利用全站仪的高精度测角和测距功能，直接得到测量点的三维或平面坐标，根据不同期坐标观测值计算得到位移量。

全站仪位移监测首先需要布设基准点和观测点。基准点布设在变形体之外，而且至少有 3 个以上的点，一个基准点用于架设全站仪，另外两个基准点作为后视点和检查点。在变形体内布置若干个观测点，利用控制点的三维坐标推算出观测点的三维坐标，将每期观测得到的三维坐标与初始坐标值相减可以得到观测点的累计位移值，从而发现监测点的位移变化情况。

位移监测的精度通常要达到 mm 级，需要消除各种误差来达到精度要求，在实际工程中可以采用以下措施来提高变形监测的精度：① 通过建立固定观测墩和将观测点固定的方法减少仪器和目标对中误差的影响；② 通过优化观测网的网形和提高多余观测数提高观测点的精度；③ 观测前检核仪器，每期观测采用同样的观测仪器和观测方法从而最大限度地减少仪器系统误差的影响；④ 采用高精度的平差计算方法，通过优化各观测值的权值得到高精度的平差结果。

除了传统的全站仪之外，自动化全站仪也广泛用于三维位移测量中。自动全站仪也称为测量机器人，是在普通全站仪的基础上集成步进电机、视频成像系统、智能控制系统及应用软件发展形成的。测量机器人具有自动目标识别、自动照准、自动测角与测距、自动目标跟踪、自动记录的功能。测量机器人测量不需要人工干预，能全天候、高精度自动测量，已在隧道、大坝、超高层建筑的变形测量之中广泛应用。

测量机器人自动化实时变形监测系统的构成如图 12－13 所示，先将测量机器人安置在观测台上，并配备 24 小时不间断供电设备。测量机器人最好安置在基准点上，若测量机器人安置在可能发生变形的区域，则需要在其周围布设两个以上的基准点通过后方交会解算测站坐标。观测点布设在变形体上，在完成系统初始化和参数设置后，可利用软件控制测量机器人对观测点连续观测。测量结果通过通信链路传输至数据处理平台进行数据处理和变形分析。

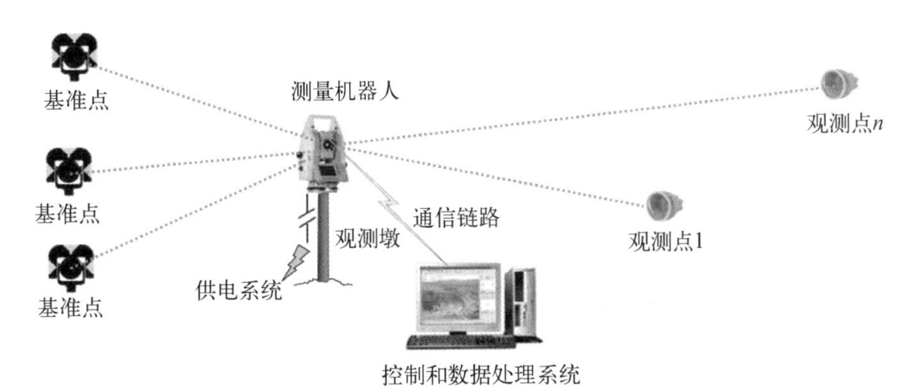

图 12－13　测量机器人自动化实时变形监测系统的构成

2）GNSS 位移测量

该方法是以 GNSS 技术为基础，集成无线通信、变形监控软件、数据库管理软件、变形分析软件构成的 GNSS 自动监测系统，具有精度高、全天候、自动化等优点，广泛应用于桥梁、大坝、高层建筑、滑坡等工程的自动化变形测量中。

如图 12－14 所示，GNSS 位移测量的原理是在变形体上安装一台或者多台 GNSS 接收机作为观测站，通过有线或无线网络将原始观测数据传至数据处理中心，与 GNSS 基准站的观测数据一起解算，可以得到 mm 级精度的位移监测数据。

GNSS 位移测量可以用来测量三维位移，但由于 GNSS 测量的高程精度低于平面位置的精度，因此在某些 GNSS 位移测量中，将 GNSS 基线经坐标转换和投影后只测量二维变形，而通过水准测量得到垂直方向的位移。

3）其他位移测量方法

全站仪和 GNSS 测量方法是土木工程中用于位移测量的最主要的方法，可以测量三维或二维的位移。由于许多位移变形监测需要达到 1 mm 以内的监测精度，需要布设观测墩、固定棱镜或 GNSS 接收机，因此监测的成本较高。对于有些工程，只需要关注某个方向的位移，如在大坝坝顶位移监测中只需要测量坝体的横向位移；在深基坑工程中主要关注周边土体或维护结构的横向位移等。

因此，根据工程的位移特点应重点测量某个方向的位移，即将三维或平面位移测量问题简

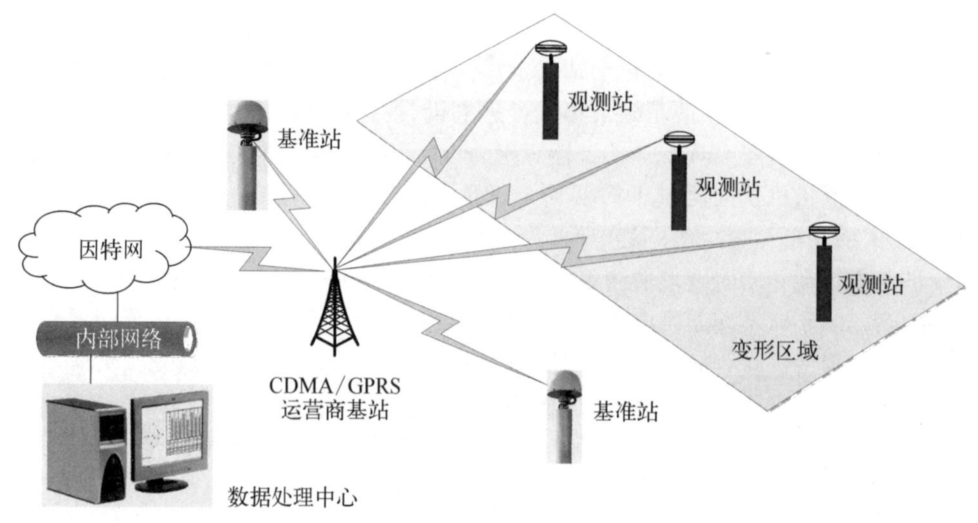

图 12-14 GNSS 位移测量的原理示意

化为一维测量问题，不仅可以减轻测量的工作量，还能在一定程度上提高位移测量的精度。测量方法有视准线法、引张线法等。

视准线法指利用经纬仪或全站仪的视准线建立一个平行或通过坝轴线的固定铅直平面作为基准面，定期测量观测点与基准面之间的偏离值的大小，即该点的水平位移。这种方法适用于混凝土建筑物顶部横向水平位移和土石建筑物横向水平位移的观测。视准线法要求在坝体上沿视准线布设若干观测点，在坝体两侧布设基准点和检核点。通过直接测量横向距离或测量小角的方法计算位移。

如图 12-15 所示，A、B 点是视准线的两个基准点，位于视准线两端稳定处；1、2、3 点为位移观测点，位于变形体上。观测时将经纬仪置于 A 点，将仪器照准 B 点，锁定水平制动装置制动，竖直转动经纬仪，分别转至 1、2、3 这 3 个观测点附近，用钢尺等工具测得观测点至视准线的距离，取盘左、盘右读数的平均值作为本期测量的距离值。根据前后两次的测量距离，得出这段时间内的水平位移。

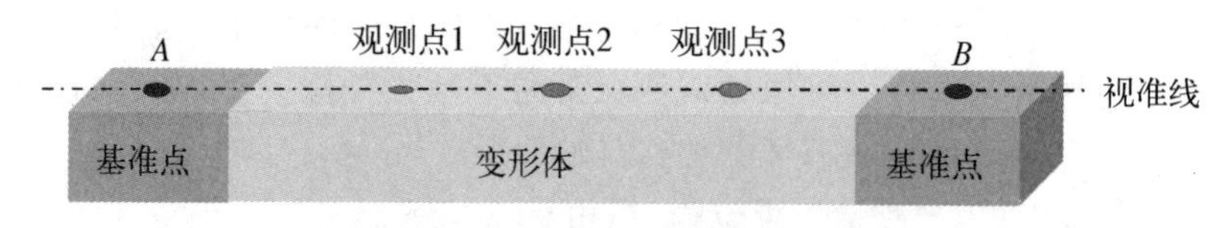

图 12-15 视准线位移测量示意图

位移测量的方法除了大地测量方法以外，还有其他的用于局部位移测量的方法，如位移传感器法、百分表法、拉线法等，在实际工程中可根据工程特点和精度要求选用适当的位移测量方法。

12.3.3 倾斜测量

建筑物的倾斜是指建筑物的中心线或其墙、柱等构件因基础或外部载荷的影响而偏离设计值的情况。建筑物产生倾斜的原因主要包括地基承载力不均匀导致的不均匀沉降、建筑物的载荷分布不均衡、施工质量未达到设计要求、外部因素如风荷载、地下水抽取、地震的影响等。

建筑物的倾斜测量通常采用水准仪、经纬仪、全站仪或其他专用仪器测量的方法。建筑物主体倾斜测量应测定建筑物顶部相对于底部或各层之间上层相对于下层的水平位移与高差，分别计算整体或分层的倾斜度、倾斜方向以及倾斜速度。倾斜测量最常用的方法是经纬仪投点法。

如图 12-16 所示为某普通的多层建筑物，首先在建筑物的上下部设置两个观测标志点，两点应在同一竖直面内。M、N 分别为上、下观测点。若建筑物发生倾斜，则 M、N 的连线也随之倾斜。观测时，在离建筑物墙面大于墙高处安置经纬仪，照准上部观测点 M，用盘左盘右分中法向下投点，得到 N'点。如果 N 与 N'不重合，则说明建筑物发生了倾斜，N、N'之间的水平距离 a 即为建筑物的倾斜量。同理，可利用 P，Q 点测出另外一侧的倾斜量。若建筑物的高度为 H，则可以计算出建筑物的倾斜度

$$i=\frac{a}{H} \tag{12-6}$$

高层建筑物的倾斜观测，应分别在相互垂直的两个墙面上进行，如两个相互垂直的墙面的倾斜量分别为 a、b，则建筑物的总倾斜量 c 为

$$c=\sqrt{a^2+b^2} \tag{12-7}$$

同理可以根据总的倾斜量计算出建筑物的倾斜度。

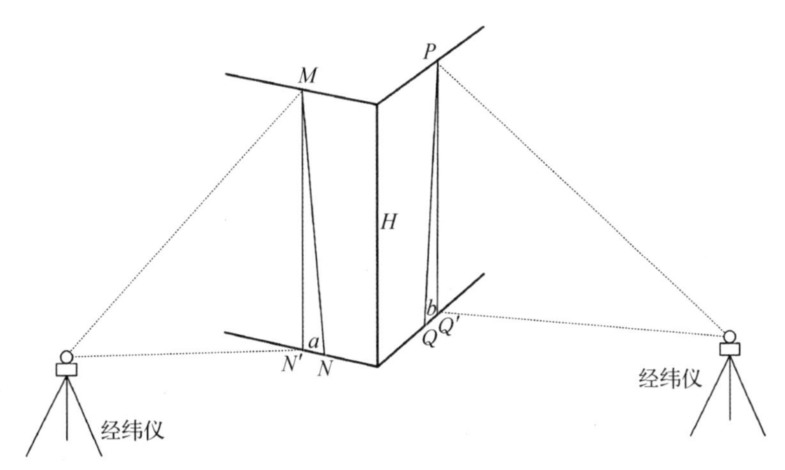

图 12-16　经纬仪投点法倾斜测量

12.4　建筑工程测量

12.4.1　建筑工程测量概述

建筑按使用功能可分为居住建筑、公共建筑、工业建筑、农业建筑；按高度可分为多层建筑、高层建筑和超高层建筑。各种工程建设都要经过规划设计、建筑施工和运营管理等阶段，建筑工程测量指在施工阶段和运营初期进行的测量工作。

建筑施工测量首先需要布设施工控制网，然后利用控制点进行点位的测设、预制构件的安

装测量、施工期间的变形测量等工作。施工测量贯穿于整个施工过程，从场地平整、建筑物定位、基础施工、室内外管线施工到构件安装等。大型工程建设项目竣工后，还应编写竣工报告、绘制竣工总平面图。有些超高层建筑和异型建筑，在施工期间和建成后，还应进行变形测量，以便积累资料，掌握变形规律，为建筑物的维护和使用提供资料。

12.4.2 施工控制测量

大型的建筑工程在勘测阶段建立了首级控制网，但由于未考虑施工要求，控制点的分布、密度和精度都难以满足施工测量要求。此外，施工现场由于平整场地、基础开挖等工作易导致原有的控制点破坏。因此在施工前需要建立施工控制网。施工控制网分为平面控制网和高程控制网。

平面控制网的布设形式应根据建筑总平面图、建筑场地的大小和地形、施工方案等因素来确定。平面控制网主要采用导线网和 GNSS 网，对于精度要求较高的特殊工程，可以采用边角网形式的布网方法。对于地形平坦、通视比较困难的地区或建筑物分布不规则时，可采用一级导线网；对于地势平坦、建筑物众多且布置比较规则和密集的工业场地，一般采用建筑方格网；对于地面平坦的小型施工场地，则只需要将附近的国家或地方控制点联测到施工现场附近，由 3 个以上的控制点组成简单的图形即可。特别需要说明的是，平面控制网的坐标系统必须与设计坐标系一致，对于采用独立坐标系设计的建筑物，应建立工程坐标系与地方坐标系之间的转换关系。

建筑场地高程控制网应布设成闭合环线、附合路线或节点网，其高程应用水准测量方法测定。为了便于高程点的保存和使用，可将部分高程点布设在稳定的电杆、墙面上，并在旁边注记其高程值。

1. 建筑基线测设

当建筑场地不大时，根据建筑物的分布、场地的地形等因素，布设一条或几条轴线，作为施工测量的基准线，简称为建筑基线。常用的形式有“一”字形、“L”形、“十”字形和“T”形，如图 12－17所示。

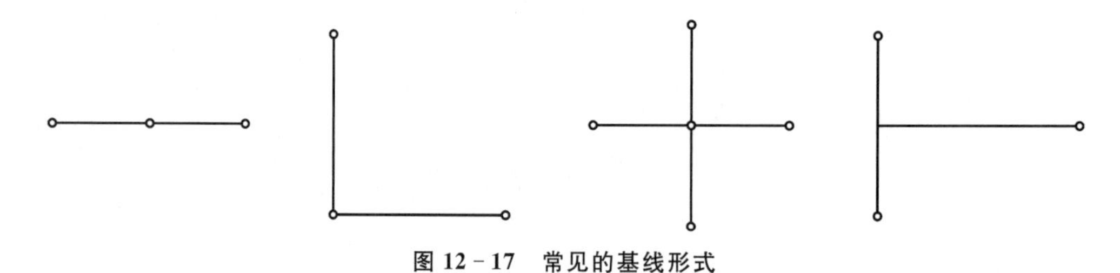

图 12－17 常见的基线形式

建筑基线的布置应遵循以下原则：

(1) 建筑基线应与主要建筑物轴线平行或垂直，并尽可能靠近主要建筑物，以便于轴线测设。

(2) 基线点位应选在通视良好且不易破坏的地方。为了能长期保存，要埋设永久性的混凝土桩。

(3) 基线点应不少于 3 个，以便检测基线点位有无变动。

建筑基线的布设通常采用全站仪或 GNSS 测设方法利用附近的国家或地方平面控制点

布设。对于小型建筑，可以利用建筑红线或与周边建筑物的关系等作为建筑基线测设的依据。基于平面点位的测设方法每个点都是独立测设，由于存在测设误差，因此基线的共线和垂直关系无法严格保证，此时需要做调直处理。

如图 12－18 所示，当测设的点Ⅰ′、Ⅱ′、Ⅲ′不在一条直线上时，应将此 3 个点沿与基线相垂直的方向各移动相等的调整量 δ，其值按下式计算

$$\delta = \frac{ab}{2(a+b)} \frac{180^\circ - \beta}{\rho''} \tag{12-8}$$

式中，δ 为各点的调整量，单位为 m；a、b 分别为点Ⅰ－Ⅱ、Ⅱ－Ⅲ之间的水平距离，单位为 m；β 为Ⅰ′－Ⅱ′－Ⅲ′之间的夹角，单位为度；ρ''为单位变换常数，为 206 265″。计算时需要将角度差值换算为“秒”后再计算。

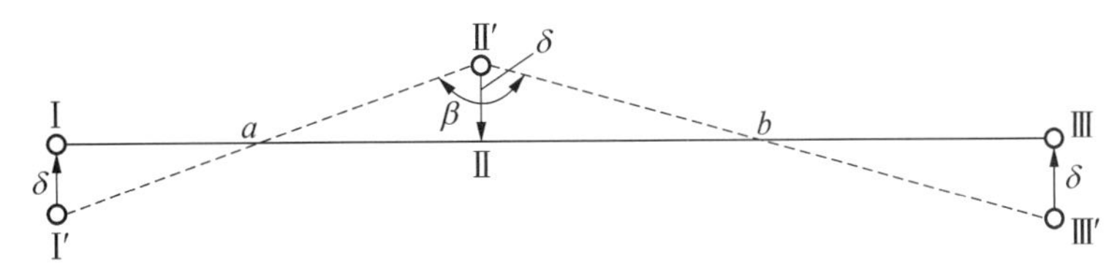

图 12－18　基线点位的调节

2. 建筑方格网的测设

建筑方格网是建筑场地中常用的一种控制网形式，适用于按正方形或矩形布置的建筑群或大型建筑场地。建筑方格网的轴线与建筑物的轴线平行或垂直，因此，可用直角坐标法进行建筑物定位。利用建筑方格网测设建筑物轴线较为方便，且精度较高。但由于建筑方格网网点的数量多，而且必须按平行和正交关系布置，其点位易被破坏，故测设工作量较大。

在布设建筑方格网时，应根据建筑物、道路、管线的分布，结合场地的地形因素，先选定方格网的主轴线点，再全面布设方格网。方格网有正方形方格网和矩形方格网两种，布设要求与建筑基线基本相同。此外，还需注意以下几点：

（1）主轴线点应接近精度要求较高的建筑物。

（2）方格网的轴线应彼此严格平行或垂直。

（3）方格网点之间应能长期保持通视。

（4）方格网的间隔根据建筑物的分布而定，间距一般为 50 m 的整数倍。

（5）为减少测设工作量，在满足使用的前提下，方格网点数应尽量少。

建筑方格网的测设应先利用已有控制点坐标与主轴点坐标测设主轴线并检核，然后在此基础上加密网格点。

如图 12－19(a)所示，AB 和 CD 是建筑方格网的主轴线，它是建筑方格网扩展的基础。先测设主轴线 AB，其测设方法与建筑基线测设法相似。比较角度和距离误差应满足方格网测设的相关技术要求。再将经纬仪安置于 O 点，如图 12－19(b)所示，瞄准 A 点，分别向左、向右旋转 90°，测设另一主轴线主点 C'、D'，并在地面上标定两点，然后精确测定$\angle COC'$和$\angle DOD'$，分别算出它们与 90°的差值 ε_1 和 ε_2 及调整值。

$$l_i = L_i \frac{\varepsilon_i}{\rho''} \tag{12-9}$$

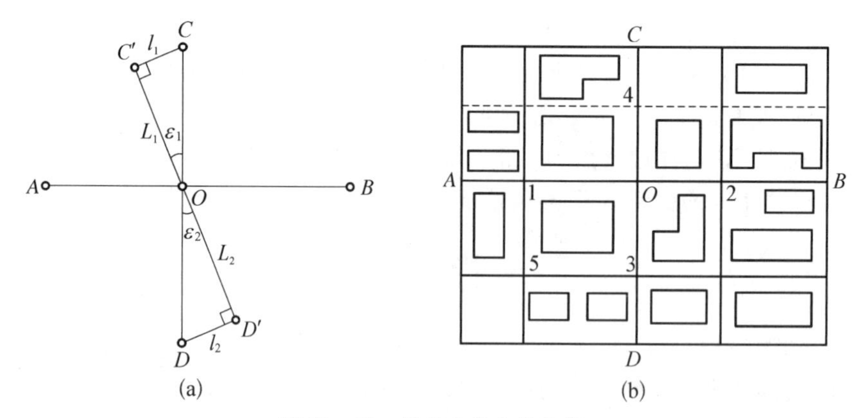

图 12－19　建筑方格点的布设

轴线测设完成后，将经纬仪安置于主轴线端点、后视 O 点，分别测设 90°水平角，交会出“田”字形的方格网点。然后检查角度和距离是否满足误差限差，再以基本方格网点为基础进行加密。

3. 施工高程控制测量

建筑场地高程控制点的密度应尽可能满足在施工放样时安置一次仪器即可测设出所需的高程点，并且在施工期间，高程控制点的位置应稳固且不易被破坏。对于小型施工场地，高程控制网可一次性布设；当场地面积较大时，高程控制网可分为首级网和加密网两级，相应的水准点称为基本水准点和施工水准点。

基本水准点是施工场地高程首级控制点，用来检核其他基准点高程是否有变动，其位置应设在不受施工影响、无振动、便于施测和保存的地方。在小型建筑场地上，通常埋设 3 个基本水准点，布设成闭合水准路线，并按城市四等水准测量的要求进行施测。

施工水准点可用来直接测设建筑物的高程。为了测设方便和减少误差，水准点应靠近建筑物，通常可以采用建筑方格网点的标桩加设圆头钉作为施工水准点。对于中、小型建筑场地，施工水准点应布设成闭合水准路线或附合水准路线，并按城市四等水准点或图根水准测量的要求施测。为了便于施工放样，施工水准点的位置可选择在较稳定的建筑物墙、柱的侧面，用红漆绘成上顶为水平线形如“▼BM1 15.035”的形式。施工水准点还需要定期与基本水准点联测以检查水准点的高程有无变动。

12.4.3　施工安装测量

施工安装测量的精度取决于建筑物或构筑、材料、用途和施工方法等因素，应遵照相应的规范。一般情况下，高层建筑物的测设精度应高于低层建筑物，钢结构厂房的安装测量精度高于钢筋混凝土结构厂房，装配式建筑物的安装测量精度高于非装配式建筑物，安全监测的精度高于施工测量的精度。

施工测量对保障工程的进度和质量有重要作用，应建立测量组织、操作规程和检查制度。在施工测量之前，应先做好以下工作。

（1）仔细核对设计图纸，检查总尺寸和分尺寸是否一致，总平面图和大样详图尺寸是否一致，不符之处应及时向设计单位提出并修正。

（2）实地踏勘施工现场，编制测量方案、收集控制点坐标、计算测设数据。

（3）检验和校正施工测量所用的仪器和工具。

1. 建筑物定位

建筑物定位是指将建筑物的外廓(墙)轴线交点(简称角桩)测设到地面上,为建筑物基础放线及细部测设提供依据。采用的方法主要有:根据与原有建筑物的关系测设法、根据建筑方格网测设法和根据控制点测设法。

(1) 根据与原有建筑物关系测设。该方法适用于离原有建筑物较近的普通建筑物的定位。如图 12-20(a)所示,Ⅰ是原有的建筑物,Ⅱ是待建的建筑物。现欲将待建建筑物的外墙轴线 MN 测设于地面,具体步骤包括:

首先将原有建筑物外墙面边线 CA、DB 向外延长相同的距离得到 A'、B',即 $AA'=BB'$,并用木桩标志;然后在 A'点安置经纬仪,瞄准 B'点,在 $A'B'$的延长线上根据总平面图给定的建筑物及设计尺寸,测设出 M'、N'点;再将经纬仪安置于 M'点,瞄准 A'点测设 90°角,沿此方向量距离加上待建建筑物外墙轴线与外墙面之间的距离,得到 M 点;同样地,可在 N'点安置仪器测设出 N 点。最后,M、N 点均用桩点标记并检核。

如图 12-20(b)所示,待建建筑物的轴线平行于道路中心线,测设时应先定出道路中心线,然后根据待建建筑物与道路中心线之间的关系测设出建筑物主轴线。

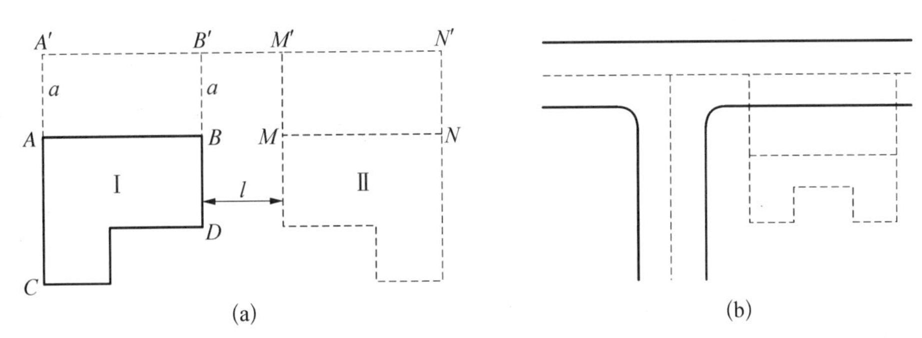

图 12-20　根据与原有建筑物的关系进行建筑物定位

(a) 根据已有建筑测设　(b) 根据道路测设

(2) 根据建筑物方格网定位建筑物。在建筑场地上,已建立建筑方格网且设计建筑物轴线与方格网线平行或垂直的建筑,可用直角坐标法进行角桩测设。

(3) 根据控制点的坐标定位。如果在待建建筑附近有测量控制点可以利用,则可根据控制点的坐标和建筑物定位点的设计坐标,反算出角度与距离,然后用极坐标法或角度交会法进行测设。

2. 轴线测设

建筑物轴线测设也称为放线,是根据已测设的角桩(建筑物外墙主轴线交点桩)及建筑物平面图详细测设建筑物各轴线的交点桩,然后根据交点的位置用白灰线标识开挖边界线,轴线测设方法如下。

如图 12-21 所示,MN 为通过建筑物定位所标定的主轴线点。将全站仪安置于 M 点,瞄准 N 点,按顺时针方向测设 270°,沿此方向量取建筑物的宽定出 P 点。类似地,可以测设出 Q 点。在此基础上,根据设计主距测设出各轴线的交点,并用木桩标记。测设出各轴线交点后,通过测量距离复核各轴线交点间的距离,与设计长度比较,其距离测量误差应达到 1/2 000~1/5 000 的相对精度。

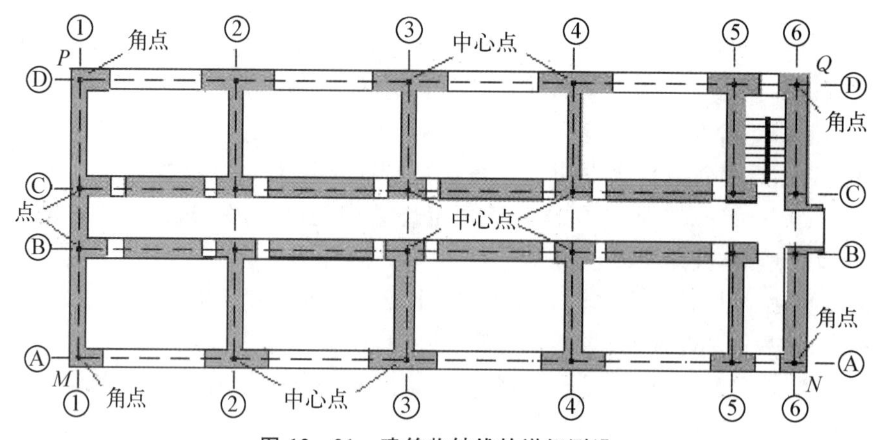

图 12-21 建筑物轴线的详细测设

由于在基槽开挖过程中角桩和测设的轴线将被破坏，为了便于施工中恢复各轴线的位置，应把各轴线延长到槽外安全地点，并做好桩点标志，方法有设置轴线控制桩和龙门板两种方式。轴线控制桩的形状如图 12-22(a)所示，将已测设好的轴线向外侧延长 1～3 m，打下木桩并在桩顶钉上小钉。为避免施工过程中引起点位的移动和损毁，需要在木桩周围浇筑混凝土保护。龙门板的布设如图 12-22(b)所示，一般布置在建筑物的四角和隔墙两端基槽开挖边线以外的 1～3 m 处，具体根据土质情况和基槽开挖深度确定，龙门桩要钉得竖直、牢固，其侧面应大致平行于基槽。

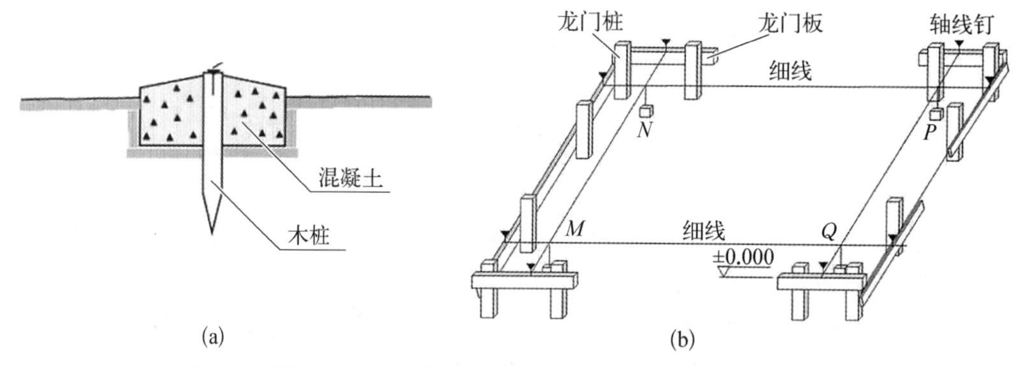

图 12-22 建筑施工过程中轴线点的保护措施

(a) 轴线控制桩 (b) 龙门板

3. 基础施工测量

基础是建筑物的组成部分，它的作用是将墙体或柱传来的荷载通过基础传给地基。建筑物的基础类型有条形基础、桩基础、独立基础等类型。

对于条形基础，基础开挖前需要根据轴线位置、基础的设计宽度和两侧开挖坡度用白灰线标记开挖位置。基槽开挖可采用人工开挖和机械开挖两种方法。为了控制基槽开挖深度，在接近槽底设计标高时，应用水准仪在槽壁上测设一些水平小木桩，如图 12-23 所示。使木桩的上表面离槽底设计标高为一固定值(如 0.500 m)，用以控制挖槽深度。为了施工时使用方便，一般在槽壁各拐角处和槽壁每隔 3～5 m 处均测设一水平桩。必要时，可沿水平桩的上表

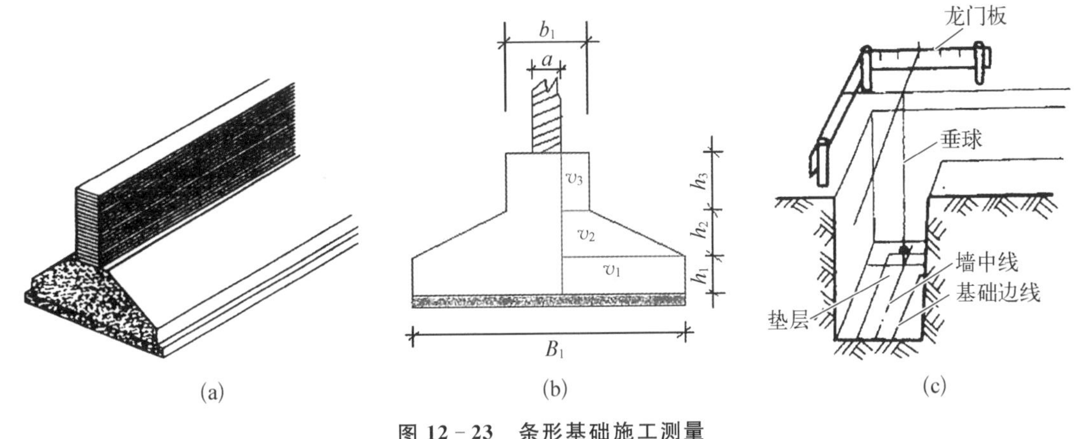

图 12-23　条形基础施工测量

(a) 示意图　(b) 横断面图　(c) 基础轴线投点

面拉上白线绳，作为清理槽底和打基础垫层时控制标高的依据。

基槽开挖完成后，应在基坑底设置垫层标高桩，使桩顶面的高程等于垫层设计高程，作为垫层施工的依据。垫层施工完成后，根据控制桩或龙门板，用拉线的方法，吊垂球将墙基轴线投设到垫层上，用墨斗弹出墨线，用红油漆画出标记。墙基轴线投点和标记完成后，应按设计尺寸复核，基础放线尺寸的允许误差一般为±20 mm。

对于独立基础，施工测量方法与条形基础类似，先测设基础中心和开挖边线，在施工过程中根据工程进度监测基底垫层标高以及恢复基础轴线。对于桩基础，在测设好基础中心坐标后，需要在施工过程中监测桩基的垂直度、桩顶高程和桩中心的坐标。测量方法主要是以施工现场的平面和高程控制网为基础，利用全站仪、水准仪测量和检核。

4. 墙体施工测量

对于墙承重的多层建筑，基础施工完成以后进入墙体施工阶段。首先需要恢复建筑物的轴线，同时将门、窗和其他洞口的边线在外墙基础立面上进行标识。

砌筑墙体时，墙体高度通常用皮数杆控制(见图 12-24)。皮数杆上面刻画有砖皮数和砖缝厚度，以及门窗洞口、过梁、圈梁、楼板梁底等标高位置。一般立于墙角、内外墙交接处、楼梯间及洞口较多的地方，一般要求不超过 10～15 m 设置一根。皮数杆是控制砌体竖向施工的标志，目的是为了保证砌体的皮数和灰边厚度一致。皮数杆的高度一般不大于层高，底部从±0.000 开始标记，一层施工完成以后再移至上一层。

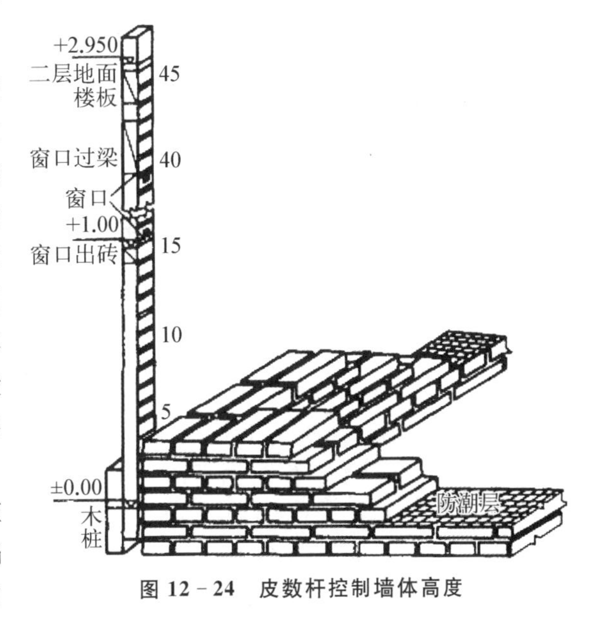

图 12-24　皮数杆控制墙体高度

高层建筑物施工测量中的主要工作是控制垂直、水平方向的位置偏差及轴线尺寸偏差，因此需要将在地面上测设的轴线精确向上引测，保证各层相应轴线位于同一竖直面内。依据《钢筋混凝土高层建筑结构设计与施工规定》中的要求：高层建筑竖向误差在本层内不得超过±5 mm，全楼的累积误差不得超过±20 mm。

高层建筑的轴线测设主要采用经纬仪引桩投点测量法，简称引桩投测法。随着建筑物施工层高的增加，经纬仪向上投点的仰角也逐渐增大，而受竖轴倾斜误差的影响，投测精度随着仰角增大而降低，且操作不方便。因此，将主轴线控制桩引测到远处稳固地点或附近大楼屋面上，以减小仰角，如图 12-25 所示。

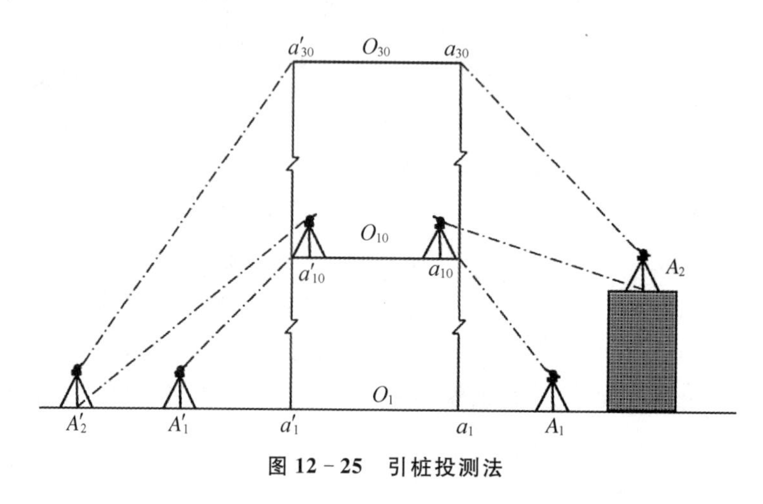

图 12-25　引桩投测法

高层建筑的轴线的竖向传递的另一种常用的方法是激光垂准仪法，该方法需要先在一层的基准点上将仪器对中整平后，打开激光发射器，激光通过各楼层预留的测量孔接收激光，并标记点位。

5. 构件安装测量

装配式单层厂房的主要构件有柱、吊车梁、屋架等。这些构件大多数是用钢筋混凝土预制后运送到施工场地进行装配的。因此，在构件安装时必须使用测量仪器进行严格的检测。其中预制柱构件的位置和标高正确与否将直接影响到梁、屋架等构件能否正确安装，下面着重介绍柱子的安装测量。

柱子安装的精度应满足以下要求：柱脚中心线应对准柱列轴线，允许偏差为±5 mm；柱的全高竖向允许偏差值为 1/1 000 柱高，但不应超过±20 mm。

预制柱安装测量（见图 12-26）按以下步骤进行：① 投测柱列轴线。柱子吊装前，应在杯形基础拆模以后，由柱列轴线控制桩用经纬仪将柱列轴线投测在杯口顶面上并弹上墨线，用红油漆画上“▲”标志，作为吊装柱子轴线方向的依据；② 柱身弹线标记。柱子吊装前，应将每根柱子按轴线位置进行编号，在柱身的 3 个面上弹出柱中心线，并在每条线的末端和近杯口处画上“▲”标志，以供校正时照准；③ 柱子插入杯口后，首先使柱身基本竖直，再令其侧面所弹的中心线与基础轴线重合。用木楔或钢楔初步固定，然后进行竖直校正。校正时用两架经纬仪分别安置在柱基纵横轴线附近，离柱子的距离约为柱高的 1.5 倍。先瞄准柱子中心线的底部，然后固定照准部，再仰视柱子中心线顶部。如果重合，则表示柱子在这个方向上是竖直的；若不重合，则应进行调整，直到柱子两个侧面的中心线都竖直为止；④ 对柱子在不同方向的垂直度和位置进行检校，并根据测量结果适当微调。

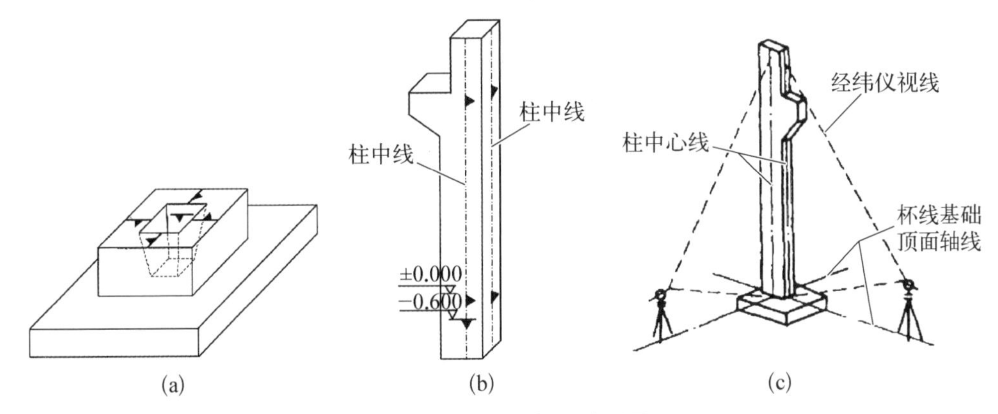

图 12－26　预制柱安装测量

(a) 基础轴线标记　(b) 柱身轴线标记　(c) 双经纬仪投点测量

6. 建筑竣工测量

建筑竣工测量是指工程建设竣工、验收时所进行的测量工作。它主要是对施工过程中设计有所更改的部分、直接在现场指定施工的部分以及资料不完整无法检查的部分，根据施工控制网进行现场实测或补测。竣工测量提交的成果主要包括：竣工测量成果表、竣工总平面图、专业图、断面图以及细部点坐标和细部点高程明细表等。

在工程竣工后，为检查构筑物结构及位置是否符合设计要求，应进行竣工测量，为工程使用中检修和安装设备提供测量数据。不同类型的工程，竣工测量的内容也不相同。竣工检测与验收测量的内容一般包括竣工建筑物及周边现状图测绘、建筑物与道路控制红线和用地红线等规划要素关系的标定、与周边建筑物关系的标定等。竣工测量成果的精度较地形图测绘要高，其表示的内容也更加丰富和详尽。

竣工测量的主要成果是竣工总平面图，竣工总平面图的编绘主要包括室外实测和室内编绘。竣工总平面图以现场测绘为主，结合设计图的室内编绘为辅，测绘的比例尺通常为 1∶500，测量的内容包括房角坐标、各种管线进出口的位置和高程、周边道路和绿化信息等。室内编绘主要包括竣工总平面图、专业分图和附表等的编绘工作。

12.5　线路工程测量

12.5.1　线路工程测量概述

线路工程测量是指铁路、公路、输电线路及管道等线形工程在勘测设计和施工、管理阶段所进行的测量工作的总称。在勘测设计阶段，线路工程测量的主要工作是测绘大比例尺的基础地形图，为工程设计提供资料；在施工阶段的主要工作是根据设计资料将线路轴线进行实地测设，以及预制构件的施工和安装测量。不同的线形工程的特点和测量需求不相同，但测量工作的内容大体相似。本节以高速公路的测量为例介绍道路工程测量的主要工作。

道路工程测量的目的是为道路设计、施工和运营提供测量数据支撑。道路工程包括前期规划、初步设计、详细设计(施工图设计)、施工、运行和维护等阶段，测量工作也伴随着整个过程，测量与主体工程的时序关系如图 12－27 所示。

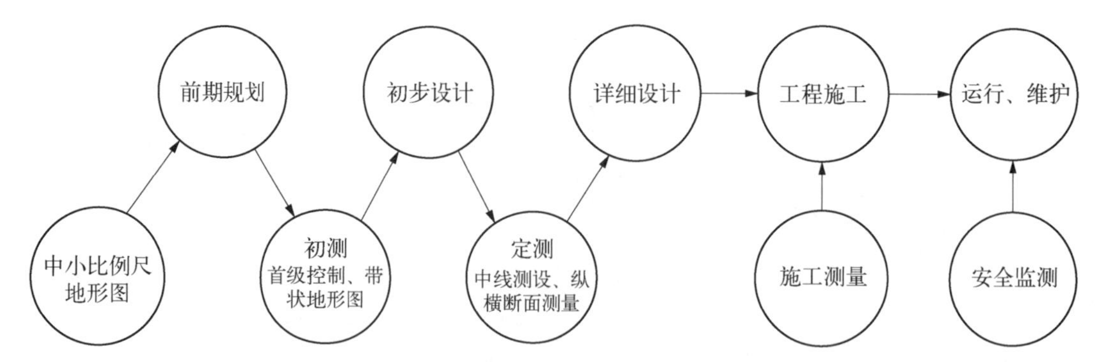

图 12-27 道路工程测量的内容及其与主体工程的时序关系

(1) 道路前期规划。综合考虑人口分布、经济状况、建设成本等因素,确定几种可能的道路等级和基本走向。前期规划阶段需要以国家和各省市测绘部门提供的中、小比例尺的地形图为基础,在中小比例尺地形图上标绘出道路走向。

(2) 初测。根据规划提出的不同线路方案,对沿线地形、地质和水文等进行较详细的测量,作为规划路线比较和初步设计的依据。初测阶段的主要工作是沿线建立平面控制网、高程控制网和测绘带状地形图。勘测阶段的控制网也称为首级控制网,沿图纸规划的线路布设成带状,控制网的等级应满足规定的精度要求。带状地形图以布设的平面和高程控制点为基础,测图比例尺可根据道路等级和地形的复杂程度选用 1∶500～1∶5 000 的比例尺。

(3) 定测。根据带状地形图上设计线路的走向和坡度,将设计的线路测设到实地上的工作,主要内容有道路中线测量、纵断面测量、横断面测量以及重点区域的精细测量,测量结果是设计人员详细设计的主要依据。

(4) 施工测量。道路施工阶段进行测量,主要包括建立施工控制网,按照设计要求和施工进度放样各种桩点作为施工依据。

(5) 安全监测,在施工或运维期间,对路基的沉降、边坡位移等进行变形监测,用于保障工程质量和周边环境安全。

12.5.2 道路工程初测

初测前应先收集工程可行性报告、候选线路初步选线资料、工程区域内已有控制点和地形图的情况,并通过调研和踏勘熟悉路线和周边环境情况,在此基础上根据现有的规范确定技术指标。线路平面控制测量主要采用 GNSS 测量方法和导线测量方法。

普通高速公路平面控制测量中要求控制网中最弱点的点位中误差≤5 cm,最弱相邻点相对点位中误差≤3 cm,最弱相邻点边长相对中误差应满足相应等级控制网要求。除了满足平面控制网的精度要求外,还要满足线路中桥梁和隧道平面控制网的要求。

采用 GNSS 测量方法时,选定控制点的位置不仅要满足 GNSS 控制网的要求,还应该考虑有利于后续加密导线或公路施工阶段放样的需要。GNSS 控制点在通常情况下选在离道路中线 50～300 m 的地方,地基稳固且尽量避开施工时容易遭到破坏的区域,通常在每隔 5 km 左右布设一对相互通视、距离在 1 km 以内的 GNSS 控制点以便于施工测量中用导线测量方法加密。

当采用导线测量布网时，导线点沿线路走向布设成直伸形状，相邻导线点之间需要互相通视且边长不宜相差过大。导线的选点和计算应依据现有规范，在导线的起点、终点以及中间适当位置，每隔一定距离须与已知国家平面控制点或四等以上的平面控制点联测。

高程控制测量在一般情况下采用水准测量，特殊困难地段也可采用三角高程测量。高程控制网中每千米观测高差中误差和附合(闭合)水准路线长度应满足规范要求。在道路隧道进出口、大桥两岸、山岭垭口及其他大型人工构筑物附近应增设水准点，水准点的位置应布置在便于施工测量处。

12.5.3　道路工程定测

初测完成后，道路设计人员在带状地形图上定出线路中线，这一工作称为“纸上定线”。定测阶段的主要工作是根据“纸上定线”结果进行实地测设并用木桩或水泥钉标记。中线测量工作分为放线和中桩测设两个主要步骤，放线是把“纸上定线”所确定的交点测设于地面上，中桩测设是根据定线结果和控制点实地测设中桩(包括公里桩、加桩)。

如图 12-28 所示，道路的中线由直线和曲线构成，其中控制道路平面走向的曲线称为平曲线，控制道路坡度的曲线称为竖曲线。平面曲线又包括圆曲线和缓和曲线。道路的起点、交点、转向点、终点等统称为道路的主点，主点的位置及相关的参数在设计时确定。在道路定测时，首先需要实地测设这些主点，然后再对道路中线详细测设。表 12-2 列出了道路平曲线主点的名称及缩写。

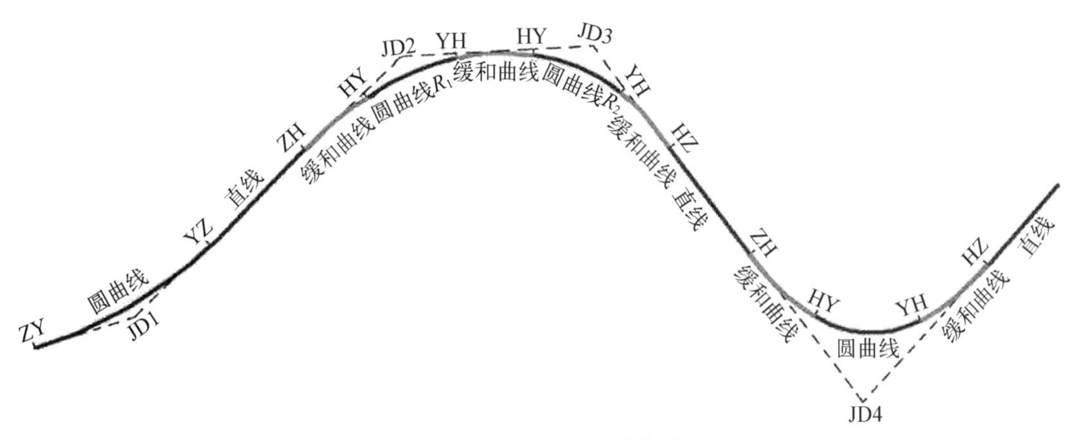

图 12-28　道路中线的构成

表 12-2　道路平曲线主点的名称及缩写

缩　写	名　称	定　　　义
JD	交点	两个方向直线的交点，也称为转折点
ZD	转点	当两个相邻交点互不通视或较长时，在其连线上增加的点
ZY	直圆点	直线与圆曲线的切点
QZ	曲终点	圆曲线的中点
YZ	圆直点	圆曲线与直线的切点

（续表）

缩　写	名　称	定　　　义
ZH	直缓点	直线和缓和曲线的切点
HY	缓圆点	缓和曲线和圆曲线的交点
YH	圆缓点	圆曲线和缓和曲线的交点
HZ	缓直点	缓和曲线和直线的交点

路线的里程桩是道路中线上某点沿道路轴线方向离起始点的距离，格式为 k××+×××，k 后面的数据表示以 km 为单位的里程，如 k12 表示位于第 12 km 处；+号后面表示以 m 为单位的桩号，如+230 表示 230 m 处。k12+230 表示该点沿道路前进方向离起始点的距离为 12.230 km。

里程桩分整桩和加桩(见图 12-29)。整桩是由线路起点开始，每隔 50 m 或 100 m 设置一桩。路线加桩是指在路线测设过程中，对重要的位置设置加桩，即路线整桩号的中桩之间，根据线形或地形变化而加设的中桩。此外，还有在道路边界设置的里程桩，其桩号应与对应的路中线法线垂足点的中桩桩号一致。

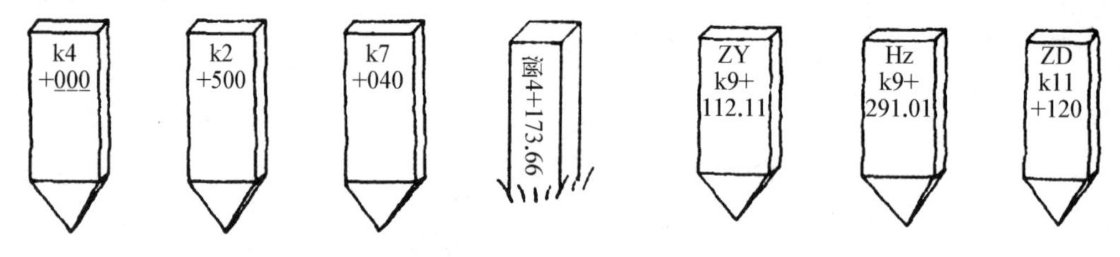

图 12-29　道路的里程桩

1. 道路交点测设

道路的各交点(包括起点和终点)是详细测设中线的控制点。此阶段的测量工作，除了测设 JD 和 ZD 外，还需要测量路线转折角，计算 JD 和 ZD 的里程。

测设交点和转点时，根据设计图纸给出的设计坐标(或者通过计算机直接在数字化地形图上获得交点、转点的坐标)，以及道路的首级控制点的坐标，利用全站仪直接测设法、GNSS RTK 方法直接测设。在待测设点附近有明显的地物时，也可以根据地物与 JD 或 ZD 的关系测设。需要说明的是，此阶段由于尚未进行征地拆迁等工作，由树木、建筑等引起的视线和卫星信号的遮挡较多，因此需要在保证精度的前提下，灵活地选择测设方法。

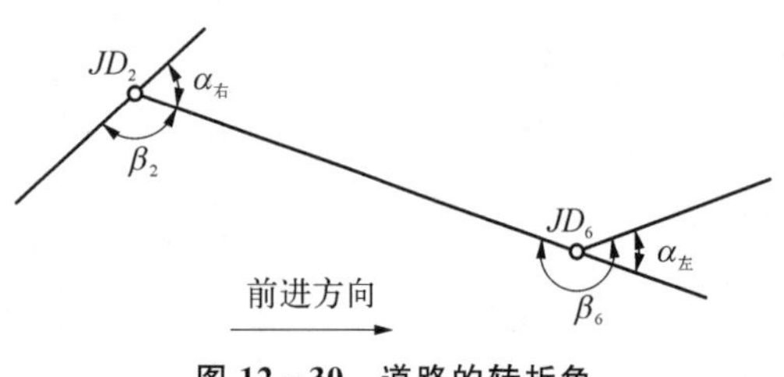

图 12-30　道路的转折角

在交点测设完成后，需要测量路线的转折角。转折角又称为偏角，指路线由一个方向偏转至另一方向时，偏转后的方向与原方向间的夹角，常用 α 表示。偏角有左右之分，偏转后方向位于原方向左侧的，称为左偏角 $\alpha_{左}$，位于原方向右侧的，称为右偏角 $\alpha_{右}$，如图 12-30 所示。在路线测量中，通常是观测路线的右角 β 按以下方法计算

$$\alpha_{左}=180°-\beta, \alpha_{右}=\beta-180°$$

在路线交点、转点及转角测定之后，即可进行实地量距和计算，得到各点的里程并在现场标识。

2. 道路圆曲线测设

道路圆曲线的测设包括圆曲线主点的测设和圆曲线的详细测设过程，测设完成后还需要计算和标记里程。

1）圆曲线主点测设

道路圆曲线的主点包括 ZY、QZ、YZ 点，圆曲线的主点测设是指根据 JD 测设主点的工作。由于曲线的曲率半径 R 和转折角 α 在线路设计已给定，首先需要计算圆曲线的主点要素，主点要素包括：T 为切线长，即交点至直圆点或圆直点的直线长度(JD－ZY 或 JD－YZ 点的距离)；L 为曲线长，即圆曲线的长度($ZY-QZ-YZ$ 圆弧的长度)；E 为外矢距，即交点至曲线中点距离(JD 到 QZ 之间的距离)。

主点要素的计算方法如下：

切线长　$T=\tan\dfrac{\alpha}{2}$

曲线长　$L=R\alpha\dfrac{\pi}{180°}$

外矢距　$E=\dfrac{R}{\cos\dfrac{\alpha}{2}}-R=R\left(\sec\dfrac{\alpha}{2}-1\right)$

切曲差　$J=2T-L$

圆曲线主点的测设(见图 12－31)一般采用经纬仪或全站仪测设方法，在交点 JD 安置仪器，以望远镜瞄准 ZY 直线方向上的一个转点，沿该方向量切线长 T 得到 ZY 点，再以望远镜瞄准 YZ 直线上的一个转点，沿该方向量切线长 T 得 YZ 点，平转望远镜至内分角平分线方

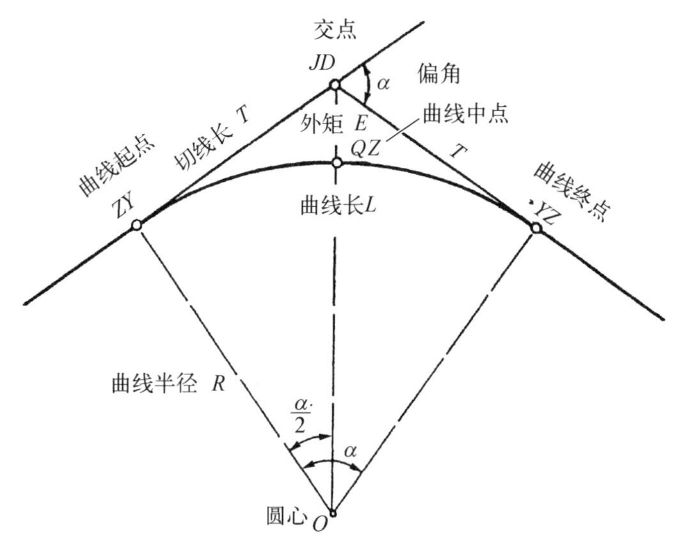

图 12－31　圆曲线主点测设

向，量 E 得到 QZ 点。这 3 个主点用方桩加钉小钉标志点位，各点的桩号为 $ZY_{桩号}=JD_{桩号}-T$，$QZ_{桩号}=ZY_{桩号}+L/2$，$YZ_{桩号}=QZ_{桩号}+L/2$。

2）圆曲线详细测设

当圆曲线较长或地形变化比较大时，在完成圆曲线的主点测设后，还需要每隔 10～30 m 的距离在曲线上测设整桩和加桩，这就是圆曲线的详细测设。圆曲线的测设方法可以根据数字设计图上量取的坐标值，采用全站仪或 GNSS 直接测设，也可以采用反算出测设要素再测设的传统方法，传统方法主要有偏角法和切线支距法。

（1）偏角法测设。偏角法测设圆曲线上的细部点是以圆曲线的起点 ZY 或终点 YZ 作为测站点，计算出测站点到圆曲线上某一特定的细部点 P_i 的弦线与切线 T 的偏角——弦切角 δ_i 和弦长 C_i 来确定 P_i 点的位置。可以根据曲线的半径 R 按照表 12－3 来选择桩距（弧长）为 l 的整桩。R 越小，则 l 也越小。

表 12－3　中 桩 间 距

直线/m		曲线/m			
平原微丘区	山岭重丘区	不设超高的曲线	$R>60$	$30<R<60$	$R<30$
≤50	≤25	25	20	10	5

首先准备测设数据，为便于计算工程量和施工，细部点的点位通常采用整桩号法，从 ZY 点出发，将曲线上靠近起点 ZY 的第一个桩的桩号凑整成大于 ZY 桩号且是桩距 l 的最小倍数的整桩号，然后按照桩距 l 连续向圆曲线的终点 YZ 测设桩位，这样设置桩的桩号均为整数。按照整桩号法测设细部点时，该细部点就是圆曲线上的里程桩。

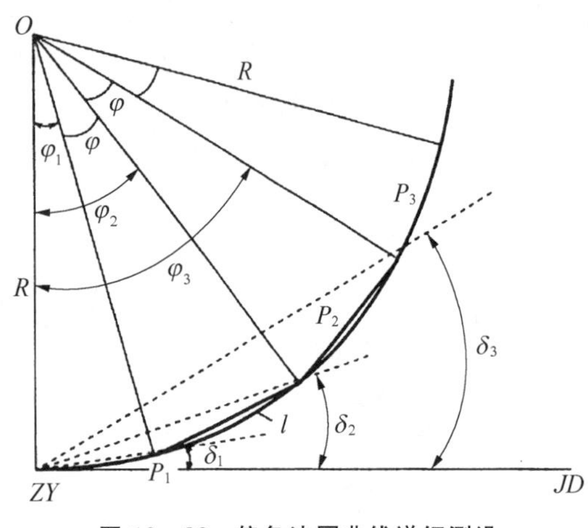

图 12－32　偏角法圆曲线详细测设

如图 12－32 所示，偏角法本质上就是极坐标方法，若用 l_i 表示待测设的点离 ZY 点的弧长，偏角、弦长和弦弧差可用以下公式计算。

$$偏角\ \delta_i=\frac{1}{2}\frac{l_i}{R}\cdot\frac{180^\circ}{\pi}$$

$$弦长\ c_i=2R\sin\delta_i$$

$$弦弧差\ \Delta_i=c_i-l_i=-\frac{l^3}{24R^2}$$

当曲线的曲率半径较大而弧长较短时，可以用弧长代替弦长，从而简化计算的工作量。

根据表 12－4 中的计算数据进行实地测设，具体步骤包括：① 将经纬仪或全站仪安置于 ZY 点，瞄准 JD，并将水平度盘的读数设置为 0°00′00″；② 水平转动照准部，设置偏角为 δ_1，沿此方向测设距离 c_1，定出 P_1 点；③ 依次类推，根据偏角 δ_i 和相应的弦长 c_i，测设其他的细部点 P_i；④ 对测设点位检核，曲线半径方向的误差不超过 0.1 m；切线方向误差不超过 $L/1\,000$（L 为曲线长度）。

（2）切线支距法。切线支距法又称为直角坐标法，是以圆曲线的起点 ZY 或终点 YZ 为坐标原点，以圆曲线的切线方向为 x 轴，以通过原点的半径方向为 y 轴，建立独立坐标系，按照

表 12－4　偏角、弦长和弦弧差的计算数据 ($R=500$ m)

序　号	桩　号	偏　角	弦长/m	弦弧差/m
ZY	k6＋008.25			
1	k6＋020.00	0°40′24″	11.750	－0.000
2	k6＋040.00	1°49′09″	31.745	－0.005
3	k6＋060.00	2°57′54″	51.727	－0.023
4	k6＋080.00	4°06′39″	71.688	－0.062
YZ	k6＋095.18	4°58′21″	86.821	－0.109

圆曲线上特定点在直角坐标系中的坐标(x_i，y_i)来对应细部点 P_i。

$$\varphi_i=\frac{l_i}{R}\cdot\frac{180}{\pi}$$

$$x_i=R\sin\varphi_i$$

$$y_i=R(1-\cos\varphi_i)$$

在计算出各点的测设数据后，在 ZY 点安置经纬仪，然后对准 JD 确定切线方向，在切线方向量取 x 坐标值找到垂足，然后在该垂直方向上量取对应的 y 坐标，就可以依次确定对应的 P_i 点，最后经检核标记各点的里程。

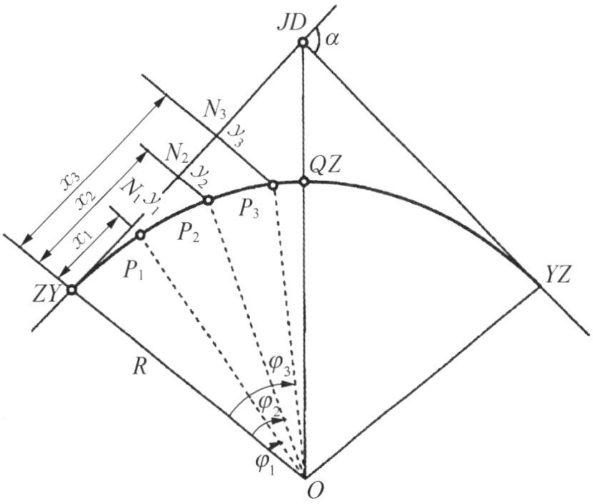

图 12－33　切线支距法圆曲线详细测设

3. 道路高程与纵、横断面测量

定测阶段的高程测量分为基平测量和中平测量：基平测量的任务与初测阶段一样，是沿线路建立水准基点，以便为定测线路及日后的施工提供高程控制；中平测量是沿着定测线路中心线的标志桩进行中线水准测量，测量过程中可根据地形特点适当加密。最后利用中线水准测量的结果绘制纵断面，为施工设计提供可靠的数据资料。

中平测量是测定中线各控制桩、百米桩、加桩处的地面高程，测量方法主要采用普通水准测量方法，在地形复杂地区也可以采用三角高程测量方法。测量过程中应遵照相关的规范，并测量一段距离后与邻近的高程控制点联测。

根据已测出的线路中线里程和中桩高程，即可绘制纵断面图，从而形象地展示线路中线经过的地形起伏状况。横轴比例尺与地形图的比例尺一致，一般为 1/1 000 或 1/2 000，起点为线路的起点，中桩点依据其里程展绘。为了清晰地呈现出道路纵断面的变化特点，纵断面图绘制过程中采用的高程比例尺(纵坐标)是水平距离比例尺(横坐标)的 1～10 倍。每幅图内必须注明纵、横向比例尺，并在纵轴上注明整百米或整十米的高程值以及其他相关信息。

如图 12－34 为根据测量的纵断面图设计的道路纵断面，道路的纵断面主要用于道路竖曲线的设计。

道路横断面测量的目的是测量垂直于道路方向的地面线，并绘制道路横断面图。横断面图主要用于路基断面设计、土石方数量计算、路基施工放样以及挡土墙设计等。

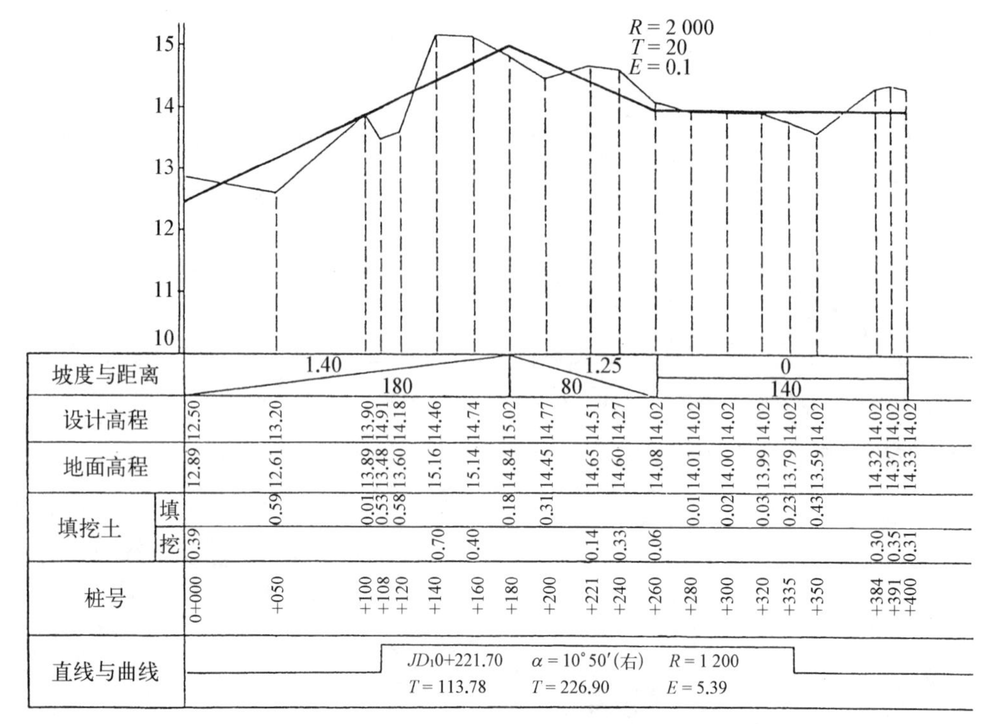

图 12 - 34　道路的纵断设计

横断面施测地点及横断面密度、宽度应根据地形、地质情况以及设计需要而定，一般设在曲线控制点、公里桩、百米桩和线路横、纵向地形变化处。在铁路站场、大中型桥梁的桥头、隧道洞口、高路堤、深路堑、地质不良地段及需要进行路基防护地段，均应适当加大横断面施测密度和宽度。横断面测绘宽度应满足路基、取土坑、弃土堆及排水系统等设计的要求。

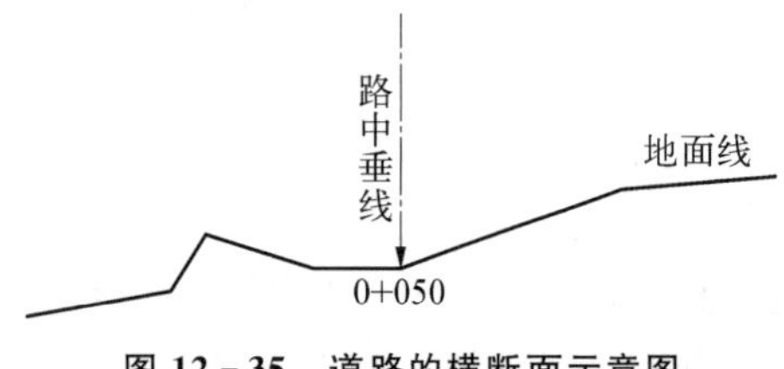

图 12 - 35　道路的横断面示意图

道路横断面(见图 12 - 35)应垂直于线路中线，在曲线地段的横断面方向，应与曲线上测点的切线相垂直。线路横断面测量方法通常采用全站仪测量方法，首先根据桩号和曲线设计参数确定横断面的方向，然后在该方向选择地形特征点详细测量其坐标和高程。

道路横断面横、纵坐标(高程、水平距离)应采用同一比例尺，通常选用 1∶200 的比例尺。横断面图最好在现场绘制，以便及时检查和复核。

12.5.4　道路施工测量

道路施工测量的任务是在地面上测设道路施工桩点的平面位置和高程，道路施工桩点主要是指标志线路中心位置的中线桩和标志路基施工界线的边桩。道路施工测量的主要工作包括施工控制测量、中线复测、路基施工放样和路面施工测量。

1. 施工控制测量

道路施工测量频率高，为便于作业，首先需要布设施工控制网。道路施工控制网分为平面控制网和高程控制网。由于道路工程往往分标段施工，工程单位首先需要利用首级控制网在自己的施工范围内加密控制点。施工控制网的精度应遵照相关的技术规范,并充分考虑施工现场的地形和测量工作的特点。

2. 道路中线复测

道路中线是道路施工的主要依据,由于定测以后往往要经过一段时间才能施工,定测时布设的里程桩难免丢失或损毁。因此,在道路施工开始之前,必须进行一次中线复测以恢复定测时的中线桩,同时还应检查定测资料的准确性。

道路复测包括道路中线测设和道路水准复测,它与定测的工作内容和方法基本相同。首先按照定测资料在实地寻找交点桩、中线桩及水准点位置,若桩点丢失或移位,可根据已有的控制点和设计资料重新测设。若桩点保存完好,且复测结果与定测资料比较在允许的误差范围内,则可按复测的转向角和设计参数进行详细测设。同样在施工之前还需要进行道路水准测量复测,并在中线桩恢复以后复测中桩高程。若地面标高与原来定测资料相差过大,则应按复测结果计算填挖高差。

当复测与定测成果的差值超出容许范围时,应寻找原因。如果确定定测资料错误或桩点发生移动,则应修正定测成果,以复测结果为准进行施工。

3. 路基施工测量

路基横断面是根据道路中线桩的填挖高度在横断面图上设计的。在横断面中填方的称为路堤,挖方的称为路堑。路基施工测量的主要工作是测设路基横断面的边桩,根据施工进度检核施工状况与设计要求是否一致,及时发现和纠正施工偏差。

路基施工前,应在道路中桩两侧用桩标志出路堤边坡坡脚或路堑边坡坡顶的位置,作为填土或挖土的边界。在边桩放样前,必须熟悉路基设计资料。边桩放样的方法很多,常用的有直接法和逐点接近法两种。

如图 12－36 所示,对于道路横断面相对平坦的地区,只需要直接计算出边桩到中线桩的水平距离。对于路基,边桩与中桩的距离等于中线一侧路基面宽 B 与待填高度乘以设计边坡的坡度之和,对于路径,还需要考虑边沟顶宽和平台宽度。m 表示边坡的坡度;S 表示边沟的宽度;h 表示中心的填挖高度;$l_{左}$、$l_{右}$表示中线到左、右边桩的距离。

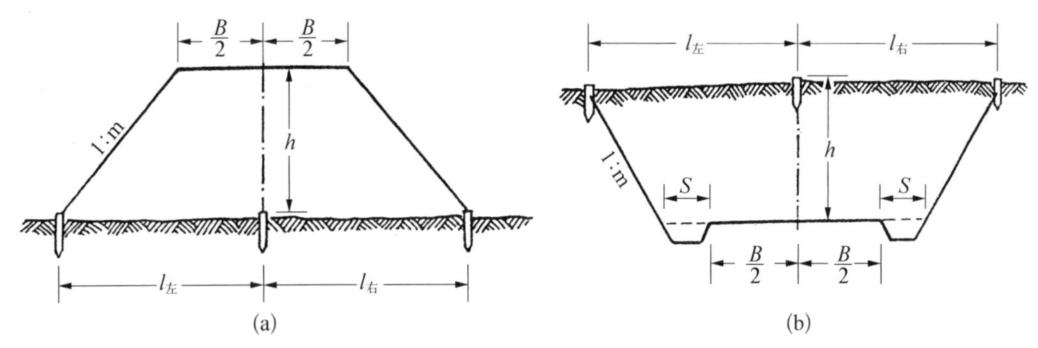

图 12－36　平坦地区路基、路堑边桩测设

在起伏不平的地面上,边桩到中线桩的距离随着地面的高低而发生变化,应采用逐点接近法进行测设。如图 12－37 所示,先在横断面图上确定边桩大致位置,并测量该点与中桩的设计标高的高差,再根据测量得到的高差计算边坡桩至中桩的距离。

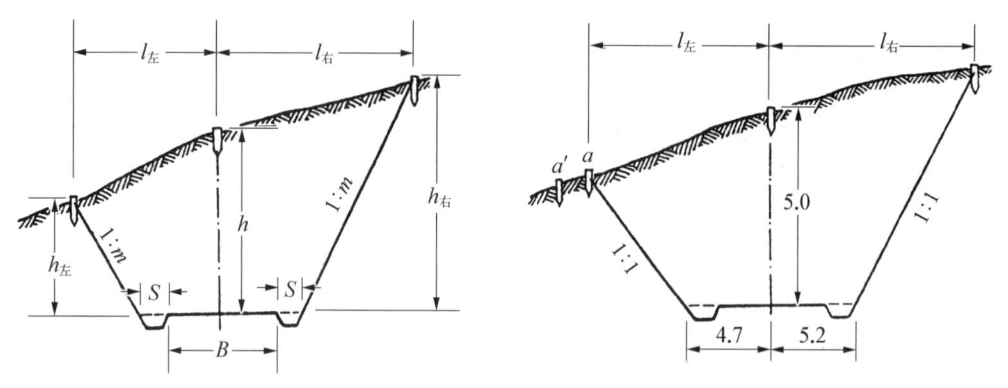

图 12－37　起伏地区路基、路堑边桩测设

$$l_{左}=\frac{B}{2}+S+mh_{左}$$

4. 路面施工测量

路基施工完成后，即可进行路面或上部构筑物的施工测量。为了保证路基上部建筑物按设计的平面位置和高程位置的要求施工，还必须进行如下的测量工作：

(1) 道路中线测设，这项工作以道路以外的施工控制点为基础，重新恢复道路的中线桩，并对曲线放样进行细致的检核。

(2) 沿中线标桩进行纵断面水准测量，并根据水准测量的结果计算出每个标桩处路基面的高程，与设计高程进行比较，以此对路基进行修整，使之符合设计要求。

(3) 根据道路的中线位置和高程布置施工模板浇筑混凝土或铺设沥青，施工过程中应根据精度测量路面的平整度和坡度。

12.5.5　安全监测

线路工程的安全监测与建筑物安全监测的内容和方法类似。以公路工程为例，安全监测的主要内容包括路基沉降监测、高边坡的位移监测、路面的裂缝监测、不良地质段或高风险区位的安全监测等。沉降测量方法主要采用水准测量，位移测量主要采用 GNSS 或全站仪测量，裂缝主要采用摄影测量方法。测量的精度和频率参照现有的规范，具体的操作方法这里不再详细介绍。

12.6　桥梁工程测量

桥梁是重要的交通基础设施之一，按用途可分为铁路桥梁、公路桥梁、铁路公路两用桥梁以及陆地上的高架桥和立交桥等。与普通的道路工程相比，桥梁在工程投资、施工期限、技术要求等各方面均高于传统的道路工程，因此对测量的要求也更高。

桥梁工程测量指在桥梁勘测设计、施工和运营各阶段所进行的测量工作。建设一座桥梁，需要进行各种测量，包括勘测、施工测量、竣工测量、安全监测等。根据桥梁类型和施工方法，测量的工作内容和方法也有所不同。总体上讲，桥梁的测量工作包括桥梁控制测量，桥轴线长度测量，施工控制测量，墩台中心测设，墩台细部放样及桥梁构件放样等。

（1）桥梁工程规划阶段的测量以中小比例尺的规划测绘和调查测量（包括洪水痕迹、河床演变、地表特征等），并通过总平面图、桥址地形图、桥位中线和纵横断面等的测绘对初步规划方案进行对比。

（2）初步设计阶段的主要测量工作是桥址区陆地和水下大比例尺地形测绘，测量比例尺一般为 1∶500。测量工作还包括对河床比降、水深、航迹线、流速及流向的调查和测量，并根据简易控制网进行接线段的初测及定测（包括桥位中线和引道纵横断面测量，主桥、引桥、接线及互通工程的测量工作）。

（3）施工阶段的测量工作包括建立平面和高程施工控制网、桥轴线定测、施工测量、施工期敏感部位或不可预见的地质缺陷部位的安全监测等。桥梁首级施工控制网的精度等级一般根据建设桥梁的长度和等级确定，对于大型桥梁以二等精度设计和实施。施工测量包括桥墩、桥台施工放样测量、构件安装的精密放样测量、其他防护和排水构造物的放样等。

（4）运营管理期的安全监测，包括建成通车后动、静载试验时间段的高密度、高频率监测，运营期高水位、高水流、强气流等恶劣自然条件下桥梁安全的实时监测及一般条件下的动态安全监测等。

12.6.1　桥梁控制测量

桥梁控制测量包括平面控制与高程控制。桥梁平面控制测量的目的是测定桥轴线长度并据此进行墩、台位置的放样，以及施工过程中的变形监测。

根据桥梁跨越的河宽及地形条件，平面控制网多布设为如图 12－38 所示的双三角形、大地四边形、双大地四边形。控制网的测量方法主要有 GNSS 测量方法和全站仪边角网或导线网测量方法。选择控制点时，应尽可能地使桥的轴线作为控制网的一条边，有困难也应将桥轴线的两个端点纳入控制网内，以利于提高桥轴线的精度。

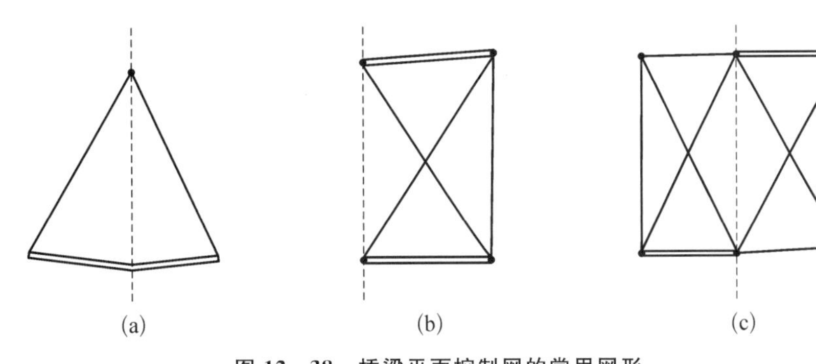

图 12－38　桥梁平面控制网的常用网形

（a）双三角形　（b）大地四边形　（c）双大地四边形

平面控制网除了要求图形强度好、多余观测数多以外，还要求控制点埋设位置地质条件稳定，视野开阔，便于施工过程中桥梁墩台的测设，避免因交会角太大或太小影响精度，基线应与桥梁中线近似垂直。

桥梁的高程控制网需要在河流两岸建立若干个水准点，水准基点布设的数量视河宽及桥的大小而异，每岸至少设置 2 个以上的水准点。水准基点除用于施工外，也可作为以后变形观测的高程基准点。

桥梁高程控制网需要将河流两岸的水准点用过河水准方法联测，当水准路线视线长度在100～500 m时，可采用水准仪光学测微法，即采用精密水准仪水平视线照准觇板标志，并读出测微器的分划值得到高差。当水准路线视线长度大于500 m时，采用水准仪微倾螺旋法，使用两台水准仪对向观测，用倾斜螺旋测定水平视线上下两标志的倾角，计算水平视线位置，求出两岸高差。近年来，全站仪三角高程跨河水准测量方法得到了不断完善和发展，目前已经成为桥梁工程跨河水准测量的主要方法，也是港珠澳大桥等特大型跨海桥梁工程中长距离跨海高程传递的测量方法。

12.6.2 桥梁墩台定位及轴线测设

桥梁施工测量的任务就按照工程设计图纸的要求，将桥梁的基础和上部结构的位置、形状、大小等测放到实地，并对工程施工质量进行测量检查，配合及引导工程施工。

在桥梁施工过程中，最主要的工作是测设出墩、台中心位置及其纵横轴线，其测设数据由控制点坐标和墩、台中心的设计位置计算确定。测设方法则视河宽、水深及墩位的情况，可采用直接测距、角度交会或GNSS测设的方法。墩台中心测设完成以后，还要测设墩、台的纵横轴线，确定墩台方向。

桥梁施工测量的方法大概分为3大类：第1类是常规大地测量方法；第2类是GNSS测量方法；第3类是其他测量方法。

大地测量方法现阶段主要使用全站仪和电子水准仪，包括自动跟踪测量技术、免棱镜精密测距技术。这类测量技术的原理和方法前面已做详细介绍，需要注意的是由于桥墩和桥台位于水下，因此需要考虑水面或水下作业的环境和特点。

GNSS RTK技术、GNSS静态定位技术在桥梁施工测量，尤其是长距离跨海桥梁工程中广泛使用。其中RTK技术主要用于海上桥梁桩基施工定位，静态定位技术用于桥墩平面位置精确测量。

其他测量方法主要是指为专门针对桥梁施工采用的测量方法，如桥墩垂直度测量中使用的电子倾斜仪等。

桥梁同样包括直线段和曲线段(见图12-39)，直线桥的墩、台定位主要是测设距离，其所产生的误差也主要源于距离测量误差；对曲线桥而言，距离和角度的误差都会影响墩、台点位的测设精度，所以对测量工作的要求比直线桥要高，工作也相对复杂，在测设过程中需要减少

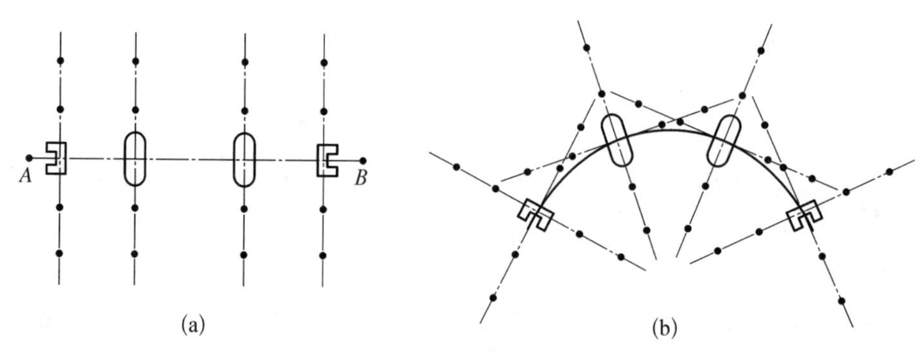

图12-39 桥梁墩、台定位及其轴线测设

(a) 直线桥梁 (b) 曲线桥梁

各种来源的误差并仔细检核。

对桥梁墩、台定位以后，还需要对墩台进行墩台的方向测设，直线桥墩、台的纵轴线与线路的中线方向重合，垂直于中线的方向即为桥墩的主方向。曲线桥的墩、台纵轴线位于桥梁偏角的分角线上，需要在墩、台中心架设仪器，照准相邻的墩、台中心测设偏角的 1/2，即为纵轴线的方向。

墩、台中心的定位桩在施工过程中要被挖掉，原定位桩常被覆盖或破坏，但又经常需要恢复以便于指导施工。因而需要在施工范围以外钉设护桩，以方便恢复墩台中心的位置。所谓护桩，指在墩、台的纵、横轴线上、下或左、右两侧各钉设至少两个木桩，用于快速恢复桥墩的轴线。

桥梁墩台施工完成后，接下来是桥梁、塔等上部结构的施工。根据工程进度，及时进行施工和安装测量。桥梁的施工安装测量项目繁多，桥梁的结构及施工方法也各不相同，测量方法仍以水准测量、全站仪测量、GNSS 测量为主。桥梁施工安装的精度要求高于公路施工测量，因此需要严格控制测量误差并及时检核。

12.7　隧道工程测量

隧道是线路工程穿越山体等障碍物的通道，或是为地下工程施工所做的地面与地下联系的通道。隧道施工是从地面开挖竖井或斜井、平峒进人地下的。为了加快工程进度，通常采取增加工作面的办法，如图 12 - 40 所示，由隧道两端洞口进行相向开挖，或者在两洞口间增加平峒、斜井或竖井。

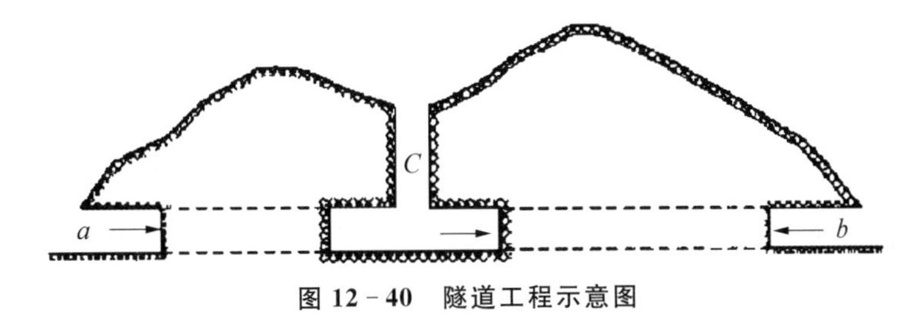

图 12 - 40　隧道工程示意图

隧道工程包括公路隧道、铁路隧道、地下铁道、水利工程输水隧道、矿山巷道等。按所在平面位置(直线或曲线)及洞身长度，隧道可分为特长隧道、长隧道和短隧道。对于直线形隧道，长度在 3 000 m 以上的属于特长隧道、长度在 1 000～3 000 m 的属于长隧道；长度在 500～1 000 m 的属于中隧道；长度在 500 m 以下的属于短隧道。

由于工程性质和地质条件的不同，地下隧道工程的施工方法也不相同，因此对测量的要求也有所不同。隧道测量工作的目的是：① 在实地标定出隧道的设计中心线和高程，为开挖、施工指定方向和位置；② 保证在两个相向开挖工作面能按设计要求精确贯通；③ 保证隧道衬砌和支护设备的正确安装；④为设计和管理部门提供竣工测量资料等。

地下隧道测量工作主要包括以下内容：

(1) 地面控制测量，在地面上建立平面和高程控制网。

(2) 联系测量，将地面上的坐标、方位和高程传到隧道，建立地面、地下统一的坐标和高程系统。

(3) 隧道控制测量，根据施工进度在隧道内布设的控制网，包括隧道平面与高程控制。

(4) 隧道施工测量，根据隧道设计进行放样、指导开挖及衬砌的中线及高程测量。

12.7.1 隧道工程控制测量

隧道工程控制测量是保证隧道按照要求的精度贯通，并保证地下各项建筑物和设施按设计位置施工的工程措施。隧道控制网分为隧道内和隧道外两部分。

隧道外平面控制网是包括进口控制点和出口控制点在内的控制网，并能保证进口点坐标和出口点坐标以及两者的连线方向均能满足精度要求。隧道外平面控制测量应结合隧道长度、平面形状、线路通过地区的地形和环境等条件进行设计，常用的控制测量方法有GNSS定位方法、导线法、三角(边)锁等方法。

1）GNSS测量方法

GNSS方法用于平面控制测量时，只需要隧道口控制点和相应的定向点相互通视，以便施工定向之用。不同隧道口之间的控制点不需要通视，与国家控制点或城市控制点之间的联测也不需要相互通视。因此，地面控制点的布设灵活方便，且定位精度目前已优于常规控制测量方法。

采用GNSS方法获得的是WGS-84标系，应转换为以隧道口轴线为中央子午线，以隧道的平均高程为投影面，经统一平差并将测量成果转换到工程坐标系。同时，GNSS布网时应将GNSS控制点与部分水准点联测，以便于通过拟合得到其他GNSS点的高程值。

如图12-41为某隧道外GNSS控制网示意图，A、B分别为隧道两侧的进洞点，AC、BF为定线方向，必须通视。A、B、C、D、E、F组成4个三角形。采用静态相对定位的模式，采用3台GNSS接收机同步4个时段，4台GNSS接收机同步观测2个时段，可完成GNSS网的外业观测。若需要与国家高级控制点或线路首级控制点联测，可将2个以上的高级点与该网组成整体网。

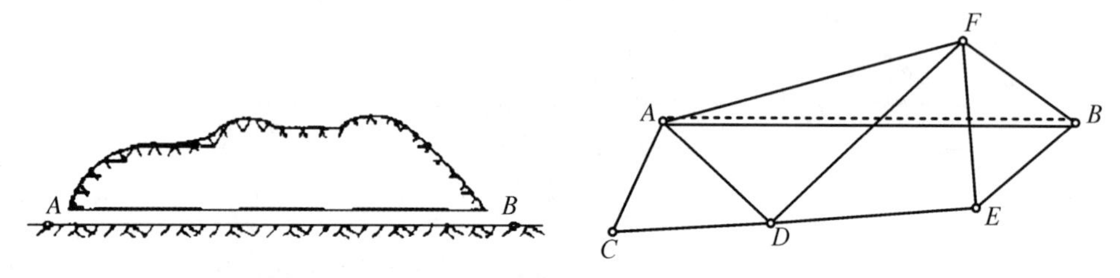

图12-41　隧道洞外GNSS控制网

2）导线隧道外测量方法

全站仪导线测量方法也是隧道外控制测量常用方法。如图12-42所示，A、B是进隧道点，1、2、3、4为导线点。布设导线时尽量采用直伸形以减少测角误差对贯通横向误差的影响，导线测量的精度应满足工程的精度要求。

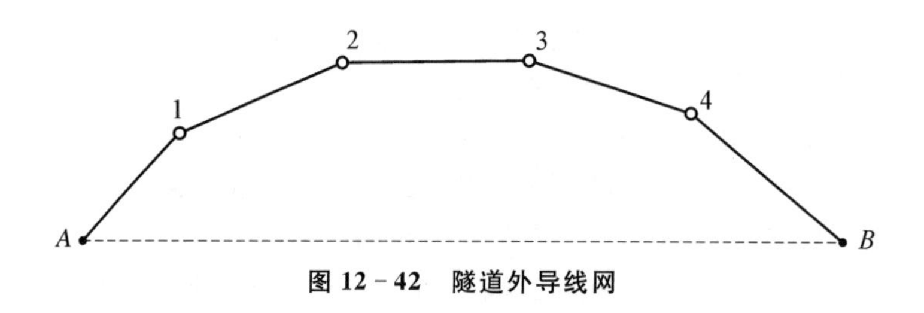

图12-42　隧道外导线网

3）高程控制测量

高程控制测量的任务是按规定的精度施测隧道口（包括隧道的进出口、竖井口、斜井口和平峒口）附近水准点的高程，作为高程引测进隧道的基准数据。高程控制通常采用三、四等水准测量的方法施测。

水准测量应选择连接隧道口最平坦和最短的线路，以期达到设站少、观测快、精度高的要求。每一隧道口埋设的水准点应不少于 2 个，且以安置 1 次水准仪即可联测为宜。两端峒口之间的距离大于 1 km 时，应在中间增设临时水准点。

12.7.2　联系测量

在隧道施工中，为加快施工进度需要多个断面同时掘进，为了保证相向开挖面能准确贯通，就必须将地面控制网中的坐标、方位及高程传递到隧道中，将这些量传递到隧道的测量工作称为联系测量。通过坐标和方位的联系测量，使隧道平面控制网与地面平面控制网统一到同一个平面坐标系。通过高程传递则可以使隧道内的高程系统与地面高程系统一致。

按照地面控制网与隧道控制网的联系测量方式，平面位置的联系测量方法可分为 4 种：① 经过 1 个竖井定向（简称一井定向）；② 经过 2 个竖井定向（简称两井定向）；③ 通过平峒与斜井定向；④ 通过陀螺经纬仪定向。

竖井的联系测量可通过 1 个井筒进行，也可通过 2 个井筒进行。这种联系测量方法利用了同一垂线方向上不同点位平面坐标的不变性，将地上的点通过悬挂钢丝绳的办法传递到井下，从而将地面坐标、方位引入隧道。

平峒与斜井的联系测量测量方法可由地面直接向地下联测导线和水准路线，将坐标、方位和高程引入隧道，其作业方法与地面控制测量方法大致相同。由于斜井的坡度较大，导线测量时需要注意坡度的影响，以保证联系测量的精度。

陀螺经纬仪定向是根据陀螺仪的定轴性和进动性特点，直接在隧道导线边上测定陀螺方位角，通过计算得到坐标方位角。陀螺经纬仪主要用于长隧道的定向之中，有利于提高坐标方位角的精度，常与投点法联系测量一起使用，可以提高隧道控制网的精度。

图 12－43 为一井定向示意图，在井筒中从地面到地下坑道自由悬挂两根吊垂线，用联系三角形法或瞄直法或联系四边形法等方法，将地面、地下控制点与两根吊垂线进行联测。根据垂线的平面坐标可以求得地下隧道内一个控制点的坐标和一条边的坐标方位角。从一井定向的原理可以看出，投点的精度决定了隧道控制网的精度。投点方法通常采用单锤稳定投点法，该方法需要将垂球放在比重较大的液体中使其基本处于静止状态，在定向水平测角、量边时均与静止的垂球线进行连接。

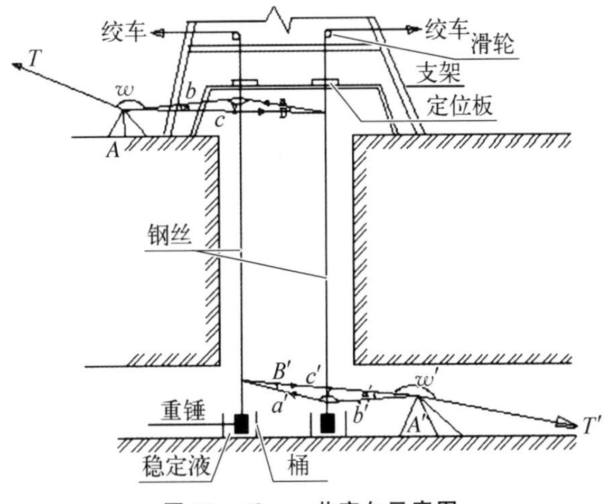

图 12－43　一井定向示意图

两井定向是在 2 个有坑道相通的井筒中各悬挂 1 根吊垂线，根据地面控制点测定 2 个吊垂线的平面坐标，在地下坑道内的两吊垂线间，用导线测量方法进行联测。采用无定向导线的平差方法可计算出井下导线点的坐标和导线边的方位角。

高程联系测量（见图 12－44）通常采用悬挂钢尺的方法，为了保证测量精度，需要考虑钢尺的温度和尺长改正。如果有斜井或通道时，也可以用水准测量的方法向井下传递高程。如果仰俯角不大的话还可以直接用全站仪三角高程测高差的办法传递高程。

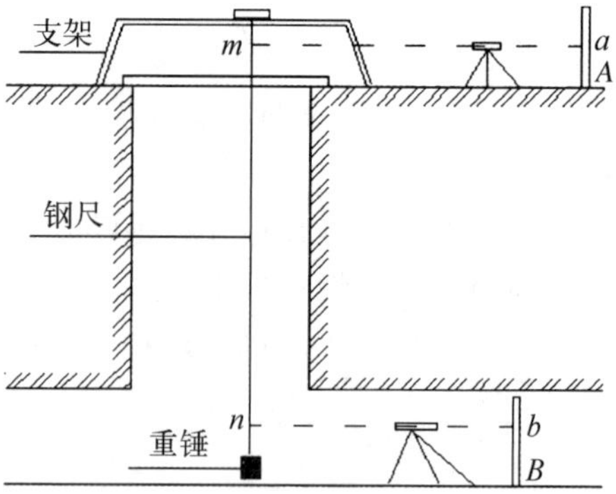

图 12－44　高程联系测量

12.7.3　隧道内控制测量

隧道内控制测量包括平面控制测量和高程控制测量，测量方法与隧道外控制测量方法类似，由于隧道测量的工作环境和光照条件较差，因此隧道控制测量的精度要求低于隧道外控制测量。

隧道内的平面控制是以设在隧道的洞口、坑口的控制点为已知点（其坐标通常由联系测量得到），以导线测量方式建立的与地面控制网统一的隧道内平面控制网。根据隧道内平面控制点的坐标，可以测设隧道中线及其衬砌结构的位置，指示隧道开挖的方向，保证相向开挖的隧道在所要求的精度范围内贯通。

隧道内导线测量的方法与地面导线网的测量方法类似，与地面导线测量相比具有以下的特点：

（1）导线随隧道的开挖而向前延伸，所以只能逐段设置支导线，由于支导线不具备角度和坐标闭合检核条件，因此只能采用重复观测的方法进行检核。

（2）导线在开挖的坑道内布设，因此导线直线段主要采用值伸型，曲线段采用折线型导线形状，导线的几何构型和点位选择的余地较小。

（3）导线通常是先每隔 20～50 m 布设精度较低的施工导线，然后根据施工进程布设边长约为 100～300 m 精度较高的基本导线。

（4）为了便于控制点的保存，导线点大多埋设在隧道的顶板上。

隧道内的高程控制测量根据隧道工程的现场条件采用水准测量或三角高程测量方法。当隧道坡度小于 8°时，采用水准测量方法建立高程控制；当坡度大于 8°时，采用三角高程测量方法。

高程控制点通常分两级布设，Ⅰ级水准路线作为隧道内首级控制，从导入高程的起始水准点开始，沿主要隧道布设；Ⅱ 级水准点以Ⅰ级水准点为起始点，作为工作水准点。Ⅰ级、Ⅱ级水准路线在很多情况下是支水准路线，因此需要往返观测进行检核，若有条件应尽量闭合或附合。

12.7.4　隧道施工测量

隧道施工测量主要包括隧道中线、腰线测设，隧道的掘进指向和贯通测量等。目前隧道施工的方法主要有矿山法、新奥法、盾构法等，施工测量方法根据隧道工程的现场环境和施工方法略有不同。

隧道中线测设（见图 12－45）与地面线路工程的中线测设方向类似，以隧道洞口和洞内的控制点为基础，根据中线的设计坐标测设中线。隧道测量需要根据施工进度逐步布设中线的里程桩，通常隧道每掘进 20 m 设置一个中线里程桩。中线桩可以根据施工现场的情况，布设在隧道的底部或顶部。

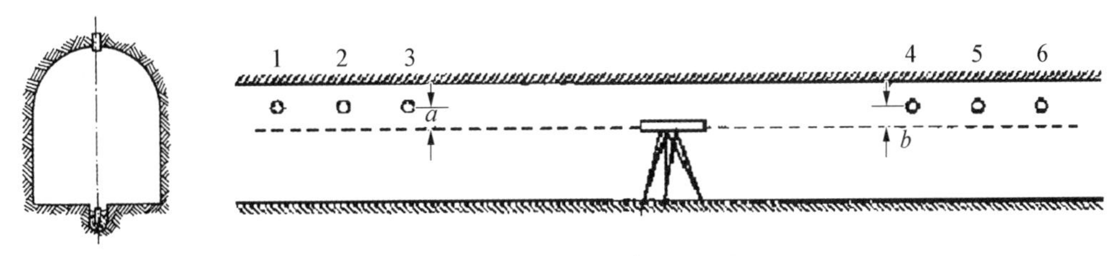

图 12-45　隧道的中线和腰线测设

隧道腰线测设(见图 12-45)在隧道施工中的主要作用是控制施工的标高和隧道横断面的放样，在隧道岩壁上每隔一定距离(5～10 m)测设出比洞底设计地坪高出 1 m 的标高线，称为腰线。腰线的高程由隧道内的工作水准点测设，若隧道的纵断面有一定的设计坡度，腰线的高程需要根据设计坡度和路线的里程测设。

隧道开挖指向指隧道的开挖掘进过程中由于洞内工作面狭小、光线较暗，因此在隧道掘进的过程中需要使用激光准直仪或激光指向仪指示中线和腰线方向。当采用盾构等机械化掘进设备时，盾构机配置的自动导向系统利用安置于盾构机上的自动全站仪，实时测量已知坐标的 ELS 标志(ELS 的三维坐标由洞内控制点测量获取)，反算出盾构机的位置和姿态，并与隧道的设计轴线方向相比较，实现盾构机挖掘方向的自动精准控制。

习　题　12

1. 什么是测设？测设和测量有何区别？

2. 已知平面点位坐标的测设有哪几种常用的测设方式？请用示意图说明。

3. 什么是归化测设法？它与直接测设方法有何区别？

4. 施工控制测量有何特点？它与勘察阶段的控制测量有何区别和联系？

5. 结构的变形监测有哪些内容和方法？

6. 什么是自动化三维变形监测？请简述自动化变形监测系统的组成和特点。

7. 请简述道路中平曲线、竖曲线、圆曲线、缓和曲线的概念及其作用。

8. 道路圆曲线主点要素包括哪些内容？怎样测设？

9. 道路圆曲线详细测设有哪几种方法？请简述测设过程。

10. 道路的纵横断面有哪几种测量方法？

11. 什么是过河水准测量？它与普通水准测量有何区别？

12. 桥梁的表面位移或变形测量有哪几种方法？

13. 隧道工程洞内控制测量和洞外控制测量，两者如何统一？

14. 什么是隧道的联系测量？有哪几种测量方法？

15. 如图 1 所示，A、B 为控制点，其坐标分别为：A(500.200，500.800)，B(480.550，600.500)；P_1、P_2 为待建矩形建筑物的轴线，设计坐标为 P_1(580.000，535.000)、

P_2(555.500，620.240)。请完成以下工作：① 用角度交会测设 P_1 点，计算测设数据所需要的数据 β_1、β_2，并简述测设方法；② 用极坐标法测设 P_2 点，先计算测设数据 γ、D，并简述用经纬仪和 50 m 钢尺测设的方法和步骤。

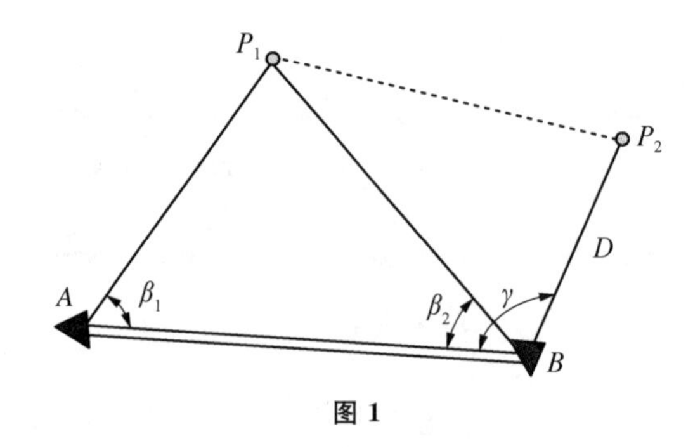

图 1

16. 图 2 所示为某高速公路的一段圆曲线，其中 ZY、YZ、JD、QZ 分别表示道路的直圆点、圆直点、交点和曲中点，并且已经完成测设，圆曲线的曲率半径 $R=1\ 000$ m，偏角 $\alpha=25°$，直圆点的里程为：k10+318.25。请计算：① 曲线主点要素曲线长、切线长和切曲差；② 曲线主点的里程；③ 简述用偏角法每隔 10 m 详细测设道路中线的方法。

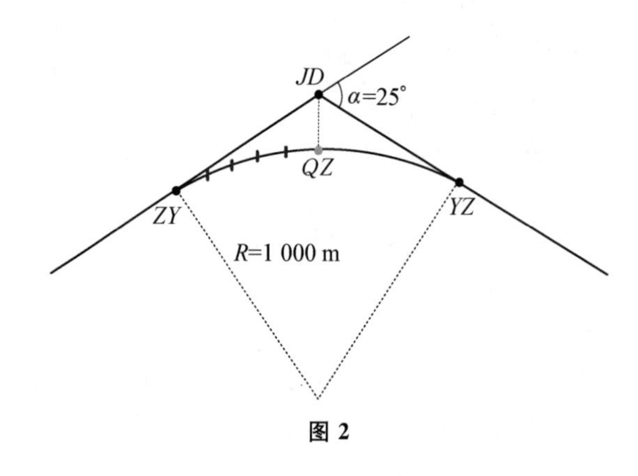

图 2

参考文献

[1] 宁津生,陈俊勇,李德仁,等.测绘学概论(第三版)[M].武汉：武汉大学出版社,2016.

[2] 覃辉,伍鑫.土木工程测量(第四版)[M].上海：同济大学出版社,2013.

[3] 程效军,鲍峰,顾孝烈.测量学(第五版)[M].上海：同济大学出版社,2016.

[4] 张坤宜.交通土木工程测量[M].北京：人民交通出版社,1999.

[5] 胡伍生.土木工程测量学(第二版)[M].南京：东南大学出版社,2017.

[6] 翟翊,赵夫来,杨玉海,等.现代测量学[M].北京：测绘出版社,2016.

[7] 崔希民.测量学教程[M].北京：煤炭工业出版社,2009.

[8] 高井祥,张书毕,汪应宏,等.测量学[M].北京：中国矿业大学出版社,2018.

[9] 潘正风,程效军,成枢,等.数字地形测量学[M].武汉：武汉大学出版社,2015.

[10] 张正禄.工程测量学(第二版)[M].武汉：武汉大学出版社,2019.

[11] 阳凡林,暴景阳,胡兴树.水下地形测量[M].武汉：武汉大学出版社,2017.

[12] 徐绍铨,张华海,杨志强,等.GPS 测量原理及应用(第四版)[M].武汉：武汉大学出版社,2019

[13] 周拥军.基于未检校 CCD 相机的三维测量方法及其在结构变形监测中的应用[D].上海,上海交通大学,2007[2010-07-30].https://d.wanfangdata.com.cn/thesis/Y1659659.

[14] 熊伟,赵敏,吴迪军.港珠澳大桥首级 GPS 控制网建立与复测研究[J].导航定位学报,2019,7(1)：117-120.

[15] 中华人民共和国住房和城乡建设部.建筑变形测量规范：JGJ 8-2016[S].北京：中国建筑工业出版社,2016[2016-12-01].

[16] 中华人民共和国住房和城乡建设部.城市测量规范：CJJ/T 8-2011[S].北京：中国建筑工业出版社,2012[2012-06-01].

[17] 中华人民共和国国家质量监督检验检疫总局,中国国家标准化管理委员会.全球定位系统(GPS)测量规范：GB/T18314-2009[S].北京：中国标准出版社,2009[2009-06-01].

[18] 中华人民共和国国家质量监督检验检疫总局,中国国家标准化管理委员会.国家基本比例尺地图图式 第 1 部分：1∶500 1∶1 000 1∶2 000 地形图图式：GB/T 20257.1-2017[S].北京：中国标准出版社,2017[2017-10-14].